Física:
conceitos e aplicações de mecânica

DIALÓGICA

O selo DIALÓGICA da Editora InterSaberes faz referência às publicações que privilegiam uma linguagem na qual o autor dialoga com o leitor por meio de recursos textuais e visuais, o que torna o conteúdo muito mais dinâmico. São livros que criam um ambiente de interação com o leitor – seu universo cultural, social e de elaboração de conhecimentos –, possibilitando um real processo de interlocução para que a comunicação se efetive.

Física:
conceitos e aplicações de mecânica

Álvaro Emílio Leite

Rua Clara Vendramin, 58 • Mossunguê
CEP 81200-170 • Curitiba • PR • Brasil
Fone: (41) 2106-4170
www.intersaberes.com
editora@editoraintersaberes.com.br

conselho editorial • Dr. Ivo José Both (presidente) • Dr.ª Elena Godoy • Dr. Nelson Luís Dias • Dr. Neri dos Santos • Dr. Ulf Gregor Baranow

editora-chefe • Lindsay Azambuja

supervisora editorial • Ariadne Nunes Wenger

analista editorial • Ariel Martins

capa e projeto gráfico • Mayra Yoshizawa

diagramação • Capitular Design Editorial

iconografia • Vanessa Plugiti Pereira

1ª edição, 2017.
Foi feito o depósito legal.
Informamos que é de inteira responsabilidade do autor a emissão de conceitos.
Nenhuma parte desta publicação poderá ser reproduzida por qualquer meio ou forma sem a prévia autorização da Editora InterSaberes.
A violação dos direitos autorais é crime estabelecido na Lei n. 9.610/1998 e punido pelo art. 184 do Código Penal.

Dado internacionais de Catalogação na Publicação (CIP)
(Câmara Brasileira do Livro, SP, Brasil)

Leite, Álvaro Emílio
Física: conceitos e aplicações de mecânica/Álvaro Emílio Leite. Curitiba: InterSaberes, 2017.

Bibliografia.
ISBN 978-85-443-0336-8

1. Física 2. Mecânica I. Título.

15-10085   CDD-531

Índices para catálogo sistemático
1. Mecânica : Física 531

Sumário

Apresentação 11
Organização didático-pedagógica 13

1 Cinemática 17
1.1 Conceitos básicos 18
1.2 Movimento em uma dimensão 27

2 Movimento bi e tridimensional 61
2.1 Localização de uma partícula em três dimensões 62
2.2 Velocidade média e velocidade instantânea
    em três dimensões 63
2.3 Aceleração média e aceleração instantânea
    em três dimensões 67
2.4 Movimento de projéteis 69
2.5 Movimento circular 82
2.6 Movimento relativo 95

3 Leis de Newton e suas aplicações 103
3.1 Primeira lei de Newton: princípio da inércia 104
3.2 Segunda lei de Newton: princípio fundamental
    da dinâmica 117
3.3 Terceira lei de Newton: princípio da ação e reação 118
3.4 Diagrama de corpo livre 119
3.5 Forças e estudo da mecânica 120
3.6 Curvas superelevadas 150

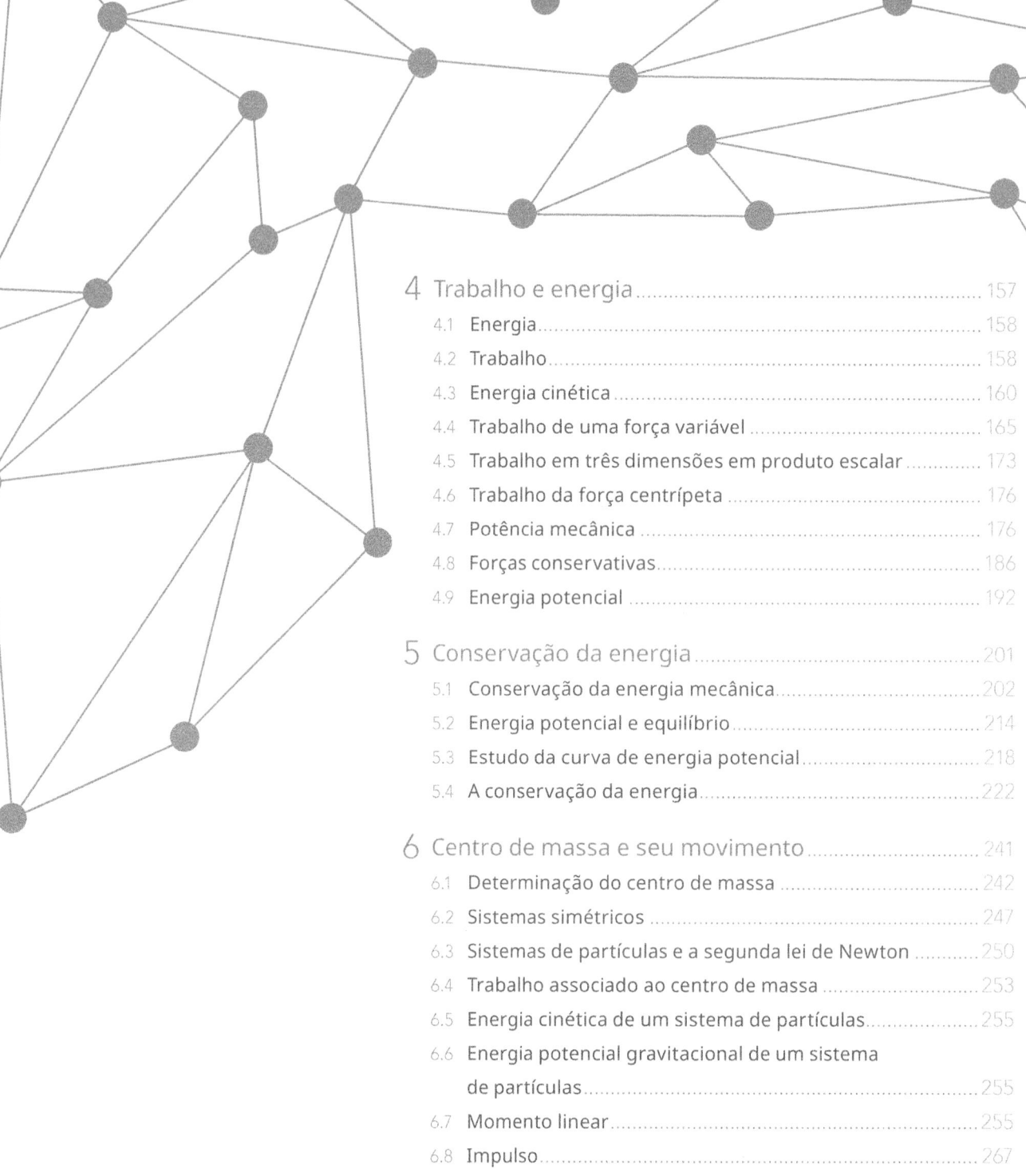

4 Trabalho e energia ... 157
- 4.1 Energia ... 158
- 4.2 Trabalho ... 158
- 4.3 Energia cinética ... 160
- 4.4 Trabalho de uma força variável ... 165
- 4.5 Trabalho em três dimensões em produto escalar ... 173
- 4.6 Trabalho da força centrípeta ... 176
- 4.7 Potência mecânica ... 176
- 4.8 Forças conservativas ... 186
- 4.9 Energia potencial ... 192

5 Conservação da energia ... 201
- 5.1 Conservação da energia mecânica ... 202
- 5.2 Energia potencial e equilíbrio ... 214
- 5.3 Estudo da curva de energia potencial ... 218
- 5.4 A conservação da energia ... 222

6 Centro de massa e seu movimento ... 241
- 6.1 Determinação do centro de massa ... 242
- 6.2 Sistemas simétricos ... 247
- 6.3 Sistemas de partículas e a segunda lei de Newton ... 250
- 6.4 Trabalho associado ao centro de massa ... 253
- 6.5 Energia cinética de um sistema de partículas ... 255
- 6.6 Energia potencial gravitacional de um sistema de partículas ... 255
- 6.7 Momento linear ... 255
- 6.8 Impulso ... 267
- 6.9 Colisões ... 270

7 Movimento de rotação 293
   7.1 Energia cinética de rotação e momento de inércia 294
   7.2 Teorema de Steiner ou teorema dos eixos paralelos 302
   7.3 Torque 306
   7.4 Rolamento sem escorregamento 317
   7.5 Potência e rotação 322
   7.6 O vetor torque 324
   7.7 Momento angular 328

Considerações finais 341
Referências 343
Bibliografia comentada 347
Respostas 353
Sobre o autor 365

Para minha filha, Gabriela,
com muito amor e carinho.

Apresentação

Esta obra foi escrita com a intenção de cumprir uma função referencial, também chamada *curricular* ou *programática*, de acordo com categorias estabelecidas por Choppin (2004, p. 553). A característica principal de material produzido com esse propósito é atender ao programa de ensino de uma ou mais unidades curriculares.

No decorrer deste livro, você perceberá que os conceitos são apresentados a partir de um nível elementar para gradativamente alcançar um grau mais avançado. Com o objetivo de explicitar tais concepções, utilizamos as ferramentas matemáticas estudadas em disciplinas como Cálculo e Geometria Analítica. Essa estratégia tem como objetivo propiciar a você o contato com conteúdos básicos e, consequentemente, a recapitulação de conhecimentos.

Por essa razão, no Capítulo 1, você estudará a cinemática unidimensional, com todas as suas simplificações. No Capítulo 2, o movimento passa a ser visto sob a ótica bi e tridimensional, de forma a explorarmos ainda mais os aspectos vetoriais das grandezas físicas.

No Capítulo 3, apresentamos as três leis de Newton, bem como suas aplicações e o alcance que elas proporcionam para a resolução de diversos tipos de problemas relacionados à mecânica.

Os conceitos necessários para entender a lei da conservação da energia, uma das leis fundamentais da física, são apresentados no Capítulo 4. No Capítulo 5, por sua vez, essa lei é discutida pormenorizadamente, com base em toda a modelagem matemática necessária para seu desenvolvimento e entendimento quantitativo.

Nos Capítulos 6 e 7, apresentamos outras duas leis fundamentais, juntamente com conceitos que permitem sua melhor

compreensão: a lei da conservação do momento linear e a lei da conservação do momento angular, respectivamente.

Use esta obra com muita determinação e entusiasmo e busque incessantemente a compreensão dos conceitos físicos nela contidos. É o esforço acima da média que fará com que você se torne um estudante e, futuramente, um profissional diferenciado, com mais recursos para enfrentar situações que exigem improviso, conhecimento e raciocínio lógico. Por isso, mãos à obra!

Organização didático-pedagógica

Esta seção tem a finalidade de apresentar os recursos de aprendizagem utilizados no decorrer da obra, de modo a evidenciar os aspectos didático-pedagógicos que nortearam o planejamento do material e como o aluno/leitor pode tirar o melhor proveito dos conteúdos para seu aprendizado.

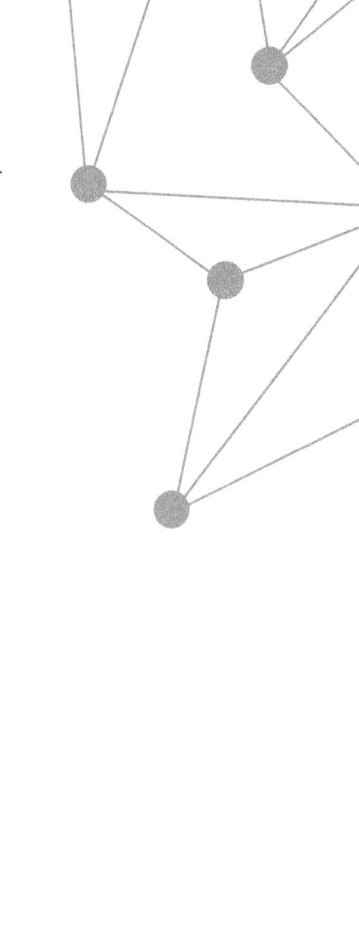

Introdução do capítulo
Logo na abertura do capítulo, você é informado a respeito dos conteúdos que nele serão abordados, bem como dos objetivos que o autor pretende alcançar.

Síntese

Você conta, nesta seção, com um recurso que o instigará a fazer uma reflexão sobre os conteúdos estudados, de modo a contribuir para que as conclusões a que você chegou sejam reafirmadas ou redefinidas.

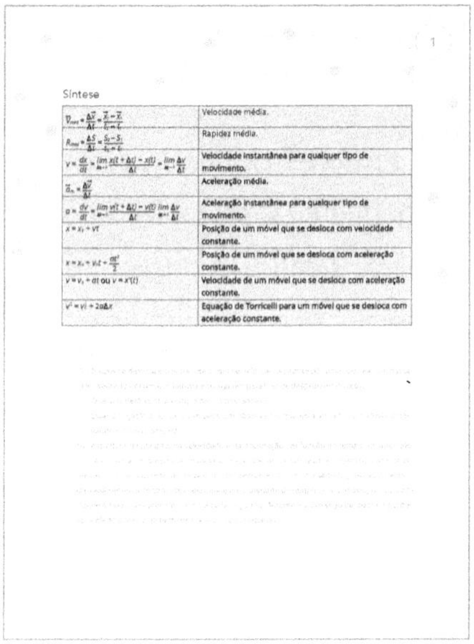

1

Síntese

$\vec{v}_{med} = \frac{\Delta\vec{x}}{\Delta t} = \frac{\vec{x}_2 - \vec{x}_1}{t_2 - t_1}$	Velocidade média.
$R_{med} = \frac{\Delta S}{\Delta t} = \frac{S_2 - S_1}{t_2 - t_1}$	Rapidez média.
$v = \frac{dx}{dt} = \lim_{\Delta t \to 0} \frac{x(t + \Delta t) - x(t)}{\Delta t} = \lim_{\Delta t \to 0} \frac{\Delta x}{\Delta t}$	Velocidade instantânea para qualquer tipo de movimento.
$\vec{a}_m = \frac{\Delta\vec{v}}{\Delta t}$	Aceleração média.
$a = \frac{dv}{dt} = \lim_{\Delta t \to 0} \frac{v(t + \Delta t) - v(t)}{\Delta t} \lim_{\Delta t \to 0} \frac{\Delta v}{\Delta t}$	Aceleração instantânea para qualquer tipo de movimento.
$x = x_i + vt$	Posição de um móvel que se desloca com velocidade constante.
$x = x_0 + v_0 t + \frac{at^2}{2}$	Posição de um móvel que se desloca com aceleração constante.
$v = v_i + at$ ou $v = x'(t)$	Velocidade de um móvel que se desloca com aceleração constante.
$v^2 = v_i^2 + 2a\Delta x$	Equação de Torricelli para um móvel que se desloca com aceleração constante.

Atividades de autoavaliação

Com estas questões objetivas, você tem a oportunidade de verificar o grau de assimilação dos conceitos examinados, motivando-se a progredir em seus estudos e a se preparar para outras atividades avaliativas.

Atividades de autoavaliação

1. Em determinado instante, o vetor velocidade de uma partícula aponta para o sul, enquanto o vetor aceleração aponta para o nordeste, conforme Figura 2.20.

Figura 2.20
Vetores velocidade e aceleração de uma partícula

N, O, L, S, $\vec{a}$, $\vec{v}$

Marque a alternativa que descreve o que acontece com o movimento subsequente da partícula.

a) Aumenta o módulo de sua velocidade e vira para o leste.
b) Aumenta o módulo de sua velocidade e vira para o oeste.
c) Diminui o módulo de sua velocidade e vira para o leste.
d) Diminui o módulo de sua velocidade e vira para o oeste.
e) Permanece com o módulo da sua velocidade constante e vira para o oeste.

2. Em um circuito circular de testes automobilísticos, um piloto dirige um carro com módulo de velocidade constante de 120 km/h. Faça um esquema mostrando a direção e o sentido dos vetores velocidade e aceleração.

103

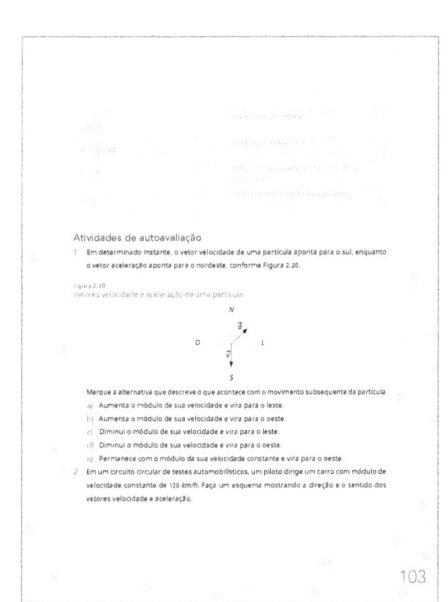

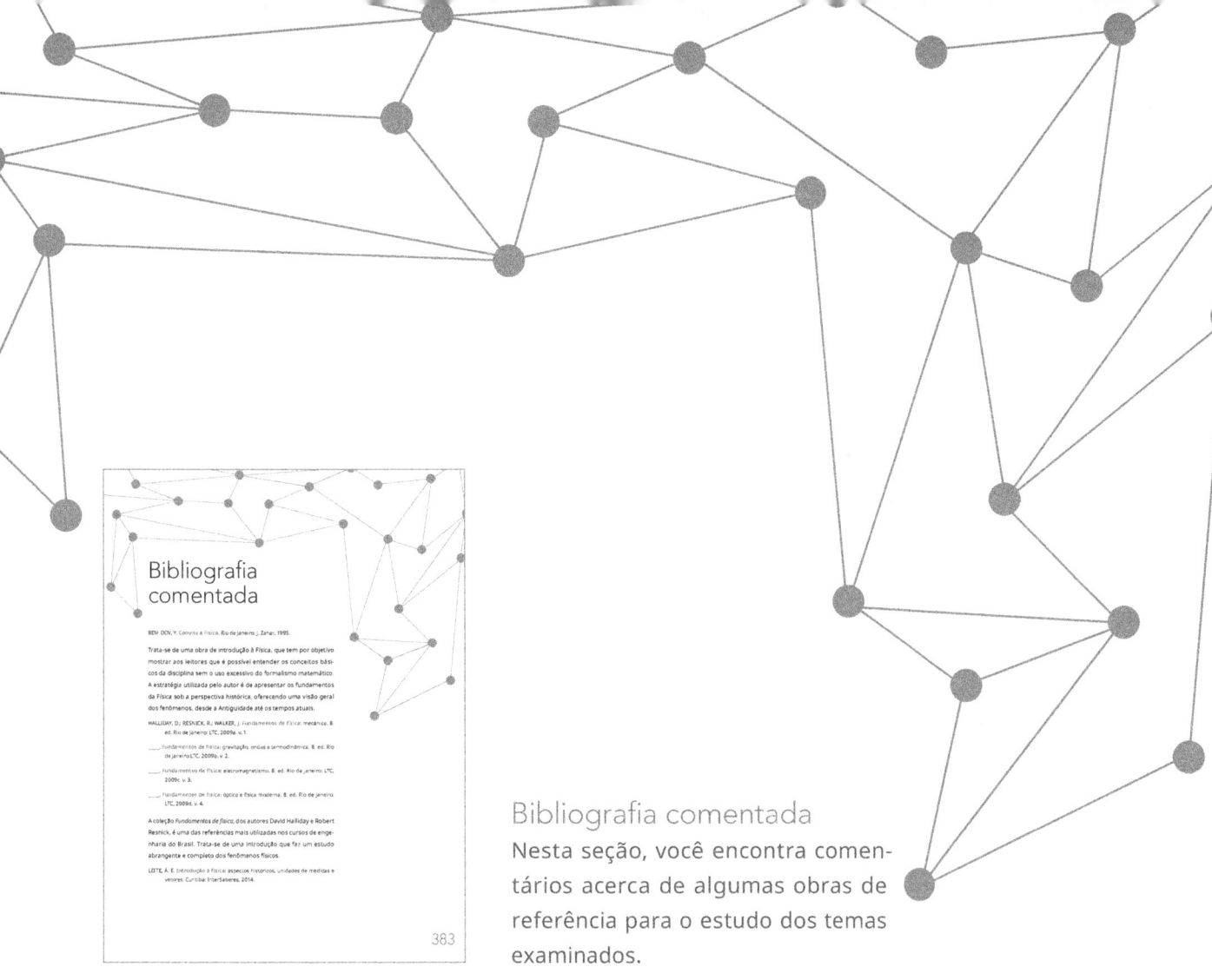

Bibliografia comentada
Nesta seção, você encontra comentários acerca de algumas obras de referência para o estudo dos temas examinados.

1. Cinemática

Cinemática

Verificaremos, neste capítulo, como os objetos se movimentam ao longo de uma linha. Para isso, utilizaremos os conceitos de *referencial, móvel, posição, movimento, repouso, trajetória, deslocamento, espaço percorrido, velocidade escalar média, velocidade escalar instantânea, aceleração*, entre outros. Inicialmente, explicaremos cada uma dessas expressões, que são bastante utilizadas no estudo dos fenômenos físicos. Comecemos por demonstrar e delimitar o campo de atuação das subdivisões mais usuais da mecânica: a cinemática, a estática e a dinâmica.

- **Cinemática**: estuda o movimento dos corpos sem se preocupar em investigar as causas que lhe deram origem ou que o modificaram.
- **Estática**: estuda corpos em equilíbrio, considerando nula a somatória das forças externas que atuam sobre os corpos. Por isso, a aceleração do sistema também é nula.
- **Dinâmica**: estuda as causas do movimento dos corpos e os fatores que fazem com que eles alterem seus estados de movimento.

Ao estudarmos o movimento de um foguete no âmbito da cinemática, não nos preocuparemos com os agentes que fazem com que o dispositivo entre em movimento ou que, de alguma forma, modificam seu estado de movimento. Também não é da alçada da cinemática se preocupar com o peso do foguete. Nesse ramo da mecânica, estaremos simplesmente interessados em descrever o movimento dos corpos.

Para facilitar o estudo, podemos ainda dividir a cinemática em **cinemática escalar** e **cinemática vetorial**. A primeira consiste no estudo do movimento dos corpos sem se levar em conta sua direção ou mudança de direção. Em outras palavras, pressupõe a observação da intensidade das grandezas físicas envolvidas no movimento (o valor numérico grandeza física acompanhado da unidade de medida). Já a segunda, como o próprio nome diz, consiste no estudo das grandezas físicas e do movimento dos corpos do ponto de vista vetorial, levando em consideração a intensidade da grandeza, a direção e o sentido.

1.1 Conceitos básicos

No estudo da física, um corpo pode ser considerado como uma **partícula** ou um **objeto extenso**. Uma partícula, ou corpo pontual, é um objeto material qualquer que apresenta dimensões desprezíveis diante das medidas que estão sendo observadas. Já um corpo extenso, ao contrário da partícula, é aquele cujas dimensões não são desprezíveis diante das medidas que estão sendo observadas.

> Em 1986, Ayrton Senna, um dos maiores ídolos do esporte brasileiro, saiu vitorioso do Grande Prêmio (GP) de Fórmula 1 da Espanha, tendo cruzado a linha de chegada meio carro à frente do inglês Nigel Mansell, que pilotava uma quase imbatível Williams.
>
> Em uma competição dessa categoria automobilística, ganha a corrida o piloto que faz com que o bico do carro cruze primeiro a linha de chegada. Podemos dizer que o que importa nos metros finais de uma corrida é o deslocamento do ponto mais extremo do bico do carro. Esse tipo de simplificação pode também ser feita em física. Muitas vezes, para descrevermos o movimento de um objeto, temos somente que eleger um ponto pertencente a ele.

Indiferentemente de o corpo ser pontual ou extenso, precisamos saber localizar o objeto no espaço e no tempo para descrever seus movimentos. Esse procedimento é possível se adotarmos um **ponto** ou **sistema de referência**. Para isso, são necessárias algumas definições adicionais:

> - **Referencial**: é um corpo (ou conjunto de corpos) ou sistema usado como referência para realizar medidas de posição, velocidade, aceleração e outras grandezas de outros corpos ou sistemas.
> - **Movimento**: é a mudança de posição, com o passar do tempo, de um objeto em relação a determinado referencial.
> - **Repouso**: é a invariância da posição de um objeto, com o passar do tempo, em relação a determinado referencial.

Para que os conceitos fiquem mais claros, consideremos que em dado instante um carro passa por um poste. Após 10 segundos, ele está à distância de 30 metros da estrutura. Nesse caso, o movimento do carro está sendo observado em relação ao poste, escolhido como referencial adotado.

Por vezes, é conveniente adotar um sistema de coordenadas ortogonais para descrever o movimento de um corpo. Considere, por exemplo, a posição de um jogador em um campo de futebol, conforme se vê na Figura 1.1.

> É importante ressaltarmos que o movimento de um corpo está intimamente relacionado com o referencial adotado. Por exemplo: o passageiro de um avião que está devidamente sentado em sua poltrona, em relação ao referencial da aeronave, encontra-se em repouso. Já em relação ao referencial da Terra, o passageiro está em movimento e com a mesma velocidade do modal.

Cinemática

Figura 1.1
Sistema de coordenadas ortogonais associado a um campo de futebol

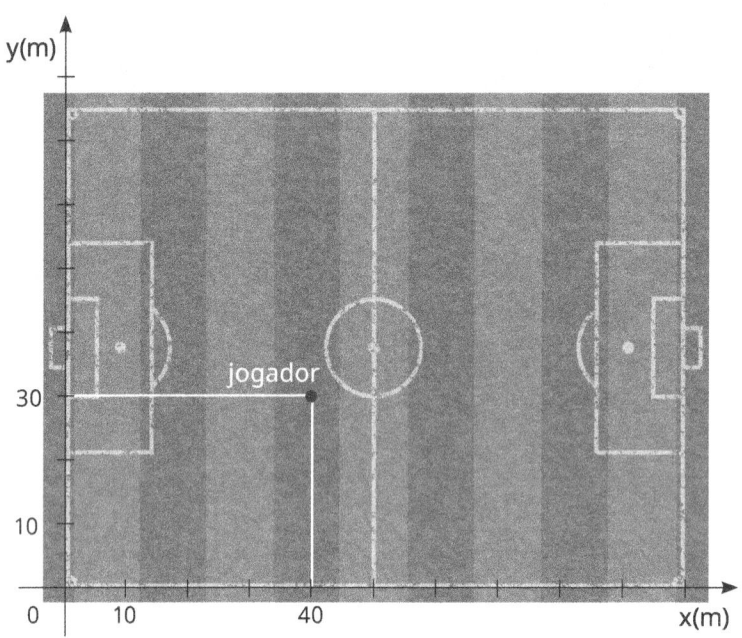

Note que tomamos o próprio campo de futebol como referencial, associando a ele um sistema de coordenadas ortogonais xy, em que o jogador ocupa a posição x = 40 m (abscissa) e y = 30 m (ordenada).

Além da posição, em relação ao referencial adotado, poderíamos determinar a velocidade e a aceleração do jogador, considerando sua trajetória, o espaço percorrido e seu deslocamento.

- Trajetória: são os lugares geométricos onde estão localizados os pontos ocupados pelo corpo que está em movimento em relação a um referencial adotado.
- Espaço percorrido: distância efetivamente percorrida ao longo da trajetória.
- Deslocamento: diferença entre as posições final e inicial do corpo.

Assim, a distância que o corpo efetivamente percorreu pela trajetória é chamada de *espaço percorrido* (S), enquanto o deslocamento (d) é determinado pela variação da sua posição. Como exemplo, suponhamos que, no instante de tempo t = 0 s, o jogador estava na posição *A* (x = 40 m e y = 30 m) e que, após 30 s, ele tenha percorrido a trajetória indicada pela linha tracejada na figura a seguir, tendo em *B* (x = 80 m e y = 30 m) sua posição final.

Figura 1.2
Diferença entre deslocamento e espaço percorrido

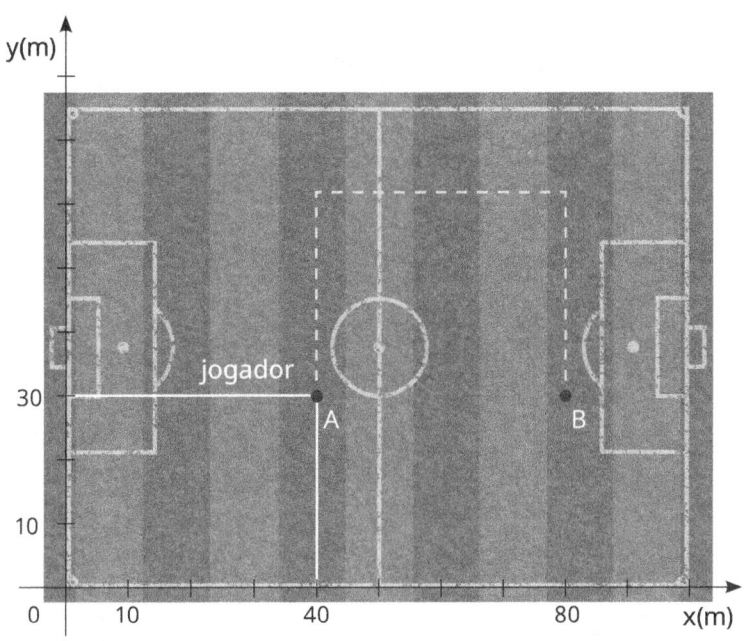

A diferença entre *espaço percorrido* e *deslocamento* pode ser evidenciada com a ajuda da Figura 1.2:

- O espaço percorrido pelo jogador sobre a trajetória foi de 100 m (30 m + 40 m + 30 m = 100 m).
- Já o deslocamento do competidor, nesse caso, é de 40 m (80 m − 40 m = 40 m), é calculado pela menor distância entre suas posições final e inicial.

É válido destacarmos que enquanto o deslocamento é uma grandeza física vetorial, o espaço percorrido é uma grandeza física escalar. Sendo assim, para que um deslocamento seja adequadamente definido, precisamos ainda apontar sua direção e seu sentido.

Note também que tanto a grandeza **deslocamento** quanto a **espaço percorrido** apresentam dimensões de comprimento. Logo, a unidade SI (Sistema Internacional de Unidades) é o metro (m) para ambas.

Exemplo 1.1

Na Figura 1.3 consta o trajeto que Gabriela faz para ir de sua casa (ponto A) à escola (ponto B). Note que ao mapa está vinculado um sistema ortogonal de coordenadas xy.

Figura 1.3
Trajeto de uma pessoa associado a um plano cartesiano

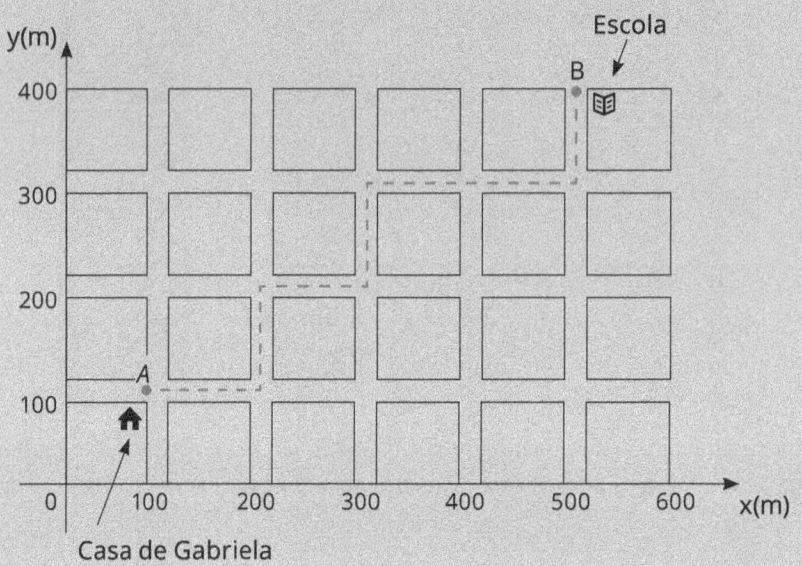

a. Qual é o espaço percorrido por Gabriela de sua casa até a escola?
b. Qual é o módulo do deslocamento que Gabriela realiza entre sua casa e a escola?

Resolução

a. O espaço percorrido é o comprimento da trajetória, que, nesse caso, está representado pela linha tracejada e equivale a 700 m. Assim,
Δs = 700 m

b. O deslocamento é a diferença entre a posição final e a posição inicial do objeto. Nesse caso, a posição inicial de Gabriela é o ponto A e a final é o ponto B. O deslocamento é o comprimento da linha reta que une esses dois pontos, conforme a Figura 1.4.

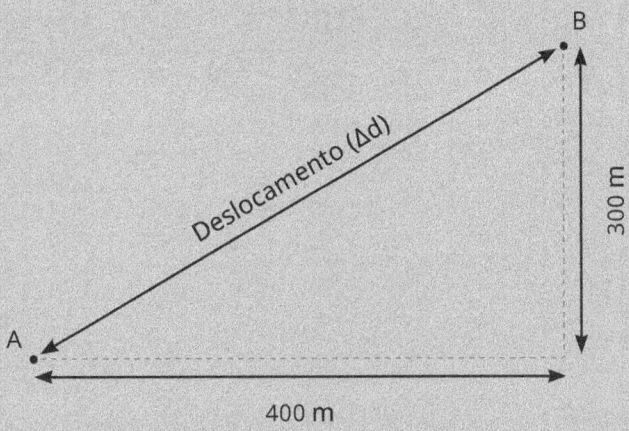

Figura 1.4
A hipotenusa do triângulo retângulo é igual ao deslocamento

Para calcular o módulo do deslocamento Δx, basta aplicar o teorema de Pitágoras ao triângulo retângulo desenhado. Assim:

$\Delta d^2 = 400^2 + 300^2$

$\Delta d^2 = 160\,000 + 90\,000 = 250\,000$

$\Delta d = \sqrt{250\,000} = 500$ m

Portanto, o módulo do deslocamento entre a casa de Gabriela e a escola é de 500 m.

Visto que o movimento de um corpo depende do referencial adotado, a trajetória do objeto também se altera de acordo com esse referencial. Tomemos como exemplo a situação descrita na Figura 1.5: um avião, voando com velocidade constante e em linha reta em relação ao referencial da Terra, solta um *kit* de sobrevivência para um grupo de pessoas isolado.

As posições (a), (b) e (c) do avião e do *kit* foram tomadas em intervalos de tempos iguais e, para analisarmos a queda do *kit*, a resistência do ar foi desconsiderada.

Figura 1.5
Lançamento parabólico realizado por um avião

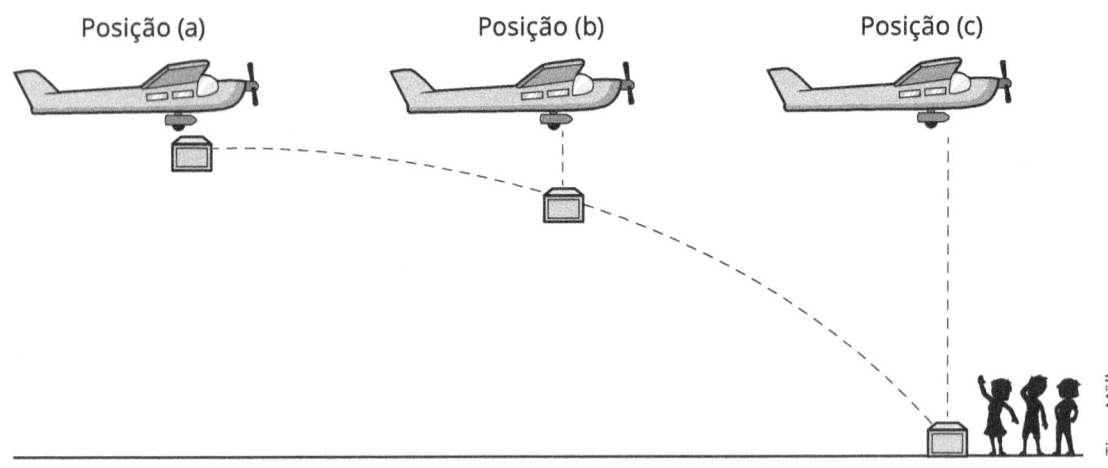

Assim, a trajetória do *kit* de sobrevivência pode ser:
- uma linha reta vertical, se o avião for o referencial escolhido;
- uma linha parabólica, se a Terra for o referencial escolhido;
- um ponto, caso o referencial adotado for o próprio *kit* de sobrevivência.

Neste livro, quando o referencial não for citado, significa que adotamos a Terra como referencial.

Para melhor estudarmos o movimento dos corpos, é comum estabelecermos uma origem e uma orientação para a trajetória conhecida. Por exemplo: suponha que a rodovia que liga três cidades (A, B e C) descreva a trajetória dada por uma linha, conforme a Figura 1.6.

Figura 1.6
Representação hipotética da trajetória que liga três cidades

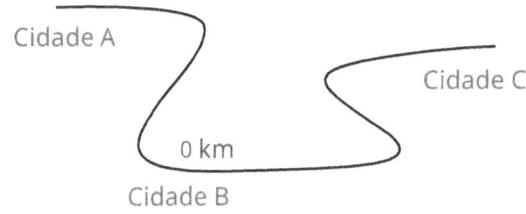

Imagine que a cidade A está a 60 km de distância da cidade B, que, por sua vez, está a 80 km da cidade C. Suponha também que a origem da trajetória se encontra na cidade B. Imagine agora que você queira descrever o movimento de um carro que se encontra a 50 km da origem sobre essa trajetória. É possível dizer se o carro está mais próximo da cidade A ou da cidade B somente com essa informação?

Note que a informação "se encontra a 50 km da origem" determina duas posições na trajetória, pois o carro pode estar a 50 km à direita ou à esquerda da cidade B. É fácil concluirmos que, para que a posição do carro seja precisamente determinada, ainda precisamos definir uma orientação para esse trajeto. Esse procedimento pode ser feito com o auxílio de uma seta, conforme mostra a Figura 1.7. Em geral, convenciona-se que o sentido para o qual a a seta aponta é o dos valores positivos da trajetória; no sentido oposto, ficam os valores negativos.

Assim, utilizando os sinais "+" e "–", podemos afirmar se um móvel está à direita ou à esquerda da origem da trajetória. A Figura 1.7 mostra uma trajetória hipotética entre três cidades, A, B e C. Colocamos arbitrariamente a origem na cidade B.

Figura 1.7
Representação das distâncias da trajetória hipotética que liga três cidades

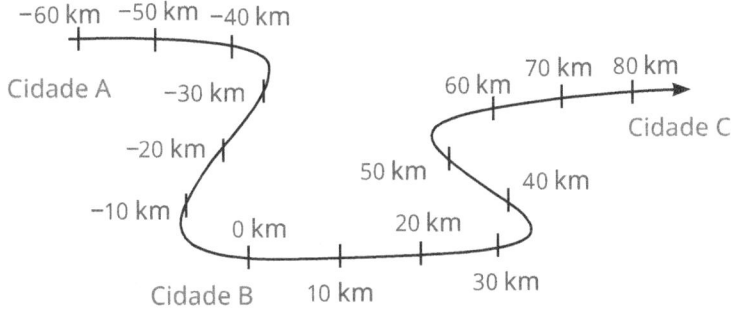

Agora, sim, se falarmos que um móvel está na posição –50 km da trajetória, saberemos que ele está a 10 km da cidade A, ou então, se dissermos que o móvel está na posição *50 km* desse mesmo caminho, saberemos que ele está a 30 km da cidade C.

1.1.1 Movimento progressivo e retrógrado

Quando um móvel se desloca no mesmo sentido que o da orientação da trajetória, dizemos que seu movimento é **progressivo**. Se, ao contrário, o móvel se desloca no sentido contrário ao adotado para a trajetória, afirmamos que o seu movimento é **retrógrado**. Vejamos as Figuras 1.8 e 1.9.

Figura 1.8
Movimento progressivo: o móvel se desloca a favor da orientação da trajetória

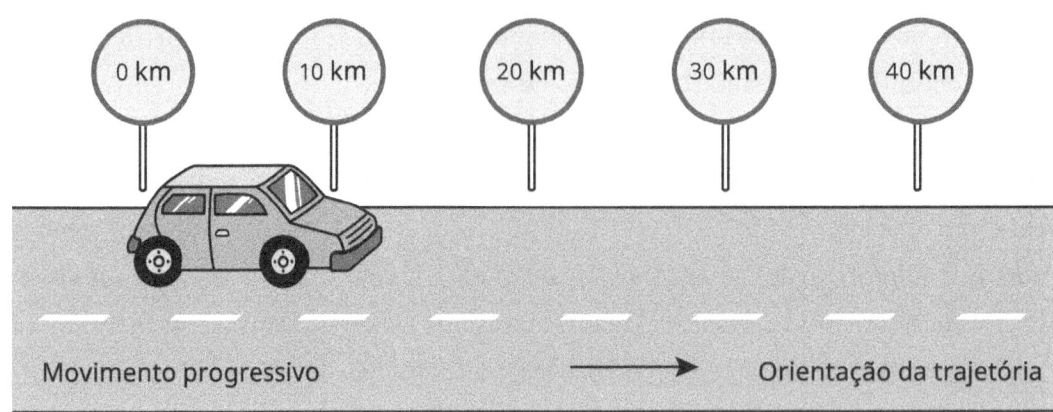

O carro está se deslocando no mesmo sentido da trajetória. Portanto, o movimento é progressivo.

Figura 1.9
Movimento retrógrado: o móvel se desloca contra a orientação da trajetória

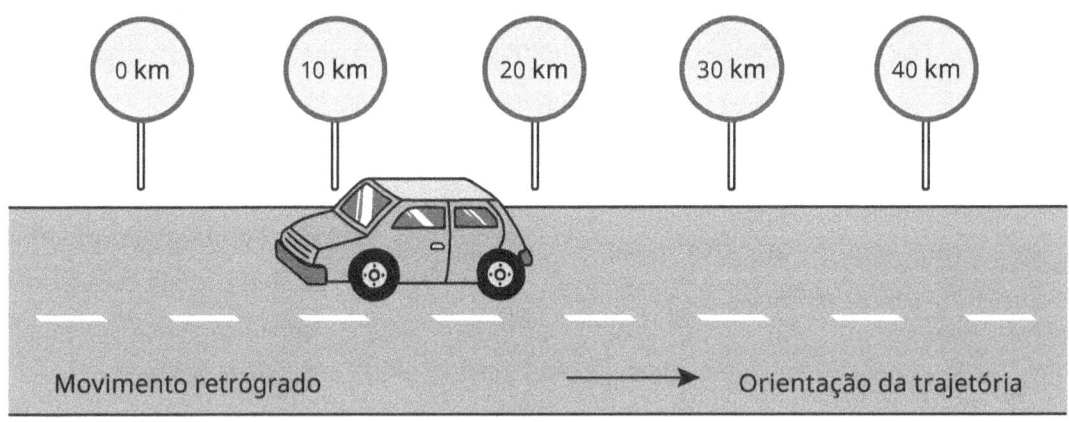

O carro está se deslocando no sentido contrário ao da orientação da trajetória. Portanto, o movimento é retrógrado.

Exemplo 1.2

Uma ferrovia liga quatro estações, representadas na Figura 1.10 pelas letras A, B, C e D. Considerando que a origem da ferrovia foi estabelecida na cidade C, determine as posições das estações A, B, C e D.

Figura 1.10
Representação da trajetória de uma ferrovia

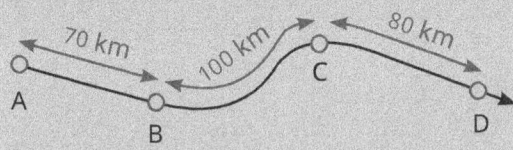

Resolução

A estação C está na origem. Logo, $x_C = 0$ km.

A distância de B à origem (estação C) é de 100 km. No entanto, como a origem está orientada no sentido de B para C, a posição da estação B é $x_B = -100$ km.

Da mesma forma, a estação A está a 170 km da origem no sentido negativo da trajetória. Assim, $x_A = -170$ km

Já a estação D está localizada a 80 km da origem no sentido positivo da trajetória. Portanto, $x_D = 80$ km.

1.2 Movimento em uma dimensão

Nesta seção, abordaremos a parte mais simples da cinemática: o movimento ao longo de uma linha (movimento unidimensional).

Já apresentamos a diferença entre *espaço percorrido* e *deslocamento*. No movimento unidimensional, o deslocamento de uma partícula é equivalente à variação da sua posição ao longo de uma linha. Ele é positivo se a variação da posição acontecer no sentido positivo da orientação da linha (trajetória), e negativo se a variação ocorrer no sentido negativo.

Já o espaço percorrido somente será diferente do deslocamento se o móvel retroceder em algum momento ao longo da trajetória. Por exemplo: na Figura 1.11, consideremos que o ponto A representa uma das bordas de uma piscina de 50 m de comprimento, e o ponto B, a borda oposta. Suponhamos que um nadador saiu de A, foi até B, voltou para A e novamente foi até B.

Figura 1.11
Deslocamento de um nadador em uma piscina

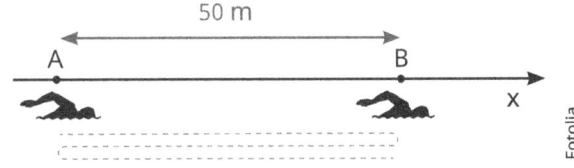

Ao final desse trajeto, o nadador percorreu um espaço $\Delta S = 150$ m. Entretanto, o módulo do seu deslo-

Cinemática

camento (Δx) foi de apenas 50 m, ou seja, Δx = 50 m. Caso tivesse retornado para o ponto A, o módulo do seu deslocamento seria zero.

1.2.1 Velocidade média e rapidez média

Uma maneira de descrever o movimento de um corpo é fazer um gráfico da sua posição x em função do tempo t (gráfico x(t)). O Gráfico 1.1 representa a posição de um ciclista como função do tempo. Inicialmente, o ciclista está na posição x = −20 m e, em seguida, desloca-se no sentido positivo de uma trajetória retilínea. Em t = 4 s, o ciclista está em x = 0 m (na origem) e continua a se deslocar em linha reta no sentido de valores maiores de x. Em t = 9 s, o ciclista está na posição x = 30 m.

Gráfico 1.1
Velocidade média de um ciclista que se move com velocidade variável

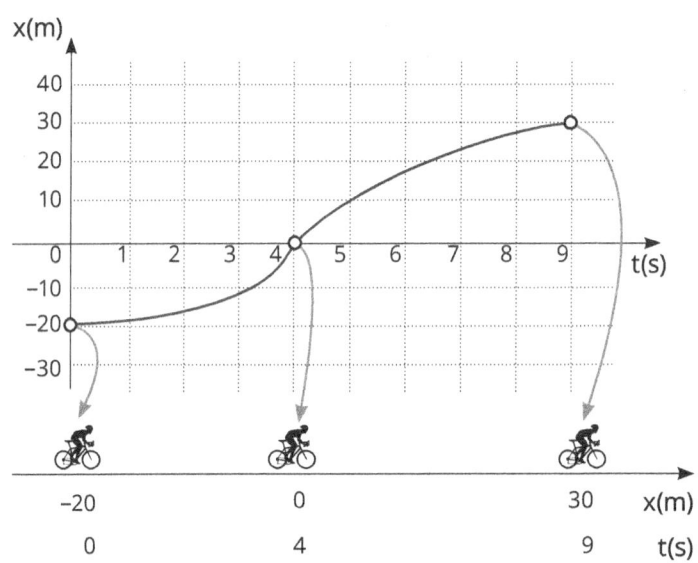

É importante termos em mente que fazer um gráfico da posição de um móvel em relação ao tempo é bastante útil. Assim, poderemos ter ideia da velocidade e da rapidez com que o ciclista se desloca ao longo de todo o percurso. A seguir, temos as definições que permitem entender a diferença entre *velocidade média* e *rapidez média*.

- **Velocidade média ($\vec{v}_{med}$):** grandeza vetorial obtida pela razão entre o deslocamento ($\Delta \vec{x}$) do móvel e o correspondente intervalo de tempo.

$$\vec{v}_{med} = \frac{\Delta \vec{x}}{\Delta t} = \frac{\vec{x}_2 - \vec{x}_1}{t_2 - t_1}$$

- **Rapidez média (R_{med}):** grandeza escalar obtida pela razão entre o espaço percorrido (Δs) pelo móvel e o correspondente intervalo de tempo.

$$R_{med} = \frac{\Delta S}{\Delta t} = \frac{S_2 - S_1}{t_2 - t_1}$$

Quando o movimento do corpo ocorre em uma dimensão e não há alteração no seu sentido, o módulo da velocidade média é igual ao da rapidez média.

Note também que as dimensões de velocidade e rapidez são as mesmas: comprimento dividido por tempo, ou seja, LT^{-1}. Logo, a unidade SI dessas grandezas é o **metro por segundo (m/s)**.

Exemplo 1.3

O nadador a quem nos referimos no início da seção (Figura 1.11) realizou o percurso retilíneo de *A* até *B*, voltou para *A* e foi novamente até *B* em 6 minutos e 40 segundos. Sabendo dessas informações:

a. Calcule sua rapidez média.
b. Calcule o módulo da sua velocidade média.

Resolução

a. A rapidez média é calculada pela razão entre o espaço efetivamente percorrido pelo intervalo de tempo. O nadador percorreu a distância total de 150 m em um intervalo de tempo de 400 s. Assim:

$$R_{med} = \frac{\Delta S}{\Delta t}$$

$$R_{med} = \frac{150 \text{ m}}{400 \text{ s}} = 0{,}375 \text{ m/s}$$

b. Já o módulo da velocidade média é calculado pela razão entre o deslocamento total e o correspondente intervalo de tempo. O nadador se deslocou 50 m em 400 s. Assim:

$$v_{med} = \frac{\Delta x}{\Delta t}$$

$$v_{med} = \frac{50 \text{ m}}{400 \text{ s}} = 0{,}125 \text{ m/s}$$

Em um gráfico da posição como função do tempo, o vetor *velocidade média* pode ser calculado traçando-se uma reta secante à curva que une os pontos que indicam as posições inicial e final. O módulo da velocidade média é numericamente igual à inclinação dessa reta.

Cinemática

No Gráfico 1.2, a linha *A* é a curva da função x(t). Para o intervalo de tempo de t = 5 s a t = 30 s, traçamos a reta secante (*B*) à curva que une os pontos correspondentes. A inclinação dessa reta é calculada pela razão Δx/Δt.

Gráfico 1.2
O módulo da velocidade média de um móvel é numericamente igual à inclinação da reta secante à curva da posição do móvel *versus* o tempo

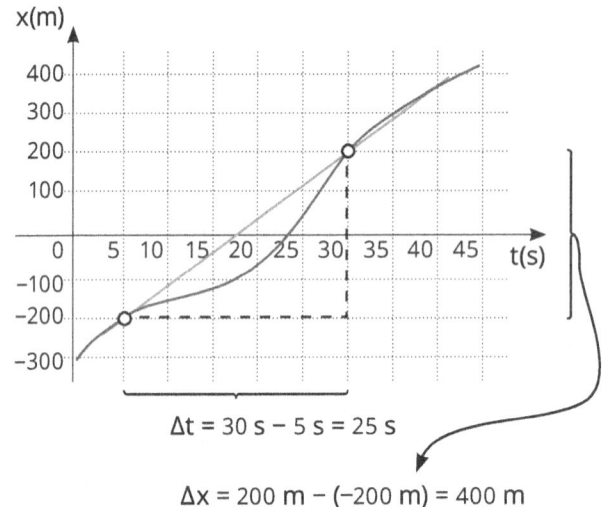

Δt = 30 s − 5 s = 25 s

Δx = 200 m − (−200 m) = 400 m

O módulo da velocidade média do corpo para este intervalo é:

$$v_{med} = \frac{400 \text{ m}}{25 \text{ s}} = 16 \text{ m/s}$$

É válido destacarmos que a inclinação da reta é positiva quando, para valores crescentes de t, obtêm-se também valores crescentes de x. No entanto, ela é negativa quando, para valores crescentes de t, obtêm-se valores decrescentes de x.

> **Exemplo 1.4**
>
> Um ciclista pedala por uma rodovia retilínea por 6 km a 24 km/h, até que para por ter um dos pneus furados. Durante mais 30 minutos, ele empurra a bicicleta por 3 km até chegar à borracharia mais próxima. Calcule:
>
> a. O tempo total que o ciclista levou para percorrer os 9 km.
> b. O módulo da velocidade média com que o ciclista realizou todo o percurso.
>
> Em seguida, produza o gráfico x(t) e trace a reta cuja inclinação é numericamente igual ao módulo da velocidade média calculada no item (b).

Resolução

a. Calculemos o intervalo que o ciclista passou pedalando. Sabemos que:

$$v_{med} = \frac{\Delta x}{\Delta t}$$

Substituindo os valores conhecidos, temos:

$$24 \text{ km/h} = \frac{6 \text{ km}}{\Delta t_1}$$

Assim:

$$\Delta t_1 = \frac{6 \text{ km}}{24 \text{ km/h}} = 0{,}25 \text{ h} = 15 \text{ min}$$

O intervalo total é equivalente a:

$$\Delta t_t = \Delta t_1 + \Delta t_2 = 15 \text{ min} + 30 \text{ min} = 45 \text{ min} = 0{,}75 \text{ h}$$

b. O módulo da velocidade média é equivalente ao deslocamento total $\Delta x_t = 9$ km dividido pelo intervalo de tempo total $\Delta t_t = 0{,}75$ h. Assim:

$$v_{med} = \frac{9 \text{ km}}{0{,}75 \text{ h}} = 12 \text{ km/h}$$

O Gráfico 1.3 apresenta a velocidade média do ciclista em função do tempo.

Gráfico 1.3
Velocidade média de um ciclista

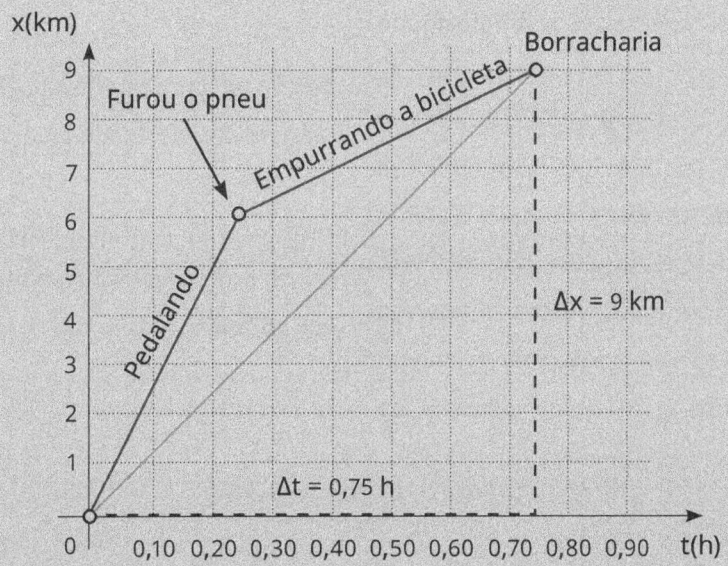

A inclinação da reta A é numericamente igual ao módulo da velocidade média do ciclista.

1.2.2 Velocidade instantânea e rapidez instantânea

A velocidade média de um corpo não nos fornece informações sobre sua velocidade durante todo o percurso. Suponha que a distância entre sua casa e o mercado é de 2 km e que o trajeto é uma linha reta. Em determinado dia, você levou 1 h para realizar a trajetória. Sabemos que o módulo da sua velocidade média foi de

$$v_{med} = \frac{2\,km}{1\,h} = 2\,km/h$$

Entretanto, não sabemos nada a respeito do módulo de sua velocidade em cada instante. É muito provável que, para ter levado 1 h para percorrer 2 km, você tenha parado em algum outro lugar, ou o carro tenha quebrado, entre outras possibilidades. Para descrevermos os detalhes do seu movimento, precisaríamos conhecer mais sobre sua velocidade instantânea.

O Gráfico 1.4 descreve posição (x) de um corpo em função do tempo (t). Note que para cada intervalo de tempo é possível obter o módulo da velocidade média por meio do cálculo da correspondente inclinação da reta secante. Quanto menor o intervalo de tempo a partir do ponto p, mais a inclinação da respectiva reta se aproxima da inclinação da reta tangente a esse ponto (reta A). A inclinação dessa reta tangente é numericamente igual ao módulo da **velocidade instantânea** do corpo no instante de tempo t_p.

Gráfico 1.4
O módulo da velocidade instantânea de um móvel é numericamente igual à inclinação da reta tangente à curva da posição do móvel *versus* o tempo

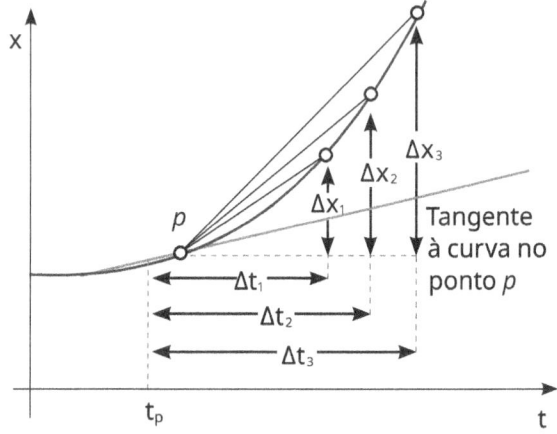

Calcular o módulo da velocidade instantânea de um corpo nada mais é do que calcular o módulo da velocidade média para um pequeno intervalo Δt. Quando esse intervalo tende a zero ($\Delta t \to 0$), o módulo da velocidade média tende para o valor do módulo da velocidade instantânea ($v_m \to v_{inst}$).

Exemplo 1.5

O Gráfico 1.5 descreve a posição de um móvel em função do tempo.

Gráfico 1.5
Posição de um móvel *versus* tempo

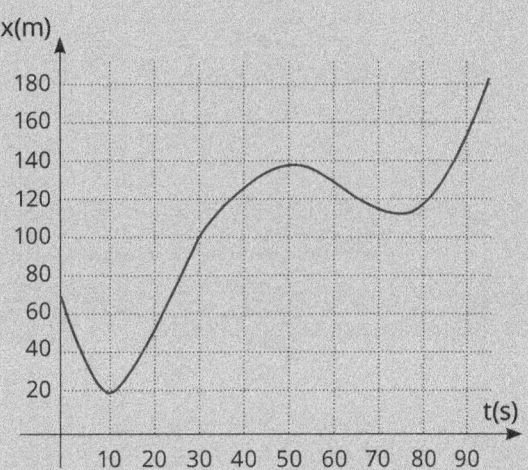

Calcule, graficamente, o módulo da velocidade instantânea do móvel nos seguintes instantes de tempo: (a) 10 s, (b) 40 s, (c) 65 s e, em seguida, (d) indique as posições em que o móvel se encontra instantaneamente em repouso.

Resolução

a. Traçamos uma reta tangente à curva no instante de tempo t = 10 s, conforme o Gráfico 1.6.

Gráfico 1.6
Tangente à curva da posição *versus* tempo no instante 10 s

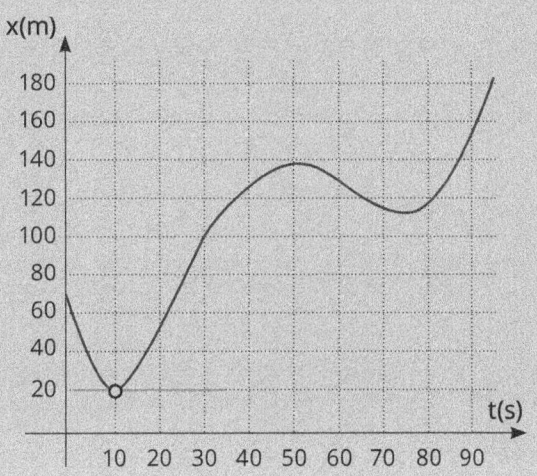

Nesse ponto, a reta tangente é paralela ao eixo dos tempos. Assim, sua inclinação vale zero. Consequentemente, a velocidade instantânea do móvel no instante de tempo t = 10 s é zero, ou seja, o móvel está em repouso.

$v_{inst} = 0$ m/s

b. No instante de tempo t = 40 s, a inclinação da reta tangente é positiva. Podemos calcular sua inclinação imaginando um triângulo retângulo, conforme o Gráfico 1.7.

Gráfico 1.7
Tangente à curva da posição *versus* tempo no instante 40 s

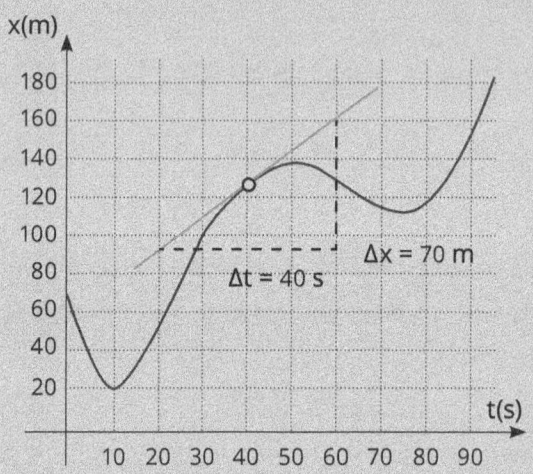

O módulo da velocidade instantânea em t = 40 s é obtida pela seguinte razão:

$$v_{inst} = \frac{70 \text{ m}}{40 \text{ s}} = 1{,}75 \text{ m/s}$$

Para esse instante, a inclinação da reta tangente é positiva, ou seja, o móvel está se deslocando no mesmo sentido da trajetória (movimento progressivo).

c. Para calcularmos a velocidade em t = 65 s, o procedimento é o mesmo, porém, observamos que a inclinação da reta tangente à curva é negativa, conforme mostra o Gráfico 1.8.

Gráfico 1.8
Tangente à curva da posição *versus* tempo no instante 65 s

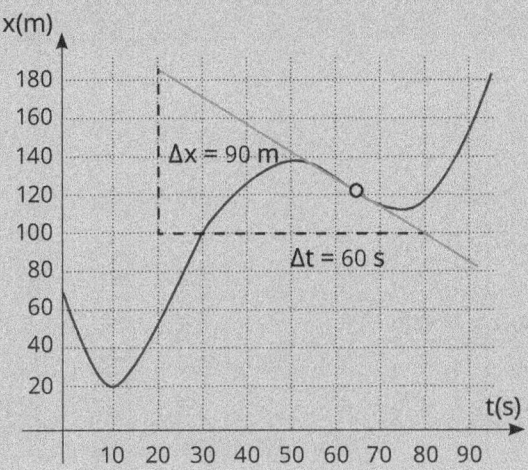

Assim, o módulo da velocidade instantânea em t = 65 s é:

$$v_{inst} = \frac{-90 \text{ m}}{60 \text{ s}} = -1,5 \text{ m/s}$$

Observe que, nesse caso, a inclinação da reta tangente é negativa, o que indica que o móvel está se deslocando no sentido contrário ao da orientação da trajetória (movimento retrógrado).

d. As posições em que o móvel se encontra instantaneamente em repouso são correspondentes aos pontos do gráfico em que a reta tangente à curva é paralela ao eixo dos tempos, conforme demonstra o Gráfico 1.9. Essas posições podem ser obtidas por meio da projeção das retas tangentes no eixo das posições.

Cinemática

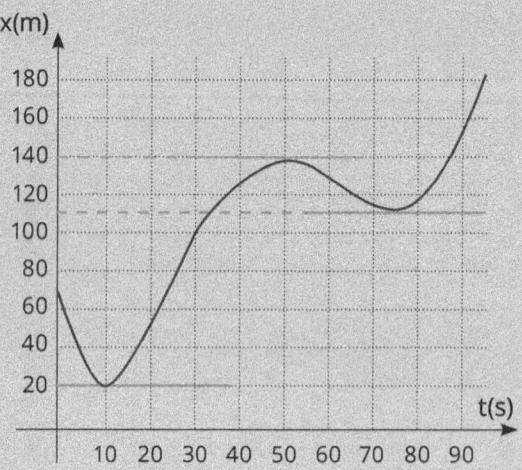

Gráfico 1.9
Tangentes à curva nos instantes em que o móvel está em repouso

Os instantes e as respectivas posições em que o móvel se encontra instantaneamente em repouso são as seguintes:

t = 10 s → x = 18 m

t = 50 s → x = 138 m

t = 75 s → x = 112 m

O exemplo anterior mostrou como calcular graficamente o módulo da velocidade instantânea de um corpo. Quando não dispomos de um gráfico da posição do móvel pelo tempo (ou não queremos desenhá-lo), podemos calcular o módulo da velocidade instantânea utilizando as ferramentas do **cálculo diferencial**.

Para isso, precisamos conhecer a função temporal que descreve a posição do corpo e utilizar a ideia de limites.

$$v_{inst} = \lim_{\Delta t \to 0} \frac{x(t + \Delta t) - x(t)}{\Delta t} = \lim_{\Delta t \to 0} \frac{\Delta x}{\Delta t}$$

Em cálculo, esse limite é a derivada da posição do corpo em relação ao tempo, ou seja, $\frac{dx}{dt}$ (ou simplesmente $x'(t)$). Vejamos o Exemplo 1.6, que nos permite verificar a utilização dessa ideia.

Exemplo 1.6

Para o intervalo de tempo t = 0 s e t = 15 s, a posição de um carro de corrida que parte do repouso em relação a um referencial é descrita pela função x = 2t² (em unidades do SI).

a. Encontre a função que permite calcular a velocidade do carro em qualquer instante pertencente ao intervalo.
b. Calcule a velocidade do carro nos instantes t = 2 s, t = 7 s e t = 15 s.

Resolução

a. Utilizemos limites para calcular o módulo da velocidade instantânea:

$$v_{inst} = \lim_{\Delta t \to 0} \frac{\Delta x}{\Delta t} = \lim_{\Delta t \to 0} \frac{x(t + \Delta t) - x(t)}{\Delta t}$$

A posição do carro é descrita por:

$x(t) = 2t^2$

Em um instante subsequente t + Δt, a posição do carro será x(t + Δt). Assim:

$x(t + \Delta t) = 2(t + \Delta t)^2 = 2(t^2 + 2t\Delta t + \Delta t^2) = 2t^2 + 4t\Delta t + 2\Delta t^2$

Substituindo as duas últimas equações na equação do módulo da velocidade instantânea, temos:

$$v_{inst} = \lim_{\Delta t \to 0} \frac{2t^2 + 4t\Delta t + 2\Delta t^2 - 2t^2}{\Delta t}$$

Fazendo as simplificações possíveis, obtemos:

$$v_{inst} = \lim_{\Delta t \to 0} (4t + 2\Delta t)$$

Quando Δt tende a zero (Δt → 0), o módulo da velocidade instantânea é

$v_{inst} = 4t$

Essa equação permite calcular a velocidade do carro para qualquer instante dentro do intervalo fornecido pelo enunciado.

b. Utilizando o resultado obtido em (a), temos:

Instante de tempo (s)	Cálculo	Velocidade instantânea (m/s)
2	$v_{inst} = 4 \cdot 2$	$v_{inst} = 8$ m/s
7	$v_{inst} = 4 \cdot 7$	$v_{inst} = 28$ m/s
15	$v_{inst} = 4 \cdot 15$	$v_{inst} = 60$ m/s

Neste livro, adotaremos como convenção chamar a **velocidade instantânea** apenas de **velocidade**. Assim, nas equações e funções, ao invés de escrevermos v_{inst}, escreveremos simplesmente v. Da mesma forma, utilizaremos somente o termo *rapidez* para nos referirmos à **rapidez instantânea**.

1.2.3 Aceleração média

Quando o vetor *velocidade* de um corpo varia com o tempo, dizemos que o corpo foi acelerado. Assim, a aceleração média é definida como a razão entre a variação de velocidade e a variação do tempo:

$$\vec{a}_m = \frac{\Delta \vec{v}}{\Delta t}$$

Assim como a velocidade, a aceleração é uma grandeza vetorial e, por isso, necessita da especificação de um módulo, direção e sentido para ser definida. A dimensão da grandeza *aceleração* é o comprimento dividido pelo tempo ao quadrado (LT^{-2}). Logo, sua unidade de acordo com o SI é o metro por segundo ao quadrado (m/s^2).

Uma vez que, no movimento unidimensional, os vetores são nulos e somente podem estar orientados no mesmo sentido ou contra a trajetória, assumiremos que a aceleração é positiva se o vetor estiver orientado no mesmo sentido da trajetória e negativa, no sentido contrário ao da trajetória.

Exemplo 1.7

Imagine que o carro de corrida do Exemplo 1.6 foi submetido a novos testes em um autódromo. No instante $t_1 = 5$ s, o módulo de sua velocidade é $v_1 = 20$ m/s e, no instante $t_2 = 15$ s, $v_2 = 60$ m/s. Calcule a aceleração média do carro no referido intervalo.

Resolução

Utilizemos a equação que define a aceleração média:

$$a_m = \frac{\Delta v}{\Delta t}$$

Assim,

$$a_m = \frac{v_2 - v_1}{t_2 - t_1} = \frac{60 \text{ m/s} - 20 \text{ m/s}}{15 \text{ s} - 5 \text{ s}} = 5 \text{ m/s}^2$$

Exemplo 1.8

Ao atingir a velocidade $v_2 = 60$ m/s, o piloto do carro do Exemplo 1.7 freia bruscamente, fazendo o carro parar em 5 s. Calcule o módulo da aceleração negativa (desaceleração) a que o piloto foi submetido nesse intervalo.

Resolução

Nesse caso, a variação da velocidade foi negativa. Chamemos de V_3 a velocidade final do carro (que sabemos ser zero, pois o carro parou). Assim:

$$a_m = \frac{v_3 - v_2}{\Delta t} = \frac{0 \text{ m/s} - 60 \text{ m/s}}{5 \text{ s}} = -12 \text{ m/s}^2$$

O Exemplo 1.8 mostrou que, se imprimirmos uma aceleração negativa a um corpo que apresenta velocidade positiva, ele desacelera. Entretanto, no movimento unidimensional, uma aceleração negativa nem sempre faz com que o corpo diminua sua velocidade. Da mesma forma, uma aceleração positiva nem sempre faz com que o corpo aumente sua velocidade. Chegamos, assim, a algumas conclusões:

- Um corpo com velocidade inicial positiva (movimento progressivo), submetido a uma aceleração positiva, terá sua velocidade aumentada ($v > 0$ e $a > 0$). Nesse caso, dizemos que o movimento é **progressivo acelerado**. A Figura 1.12 ilustra um móvel nessa situação.

Figura 1.12
Movimento progressivo acelerado

$a = 2\ m/s^2$

v = 2 m/s	v = 4 m/s	v = 6 m/s	v = 8 m/s	v = 10 m/s
t = 0 s	t = 1 s	t = 2 s	t = 3 s	t = 4 s

Orientação da trajetória

- Um corpo com velocidade inicial negativa (movimento retrógrado), submetido a uma aceleração negativa, terá sua velocidade aumentada (v < 0 e a < 0). Nesse caso, dizemos que o movimento é **retrógrado acelerado**. A Figura 1.13 ilustra um móvel nessa situação.

Figura 1.13
Movimento retrógrado acelerado

$a = -2\ m/s^2$

v = –10 m/s	v = –8 m/s	v = –6 m/s	v = –4 m/s	v = –2 m/s
t = 4 s	t = 3 s	t = 2 s	t = 1 s	t = 0 s

Orientação da trajetória

- Um corpo com velocidade inicial positiva (movimento progressivo), submetido a uma aceleração negativa, terá sua velocidade diminuída (v > 0 e a < 0). Nesse caso, dizemos que o movimento é **progressivo retardado**. A Figura 1.14 ilustra um móvel nessa situação.

Figura 1.14
Movimento progressivo retardado

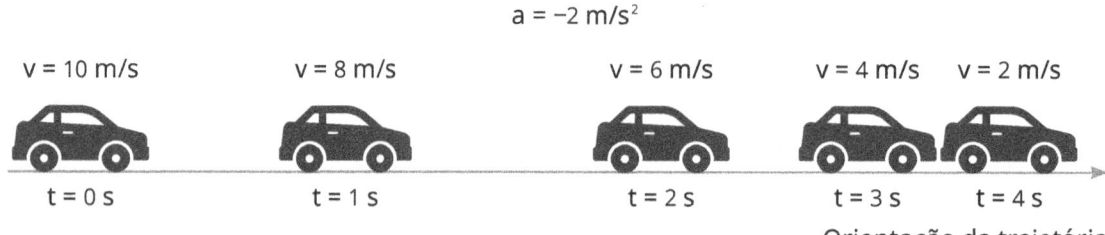

$a = -2\ m/s^2$

v = 10 m/s	v = 8 m/s	v = 6 m/s	v = 4 m/s	v = 2 m/s
t = 0 s	t = 1 s	t = 2 s	t = 3 s	t = 4 s

Orientação da trajetória

- Um corpo com velocidade inicial negativa (movimento retrógrado), submetido a uma aceleração positiva, terá sua velocidade diminuída (v < 0 e a > 0). Nesse caso, dizemos que o movimento é **retrógrado retardado**. A Figura 1.15 ilustra um móvel nessa situação.

Figura 1.15
Movimento retrógrado retardado

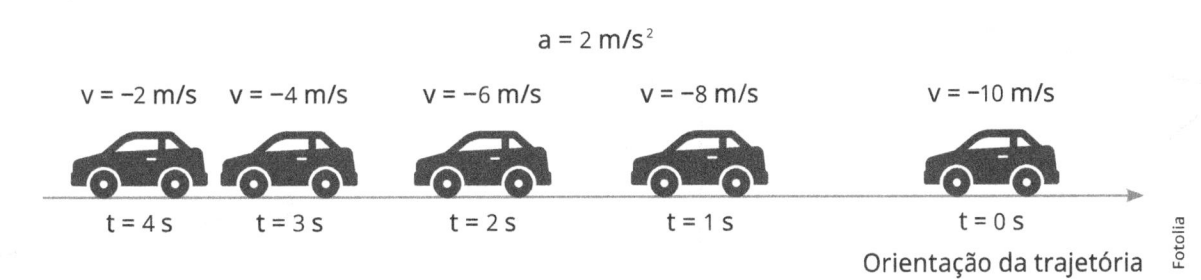

$a = 2 \text{ m/s}^2$

| v = −2 m/s | v = −4 m/s | v = −6 m/s | v = −8 m/s | v = −10 m/s |
| t = 4 s | t = 3 s | t = 2 s | t = 1 s | t = 0 s |

Orientação da trajetória

1.2.4 Aceleração instantânea

A aceleração instantânea é definida como a taxa temporal de variação da velocidade. Ela pode ser obtida por meio da inclinação da reta tangente à curva de um gráfico que descreve o módulo da velocidade do corpo pelo tempo ou, então, por meio do limite da razão $\Delta v/\Delta t$ quando Δt tende a zero:

$$a_{inst} = \lim_{\Delta t \to 0} \frac{v(t + \Delta t) - v(t)}{\Delta t} = \lim_{\Delta t \to 0} \frac{\Delta v}{\Delta t}$$

Em geral, a derivada de funções polinomiais pode ser calculada por meio do uso da regra da potência:

Se f é uma função de t:

$f(t) = at^n$

Então, sua derivada, $f'(t)$, é calculada por:

$f'(t) = nat^{n-1}$

Em cálculo, esse limite se refere à derivada primeira da função *velocidade em relação ao tempo (v'(t))* ou, de forma equivalente, à derivada segunda da função *posição em relação ao tempo x''(t)*.

Neste livro, adotaremos como convenção chamar a **aceleração instantânea** apenas de *aceleração* e, nas equações, em vez de escrevermos a_{inst}, escreveremos simplesmente a.

Exemplo 1.9

A função que descreve a posição de uma partícula é dada por $x(t) = 2t^3$ (no SI).

a. Encontre a velocidade e a aceleração da partícula como função do tempo.

b. Calcule a velocidade e a aceleração da partícula no instante 3 s.

Resolução

a. A derivada da posição em relação ao tempo fornece o módulo da velocidade da partícula:

$v(t) = x'(t) = 3 \cdot 2t^{3-1}$

Assim,

$v(t) = 6t^2$

A derivada segunda da posição em relação ao tempo (ou, de forma equivalente, a derivada primeira da velocidade em relação ao tempo) fornece o módulo aceleração da partícula:

$a(t) = v'(t) = x''(t) = 2 \cdot 6t^{2-1}$

Assim:

$a(t) = 12t$

b. Com as funções encontradas no item (a), calculamos a velocidade e a aceleração da partícula no instante 3 s:

$v(3) = 6 \cdot 3^2 = 54$ m/s

$a(3) = 12 \cdot 3 = 36$ m/s²

1.2.5 Funções e gráficos para movimentos com aceleração constante

Sabemos que o módulo da velocidade média de um corpo é dado por:

$$v_m = \frac{\Delta x}{\Delta t}$$

Quando um corpo se desloca com velocidade constante, subentende-se que sua aceleração é nula. Nesse caso, os valores do módulo da velocidade instantânea do corpo e da velocidade média são os mesmos. Assim:

$$\Delta x = v \cdot \Delta t$$
$$x - x_0 = v \cdot (t - t_0)$$

Considerando que $t_0 = 0$, temos:

$$x = x_0 + vt$$

Essa é uma função do primeiro grau e, portanto, seu gráfico é uma reta. Se o corpo estiver se deslocando no mesmo sentido da orientação da trajetória, sua posição em relação à origem aumenta com o tempo (movimento progressivo). Se o corpo estiver se deslocando no sentido contrário ao da trajetória, sua posição em relação à origem diminui com o aumento do tempo (movimento retrógrado). Vejamos as possibilidades analisando os gráficos apresentados a seguir.

Movimentos progressivos com acelerações nulas (velocidades constantes)

Gráfico 1.10
Movimento progressivo com posição inicial positiva

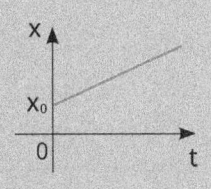

$x_0 > 0$
$v > 0$

Gráfico 1.11
Movimento progressivo com posição inicial nula

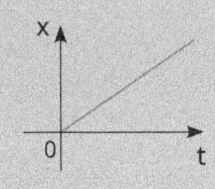

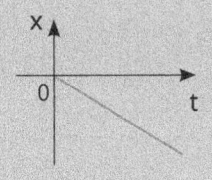

$x_0 = 0$
$v > 0$

Gráfico 1.12
Movimento progressivo com posição inicial negativa

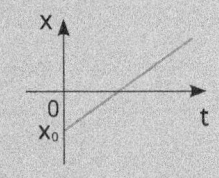

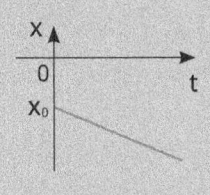

$x_0 < 0$
$v > 0$

Movimentos retrógrados com acelerações nulas (velocidades constantes)

Gráfico 1.13
Movimento retrógrado com posição inicial positiva

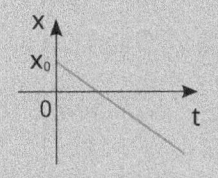

$x_0 > 0$
$v < 0$

Gráfico 1.14
Movimento progressivo com posição inicial nula

$x_0 = 0$
$v < 0$

Gráfico 1.15
Movimento progressivo com posição inicial negativa

$x_0 < 0$
$v < 0$

Em qualquer um dos casos anteriores, o ponto em que a reta corta o eixo das posições demonstra a posição inicial do corpo. Já o ponto em que ela corta o eixo dos tempos demonstra o instante em que o corpo passa pela origem.

Já o gráfico da velocidade *versus* tempo de um corpo que se move com velocidade constante é uma reta paralela ao eixo dos tempos. Vejamos as duas possibilidades ilustradas a seguir.

Gráficos da velocidade em função do tempo

Gráfico 1.16
Movimento progressivo

$v > 0$

Gráfico 1.17
Movimento retrógrado

$v < 0$

Nesses gráficos, o deslocamento de um corpo entre dois intervalos de tempo é numericamente igual à área delimitada entre a reta do gráfico e o eixo dos tempos, conforme demonstrados nos seguintes gráficos:

Gráficos da velocidade em função do tempo

Gráfico 1.18
A área do retângulo é numericamente igual ao deslocamento do móvel

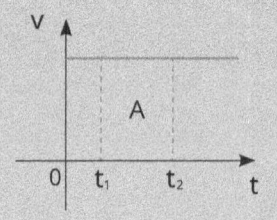

Gráfico 1.19
A área do retângulo é numericamente igual ao deslocamento do móvel

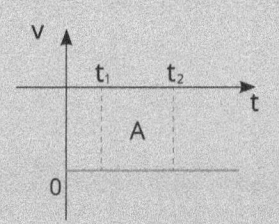

As regiões destacadas nos gráficos são retângulos em que um dos lados é numericamente igual à variação do tempo ($\Delta t = t_2 - t_1$) e o outro é igual ao módulo da velocidade. A área do retângulo é numericamente igual ao deslocamento do móvel.

Exemplo 1.10

A posição inicial de uma partícula que se move com velocidade constante e igual a v = 0,8 m/s é $x_0 = -3$ m.

a. Faça o gráfico da posição *versus* tempo da partícula.
b. Elabore o gráfico da velocidade *versus* tempo da partícula.
c. Calcule graficamente o deslocamento da partícula entre os intervalos $t_1 = 2$ s e $t_2 = 8$ s.

Resolução

a. A função horária de um corpo que se move com velocidade constante é:

$x = x_0 + vt$

Substituindo, nessa função, a posição inicial e a velocidade do corpo, obtemos:

$x = -3 + 0,8 \cdot t$

Para produzirmos o gráfico, podemos atribuir valores para o tempo e calcular a correspondente posição do corpo, conforme a Tabela 1.1.

Tabela 1.1
Cálculo das posições em função do tempo

t(s)	$-3 + 0,8 \cdot t$	x(m)
0	$-3 + 0,8 \cdot 0$	-3
1	$-3 + 0,8 \cdot 1$	$-2,2$
2	$-3 + 0,8 \cdot 2$	$-1,4$
3	$-3 + 0,8 \cdot 3$	$-0,6$
	$-3 + 0,8 \cdot 4$	$0,2$

O Gráfico 1.20 é resultante dos cálculos realizados na Tabela 1.1.

Gráfico 1.20
Posição *versus* tempo

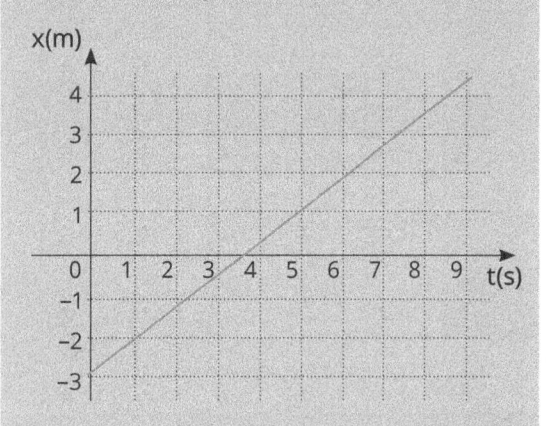

É importante que você perceba que o ponto em que o gráfico intercepta o eixo x é igual à posição inicial da partícula ($x_0 = -3$ m).

b. O gráfico da velocidade *versus* o tempo de um corpo que se move com velocidade constante é uma reta paralela ao eixo dos tempos, conforme mostra o Gráfico 1.21:

Cinemática

Gráfico 1.21
Velocidade *versus* tempo

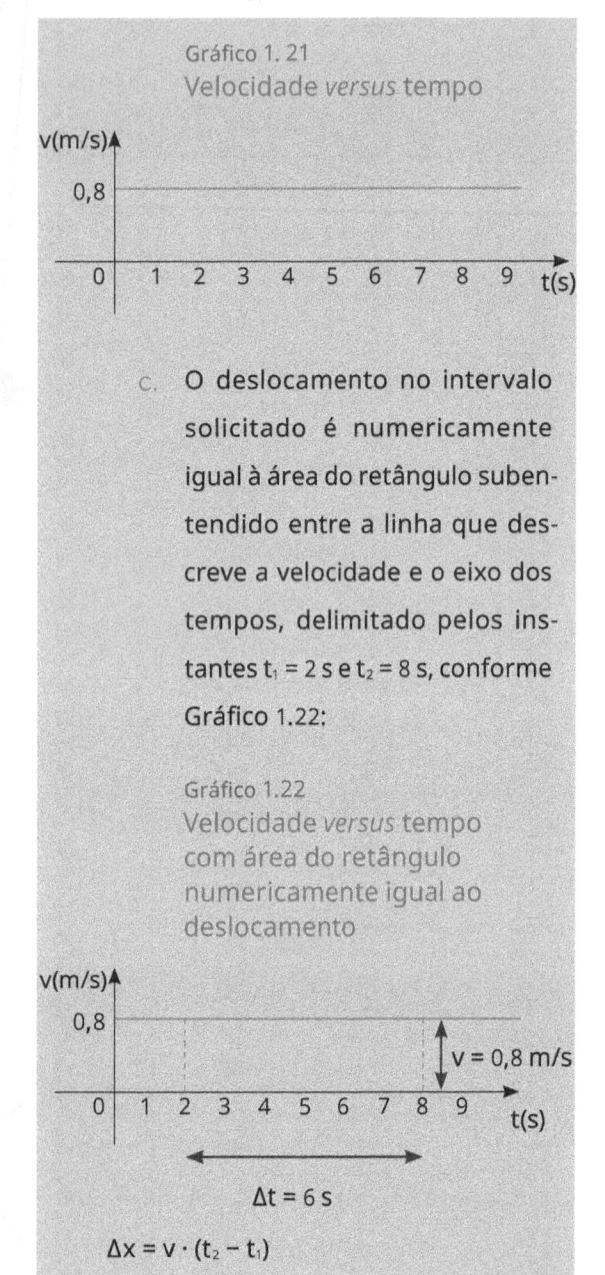

c. O deslocamento no intervalo solicitado é numericamente igual à área do retângulo subentendido entre a linha que descreve a velocidade e o eixo dos tempos, delimitado pelos instantes $t_1 = 2$ s e $t_2 = 8$ s, conforme Gráfico 1.22:

Gráfico 1.22
Velocidade *versus* tempo com área do retângulo numericamente igual ao deslocamento

$\Delta x = v \cdot (t_2 - t_1)$
$\Delta x = 0,8 \cdot (8 - 2) = 4,8$ m

Já sabemos que a aceleração é a grandeza física que indica a variação da velocidade de um corpo. Sendo assim, se o módulo da aceleração for constante, o módulo da variação da velocidade do móvel também será constante. Suponha, como exemplo, um corpo que está em repouso e é submetido a uma aceleração constante de 2 m/s². Isso significa que, a cada segundo, a velocidade do corpo varia em 2 m/s. Da mesma forma, uma aceleração de 300 km/h² indica que, a cada hora, o corpo varia sua velocidade em 300 km/h.

A Tabela 1.2 e o correspondente Gráfico 1.23 apresentado ilustram a variação do módulo da velocidade de um corpo que inicialmente estava em repouso e que foi submetido a uma aceleração de 10 m/s².

Tabela 1.2
Tempos e velocidades para um móvel com aceleração de 10 m/s²

t(s)	v(m/s)
0	0
1	10
2	20
3	30
4	40
5	50
6	60
7	70

Gráfico 1.23
Velocidade *versus* tempo

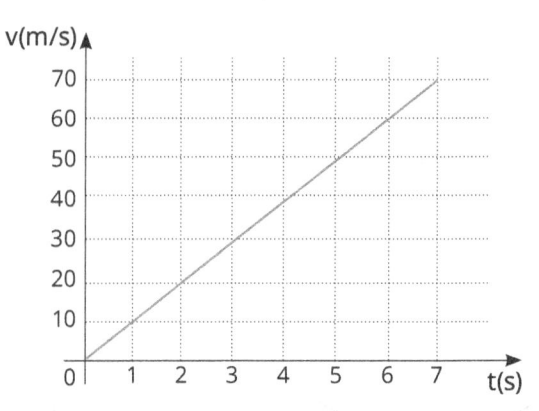

Como podemos observar, o gráfico é uma reta, o que significa que uma forma de determinar o módulo da velocidade média entre dois instantes de tempo arbitrários é calcular a média aritmética. Essa média deve ser tomada entre o módulo da velocidade no início do intervalo e o módulo da velocidade no fim do intervalo, ou seja:

$$v_m = \frac{v_0 + v}{2}$$

Da definição de aceleração, temos:

$$a = \frac{\Delta v}{t} = \frac{v - v_0}{t} \rightarrow v = v_0 + at$$

Substituindo esse resultado na equação da velocidade média, obtemos:

$$v_m = \frac{v_0 + v_0 + at}{2} = v_0 + \frac{at}{2}$$

Sabemos também que:

$$v_m = \frac{\Delta x}{t}$$

Logo:

$$\frac{\Delta x}{t} = v_0 + \frac{at}{2}$$

$$\Delta x = v_0 t + \frac{at^2}{2}$$

$$x = x_0 + v_0 t + \frac{at^2}{2}$$

Esse último resultado é uma função do segundo grau, cuja variável dependente é a posição x(t) e a variável independente é o tempo t. Sabemos que o gráfico desse tipo de função é uma parábola, cuja concavidade é:

- voltada para cima, se o coeficiente da variável independente que está elevada ao quadrado for positivo;
- voltada para baixo, se o coeficiente da variável independente que está elevada ao quadrado for negativo.

Como o próprio nome diz, uma **variável dependente** é aquela que varia de acordo com a variação de outra, a qual, por sua vez, tem variação independente de outras variáveis. Portanto, a variação da **variável independente** não está em função de nenhuma outra variável.

No caso específico da função que descreve o movimento de um corpo que se move com aceleração constante:

- se a aceleração for positiva, a concavidade da parábola será voltada para cima;
- se a aceleração for negativa, a concavidade da parábola será voltada para baixo.

Para corpos bastante densos em relação à densidade atmosférica, costumamos desprezar a resistência do ar e dizer que eles caem em **queda livre**, estando sujeitos somente à ação da força gravitacional. Porém, quando o corpo está próximo à superfície da Terra, essa força pode ser considerada constante.

Veremos, no Capítulo 3 desta obra, que, se a resultante das forças que atuam sobre o corpo é constante, ela produz uma aceleração também constante. Dessa forma, podemos utilizar as funções que acabamos de deduzir para descrever o movimento dos corpos em queda livre. Vejamos o exemplo a seguir.

> ### Exemplo 1.11
> Uma pedra é atirada verticalmente para cima com velocidade inicial $v_0 = 29{,}43$ m/s. Desprezando o atrito com o ar, a aceleração a que a pedra está submetida é a gravitacional ($g = 9{,}81$ m/s^2).
>
> a. Calcule o tempo que a pedra ficará no ar.
> b. Calcule a altura máxima que a pedra atingirá.
> c. Produza o gráfico posição *versus* tempo que descreve o movimento da pedra.
> d. Produza o gráfico da velocidade *versus* tempo.

> **Resolução**
>
> a. Primeiramente, chamamos o eixo vertical de y e estabelecemos que a origem esteja no solo e o sentido positivo para cima. Sabemos que:
>
> $y_0 = 0$
>
> $v_0 = 29{,}43$ m/s
>
> $a = g = -9{,}81$ m/s^2
>
> A aceleração é decorrente da força gravitacional que a Terra exerce sobre os corpos. Ela aponta sempre para o centro da Terra (para baixo em relação a um referencial preso à sua superfície). Usa-se o sinal negativo porque a aceleração é contrária ao sentido que estabelecemos como positivo.
>
> Em seguida, montamos a função horária que fornece a posição da pedra em qualquer instante.
>
> $y = y_0 + v_0 t - \dfrac{at^2}{2}$
>
> $y = 0 + 29{,}43t - \dfrac{9{,}81t^2}{2}$
>
> $y = 29{,}43t - 4{,}905t^2$

Para calcular o tempo que a pedra ficará no ar, basta estabelecermos que a posição final seja igual a zero na equação (y = 0).

$0 = 29{,}43t - 4{,}905t^2$

$0 = t(29{,}43 - 4{,}905t)$

$t_1 = 0$ s

$29{,}43 - 4{,}905t = 0$

$t_2 = \dfrac{29{,}43}{4{,}905} = 6$ s

A resposta que nos interessa é $t_2 = 6$ s, sendo esse o tempo que a pedra permanece no ar.

b. Para calcular a altura máxima, temos que saber quanto tempo a pedra leva para subir. Para isso, utilizamos a função que fornece a velocidade da pedra em qualquer instante, considerando-se que, na altura máxima, a velocidade instantaneamente é zero:

$v = v_0 + at$

$0 = 29{,}43 - 9{,}81t$

$t = \dfrac{29{,}43}{9{,}81} = 3$ s

Note que o tempo de subida é metade do tempo total que a pedra permanece no ar. Assim, concluímos que o tempo de subida é igual ao tempo de descida da pedra.

Substituindo o valor do tempo na função, obtemos a altura máxima da pedra:

$y = 29{,}43 \cdot 3 - 4{,}905 \cdot 3^2$

$y = 44{,}145$ m

c. Para construirmos o gráfico da posição *versus* o tempo, temos as seguintes informações:

- a curva é uma parábola com concavidade voltada para baixo, pois a aceleração é negativa;
- o vértice da parábola está no ponto $y = 44{,}145$ m e $t = 3$ s;
- a pedra retornará para a posição $y = 0$ m no instante de tempo $t = 6$ s.

O gráfico resultante está apresentado no Gráfico 1.24:

Gráfico 1.24
Posição *versus* tempo

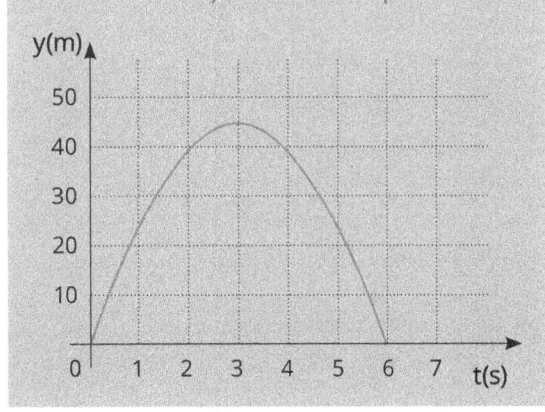

d. A velocidade inicial ($v_0 = 29{,}43$ m/s) da pedra é positiva. À medida que ela sobe, sua velocidade diminuindo progressivamente a zero, momento em que atinge a altura máxima. A partir daí, a pedra começa a descer com velocidade negativa acelerada pela gravidade, atingindo o solo com velocidade final $v = -29{,}43$ m/s. O Gráfico 1.25 é o que mostra a velocidade da pedra em função do tempo.

Gráfico 1.25
Velocidade *versus* tempo

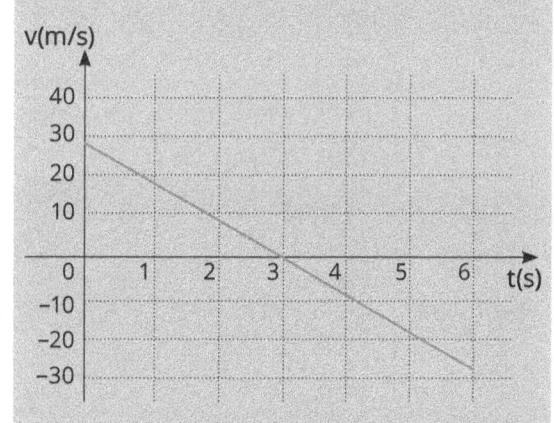

Note que a inclinação da reta é a mesma em todos os instantes. Essa inclinação é igual à aceleração, que é uma constante e vale $-9{,}81$ m/s².

Como explicamos anteriormente, a inclinação da reta tangente à curva de um gráfico é igual à derivada da variável dependente em relação à variável independente. No vértice da parábola, a inclinação da reta tangente é igual a zero, ou seja, a derivada vale zero. Assim, no Exemplo 1.11, poderíamos ter calculado a derivada da função *posição em relação ao tempo* e, em seguida, igualar o resultado a zero. Esse procedimento nos forneceria o tempo de subida da pedra. Veja:

$$y'(t) = 29{,}43 - 9{,}81t = 0$$
$$t = \frac{29{,}43}{9{,}81} = 3 \text{ s}$$

Note que chegamos ao mesmo resultado calculado no item (b) do Exemplo 1.11.

Exemplo 1.12

Dois carros (*A* e *B*) se movem em sentidos opostos por uma rodovia retilínea. As equações que descrevem seus movimentos estão em unidades do SI e são as seguintes:

$$x_A = 1\,200 - 2t$$

$$x_B = -300 + 2t + 0{,}1t^2$$

a. Calcule a posição e o instante de encontro dos carros.
b. Desenvolva uma função que forneça a distância entre os carros em qualquer instante de tempo.
c. Em um único sistema de coordenadas ortogonais, faça o gráfico da posição *versus* o tempo dos carros.

Resolução

a. A posição e o instante de encontro podem ser calculados igualando as funções que descrevem o movimento dos carros:

$x_A = x_B$

$1200 - 2t = -300 + 2t + 0,1t^2$

$0,1t^2 + 4t - 1500 = 0$

Resolvendo a equação do segundo grau, obtemos:

$t = \dfrac{-4 \pm \sqrt{4^2 - 4 \cdot 0,1 \cdot (-1500)}}{2 \cdot 0,1}$

$t_1 = 104,1$ s

$t_2 = -144,1$ s

Temos dois resultados para a equação. Entretanto, a resposta que fisicamente satisfaz o problema é a primeira: $t_1 = 104,1$ s, pois não existe tempo negativo.

Para sabermos qual a posição de encontro, devemos substituir esse resultado em qualquer uma das funções dos carros. Por ser mais simples, realizaremos esse procedimento na função do carro A.

$x_A = 1200 - 2 \cdot 104,1$

$x_A = 991,8$ m

Assim, os móveis se encontram no instante $t = 104,1$ s, na posição $x = 991,8$ m da trajetória.

b. A distância (d) entre os móveis pode ser calculada pelo módulo da diferença entre as funções *posições*:

$d = |x_A - x_B|$

$d = |(1200 - 2t) - (-300 + 2t + 0,1t^2)|$

$d = |1500 - 4t - 0,1t^2|$

Substituindo a variável independente t pelo instante desejado, é possível calcular a distância que separa os dois carros.

c. Para traçarmos o gráfico, basta atribuirmos valores à variável t e calcular os correspondentes valores das posições dos carros (x_A e x_B), conforme pode ser visto na Tabela 1.3.

Tabela 1.3
Posição dos carros A e B em sucessivos intervalos de tempo de 10 s

t(s)	x_A(m)	x_B(m)
0	1 200	−300
10	1 180	−270
20	1 160	−220
30	1 140	−150
40	1 120	−60
50	1 100	50
60	1 080	180
70	1 060	330
80	1 040	500
90	1 020	690
100	1 000	900
110	980	1 130
120	960	1 380
130	940	1 650

O gráfico da posição *versus* o tempo está representado no Gráfico 1.26:

Gráfico 1.26
Posição *versus* tempo dos dois carros

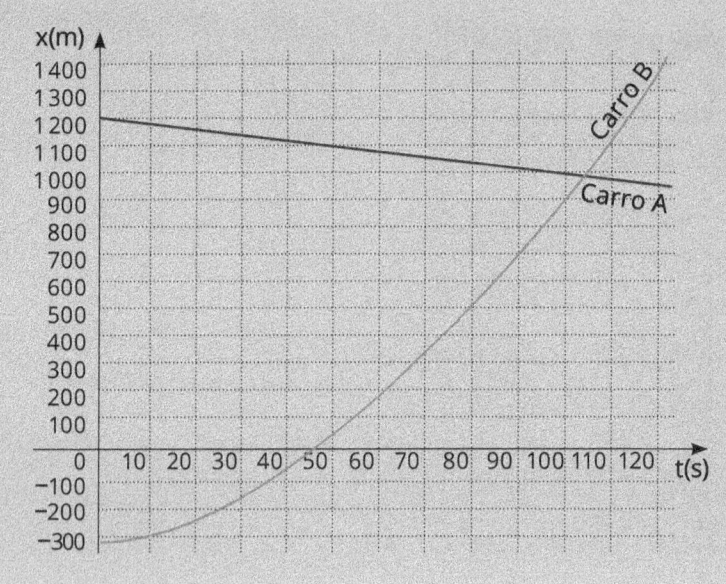

1.2.6 Equação de Torricelli

As funções a seguir podem ser manipuladas de modo a nos fornecer uma terceira função independente do tempo:

$$v = v_0 + at$$
$$x = x_0 + v_0 t + \frac{at^2}{2}$$

Para isso, isolamos a variável t na primeira função:

$$t = \frac{v - v_0}{a}$$

Em seguida, substituímos o resultado na segunda função:

$$x = x_0 + v_0 \left(\frac{v - v_0}{a}\right) + \frac{a}{2}\left(\frac{v - v_0}{a}\right)^2$$

Então, isolamos no primeiro membro o deslocamento ($\Delta x = x - x_0$):

$$\Delta x = \frac{v_0}{a}(v - v_0) + \frac{1}{2a}(v - v_0)^2$$

Multiplicamos toda a equação por 2a e desenvolvemos o produto notável indicado:

$$2a\Delta x = 2v_0 v - 2v_0^2 + v^2 - 2vv_0 + v_0^2$$

Por fim, realizamos as simplificações possíveis e isolamos a velocidade ao quadrado, obtendo o seguinte resultado:

$$v^2 = v_0^2 + 2a\Delta x$$

Esse último resultado é conhecido como *equação de Torricelli*, em homenagem ao físico matemático Evangelista Torricelli, que a desenvolveu. Por ser uma dedução decorrente das funções do movimento de um móvel que apresenta aceleração constante, ela somente pode ser utilizada para móveis que se deslocam com aceleração constante. Sua aplicação é bastante útil quando não temos informações sobre o intervalo de tempo que um móvel levou para realizar um deslocamento. Apliquemos esse resultado para resolver o próximo exemplo.

Exemplo 1.13

Um motorista dirige seu carro por uma estrada retilínea com velocidade constante de 90 km/h, quando avista um obstáculo a 65 m de distância. Sabendo que o carro é capaz de desacelerar (frear) a uma taxa constante de 5 m/s², responda se o motorista conseguirá parar o carro antes de atingir o obstáculo.

Resolução

Escolhemos, arbitrariamente, a posição inicial (x_0) do carro no momento que o motorista começa a frear. A velocidade inicial do carro no SI é:

$$v_0 = 90 \frac{km}{h} \cdot \frac{1\,h}{3600\,s} \cdot \frac{1000\,m}{1\,km} = 25\,m/s$$

> Como a intenção é desacelerar até que o carro pare, a velocidade final é zero $v = 0$ m/s. Assim, podemos utilizar a equação de Torricelli para calcular o deslocamento do carro:
>
> $v^2 = v_0^2 + 2a\Delta x$
>
> $0^2 = 25^2 - 2 \cdot (-5)\Delta x$
>
> $\Delta x = \dfrac{625}{10} = 62,5$ m
>
> Portanto, o motorista não baterá no obstáculo, conseguindo parar o carro a 2,5 m dele.

Síntese

$\vec{V}_{med} = \dfrac{\Delta \vec{x}}{\Delta t} = \dfrac{\vec{x}_2 - \vec{x}_1}{t_2 - t_1}$	Velocidade média.
$R_{med} = \dfrac{\Delta S}{\Delta t} = \dfrac{S_2 - S_1}{t_2 - t_1}$	Rapidez média.
$v = \dfrac{dx}{dt} = \lim\limits_{\Delta t \to 0} \dfrac{x(t + \Delta t) - x(t)}{\Delta t} = \lim\limits_{\Delta t \to 0} \dfrac{\Delta v}{\Delta t}$	Velocidade instantânea para qualquer tipo de movimento.
$\vec{a}_m = \dfrac{\Delta \vec{v}}{\Delta t}$	Aceleração média.
$a = \dfrac{dv}{dt} = \lim\limits_{\Delta t \to 0} \dfrac{v(t + \Delta t) - v(t)}{\Delta t} \lim\limits_{\Delta t \to 0} \dfrac{\Delta v}{\Delta t}$	Aceleração instantânea para qualquer tipo de movimento.
$x = x_0 + vt$	Posição de um móvel que se desloca com velocidade constante.
$x = x_0 + v_0 t + \dfrac{at^2}{2}$	Posição de um móvel que se desloca com aceleração constante.
$v = v_0 + at$ ou $v = x'(t)$	Velocidade de um móvel que se desloca com aceleração constante.
$v^2 = v_0^2 + 2a\Delta x$	Equação de Torricelli para um móvel que se desloca com aceleração constante.

Atividades de autoavaliação

1. Um ônibus se desloca em linha reta e com velocidade constante por uma rodovia. Um passageiro sentado em um dos bancos enxerga um parafuso se desprender do teto.
   a) Qual é a trajetória do parafuso para o passageiro?
   b) Qual é a trajetória do parafuso para um observador que está ao lado da rodovia observando o ônibus passar?

2. Trace gráficos da posição, da velocidade e da aceleração em função do tempo, no intervalo $0 \leq t \leq 20$ s para um corpo que se move da seguinte forma: passa pela origem no instante $t = 0$ s e com módulo da velocidade constante de 3 m/s no sentido positivo do eixo x. O móvel permanece com essa velocidade até o instante $t = 4$ s e, em seguida, ganha velocidade à taxa constante de 0,4 m/s a cada segundo, durante 8 s. Em seguida, passa a perder velocidade à taxa constante de 0,4 m/s a cada segundo.

3. Assinale (V) para verdadeiro ou (F) para falso:
   ( ) Se o módulo da velocidade de uma partícula é constante, então sua aceleração deve ser nula.
   ( ) Se a aceleração de uma partícula for nula, então o módulo de sua velocidade necessariamente deve ser constante.
   ( ) Se a aceleração de uma partícula for nula, então sua velocidade deve ser constante.
   ( ) Se o módulo da velocidade de uma partícula for constante, então sua velocidade também é constante.
   ( ) Se a velocidade de uma partícula é constante, então o módulo de sua velocidade também é constante.

4. Do alto de um prédio de 10 andares, um aluno de um curso de Engenharia solta uma esfera de aço. Após 2 s, o estudante solta uma segunda esfera idêntica à primeira. Ignorando a resistência do ar, marque a alternativa que indica o que acontece com a distância entre as esferas enquanto ambas estão no ar.
   a) A distância aumenta com o passar do tempo.
   b) A distância diminui com o passar do tempo.
   c) A distância permanece sempre a mesma.

5. O gráfico a seguir mostra a localização de um objeto que se move em linha reta ao longo do eixo x. Em $t = 0$ s, o objeto passa pela origem.

Posição de um móvel em função do tempo

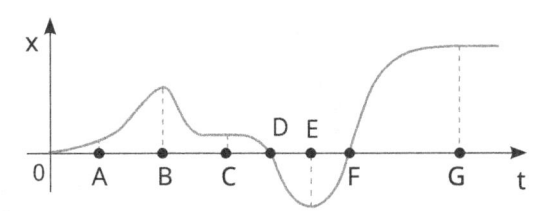

Dos sete instantes evidenciados pelas letras maiúsculas, analise:

a) Em que ponto (ou pontos) o objeto passa pela origem?
b) Em que ponto (ou pontos) o objeto está mais afastado da origem?
c) Em que ponto (ou pontos) o objeto está instantaneamente em repouso?
d) Em que ponto (ou pontos) o objeto permanece em repouso por algum tempo?
e) Em que ponto (ou pontos) o objeto está se afastando da origem?

6. Considere o gráfico a seguir referente à posição de uma partícula *versus* o tempo e responda às questões propostas:

e) Entre quais instantes a velocidade da partícula é maior que zero?
f) Entre quais instantes de tempo a velocidade da partícula é menor que zero?
g) Estime graficamente o módulo da velocidade instantânea da partícula em $t = 4$ s.

7. Considere os gráficos apresentados a seguir e, para cada um deles, responda: o módulo do vetor *velocidade* no instante de tempo t_2 é maior, menor ou igual ao módulo da velocidade no instante t_1?

Posição de uma partícula em função do tempo

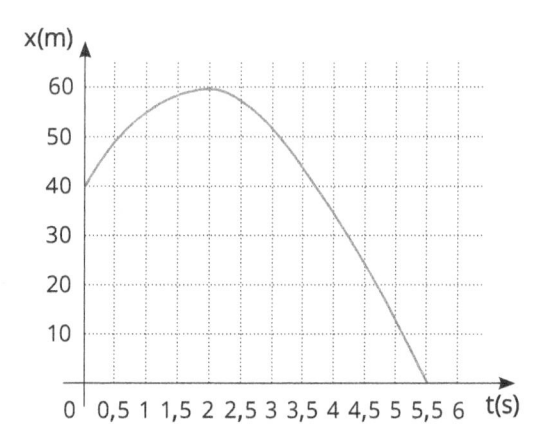

a) Qual é a posição inicial da partícula?
b) Quanto tempo a partícula leva para retornar à posição inicial?
c) Qual o módulo da velocidade média da partícula entre os instantes $t = 0$ s e $t = 2$ s?
d) Entre os instantes $t = 2$ s e $t = 5$ s, classifique o movimento em *progressivo* ou *retrógrado* e *acelerado* ou *retardado*.

Vários gráficos da posição de um móvel em função do tempo

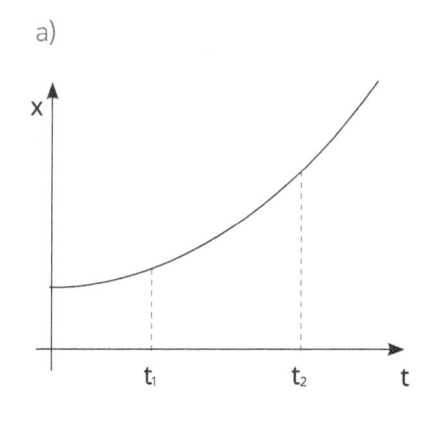

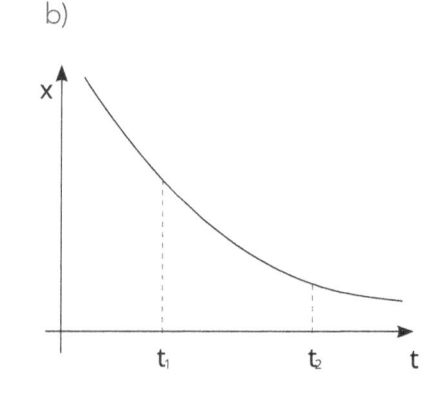

a)

b)

c)

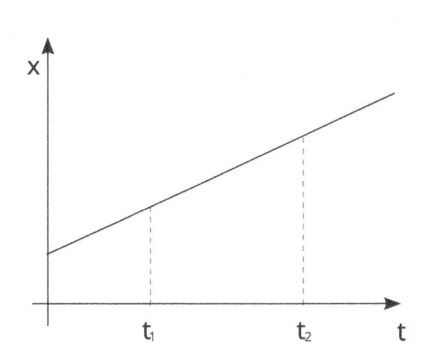

d)

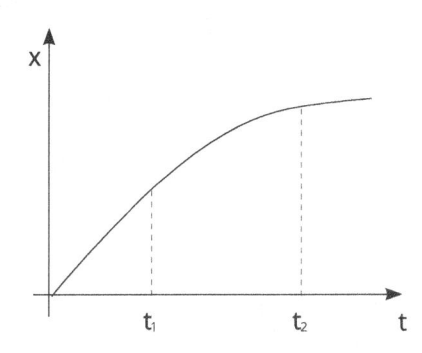

e)

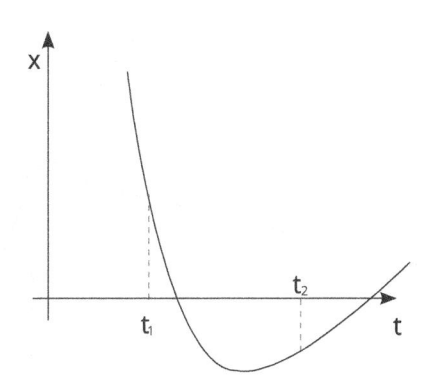

f)

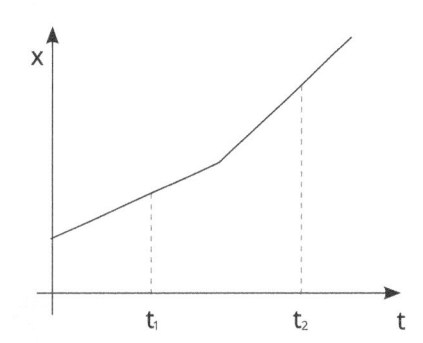

8. As expressões a seguir descrevem a posição de partículas em função do tempo:

    $x = -3t + 15$ (I)

    $x = -t^2 + 1$ (II)

    $x = 10$ (III)

    $x = t^3 - 4$ (IV)

    a) Em qual(is) caso(s) a partícula está em repouso?
    b) Em qual(is) caso(s) a velocidade da partícula é constante?
    c) Em qual(is) caso(s) a velocidade da partícula é contrária ao sentido do eixo x, ou seja, o movimento é retrógrado?

9. Para longas distâncias, João consegue correr com velocidade constante de 15 km/h, José, de 10 km/h, e Joaquim, de 8 km/h. Eles participarão de uma corrida de revezamento, em que cada um deve cobrir uma distância x. Calcule a rapidez média da equipe para todo o percurso. Explique por que a velocidade média do time não pode ser calculada pela média aritmética da velocidade dos três.

10. A distância entre as cidades A e B é 200 km. Um motorista percorre um trecho de 80 km/h com módulo de velocidade constante igual a 60 km/h. Em seguida, faz uma parada de 40 minutos para almoçar. Quando percebe que chegará atrasado à cidade B, resolve realizar o restante do

percurso com módulo de velocidade constante igual a 100 km/h. Calcule o módulo da velocidade média com que o motorista realizou todo o percurso.

11. Dois carros, A e B, se movem, em uma rodovia, em sentidos contrários com módulos de velocidades constantes e, respectivamente, iguais v_A = 40 km/h a e v_A = 60 km/h. O primeiro está na posição inicial $x_{0,A}$ = 2 km e o segundo $x_{0,B}$ = 30 km. Calcule:
    a) Quantos minutos os carros levarão para passar um pelo outro?
    b) Em que posição da trajetória os carros se encontrarão?

12. O carro A está parado em um semáforo. Quando o sinal fica verde, o carro B passa por ele com velocidade constante de 45 km/h. Considerando que o carro A desenvolve uma aceleração de 0,5 m/s², calcule o intervalo de tempo e a distância percorrida pelos carros até que o carro A alcance o carro B.

13. Um motorista dirige seu carro por uma estrada retilínea com velocidade constante de 120 km/h, quando avista um obstáculo a 90 m de distância. Sabendo que o carro é capaz de desacelerar (frear) a uma taxa constante de 7 m/s², responda se o motorista conseguirá parar antes de atingir o obstáculo.

14. No gráfico a seguir, as linhas A e B representam as posições de dois corpos em função do tempo.

Posição de dois corpos em função do tempo

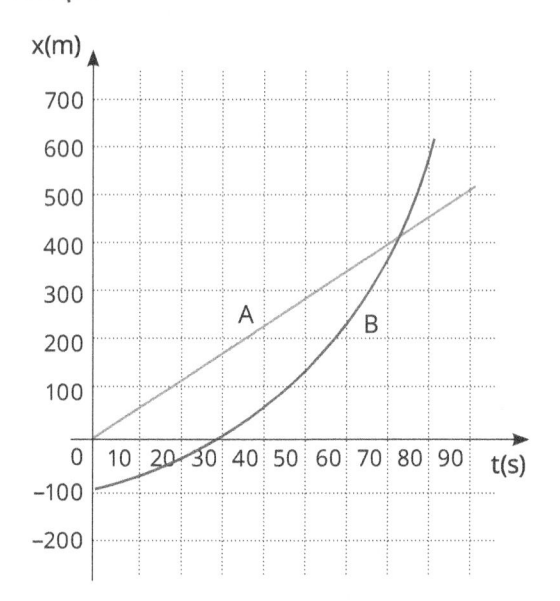

Após análise do gráfico, responda:
a) Qual é a posição inicial de cada corpo?
b) Entre os instantes 0 s e 20 s, qual dos dois corpos apresenta maior velocidade média?
c) Em que instante e em que posição os corpos se encontram?
d) Entre os instantes 0 s e 80 s, qual é o deslocamento de cada um dos corpos?
e) Estime a distância entre os corpos no instante 80 s.

15. A posição de uma partícula é descrita pela equação x(t) = 2t² − 3t + 10, em que x está em metros e t em segundos.
    a) Calcule o deslocamento da partícula e o módulo de sua velocidade média para o intervalo 5 s ≤ t ≤ 10 s. Utilize limites para obter o módulo da velocidade instantânea em qualquer instante de tempo t.

16. Uma criança atira uma bola verticalmente para cima com módulo de velocidade inicial de 10 m/s. Desprezando a resistência do ar, calcule:
    a) O tempo que a bola permanece no ar.
    b) A altura máxima que a bola atinge.
    c) Os instantes de tempo em que a bola alcança a altura de 5 m.

17. Um elevador está se movendo com velocidade constante de 8 m/s. Quando atinge a altura de 10 m, um parafuso se desprende de sua estrutura.
    a) Faça um esboço do gráfico da posição y(t) do parafuso em função do tempo.
    b) Calcule a altura máxima que o parafuso atinge.
    c) Quanto tempo o parafuso leva para chegar ao chão?
    d) Calcule o módulo da velocidade com que o parafuso colide com o chão. Despreze a resistência do ar.

18. Uma criança projeta metade de seu corpo para fora de uma janela que está a 200 m de altura para lançar verticalmente uma esfera de aço com módulo de velocidade inicial v_0. Durante o último meio segundo de queda, a esfera cobre a distância de 45 m. Calcule v_0.

19. A pedra A é solta do alto de um penhasco de altura h no mesmo instante em que a pedra B é lançada do solo, verticalmente para cima e na mesma direção. As pedras colidem na altura h_c quando ainda se deslocam em sentidos contrários e o módulo da velocidade de A é o dobro do de B. Calcule h_c.

20. A posição de uma partícula é descrita pela função x(t) = 2t³ − 4t + 3, em que todas as grandezas envolvidas na expressão estão em unidades do SI. Utilize a ideia de derivadas para calcular:
    a) a expressão da velocidade instantânea da partícula.
    b) a expressão da aceleração instantânea da partícula.

2.

Movimento bi e tridimensional

Neste capítulo, estenderemos o estudo do movimento dos objetos para duas e três dimensões, fazendo uso intensivo do artifício matemático chamado *vetor*. Para melhor compreendê-lo, é aconselhável a realização de um estudo para revisar as definições, propriedades e operações com vetores.

2.1 Localização de uma partícula em três dimensões

Especificaremos a localização de uma partícula em três dimensões pelo **vetor posição $\vec{r}$**, que é aquele que liga um ponto de referência (geralmente a origem) à partícula. Assim, utilizando a notação de vetores unitários, o vetor posição pode ser escrito como:

$$\vec{r} = x_{\hat{i}} + y_{\hat{j}} + z_{\hat{k}}$$

Nesse caso, $x_{\hat{i}}$, $y_{\hat{j}}$ e $z_{\hat{k}}$ são as componentes vetoriais de $\vec{r}$, enquanto x, y e z são as componentes escalares correspondentes.

O módulo do vetor posição é calculado por:

$$r = \sqrt{(x)^2 + (y)^2 + (z)^2}$$

Esse módulo fornece a distância da partícula à origem do sistema de coordenadas. Vejamos um exemplo:

Exemplo 2.1

Uma partícula ocupa a posição $\vec{r} = (4\ m)_{\hat{i}} + (3\ m)_{\hat{j}} + (2\ m)_{\hat{k}}$ em relação à origem de um sistema de coordenadas retangulares. Represente o vetor posição nesse sistema e calcule a distância que a partícula se encontra da origem.

Resolução

Estamos tratando de um caso tridimensional, pois temos três componentes vetoriais. Ao longo do eixo x, a partícula está a 4 m da origem no sentido positivo do vetor unitário $\hat{i}$. Ao longo do y, ela está a 3 m da origem no sentido positivo do vetor unitário $\hat{j}$. Por fim, no sentido positivo do vetor unitário $\hat{k}$, a partícula está a 2 m da origem. Considere, na representação do Gráfico 2.1, que o intervalo entre duas retas tracejadas consecutivas equivale a 1 m.

Gráfico 2.1
Representação tridimensional de um vetor

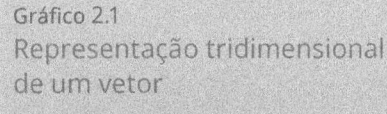

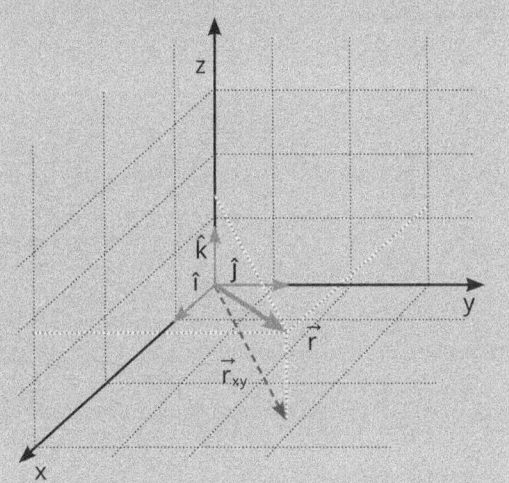

O vetor $\vec{r}_{xy}$ é a projeção do vetor $\vec{r}$ no plano xy. O módulo do vetor $\vec{r}$ é calculado como segue:

$$r = \sqrt{(4\,m)^2 + (3\,m)^2 + (2\,m)^2}$$

$$r = \sqrt{16\,m^2 + 9\,m^2 + 4\,m^2}$$

$$r = \sqrt{29\,m^2}$$

$$r = 5{,}39\,m$$

Esse valor (o módulo do vetor $\vec{r}$) corresponde à distância que a partícula se encontra da origem.

Caso, em um momento subsequente, a partícula do Exemplo 2.1 tenha se movimentado para uma posição $\vec{r}_2 = (2\,m)\hat{i} + (-5\,m)\hat{j} + (1\,m)\hat{k}$, o seu deslocamento pode ser calculado subtraindo-se o vetor posição final ($\vec{r}_2$) do vetor posição inicial (que agora chamamos de $\vec{r}_1$):

$$\Delta\vec{r} = \vec{r}_2 - \vec{r}_1$$
$$\Delta\vec{r} = (x_2\hat{i} + y_2\hat{j} + z_2\hat{k}) - (x_1\hat{i} + y_1\hat{j} + z_1\hat{k})$$
$$\Delta\vec{r} = (x_2 - x_1)\hat{i} + (y_2 - y_1)\hat{j} + (z_2 - z_1)\hat{k}$$

Substituindo as variáveis pelos respectivos valores numéricos, obtemos a seguinte expressão:

$$\Delta\vec{r} = (2\,m - 4\,m)\hat{i} + (-5\,m - 3\,m)\hat{j} + (1\,m - 2\,m)\hat{k}$$

O vetor deslocamento, portanto, é:

$$\Delta\vec{r} = (-2\,m)\hat{i} + (-8\,m)\hat{j} + (-1\,m)\hat{k}$$

E o módulo do deslocamento é:

$$\Delta r = \sqrt{(-2\,m)^2 + (-8\,m)^2 + (-1\,m)^2}$$
$$\Delta r = \sqrt{4\,m^2 + 64\,m^2 + 1\,m^2}$$
$$\Delta r = \sqrt{69\,m^2}$$
$$\Delta r = 8{,}31\,m$$

Esse resultado é a medida da linha reta que une as posições $\vec{r}_1$ e $\vec{r}_2$.

2.2 Velocidade média e velocidade instantânea em três dimensões

No Capítulo 1, estudamos o movimento em uma dimensão e demonstramos que a velocidade média é definida pela divisão do deslocamento total da partícula pelo intervalo de tempo em que esse deslocamento aconteceu. Essa definição também é válida para movimentos em duas e três dimensões. Assim, se uma partícula sofre um deslocamento $\vec{\Delta r}$ em um intervalo de tempo Δt, a sua velocidade média é:

$$\vec{v}_m = \frac{\vec{\Delta r}}{\Delta t} = \frac{\Delta x \hat{i} + \Delta y \hat{j} + \Delta z \hat{k}}{\Delta t} = \frac{\Delta x}{\Delta t}\hat{i} + \frac{\Delta y}{\Delta t}\hat{j} + \frac{\Delta z}{\Delta t}\hat{k}$$

Supondo que a partícula da análise anterior tenha se deslocado de $\vec{r}_1$ para $\vec{r}_2$ em um intervalo de tempo $\Delta t = 4$ s, então, o seu vetor *velocidade média* nesse deslocamento é:

$$\vec{v}_m = \frac{-2\ m}{4\ s}\hat{i} + \frac{-8\ m}{4\ s}\hat{j} + \frac{-1\ m}{4t\ s}\hat{k}$$

$$\vec{v}_m = (-0{,}5\ m/s)\hat{i} + (-2\ m/s)\hat{j} + (-0{,}25\ m/s)\hat{k}$$

Esse resultado nos mostra que a partícula se movimentou, concomitantemente, com velocidade de 0,5 m/s no sentido negativo do vetor unitário $\hat{i}$, de 2 m/s no sentido negativo do vetor unitário $\hat{j}$ e de 0,25 m/s no sentido negativo do vetor unitário $\hat{k}$.

Podemos também calcular o módulo da velocidade média:

$$v_m = \sqrt{(-0{,}5\ m/s)^2 + (-2\ m/s)^2 + (-0{,}25\ m/s)^2}$$
$$v_m = \sqrt{0{,}25\ m^2/s^2 + 4\ m^2/s^2 + 0{,}0625\ m^2/s^2}$$
$$v_m = \sqrt{4{,}3125\ m^2/s^2}$$
$$v_m = 2{,}08\ m/s^2$$

O módulo da velocidade média pode ser interpretado como a rapidez média com que o deslocamento da partícula acontece para um observador que está posicionado na origem do sistema de coordenadas retangulares.

Note que também poderíamos ter chegado ao valor do módulo da velocidade média dividindo o módulo do deslocamento pelo intervalo de tempo:

$$v_m = \frac{8{,}31\ m}{4\ s} = 2{,}08\ m/s$$

Exemplo 2.2

O Gráfico 2.2 mostra o deslocamento de uma partícula no plano xy ao longo de uma trajetória curva, saindo da posição representada pelo vetor $\vec{r}_0$ e chegando na posição representada pelo vetor $\vec{r}$.

Gráfico 2.2
Deslocamento de uma partícula no plano xy ao longo de uma trajetória curva

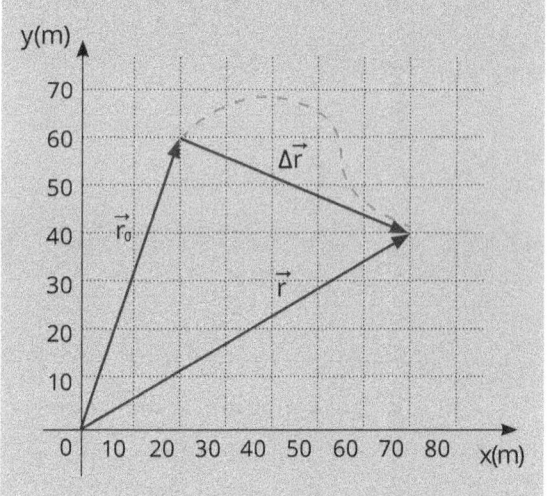

O tempo que a partícula levou para realizar o deslocamento foi de 10 s.

a. Calcule sua velocidade média.
b. Calcule o módulo da velocidade média.

Resolução

Pelo gráfico, a posição inicial da partícula é $\vec{r}_0 = (20\text{ m})\hat{i} + (60\text{ m})\hat{j}$ e a final é $\vec{r} = (70\text{ m})\hat{i} + (40\text{ m})\hat{j}$. Logo, o seu deslocamento é:

$$\Delta\vec{r} = (70\text{ m} - 20\text{ m})\hat{i} + (40\text{ m} - 60\text{ m})\hat{j}$$

$$\Delta\vec{r} = (50\text{ m})\hat{i} + (-20\text{ m})\hat{j}$$

Com esse resultado, podemos calcular o vetor *velocidade média* da partícula:

$$\vec{v}_m = \frac{50\text{ m}}{10\text{ s}}\hat{i} + \frac{-20\text{ m}}{10\text{ s}}\hat{j}$$

$$\vec{v}_m = (5\text{ m/s})\hat{i} + (-2\text{ m/s})\hat{j}$$

Agora, calculamos o módulo da velocidade média:

$$v_m = \sqrt{(5\text{ m/s})^2 + (-2\text{ m/s})^2}$$

$$v_m = \sqrt{25\text{ m}^2/\text{s}^2 + 4\text{ m}^2/\text{s}^2}$$

$$v_m = \sqrt{29\text{ m}^2/\text{s}^2}$$

$$v_m = 5{,}39\text{ m/s}$$

Ao analisarmos o exemplo anterior, percebemos que o valor da velocidade média é equivalente ao da velocidade **constante** com que um móvel deveria se mover em **linha reta**, partindo da posição inicial até a posição final, durante o mesmo intervalo de tempo ($\Delta t = 10$ s).

No Capítulo 1, vimos que, no caso unidimensional, o módulo da velocidade instantânea pode ser calculado pelo limite:

$$\vec{v} = \lim_{\Delta t \to 0} \frac{\vec{x}(t + \Delta t) - \vec{x}(t)}{\Delta t} = \lim_{\Delta t \to 0} \frac{\Delta \vec{x}}{\Delta t}$$

Esse limite é numericamente igual à derivada da função *posição em relação ao tempo* e representa a inclinação da reta tangente à curva do gráfico da posição da partícula *versus* o tempo. Fisicamente, indica o valor para o qual a velocidade média se encaminha quando o intervalo de tempo tende a zero. Nos casos bi e tridimensionais, escrevemos:

$$\vec{v} = \lim_{\Delta t \to 0} \frac{\vec{r}(t + \Delta t) - \vec{r}(t)}{\Delta t} = \lim_{\Delta t \to 0} \frac{\Delta \vec{r}}{\Delta t} = \frac{d\vec{r}}{dt}$$

É importante percebermos que o vetor *velocidade instantânea* será sempre tangente à trajetória da partícula, conforme mostra o **Gráfico** 2.3.

Gráfico 2.3
O vetor velocidade instantânea é tangente à trajetória

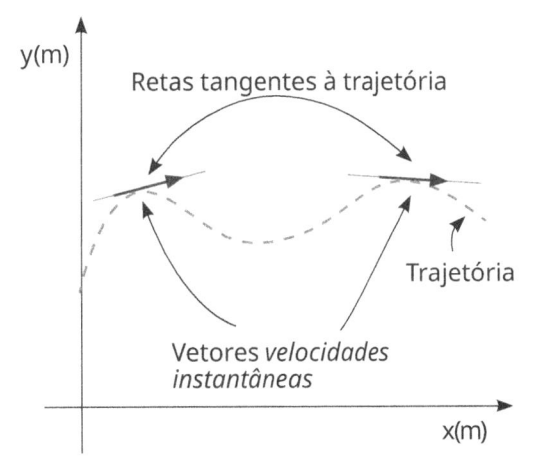

De forma análoga ao caso unidimensional, as componentes da velocidade instantânea podem ser escritas da seguinte forma:

$$\vec{v} = \lim_{\Delta t \to 0} \frac{\Delta x}{\Delta t}\hat{i} + \lim_{\Delta t \to 0} \frac{\Delta y}{\Delta t}\hat{j} + \lim_{\Delta t \to 0} \frac{\Delta z}{\Delta t}\hat{k}$$

Movimento bi e tridimensional

Que é o mesmo que escrever:

$$\vec{v} = \frac{dx}{dt}\hat{i} + \frac{dy}{dt}\hat{j} + \frac{dz}{dt}\hat{k}$$

Ou simplesmente:

$$\vec{v} = v_x\hat{i} + v_y\hat{j} + v_z\hat{k}$$

Em outras palavras, a velocidade instantânea é equivalente à soma das taxas temporais dos deslocamentos nas direções dos vetores unitários $\hat{i}$, $\hat{j}$ e $\hat{k}$.

Exemplo 2.3

Em um autódromo, um sistema de coordenadas cartesianas foi desenhado para estudar a trajetória de um carro. Vários aparatos tecnológicos foram utilizados para coletar as coordenadas do carro em alguns instantes, conforme a Tabela 2.1 e o rascunho da trajetória apresentado no Gráfico 2.4:

Tabela 2.1
Coordenadas xy de um carro em movimento

t(s)	x(m)	y(m)
0	8	4
2	28	11
4	48	30
6	68	61
8	88	104
10	108	159
12	128	226

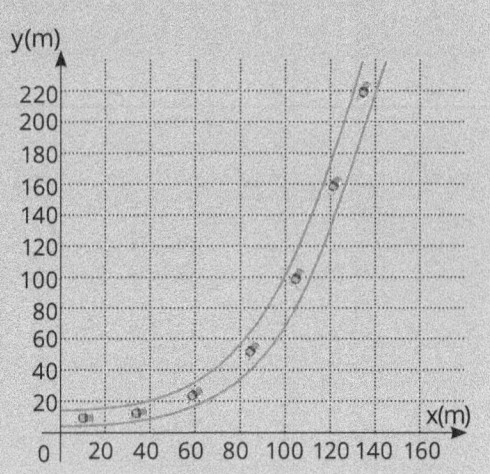

Gráfico 2.4
Trajetória curva de um carro

Com esses dados, uma equipe de engenheiros verificou que o deslocamento do carro nas direções x e y obedecem às seguintes equações:

$x(t) = 8 + 10t$

$y(t) = 4 + 0,5\,t + 1,t^2$

Ou, de forma equivalente,

$\vec{r}(t) = (8 + 10t)\hat{i} + (4 + 0,5t + 1,5t^2)\hat{j}$

Calcule as componentes do vetor velocidade do carro e o correspondente módulo nos seguintes instantes:

a. $t = 2\,s$
b. $t = 7\,s$
c. $t = 10\,s$

Resolução

No Capítulo 1, vimos que a derivada de uma função polinomial $f(t) = at^n$ pode ser obtida pela regra

$$f'(t) = nat^{n-1}$$

Podemos calcular a função *velocidade* da partícula para cada uma das direções derivando as respectivas funções posições:

$v_x = x'(t)$

$v_y = y'(t)$

Esses resultados mostram que, para qualquer instante, a velocidade na direção x é constante e igual a 10 m/s. Já na direção y, para calcularmos as componentes solicitadas nos itens (a), (b) e (c), devemos substituir os valores dos instantes de tempo na função v_y:

a. $v_y = 0{,}5 + 3t = 0{,}5 + 3 \cdot 2 = 6{,}5$ m/s

O vetor *velocidade* no instante $t = 2$ s é:

$\vec{v} = v_x\hat{i} + v_y\hat{j}$

$\vec{v} = (10 \text{ m/s})\hat{i} + (6{,}5 \text{ m/s})\hat{j}$

O módulo da velocidade nesse instante é:

$v = \sqrt{(10 \text{ m/s})^2 + (6{,}5 \text{ m/s})^2}$

$v = 11{,}92$ m/s

b. $v_y = 0{,}5 + 3t = 0{,}5 + 3 \cdot 7 = 21{,}5$ m/s

O vetor *velocidade* no instante $t = 7$ s é:

$\vec{v} = v_x\hat{i} + v_y\hat{j}$

$\vec{v} = (10 \text{ m/s})\hat{i} + (21{,}5 \text{ m/s})\hat{j}$

O módulo da velocidade nesse instante é

$\vec{v} = \sqrt{(10 \text{ m/s})^2 + (21{,}5 \text{ m/s})^2}$

$\vec{v} = 23{,}71$ m/s

c. $v_y = 0{,}5 + 3t = 0{,}5 + 3 \cdot 10 = 30{,}5$ m/s

O vetor *velocidade* no instante $t = 10$ s é:

$\vec{v} = v_x\hat{i} + v_y\hat{j}$

$\vec{v} = (10 \text{ m/s})\hat{i} + (30{,}5 \text{ m/s})\hat{j}$

O módulo da velocidade nesse instante é:

$\vec{v} = \sqrt{(10 \text{ m/s})^2 + (30{,}5 \text{ m/s})^2}$

$\vec{v} = 32{,}09$ m/s

2.3 Aceleração média e aceleração instantânea em três dimensões

Da mesma forma que no movimento unidimensional, quando uma partícula que se move em duas ou três dimensões varia seu vetor velocidade ($\Delta\vec{v}$) em um intervalo de tempo (Δt), sua aceleração média é calculada da seguinte forma:

$$\vec{a}_m = \frac{\Delta\vec{v}}{\Delta t} = \frac{\Delta v_x \hat{i} + \Delta v_y \hat{j} + \Delta v_z \hat{k}}{\Delta t} = \frac{\Delta v_x}{\Delta t}\hat{i} + \frac{\Delta v_y}{\Delta t}\hat{j} + \frac{\Delta v_z}{\Delta t}\hat{k}$$

Se fizermos Δt tender a zero na expressão anterior, a aceleração média tenderá para a aceleração instantânea, que chamaremos de $\vec{a}$:

$$\vec{a} = \lim_{\Delta t \to 0} \frac{\vec{v}(t + \Delta t) - \vec{v}(t)}{\Delta t} = \lim_{\Delta t \to 0} \frac{\Delta\vec{v}}{\Delta t} = \frac{d\vec{v}}{dt}$$

Para obtermos as componentes escalares da aceleração, podemos derivar as componentes escalares da velocidade em relação ao tempo:

$$\vec{a} = \frac{dv_x}{dt}, \; a_y = \frac{dv_y}{dt}, \; a_z = \frac{dv_z}{dt}$$

Assim, o vetor *aceleração instantânea* pode ser escrito como:

$$\vec{a} = \frac{dv_x}{dt}\hat{i} + \frac{dv_y}{dt}\hat{j} + \frac{dv_z}{dt}\hat{k}$$

Ou, de forma equivalente,

$$\vec{a} = a_x\hat{i} + a_y\hat{j} + a_z\hat{k}$$

É importante destacarmos que uma partícula é submetida a uma aceleração se apenas um dos itens a seguir for verdadeiro:

1. o módulo de sua velocidade variar;
2. a orientação do seu vetor *velocidade* variar;
3. o módulo e a orientação do seu vetor *velocidade* variarem.

De forma equivalente, uma partícula terá aceleração nula se o módulo e a orientação de sua velocidade permanecerem constantes.

Exemplo 2.4

Para o carro do Exemplo 2.3, calcule a aceleração média entre os instantes 2 s e 10 s.

Resolução

Já sabemos que a função velocidade do carro no SI é

$$\vec{v} = (10)\hat{i} + (0{,}5 + 3t)\hat{j}$$

Para calcularmos o valor da aceleração média, temos que conhecer a velocidade no início e no fim do intervalo solicitado:

$$\vec{v}(2) = (10)\hat{i} + (0{,}5 + 3 \cdot 2)\hat{j} = (10 \text{ m/s})\hat{i} + (6{,}5 \text{ m/s})\hat{j}$$

e

$$\vec{v}(10) = (10)\hat{i} + (0{,}5 + 3 \cdot 10)\hat{j} = (10 \text{ m/s})\hat{i} + (30{,}5 \text{ m/s})\hat{j}$$

Usando a definição de *aceleração média*, temos:

$$\vec{a}_m = \frac{\Delta v_x}{\Delta t}\hat{i} + \frac{\Delta v_y}{\Delta t}\hat{j}$$

$$\vec{a}_m = \frac{(10 \text{ m/s} - 10 \text{ m/s})\hat{i}}{(10 \text{ s} - 2 \text{ s})} + \frac{(30{,}5 \text{ m/s} - 6{,}5 \text{ m/s})\hat{j}}{(10 \text{ s} - 2 \text{ s})}$$

$$\vec{a}_m = \frac{(0 \text{ m/s})\hat{i}}{8 \text{ s}} + \frac{(24 \text{ m/s})\hat{j}}{8 \text{ s}} = (3 \text{ m/s}^2)\hat{j}$$

Observe que poderíamos ter derivado a expressão da velocidade instantânea para chegar ao mesmo resultado para a aceleração:

$$\vec{a} = \frac{dv_x}{dt}\hat{i} + \frac{dv_y}{dt}\hat{j}$$
$$\vec{a} = (0 \text{ m/s}^2)\hat{i} + (3 \text{ m/s}^2)\hat{j}$$
$$\vec{a} = (3 \text{ m/s}^2)\hat{j}$$

A interpretação desse resultado nos mostra que o carro não está acelerando na direção do vetor unitário $\hat{i}$ (eixo x) e apresenta aceleração constante na direção do vetor unitário $\hat{j}$ (eixo y). Assim, para qualquer intervalo de tempo, a aceleração média do carro será igual à aceleração instantânea.

2.4 Movimento de projéteis

Na Figura 2.1, Bento precisa atingir a velocidade que lhe permitirá vencer a distância x e não cair no buraco. Supondo que os valores de x e de y são conhecidos, você consegue determinar qual seria essa velocidade?

Figura 2.1
Lançamento horizontal

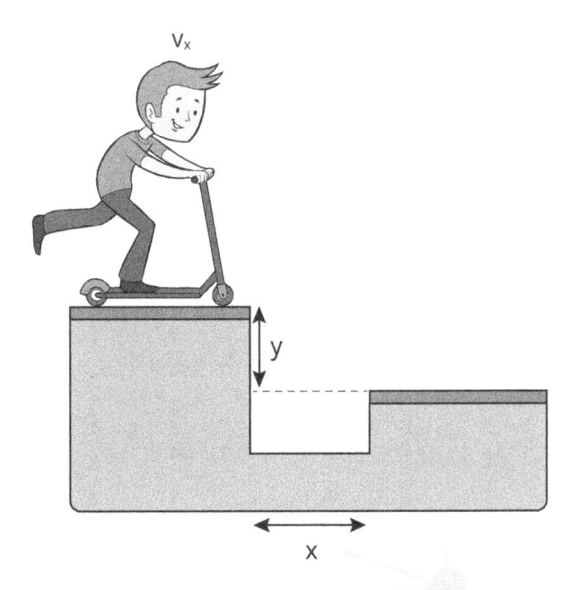

Movimento bi e tridimensional

> De acordo com a teoria de Isaac Newton, a força de atração gravitacional entre duas massas é calculada pela seguinte equação:
>
> $$F = G \frac{m_1 \cdot m_2}{r^2}$$
>
> Em que:
> - G é a constante gravitacional;
> - m_1 e m_2 são as massas;
> - r é a distância entre os centros de massa das duas massas;
> - F é a força de atração que uma massa exerce sobre a outra.
>
> O valor da aceleração $g = 9{,}81 \text{ m/s}^2$ é válido somente para objetos que estão próximos à superfície da Terra.

Antes de chegar ao obstáculo, Bento apresenta velocidade somente na direção x. A partir do momento que inicia o salto, ele começa a se deslocar simultaneamente para baixo (na direção y) sob a ação da força gravitacional (que gera a aceleração gravitacional no mesmo sentido da força).

Desprezemos a resistência do ar e suponhamos que o rolamento do patinete de Bento equivale ao deslizamento sem atrito (estudaremos o rolamento com mais detalhes no Capítulo 7). Assim, no momento do salto, a única força que atua sobre ele é a gravitacional. Como você já sabe, essa força provoca uma aceleração de aproximadamente $9{,}81 \text{ m/s}^2$ em qualquer corpo que esteja próximo à superfície da Terra.

Assim, na direção horizontal (eixo x), não temos forças agindo sobre Bento, portanto, sua velocidade nessa direção permanecerá constante. Já na direção vertical (eixo y), o garoto estará em queda livre e o movimento será acelerado.

Esse tipo de movimento, que ocorre quando um objeto é lançado no ar e se move em um plano, é chamado *movimento de projéteis*. Para melhor estudá-lo, podemos dividi-lo em dois tipos:

1. **Lançamento horizontal**, que ocorre quando o objeto é atirado com velocidade paralela ao eixo horizontal (é o caso do Bento e de seu patinete, conforme mostra o Gráfico 2.5).

Gráfico 2.5
Trajetória no lançamento horizontal

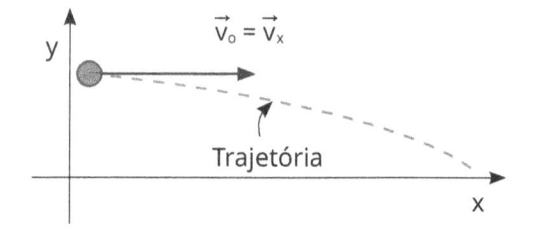

2. **Lançamento oblíquo**, que ocorre quando o objeto é lançado formando um ângulo com o eixo horizontal (Gráfico 2.6).

Gráfico 2.6
Trajetória no lançamento oblíquo

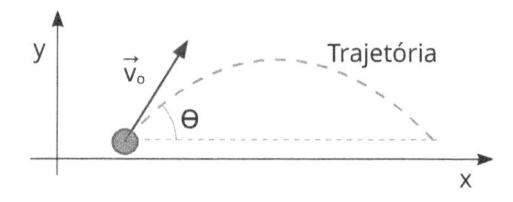

Em qualquer um dos lançamentos, é válido o princípio da independência dos movimentos, proposto por Galileu:

> **Princípio da independência dos movimentos**: quando um corpo realiza um movimento composto, cada componente do movimento se comporta de forma independente, como se as outras não existissem.

O caso com o qual iniciamos esta seção é classificado como **lançamento horizontal**. Para melhor estudá-lo e facilitar nossa vizualização, substituiremos Bento e seu patinete por uma esfera e representaremos a evolução dos movimentos na horizontal e na vertical separadamente, conforme o Gráfico 2.7:

Gráfico 2.7
Decomposição do movimento parabólico

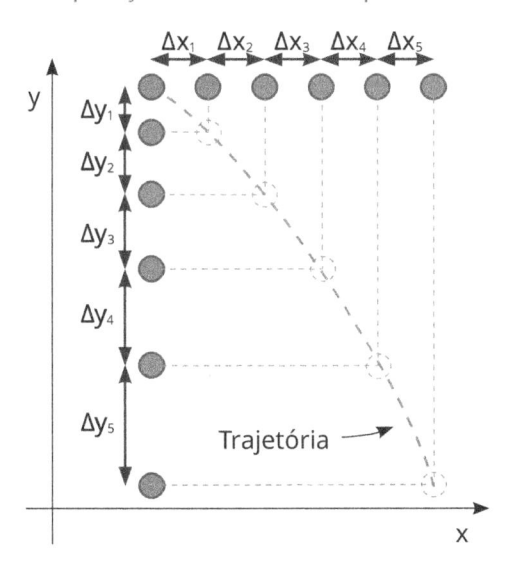

No intervalo de tempo Δt_1, a esfera se deslocou Δx_1 na horizontal e Δy_1 na vertical. No intervalo de tempo Δt_2, a esfera se deslocou Δx_2 na horizontal e Δy_2 na vertical. O mesmo acontece com os demais deslocamentos. A composição dos movimentos horizontais com os respectivos movimentos verticais resulta na trajetória original da esfera (indicada pela linha tracejada vermelha). É importante notarmos que, para intervalos de tempos iguais, os deslocamentos horizontais são iguais. O mesmo não acontece no eixo vertical, no qual o movimento é acelerado.

Assim, para o movimento horizontal, a velocidade é constante, o que caracteriza um movimento uniforme, sendo válida a seguinte equação:

$$x = x_0 + v_x t$$

Já para o movimento vertical, a velocidade da esfera varia segundo a aceleração gravitacional g, o que caracteriza um movimento uniformemente variado. Portanto, considerando que o eixo y está orientado para cima, são válidas as equações:

$$v_y = v_{0y} - gt$$
$$y = y_0 + v_{0y}t - \frac{gt^2}{2}$$
$$v_y^2 = v_{0y}^2 - 2g\Delta y$$

No Gráfico 2.8, estão representadas as componentes vetoriais das velocidades nos eixos x e y.

Movimento bi e tridimensional

Gráfico 2.8
Componentes do vetor velocidade no movimento parabólico

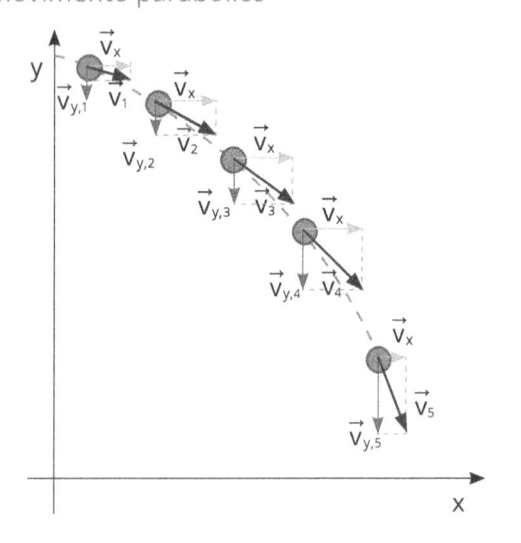

Como já vimos no início deste capítulo, o vetor *velocidade* (resultante) é sempre tangente à trajetória e pode ser determinado, em qualquer instante, pela soma vetorial da componente horizontal da velocidade $\vec{v}_x$ (paralelo ao eixo x) com a componente vertical $\vec{v}_y$ (paralelo ao eixo y). Se considerarmos como instante inicial o momento em que a esfera começa a cair, teremos $\vec{v}_x = \vec{v}_0$ (componente horizontal da velocidade) e $\vec{v}_x = 0$ (componente vertical da velocidade).

Exemplo 2.5

Na Figura 2.2, utilizamos o caso com o qual iniciamos a seção. Supondo que x = 2 m e y = 1 m, calcule a velocidade mínima com que Bento deve se lançar horizontalmente para conseguir pular o buraco com seu patinete. Despreze o atrito e a resistência do ar.

Figura 2.2
Lançamento horizontal

Resolução

Sabemos que a velocidade na direção horizontal é constante. Assim, podemos utilizar a função:

$x = x_0 + v_x t$

Considerando como zero o ponto em que ocorre o início do salto ($x_0 = 0$), temos:

$2 = 0 + v_x t$

$2 = v_x t$ (I)

Na direção y, o movimento é acelerado:

$y = y_0 + v_{0y}t - \dfrac{gt^2}{2}$

$0 = 1 + 0 \cdot t - \dfrac{9{,}81 \cdot t^2}{2}$

$1 = \dfrac{9{,}81 \cdot t^2}{2}$

$t = \sqrt{\dfrac{2}{9{,}81}} = 0{,}452 \text{ s}$

Substituindo esse valor na equação (I), temos:

$2 = v_x \cdot 0{,}452$

$v_x = \dfrac{2}{0{,}452} = 4{,}43 \text{ m/s}$

Portanto, a velocidade mínima que Bento deve atingir para conseguir ultrapassar o obstáculo é de 4,43 m/s, cerca de 15,9 km/h.

Agora, considere que Bento precisa ultrapassar um obstáculo e, para isso, deve saltar verticalmente a altura *h* enquanto se desloca horizontalmente à distância *R*, conforme a Figura 2.3. O movimento que Bento terá de realizar é classificado como um **lançamento oblíquo**.

Figura 2.3
Lançamento oblíquo

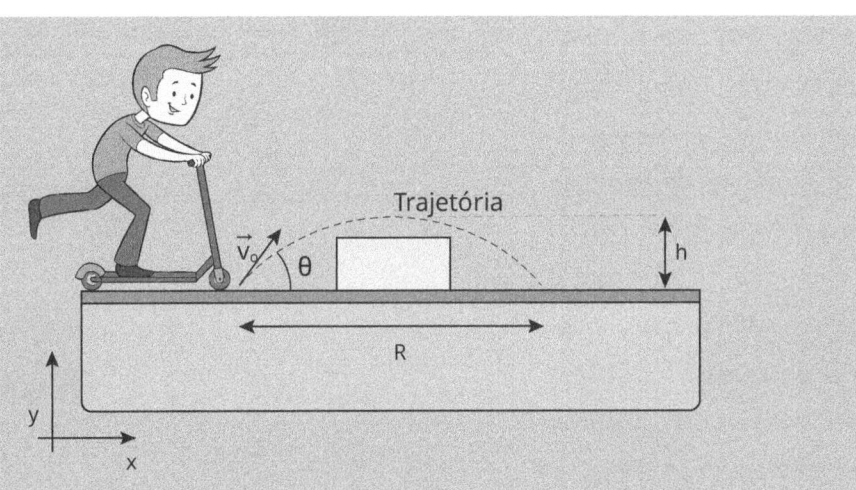

Em que:
- $\vec{v_0}$ é a velocidade inicial com que Bento se projeta para saltar o obstáculo.
- θ é o ângulo que o vetor velocidade inicial forma com a horizontal.
- h é a altura máxima que Bento irá subir.
- R é o alcance horizontal.

Movimento bi e tridimensional

Assim como no caso anterior (em que Bento tinha que saltar um buraco), a componente horizontal da velocidade, desprezando-se a resistência do ar, é constante, o que caracteriza um movimento uniforme. Também da mesma forma que no caso anterior, a componente vertical da velocidade varia de acordo com a aceleração da gravidade, caracterizando um movimento uniformemente variado.

O que muda em relação ao caso anterior é que a componente da velocidade inicial na direção y não é zero no início do lançamento. Entretanto, no ponto mais alto da trajetória, a velocidade de Bento se dá exclusivamente em razão da componente horizontal (v_x), momento em que o movimento de ascensão cessa e a velocidade vertical é instantaneamente zero ($v_y = 0$).

Para calcularmos as componentes horizontais e verticais da velocidade inicial, representadas na Figura 2.4, vamos utilizar as razões trigonométricas seno e cosseno:

Figura 2.4
Componentes vertical e horizontal do vetor velocidade inicial

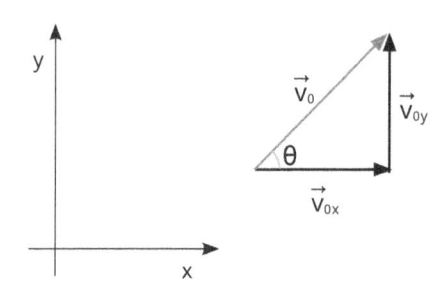

Substituindo esses resultados nas equações do movimento horizontal e vertical, obtemos:

$$\cos \theta = \frac{v_{0x}}{v_0} = \frac{v_x}{v_0} \rightarrow v_x = v_0 \cdot \cos \theta$$

$$\sin \theta = \frac{v_{0y}}{v_0} \rightarrow v_{0y} = v_0 \cdot \sin \theta$$

Quadro 2.1
Equações dos movimentos horizontal e vertical

Movimento horizontal	Movimento vertical
1. $x = x_0 + v_x t$ $x = x_0 + v_0 \cdot t \cdot \cos \theta$ (I)	2. $v_y = v_{0y} - gt$ $v_y = v_0 \cdot \sin \theta - gt$ (II)
	3. $y = y_0 + v_{0y} t - \frac{gt^2}{2}$ $y = y_0 + v_0 \cdot t \cdot \sin \theta - \frac{gt^2}{2}$ (III)
	4. $v_y^2 = v_{0y}^2 - 2g\Delta y$ $v_y^2 = (v_0 \cdot \sin \theta)^2 - 2g\Delta y$ (IV)

Podemos manipular essas funções para tentar encontrar uma expressão que represente o alcance horizontal R de um projétil que é lançado do chão ($y_0 = 0$), realiza uma trajetória parabólica e retorna novamente ao chão ($y = 0$). Consideremos que a posição de lançamento em relação ao eixo x também é zero ($x_0 = 0$). Assim, a equação (III) assume a seguinte forma:

$$0 = 0 + v_0 \cdot t \cdot \sin \theta - \frac{gt^2}{2}$$

Isolemos a variável t e, em seguida, substituir o resultado na equação (I):

$$0 = t\left(v_0 \cdot \operatorname{sen} \theta - \frac{gt}{2}\right)$$

$$v_0 \cdot \operatorname{sen} \theta - \frac{gt}{2} = 0$$

$$\frac{gt}{2} = v_0 \cdot \operatorname{sen} \theta$$

$$t = \frac{2v_0 \cdot \operatorname{sen} \theta}{g}$$

Agora, voltemos à equação (I), considerando que $x = R$ e $x_0 = 0$:

$$R = v_0 \cdot t \cdot \cos \theta$$

$$R = \frac{2v_0^2 \cdot \operatorname{sen} \theta \cdot \cos \theta}{g}$$

Utilizando a relação trigonométrica,

$$2 \operatorname{sen} \theta \cdot \cos \theta = \operatorname{sen}(2\theta)$$

chegamos a uma função para calcular o alcance que depende somente do ângulo e da velocidade inicial de lançamento.

$$R = \frac{2v_0^2 \operatorname{sen}(2\theta)}{g}$$

O valor máximo da função *seno* é 1 e é obtido quando seu argumento é igual a 90°. Assim, o alcance horizontal R será máximo quando o ângulo θ for igual a 45°.

$$R_{máx} = \frac{v_0^2 \operatorname{sen}(2 \cdot 45°)}{g} = \frac{v_0^2 \operatorname{sen}(90°)}{g} = \frac{v_0^2}{g}$$

Esse resultado é válido para um projétil que foi lançado de uma altura $y_0 = 0$ m. Quando $y_0 \neq 0$, temos que considerar primeiro o movimento vertical para calcular o tempo que o projétil permanece no ar e, em seguida, substituir o resultado na função do movimento horizontal para calcular o alcance (essa situação será explorada no Exemplo 2.7).

Já para calcularmos a altura máxima que o projétil irá alcançar quando lançado da altura $y_0 = 0$, podemos utilizar a equação (II) em conjunto com a equação (III). É preciso enfatizarmos, entretanto, que no ponto mais alto da trajetória, a componente vertical da velocidade é igual a zero, ou seja, $v_y = 0$ quando $t = t_s$, em que t_s é o tempo de subida. Assim,

$$0 = v_0 \cdot \operatorname{sen} \theta - g \cdot t_s$$

$$t_s = \frac{v_0 \operatorname{sen} \theta}{g}$$

Substituindo esse resultado na equação (III), obtemos a altura máxima que o projétil irá atingir:

$$y_{máx} = y_0 + v_0 \cdot \frac{v_0 \operatorname{sen} \theta}{g} \cdot \operatorname{sen} \theta - \frac{g}{2} \cdot \left(\frac{v_0 \operatorname{sen} \theta}{g}\right)^2$$

$$y_{máx} = y_0 + \frac{(v_0 \operatorname{sen} \theta)^2}{2g}$$

Exemplo 2.6

Na situação ilustrada na Figura 2.5, verifique se Bento conseguirá saltar a altura h = 0,4 m, obtendo um alcance R = 3 m, caso se projete com uma velocidade inicial de 6 m/s e formando um ângulo de 30° com a horizontal. Despreze o atrito e a resistência do ar.

2.4.1 Função trajetória

É possível deduzirmos uma função que nos forneça a trajetória de um projétil? Sim! Basta, para isso, combinarmos as funções (I) e (III) do Quadro 2.1, de forma a eliminarmos a variável t. Para isso, consideraremos $x_0 = 0$ e $y_0 = 0$.

Primeiramente, isolaremos t na função (I):

$$t = \frac{x}{v_0 \cdot \cos\theta}$$

Agora, substituiremos esse resultado na função (III):

$$y = y_0 + v_0 \cdot \frac{x}{v_0 \cdot \cos\theta} \cdot \sen\theta - \frac{g}{2}\left(\frac{x}{v_0 \cdot \cos\theta}\right)^2$$

$$y = y_0 + \tan\theta \cdot x - \frac{g}{2v_0^2 \cdot \cos^2\theta} \cdot x^2$$

Observe que essa função tem a forma $y = ax^2 + bx + c$, cujo gráfico é de uma parábola com concavidade voltada para baixo (pois o coeficiente de x^2 é negativo, devido à aceleração gravitacional ser negativa, $g = -9{,}81\ m/s^2$). Portanto, fica demonstrado que, para um projétil lançado da altura $y_0 = 0\ m$, desprezando-se a resistência do ar, sua trajetória será uma parábola para qualquer ângulo no intervalo $0° \leq \theta < 90°$.

Para $\theta = 0°$, o lançamento é horizontal e, necessariamente, o projétil precisa ter altura inicial maior que zero. Caso contrário, ele sequer sairá do chão. Se admitíssemos $\theta = 90°$, estaríamos tratando de um lançamento vertical, e não de um oblíquo ou horizontal.

Figura 2.5
Lançamento oblíquo

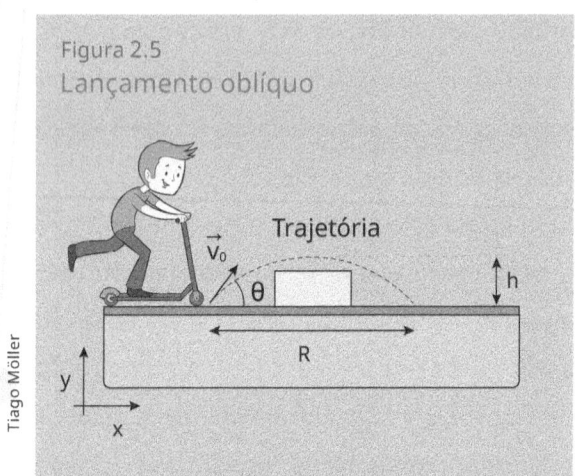

Resolução

Primeiramente, verifiquemos se a velocidade e o ângulo com que Bento se projeta são suficientes para atingir o alcance estabelecido no enunciado:

$$R = \frac{v_0^2\ \sen(2\theta)}{g}$$

$$R = \frac{6^2\ \sen(2 \cdot 30°)}{9{,}81} = 3{,}2\ m$$

Agora, verifiquemos se Bento conseguirá atingir a altura de 0,4 m:

$$y_{máx} = y_0 + \frac{(v_0 \cdot \sen 2\theta)^2}{2g}$$

$$y_{máx} = 0 + \frac{(6 \cdot \sen 30°)^2}{2 \cdot 9{,}81} = 0{,}46\ m$$

Portanto, Bento atingirá os alcances horizontal de 3,2 m e vertical de 0,46 m, conseguindo ultrapassar o obstáculo.

Exemplo 2.7

O piloto de um helicóptero deseja levar mantimentos para um grupo de pessoas que está ilhado. Quando se encontra exatamente acima do grupo, a uma altura de 50 m do chão, com velocidade de 25 m/s, formando um ângulo de 30° com a horizontal (conforme Figura 2.6), o piloto solta a caixa de mantimentos. Desprezando a resistência do ar, responda:

a. Qual a altura máxima que a caixa de mantimentos atingirá?
b. A que distância horizontal do grupo de pessoas a caixa cairá?
c. Qual o módulo do vetor velocidade final do saco, imediatamente antes de atingir o solo?

Figura 2.6
Ilustração da situação descrita no enunciado do Exemplo 2.7

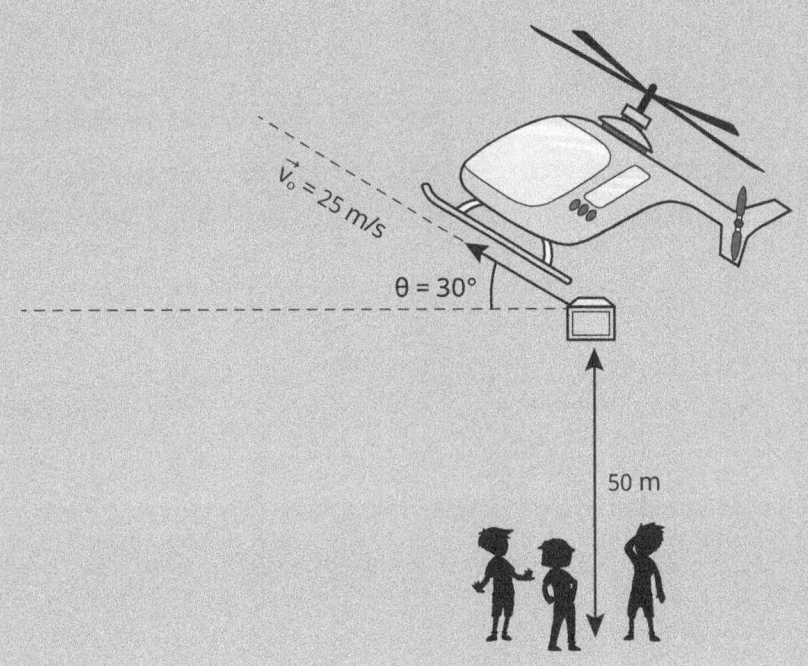

Movimento bi e tridimensional

Resolução

a. Estabeleçamos que y é o eixo vertical e x o horizontal. Quando a caixa atinge a altura máxima, a velocidade vertical é instantaneamente zero: $v_y = 0$. Com essa consideração, podemos calcular o tempo de subida t_s:

$v_y = v_0 \cdot \operatorname{sen} \theta - gt$

$0 = 25 \operatorname{sen} 30° - 9,81\, t_s$

$t_s = \dfrac{25 \operatorname{sen} 30°}{9,81} = 1,27 \text{ s}$

Substituindo esse resultado na equação do deslocamento vertical, obtemos:

$y = y_0 + v_0 \cdot t \cdot \operatorname{sen} \theta - \dfrac{gt^2}{2}$

$y_{máx} = 50 + 25 \cdot 1,27 \cdot \operatorname{sen} 30° - \dfrac{9,81 \cdot 1,27^2}{2}$

$y_{máx} = 57,9 \text{ m}$

Outra forma de chegar a esse resultado é utilizar a função da trajetória do saco, que nos fornece o deslocamento vertical y, como função do deslocamento horizontal x:

$y = y_0 + \tan \theta \cdot x - \dfrac{g}{2v_0^2 \cdot \cos^2 \theta} \cdot x^2$

Substituindo os valores do enunciado, temos:

$y = 50 + \tan 30° \cdot x - \dfrac{9,81}{2 \cdot 25^2 \cdot \cos^2 30°} \cdot x^2$

$y = 50 + 0,577 \cdot x - 0,0105\, x^2$

No ponto mais alto da trajetória, a inclinação da reta tangente à curva do gráfico é igual a zero, ou seja, a derivada de y em relação a x é zero, $y'(x) = 0$:

$y' = 0,577 - 0,0209x$

$0,577 - 0,0209x = 0$

$x = 27,6 \text{ m}$

Esse resultado mostra que, quando a caixa estiver na altura máxima, seu deslocamento horizontal foi de 27,6 m. Para sabermos a altura máxima, basta substituirmos esse valor na função da trajetória:

$y_{máx} = 50 + 0{,}577 \cdot 27{,}6 - 0{,}0105 \cdot 27{,}6^2$

$y_{máx} = 57{,}9 \text{ m}$

b. Não podemos utilizar diretamente a função do alcance $R = \dfrac{v_0^2 \operatorname{sen}(2\theta)}{g}$, pois a altura inicial não é zero. Precisamos trabalhar com o movimento decomposto, utilizando, primeiramente, a função do deslocamento vertical para calcular o tempo que a caixa permanece no ar:

$y = y_0 + v_0 \cdot t \cdot \operatorname{sen} \theta - \dfrac{gt^2}{2}$

$0 = 50 + 25 \cdot t \cdot \operatorname{sen} 30° - \dfrac{9{,}81\, t^2}{2}$

$-4{,}905 t^2 + 12{,}5 t + 50 = 0$

Resolvendo a equação de segundo grau, obtemos:

$t = \dfrac{-12{,}5 \pm \sqrt{12{,}5^2 - 4 \cdot (-4{,}905) \cdot (50)}}{2 \cdot (-4{,}905)}$

$t_1 = -2{,}16 \text{ s}$

$t_2 = 4{,}71 \text{ s}$

O resultado $t_1 = -2{,}16$ s, fisicamente, não faz sentido e não nos interessa. Portanto, a caixa ficará no ar durante 4,71 s. Substituindo esse valor na função correspondente ao movimento horizontal, obtemos a distância a que a caixa cairá do grupo de pessoas:

$x = x_0 + v_0 \cdot t \cdot \cos \theta$

$x = 0 + 25 \cdot 4{,}71 \cdot \cos 30°$

$x = 101{,}98 \text{ m}$

c. As componentes vetoriais da velocidade são as seguintes:

$v_x = v_0 \cos \theta = 25 \cdot \cos 30° = 21{,}65$ m/s

$v_y = v_0 \cdot \operatorname{sen} \theta - gt = 25 \cdot \operatorname{sen} 30° - 9{,}81 \cdot 4{,}71 = -33{,}71$ m/s

Assim, o vetor *velocidade final* da caixa pode ser expresso como:

$\vec{v} = (21{,}65 \text{ m/s})\hat{i} + (-33{,}71 \text{ m/s})\hat{j}$

Por fim, calculamos o módulo da velocidade final:

$v = \sqrt{(21{,}65)^2 + (-33{,}71)^2} = 40{,}06$ m/s

Este último resultado é a velocidade com que efetivamente a caixa atinge o solo, correspondendo a cerca de 144,2 km/h.

Temos, ainda, a possibilidade de trabalhar o movimento de projéteis de forma vetorial. Para isso, devemos considerar as grandezas que figuram no movimento de cada eixo, multiplicando-as pelos correspondentes vetores unitários e, em seguida, realizando a soma. Assim, para a aceleração, temos:

$a_x = 0 \to a_x\hat{i} = 0\hat{i}$
$a_y = -g \to a_y\hat{j} = -g\hat{j}$
$\vec{a} = a_x\hat{i} + a_y\hat{j} = -g\hat{j} = \vec{g}$

Realizamos o mesmo procedimento para combinar as velocidades:

$\vec{v} = v_{0x}\hat{i} + (v_{0y} - gt)\hat{j}$

Ou, simplesmente:

$\vec{v} = \vec{v}_0 + \vec{g}t$

Por fim, combinando as funções posições, obtemos:

$\vec{r} = (x_0 + v_x t)\hat{i} + \left(y_0 + v_{0y}t - \dfrac{gt^2}{2}\right)\hat{j}$

$\vec{r} = \vec{r}_0 + \vec{v}_0 t + \dfrac{1}{2}\vec{g}t^2$

Analisemos o Exemplo 2.8 para visualizar a aplicação desse resultado.

Exemplo 2.8

Figura 2.7
Esquema de um experimento sobre lançamento oblíquo

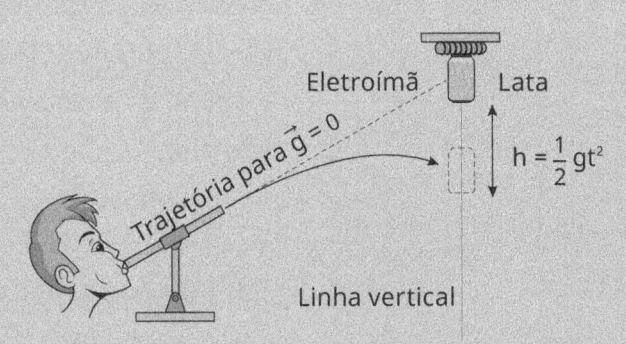

A Figura 2.7 ilustra um dispositivo que, quando soprado por alguém, lança dardos por meio de um canudo. No momento em que o dardo abandona o canudo, um sensor corta a corrente elétrica que alimenta o eletroímã, fazendo com que a lata se desprenda do dispositivo e caia sob a ação da gravidade.

Demonstre que o dardo atingirá a lata independentemente de qual seja sua rapidez inicial, desde que ela seja suficiente para atingir a linha vertical que representa a linha de queda da lata.

Resolução

Suponha que o ponto em que o dardo abandona o canudo esteja na origem do nosso sistema de referência e que a lata esteja na posição inicial $\vec{r}_{0,L}$.

A posição do dardo, após um tempo t, é dada por:

$$\vec{r}_D = \vec{v}_{D,0} t + \frac{1}{2}\vec{g}t^2$$

Enquanto a da lata é:

$$\vec{r}_L = \vec{r}_{L,0} + \frac{1}{2}\vec{g}t^2$$

Isolemos o termo $\frac{1}{2}\vec{g}t^2$ em ambas as equações:

$$\vec{r}_D - \vec{v}_{D,0} t = \frac{1}{2}\vec{g}t^2$$

$$\vec{r}_L - \vec{r}_{L,0} = \frac{1}{2}\vec{g}t^2$$

Movimento bi e tridimensional

> A posição do dardo, após um tempo t, é dada por:
>
> $$\vec{r}_D = \vec{v}_{D,0} t + \frac{1}{2}\vec{g}t^2$$
>
> Enquanto a da lata é:
>
> $$\vec{r}_L = \vec{r}_{L,0} + \frac{1}{2}\vec{g}t^2$$
>
> Isolemos o termo $\frac{1}{2}\vec{g}t^2$ em ambas as equações:
>
> $$\vec{r}_D - \vec{v}_{D,0} t = \frac{1}{2}\vec{g}t^2$$
>
> $$\vec{r}_L - \vec{r}_{L,0} = \frac{1}{2}\vec{g}t^2$$
>
> Comparando essas duas equações, verificamos que:
>
> $$\vec{r}_D - \vec{v}_{D,0} t = \vec{r}_L - \vec{r}_{L,0}$$
>
> Como a posição que o dardo ocuparia se não estivesse sob a ação da gravidade é igual à posição inicial da lata $-\vec{v}_{D,0} t = \vec{r}_{L,0}$, – temos:
>
> $$\vec{r}_D = \vec{r}_L$$
>
> Esse resultado vale para qualquer instante t, desde que a velocidade inicial do dardo seja suficiente para alcançar a linha vertical mostrada na Figura 2.7 (linha de queda da lata).

No exemplo anterior, o termo $\vec{v}_{D,0} t$, representado na Figura 2.8, descreveria a posição do dardo, caso ele não estivesse sob a ação da aceleração gravitacional. Se, de fato, pudéssemos eliminar a aceleração em virtude da força gravitacional, independentemente do intervalo de tempo t, o dardo iria atingir a lata. Isso ocorreria porque a lata também não seria acelerada para baixo.

Como esse não é o caso, o desvio que o dardo sofre nessa posição é dado pelo termo $\frac{1}{2}\vec{g}t^2$. A posição final do dardo (o vetor resultante) é calculada pela soma desses dois termos.

Figura 2.8
Vetores envolvidos no movimento do dardo

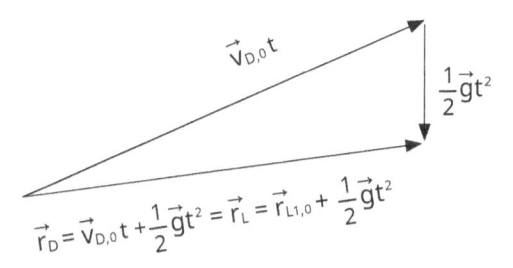

$$\vec{r}_D = \vec{v}_{D,0} t + \frac{1}{2}\vec{g}t^2 = \vec{r}_L = \vec{r}_{L1,0} + \frac{1}{2}\vec{g}t^2$$

2.5 Movimento circular

Quando uma partícula se movimenta sobre uma circunferência ou sobre um segmento da circunferência, estamos diante de um movimento circular. Estudaremos, nesta seção, alguns dos elementos que figuram no estudo desse tipo de movimento.

2.5.1 Ângulos

Na Figura 2.9, o ângulo (θ) de um radiano é equivalente ao comprimento do arco (ΔS), que tem a medida do raio (R).

Figura 2.9
Relação entre o ângulo, o raio e o comprimento do arco de uma circunferência

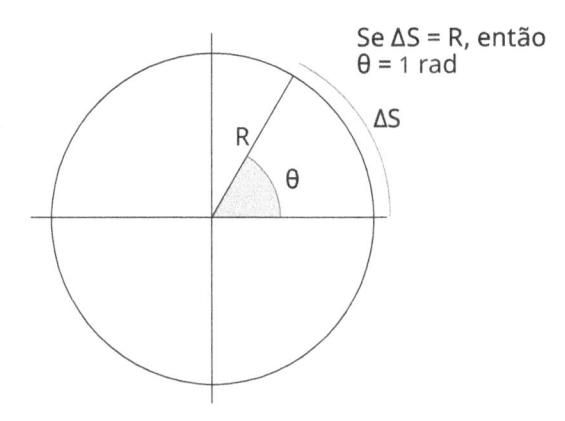

Se ΔS = R, então θ = 1 rad

Pela definição de ângulo e de acordo com a análise da figura, podemos escrever

$$\theta = \frac{\Delta S}{R}$$

Quando dividimos o perímetro (P) de qualquer circunferência pelo seu diâmetro (D), obtemos o valor do número π:

$$\pi = \frac{P}{D} = \frac{P}{2R}$$

$$P = 2\pi R$$

Quando o valor do arco é igual ao perímetro da circunferência, obtemos o ângulo θ = 2π, pois:

$$\theta = \frac{\Delta S}{R} = \frac{P}{R} = \frac{2\pi R}{R} = 2\pi \text{ radianos}$$

Assim, sabemos que 2π radianos é o valor do ângulo de uma volta completa, que equivale a 360° e que π radianos correspondem ao ângulo de meia volta, ou seja, 180°.

Faça a seguinte experiência: pegue qualquer objeto circular, meça seu diâmetro e seu perímetro. Em seguida, divida o perímetro pelo diâmetro. Você encontrará um valor próximo a 3,14, que é o valor aproximado do número *pi* (π).

Figura 2.10
Esquema para determinar experimentalmente o valor do número π

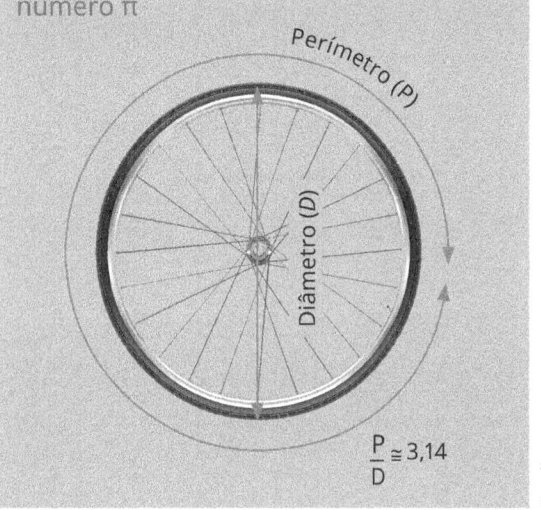

$$\frac{P}{D} \cong 3{,}14$$

Para transformarmos uma unidade de medida de ângulo para outra, basta fazermos uma regra de três simples. Vejamos os exemplos:

Movimento bi e tridimensional

Exemplo 2.9

Transforme 30° em radianos.

Resolução

Sabemos que:

$$\frac{180°}{\pi} = \frac{30°}{x}$$

Aplicando a propriedade fundamental das proporções, obtemos:

$$180° \, x = 30° \, \pi$$

$$x = \frac{30° \pi}{180°}$$

$$x = \frac{\pi}{6} \text{ rad}$$

Exemplo 2.10

Transforme $\frac{2\pi}{3}$ radianos em graus.

Resolução

Montamos a proporção:

$$\frac{180°}{\pi} = \frac{x}{\frac{2\pi}{3}}$$

Basta isolarmos a variável x para encontrarmos o ângulo em graus:

$$x = \frac{2\pi \cdot 180°}{3\pi} = 120°$$

Figura 2.11
Esquema do disco rígido girando em torno de um eixo fixo perpendicular ao seu plano

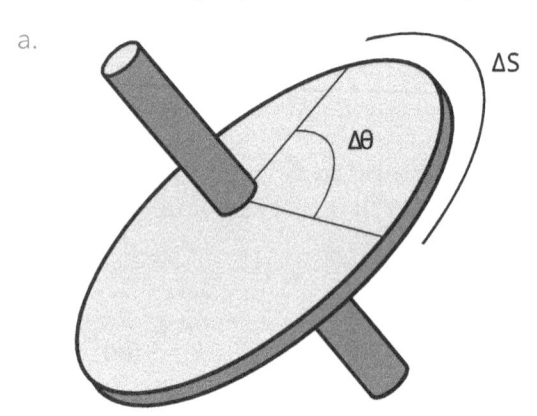

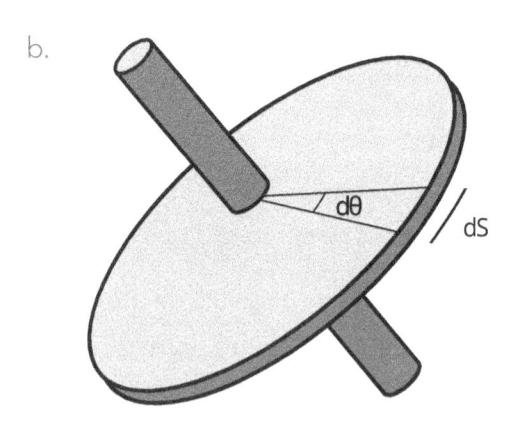

a.

b.

Tiago Möller

Percebemos que, em (a), o disco rígido gira em torno de um eixo fixo. Um ponto na extremidade do disco percorre a distância ΔS em um intervalo de tempo Δt. Nesse mesmo intervalo, o ponto varre um ângulo Δθ.

Em (b), observamos que, ao fazer o intervalo de tempo tender a zero (Δt → 0), a distância percorrida pelo ponto é dS e o ângulo varrido por ele é dθ.

No primeiro caso, um ponto que pertence à extremidade do disco percorre a distância ΔS ao mesmo tempo que abrange um ângulo Δθ. A velocidade angular média do ponto (que é a

2.5.2 Velocidade angular

Consideremos um disco rígido que gira em torno de um eixo fixo perpendicular ao seu plano, que passa pelo seu centro, conforme Figura 2.11.

mesma que a do disco) é definida como a razão entre o deslocamento angular do ponto e o intervalo de tempo que ele levou para realizar esse deslocamento. Vemos isso em:

$$\omega_m = \frac{\Delta\theta}{t}$$

Como você já deve ter percebido, estamos utilizando a letra grega θ (lê-se "teta") para representar o deslocamento angular e a letra ω (lê-se "ômega") para representar a velocidade angular.

Manipulando esse resultado, obtemos a função da posição angular:

$$\Delta\theta = \omega_m t$$
$$\theta = \theta_0 + \omega_m t$$

No segundo caso da Figura 2.11, fizemos o intervalo de tempo tender a zero ($\Delta t \rightarrow 0$), com a finalidade de definir a velocidade angular instantânea do disco como a taxa instantânea de variação angular (dθ) em relação ao tempo (dt):

$$\omega = \frac{d\theta}{dt}$$

É importante percebermos que a unidade de velocidade angular é a razão entre uma unidade que mede ângulo e uma unidade de tempo. No SI, essa unidade é o radiano por segundo (rad/s).

A velocidade tangencial (v_t) de um ponto marcado na extremidade do disco é tangente à trajetória circular (o vetor *velocidade* é tangente à trajetória). Para relacionarmos o módulo dessa velocidade com a velocidade angular, consideremos novamente a definição de ângulo $\left(\theta = \frac{\Delta S}{R}\right)$, supondo que o ponto marcado na extremidade percorra uma distância dS quando desloca um ângulo dθ.

Assim, podemos escrever:

$$dS = Rd\theta$$

Dividindo ambos os membros dessa equação por um elemento de tempo dt, **verificamos que a taxa de variação instantânea do deslocamento tangencial (a velocidade tangencial) é igual ao produto do raio pela taxa de variação instantânea do deslocamento angular (a velocidade angular):**

$$\frac{dS}{dt} = R\frac{d\theta}{dt}$$

Em que:
- $\frac{dS}{dt} = v_t$ é a velocidade tangencial de um ponto que está à distância R do eixo de rotação do disco;
- $\frac{d\theta}{dt} = \omega$ é a velocidade angular do disco.

Logo, podemos escrever:

$$v_t = \omega R$$

Esse é um resultado importante que relaciona a velocidade tangencial de um ponto do disco com sua velocidade angular. Ele será bastante utilizado ao longo deste livro, principalmente no Capítulo 7.

A seguir, apresentamos alguns exemplos.

Exemplo 2.11

Uma polia gira a 720 revoluções por minuto. Calcule sua velocidade angular em graus por segundo.

Resolução

Analisando os dados fornecidos pelo enunciado, percebemos que precisamos somente converter o número de revoluções em graus e os minutos em segundos. Os fatores de conversão são os seguintes:

$$\frac{360°}{1 \text{ rev}}$$

e

$$\frac{1 \text{ min}}{60 \text{ s}}$$

Assim:

$$\omega = \frac{720 \text{ rev}}{\text{min}} \cdot \frac{360°}{1 \text{ rev}} \cdot \frac{1 \text{ min}}{60 \text{ s}} = 4.320°/s$$

A polia varre 4 320° a cada segundo.

Exemplo 2.12

Um CD gira 2 700 revoluções por minuto. Calcule a velocidade angular em radianos por segundo.

Resolução

Para resolvermos essa questão proposta, temos que converter revoluções em radianos e minutos em segundos. Os fatores de conversão são os seguintes:

$$\frac{2\pi}{1 \text{ rev}}$$

e

$$\frac{1 \text{ min}}{60 \text{ s}}$$

Assim:

$$\omega = \frac{2700 \text{ rev}}{\text{min}} \cdot \frac{2\pi}{1 \text{ rev}} \cdot \frac{1 \text{ min}}{60 \text{ s}}$$

$$\omega = 90\pi \text{ rad/s}$$

2.5.3 Aceleração angular

No movimento circular, a aceleração angular, representada pela letra grega alpha (α), é definida como a taxa temporal de variação da velocidade angular.

$$\alpha = \frac{d\omega}{dt}$$

Como $\omega = \frac{d\theta}{dt}$, a aceleração angular pode ser escrita como:

$$\alpha = \frac{d^2\theta}{dt^2}$$

A unidade de aceleração angular é o radiano por segundo ao quadrado (rad/s^2).

Para os casos em que a aceleração angular é constante, podemos escrevê-la como a razão entre a variação do módulo da velocidade angular ($\Delta\omega$) e o intervalo de tempo (t):

$$\alpha = \frac{\Delta\omega}{t}$$

Manipulando essa equação, e lembrando que $\Delta\omega = \omega_0 - \omega$, chegamos a uma expressão que nos fornece o módulo da velocidade angular do disco em função do tempo. Trata-se do módulo da velocidade angular para um objeto que gira com aceleração constante:

$$\omega = \omega_0 + \alpha t$$

Realizando um raciocínio análogo ao que desenvolvemos para obter a função posição de um objeto que realiza um movimento linear (na Seção 1.2.5 do Capítulo 1), podemos chegar a uma expressão que nos forneça a posição angular em função do tempo:

$$\theta = \theta_0 + \omega_0 t + \alpha \frac{t^2}{2}$$

Observe o Quadro 2.2: no lado direito, está o conteúdo que já vimos até o momento, e, no lado esquerdo, está seu equivalente rotacional.

Quadro 2.2
Analogia entre funções *posições*

Função *posição* de um objeto que se desloca com módulo de aceleração constante no movimento unidimensional	Função *posição angular* de um objeto que descreve um movimento circular com aceleração angular constante
Quando a variação da velocidade é a mesma para um mesmo intervalo de tempo, podemos escrever: $$v_m = \frac{v_0 - v}{2}$$ Da definição de aceleração, temos: $$a = \frac{\Delta v}{t} = \frac{v - v_0}{t} \rightarrow v = v_0 + at$$ Substituindo esse resultado na equação da velocidade média, temos: $$v_m = \frac{v_0 + v_0 + at}{2} = v_0 + \frac{at}{2}$$ Sabemos também que: $$v_m = \frac{\Delta x}{t}$$ Logo: $$\frac{\Delta x}{t} = v_0 + \frac{at}{2}$$ $$\Delta x = v_0 t + \frac{at^2}{2}$$ $$x = x_0 + v_0 t + \frac{at^2}{2}$$	Quando a variação da velocidade angular é a mesma para um mesmo intervalo de tempo, podemos escrever: $$\omega_m = \frac{\omega_0 - \omega}{2}$$ Da definição de aceleração angular, temos: $$\alpha = \frac{\Delta \omega}{t} = \frac{\omega_0 - \omega_0}{t} \rightarrow \omega = \omega_0 + \alpha t$$ Substituindo esse resultado na equação da velocidade angular média, temos: $$\omega_m = \frac{\omega_0 + \omega_0 + \alpha t}{2} = \omega_0 + \frac{\alpha t}{2}$$ Sabemos também que: $$\omega_m = \frac{\Delta \theta}{t}$$ Logo: $$\frac{\Delta \theta}{t} = \omega_0 + \frac{\alpha t}{2}$$ $$\Delta \theta = \omega_0 t + \frac{\alpha t^2}{2}$$ $$\theta = \theta_0 + \omega_0 t + \alpha \frac{t^2}{2}$$

Movimento bi e tridimensional

Da mesma forma que chegamos à função *posição angular* de um objeto que gira com aceleração constante, por analogia ao que desenvolvemos no Capítulo 1, podemos também encontrar a expressão rotacional para a equação de Torricelli. Veja essa relação no Quadro 2.3.

Quadro 2.3
Equação de Torricelli e sua correspondente rotacional

Equação de Torricelli	Correspondente rotacional da equação de Torricelli
$v^2 = v_0^2 + 2a\Delta x$	$\omega^2 = \omega_0^2 + 2\alpha\Delta\theta$

Como exercício, para treinar e desenvolver sua habilidade de manipulação matemática, realize a dedução da equação correspondente rotacional de Torricelli. Vejamos agora alguns exemplos nos quais podemos aplicar as equações que acabamos de deduzir.

> **Exemplo 2.13**
> A polia de um motor parte do repouso e atinge 1 500 rev/min em 10 s.
>
> a. Calcule a aceleração angular supondo que ela seja constante.
> b. Calcule quantas revoluções faz a polia nos 10 s.
> c. Supondo que o raio da polia seja de 5 cm, calcule a distância que cobre um ponto marcado em sua extremidade.

> **Resolução**
> a. Primeiramente, calculamos a velocidade angular final em radianos, correspondente a 1 500 rev/min:
>
> $$\omega = \frac{1500 \text{ rev}}{\text{min}} \cdot \frac{1 \text{ min}}{60 \text{ s}} \cdot \frac{2\pi \text{ rad}}{1 \text{ rev}}$$
>
> $\omega = 50\pi$ rad/s
>
> Em seguida, utilizamos a função da velocidade angular para calcular a aceleração angular:
>
> $\omega = \omega_0 + \alpha t$
>
> 5π rad/s $= 0 + \alpha \cdot 10$ s
>
> $\alpha = \frac{50\pi \text{ rad/s}}{10 \text{ s}} = 5\pi$ rad/s^2
>
> b. Aplicamos a função horária da posição angular para descobrir quantos radianos foram varridos nos 10 s.
>
> $\theta = \theta_0 + \omega_0 t + \alpha\frac{t^2}{2}$
>
> $\theta = 0 + 0 \cdot 10 \text{ s} + (5\pi \text{ rad/s}^2)\frac{(10 \text{ s})^2}{2}$
>
> $\theta = 250\pi$ rad
>
> Convertendo esse resultado para revoluções, temos:
>
> 250π rad $\cdot \frac{1 \text{ rev}}{2\pi} = 125$ rev

c. Para calcularmos a distância percorrida pelo ponto marcado na extremidade da polia, utilizamos a seguinte equação:

$\Delta S = R\Delta\theta$

$\Delta S = 0,05 \cdot 250\pi = 39,27$ m

Exemplo 2.14

Um disco que parte do repouso, após efetuar 20 revoluções, tem velocidade angular de $\omega = 30\pi$ rad/s. Considerando que a aceleração angular é constante, calcule quantas revoluções serão necessárias para que o disco dobre sua velocidade angular.

Resolução

Primeiramente, calculamos o deslocamento angular transformando 20 revoluções em radianos:

$\Delta\theta = 20 \text{ rev} \cdot \dfrac{2\pi \text{ rad}}{1 \text{ rev}} = 40\pi$ rad

Para calcularmos a aceleração angular, podemos utilizar a equação de Torricelli para o movimento circular com aceleração constante:

$\omega^2 = \omega_0^2 + 2\alpha\Delta\theta$

$(30\pi \text{ rad/s})^2 = 0 + 2\alpha (40\pi \text{ rad})$

$\alpha = \dfrac{(30\pi \text{ rad/s})^2}{2(40\pi \text{ rad})}$

$\alpha = (11,25\pi \text{ rad/s}^2)$

Agora que conhecemos a aceleração, aplicaremos novamente a equação de Torricelli para calcular o deslocamento angular necessário para que o disco atinja 60π rad/s:

$\omega^2 = \omega_0^2 + 2\alpha\Delta\theta$

$(60\pi \text{ rad/s})^2 = 0 + 2 \cdot (11,25\pi \text{ rad/s}^2) \cdot \Delta\theta$

$\Delta\theta = \dfrac{(60\pi \text{ rad/s})^2}{2 \cdot (11,25\pi \text{ rad/s}^2)}$

$\Delta\theta = 160\pi$ rad

Agora, basta transformarmos radianos em revoluções, multiplicando-os pelo fator de conversão:

$160\pi \text{ rad} \cdot \dfrac{1 \text{ rev}}{2\pi \text{ rad}} = 80$ rev

Portanto, para que o disco atinja a velocidade angular de 60π rad/s, é preciso que, a partir do repouso, ele realize 80 revoluções, mantendo a aceleração angular constante.

2.5.4 Aceleração centrípeta e aceleração tangencial

Quando um objeto gira em torno de um ponto, a direção do vetor *velocidade* muda com o passar do tempo, mesmo que o módulo de sua velocidade permaneça constante. Se há mudança no estado de movimento do objeto, ele é necessariamente acelerado.

Movimento bi e tridimensional

A aceleração que descreve a mudança de direção do vetor *velocidade* é chamada *aceleração centrípeta*. Nesse tipo de aceleração, a direção é radial e o sentido vai da borda para o centro da circunferência.

Se, além da variação da direção do vetor *velocidade* do objeto girante, houver variação do seu módulo, ele está sendo necessariamente acelerado tangencialmente (tangente à trajetória e na mesma direção do vetor velocidade).

A soma vetorial da **aceleração centrípeta** e da **aceleração tangencial** fornece o vetor *aceleração resultante*. Na Figura 2.12 estão representados os vetores *aceleração centrípeta* ($\vec{a}_c$), *aceleração tangencial* ($\vec{a}_t$) e *aceleração resultante* ($\vec{a}$).

Figura 2.12
Vetores *aceleração* no movimento circular

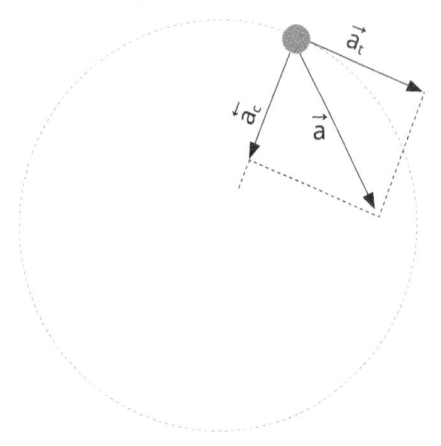

que o vetor *aceleração centrípeta* aponta para a direção radial, no sentido da borda para o centro da circunferência. Podemos dizer que a aceleração centrípeta é a componente da aceleração que descreve a alteração da direção do vetor *velocidade tangencial* de um objeto que gira.

Suponhamos que um objeto descreva uma circunferência com módulo da velocidade tangencial constante, ou seja, que sua aceleração tangencial é zero. Como a direção do vetor *velocidade* está mudando a todo instante, ele está constantemente sendo acelerado para o centro. Podemos utilizar a semelhança de triângulos para encontrar uma expressão para essa aceleração.

Analisemos a Figura 2.13.

Figura 2.13
Vetores *posição* e *velocidade* no movimento circular

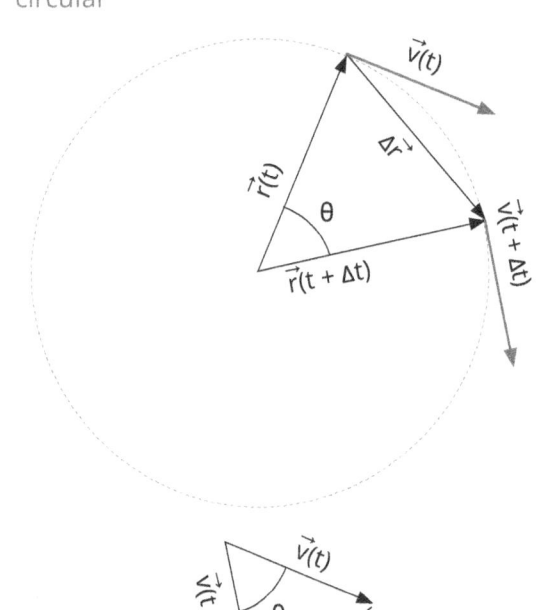

2.5.4.1
Aceleração centrípeta

A aceleração centrípeta é decorrente da força centrípeta (sobre a qual estudaremos no Capítulo 3). Por enquanto, interessa-nos saber

O ângulo θ entre $\vec{r}(t)$ e $\vec{r}(t + \Delta t)$ é igual ao ângulo entre $\vec{v}(t)$ e $\vec{v}(t + \Delta t)$, pois, para um mesmo intervalo de tempo Δt, $\vec{r}$ e $\vec{v}$ varrem o mesmo ângulo. Ambos são triângulos isósceles, sendo os vetores $\Delta\vec{r}$ e $\Delta\vec{v}$ suas respectivas bases. Assim, por semelhança, podemos escrever:

$$\frac{|\Delta\vec{v}|}{|\Delta\vec{r}|} = \frac{|\vec{v}|}{|\vec{r}|}$$

Lembre-se: um triângulo é dito *isósceles* quando apresenta dois lados iguais. Nesse tipo de triângulo, os ângulos da base são os mesmos.

Multiplicando os dois membros dessa equação por $\frac{|\Delta\vec{r}|}{\Delta t}$, obtemos:

$$\frac{|\Delta\vec{v}|}{|\Delta\vec{r}|} \cdot \frac{|\Delta\vec{r}|}{\Delta t} = \frac{|\vec{v}|}{|\vec{r}|} \cdot \frac{|\Delta\vec{r}|}{\Delta t}$$

No primeiro membro, conseguimos simplificar o fator $|\Delta\vec{r}|$, enquanto, no segundo, fazemos $\frac{|\Delta\vec{r}|}{\Delta t} = |\vec{v}|$.

Nesse momento, é importante lembrarmos que o módulo da velocidade média é igual ao módulo da variação da posição pela variação do tempo. Como estamos supondo que o módulo da velocidade é constante, temos que o módulo da velocidade instantânea é igual ao módulo da velocidade média em qualquer instante de tempo.

Assim:

$$\frac{|\Delta\vec{v}|}{|\Delta t|} = \frac{|\vec{v}|^2}{|\vec{r}|}$$

Sabemos que o módulo da variação da velocidade pela variação do tempo é igual ao módulo da aceleração. Logo:

$$a = \frac{|\vec{v}|^2}{|\vec{r}|}$$

A orientação dessa aceleração pode ser obtida pela análise do triângulo formado pelos vetores *velocidades*, representado na Figura 2.14.

Figura 2.14
Variação da velocidade no movimento circular

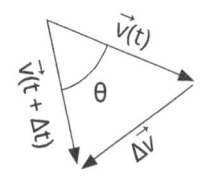

Quando Δt tende a zero, assim também o faz o ângulo θ. Consequentemente, os ângulos da base do triângulo isósceles tendem para 90° e $\Delta\vec{v}$ tende a ficar perpendicular a $\vec{v}(t)$.

Como já vimos, $\vec{v}(t)$ é perpendicular a $\vec{r}(t)$. Logo, no limite, quando Δt tende a zero, $\Delta\vec{v}$ é paralelo a $\vec{r}(t)$, e afirmamos que $\Delta\vec{v}$ tem orientação centrípeta. Como a aceleração é o quociente entre o vetor $\Delta\vec{v}$ e o intervalo de tempo, é chamada *aceleração centrípeta*, cujo módulo é dado por:

$$a_c = \frac{|\vec{v}|^2}{|\vec{r}|}$$

Centrípeto: termo utilizado para designar o que se dirige para o centro.

Uma partícula submetida somente à aceleração centrípeta percorre uma circunferência completa (2πr) com módulo da velocidade constante. O intervalo de tempo que ela leva para percorrer essa distância é chamado *período de revolução*, ou simplesmente *período* (T), e é dado por:

$$T = \frac{2\pi r}{v}$$

Em casos mais gerais, o período é o intervalo de tempo que uma partícula leva para percorrer uma trajetória fechada. A unidade de período no SI é o segundo (s).

Enquanto o período é o tempo que um objeto leva para realizar um ciclo completo, a frequência (f) é a quantidade de ciclos que o objeto completa por unidade de tempo. Assim, temos uma relação entre essas duas grandezas:

$$T = \frac{1}{f} \text{ ou } f = \frac{1}{T}$$

A unidade de frequência no SI é o inverso do segundo (s^{-1}), também conhecida como *hertz*.

Exemplo 2.15

Para que um satélite permaneça em órbita geoestacionária em torno da Terra, é necessário que ele esteja a uma altitude de aproximadamente d = 36 000 km acima do Equador e com velocidade próxima a 3,07 km/s. Considerando o raio da Terra (r_T = 6 371 km), calcule o valor da aceleração centrípeta a que o satélite está submetido e seu período de revolução. Utilize os resultados para descobrir o que é um satélite geoestacionário.

Resolução

A aceleração centrípeta é calculada pela equação:

$$a_c = \frac{|\vec{v}|^2}{|\vec{r}|}$$

A velocidade do satélite no SI é v = 3,07 · 1 000 m/s = 3 070 m/s, e a sua distância ao centro da Terra é r = d + r_T = 36.000 + 6 371 = 42 371.000 m. Assim,

$$a_c = \frac{(3070 \text{ m/s})^2}{42371000 \text{ m}} = 0{,}222 \text{ m/s}^2$$

Para o período de revolução, temos:

$$T = \frac{2\pi r}{v}$$

$$T = \frac{2\pi \cdot 42371000 \text{ m}}{3070 \text{ m/s}} = 86718 \text{ s}$$

Transformando esse resultado em horas, obtemos:

$$T = 86718 \text{ s} \cdot \frac{1 \text{ h}}{3600 \text{ s}} = 24{,}09 \text{ h}$$

Concluímos, portanto, que um satélite geoestacionário é aquele que tem período de rotação igual ao da Terra.

2.5.4.2 Aceleração tangencial

A aceleração tangencial descreve a variação do módulo da velocidade tangencial de um objeto girante. Podemos calculá-la pela taxa de variação do módulo da velocidade tangencial em relação ao tempo:

$$a_t = \frac{\Delta v}{\Delta t} = \frac{dv_t}{dt}$$

Combinando a equação da velocidade tangencial $v_t = \omega R$ com essa última expressão, obtemos:

$$a_t = \frac{d(\omega R)}{dt} = R\frac{d\omega}{dt}$$

$$a_t = \alpha R$$

Como você pode perceber, essa equação relaciona o módulo da aceleração tangencial (a_t) com o da aceleração angular (α). O Quadro 2.4 traz uma síntese comparativa entre as definições e equações dos movimentos linear e circular.

Quadro 2.4
Comparação entre os movimentos linear e circular

Movimento linear		Movimento circular	
Variação da posição	ΔS	Variação angular	$\Delta \theta$
Velocidade	$v = \frac{dS}{dt}$	Velocidade angular	$\omega = \frac{d\theta}{dt}$
Aceleração	$a = \frac{dv}{dt}$	Aceleração angular	$\alpha = \frac{d\omega}{dt}$
Função horária da posição do MRUV	$S = S_0 + v_0 t + \frac{at^2}{2}$	Função horária da posição angular do MCA	$\theta = \theta_0 + \omega_0 t + \frac{\alpha t^2}{2}$
Função da velocidade do MRUV	$v = v_0 + at$	Função da velocidade do MCA	$\omega = \omega_0 + \alpha t$
Equação de Torricelli	$v^2 = v_0^2 + 2a\Delta S$	Análogo da equação de Torricelli	$\omega^2 = \omega_0^2 + 2\alpha\Delta\theta$

Exemplo 2.16

Um avião está inicialmente realizando uma trajetória retilínea, voando com velocidade de 140 m/s. Ao iniciar um *looping* de 800 m de raio, o módulo de sua velocidade tangencial começa a variar de acordo com a equação $v_t = 140 + 10t$.

a. Calcule as componentes tangencial e centrípeta da aceleração 6 s após o início da manobra.
b. Nesse mesmo instante, calcule o módulo da aceleração e sua orientação em relação à direção radial.

Resolução

a. Em t = 6 s, o módulo da velocidade tangencial do avião é:

$$v_t = 140 + 10t$$

$$v_t = 140 + 10 \cdot 6 = 200 \text{ m/s}$$

A aceleração centrípeta é calculada por:

$$a_c = \frac{|\vec{v}|^2}{|\vec{r}|}$$

Logo,

$$a_c = \frac{200^2}{800} = 50 \text{ m/s}^2$$

A aceleração tangencial é igual à derivada da velocidade tangencial em relação ao tempo:

$$a_t = \frac{dv}{dt} = \frac{d}{dt}(140 + 10t) = 10 \text{ m/s}^2$$

b. O módulo da aceleração é calculado por:

$$a = \sqrt{(a_t)^2 + (a_c)^2}$$

$$a = \sqrt{(10 \text{ m/s}^2)^2 + (50 \text{ m/s}^2)^2} = 50{,}99 \text{ m/s}^2$$

A Figura 2.15 nos mostra que a direção da aceleração em relação à direção radial é igual à tangente do ângulo θ:

Figura 2.15
Direção do vetor aceleração no movimento circular

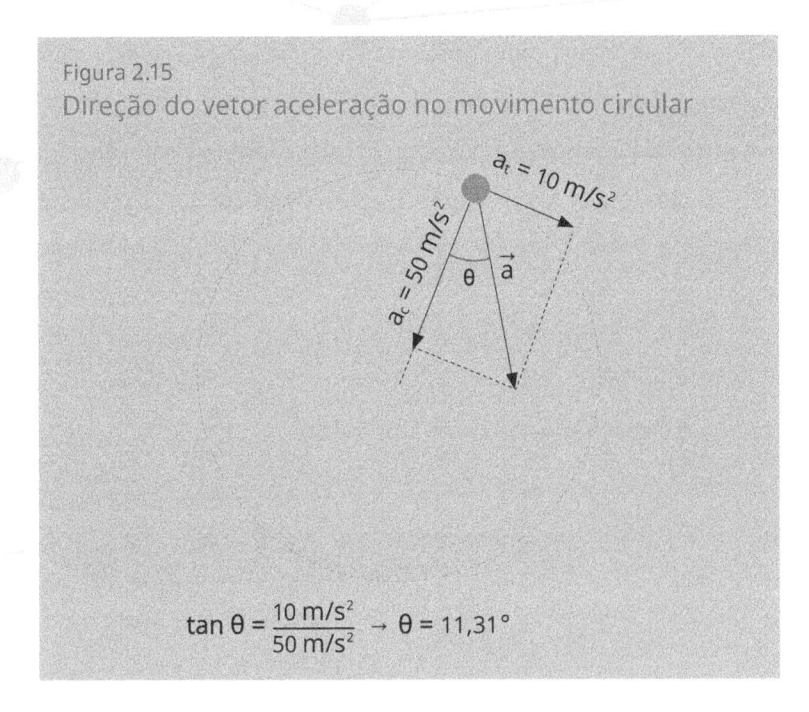

$$\tan \theta = \frac{10 \text{ m/s}^2}{50 \text{ m/s}^2} \rightarrow \theta = 11{,}31°$$

2.6 Movimento relativo

Uma partícula pode estar em movimento em relação a um referencial e em repouso em relação a outro. Por exemplo, suponha que você está sentando na poltrona de um ônibus que viaja por uma estrada retilínea com velocidade de 90 km/h. Em relação ao referencial do ônibus, você está parado. Em relação a um referencial fixado na estrada, você se move com a mesma velocidade do ônibus.

Figura 2.16
Passageiro sentado na poltrona de um ônibus que se desloca com velocidade constante

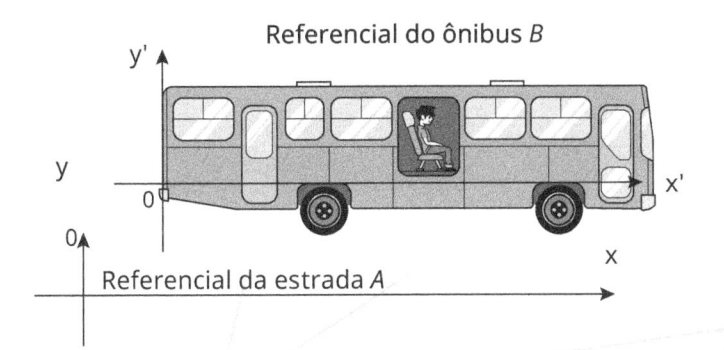

Na Figura 2.16, o passageiro está em repouso em relação ao sistema de referência B, mas em movimento em relação ao sistema de referência A.

Suponha agora que o passageiro tenha levantado do banco do ônibus para ir ao banheiro e se movimente em relação ao referencial B com velocidade $\vec{v}_{p,B}$. Imagine também que o referencial B se move em relação ao referencial A com velocidade $\vec{v}_{BA}$. A equação que relaciona a velocidade do passageiro no referencial A com a sua velocidade no referencial B é:

$$\vec{v}_{p,A} = \vec{v}_{p,B} + \vec{v}_{BA}$$

É importante percebermos que, se a velocidade do passageiro no referencial B ($\vec{v}_{p,B}$) tiver mesmo módulo, mesma direção, mas sentido contrário à velocidade com que o referencial B se move em relação ao referencial A ($\vec{v}_{BA}$), o passageiro estará em repouso em relação ao referencial A.

$$\vec{v}_{p,A} = v_{p,B} - v_{BA} = 0$$

Movimento bi e tridimensional

O exemplo do passageiro e do ônibus é um caso unidimensional. Para partículas e referenciais que se movem em duas e três dimensões, podemos aplicar o mesmo raciocínio.

Para uma partícula que se move em três dimensões em relação a um sistema de referência B com velocidade $\vec{v}_{p,B} = v_{p,B,x}\hat{i} + v_{p,B,y}\hat{j} + v_{p,B,z}\hat{k}$, sendo $\vec{v}_{BA} = v_{BA,x}\hat{i} + v_{BA,y}\hat{j} + v_{BA,z}\hat{k}$ a velocidade do sistema de referência B em relação ao sistema de referência A, então, a velocidade da partícula em relação ao sistema de referência A é dada por:

$$\vec{v}_{p,A} = (v_{p,B,x} + v_{BA,x})\hat{i} + (v_{p,B,y} + v_{BA,y})\hat{j} + (v_{p,B,z} + v_{BA,z})\hat{k}$$

A Figura 2.17 mostra que o vetor $\vec{v}_{p,A}$ é a resultante da soma dos vetores $\vec{v}_{p,B}$ e $\vec{v}_{BA}$.

Figura 2.17
Vetores envolvidos no cálculo da velocidade relativa

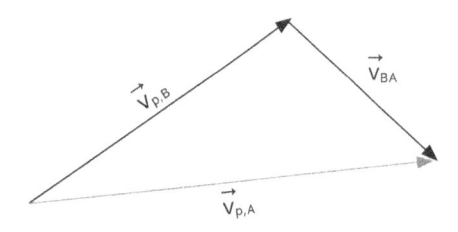

A Figura 2.18 ilustra para qual direção o avião deve apontar e a direção do vento.

Figura 2.18
Avião se deslocando para o sul sob a incidência de um vento sudeste

Exemplo 2.17

O módulo da velocidade máxima de determinado avião voando em ar parado é de 200 km/h. Certo dia, esse avião está voando, sujeito a um vento que o desvia 50 km/h no sentido que aponta 50° a leste a partir do sul.

a. Para qual direção, em relação ao solo, o avião deve apontar para viajar para o sul?

b. Qual é o módulo da velocidade do avião em relação ao solo?

Resolução

Consideremos três vetores:

$\vec{v}_{AS} = 50 \dfrac{km}{h}$ → velocidade do ar em relação ao solo

$\vec{v}_{PA} = 200 \dfrac{km}{h}$ → velocidade do avião em relação ao ar

$\vec{v}_{PS}$ = ? → velocidade do avião em relação ao solo

Conforme Figura 2.19, a soma dos dois primeiros vetores tem que resultar no terceiro:

$$\vec{v}_{PS} = \vec{v}_{AS} + \vec{v}_{PA}$$

Figura 2.19
Vetores *velocidades* envolvidos no movimento do avião

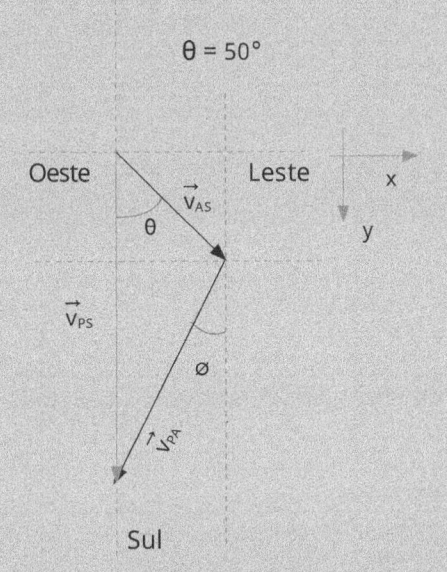

```
            Norte
              |
           θ = 50°
              |
  Oeste  ----+---- Leste    → x
         θ \  |               ↓ y
          \ v_AS
            \|
             •
             |\
             | \ ø
             |  \
          v_PS   \
             |    \ v_PA
             |     ↘
            Sul
```

Temos que calcular o valor do ângulo ø (ângulo que irá determinar para onde o bico do avião deve apontar). Note que a soma das componentes que estão na direção leste-oeste (direção x) deve ser zero:

Assim:

$$v_{AS} \cdot \operatorname{sen} \theta = v_{PA} \cdot \operatorname{sen} \varnothing$$

$$\operatorname{sen} \varnothing = \frac{v_{AS} \cdot \operatorname{sen} \theta}{v_{PA}} = \frac{50 \cdot \operatorname{sen} 50°}{200}$$

$\operatorname{sen} \varnothing = 0{,}1915 \to \varnothing = 11{,}04°$

A rapidez do avião em relação ao solo é equivalente à soma das componentes dos vetores v_{AS} e v_{PA} na direção norte-sul:

$$v_{PS} = v_{AS} \cdot \cos \theta + v_{PA} \cdot \cos \varnothing$$

$$v_{PS} = 80 \cdot \cos 50° + 200 \cdot \cos 11{,}04°$$

$$v_{PS} = 247{,}7 \text{ km/h}$$

Portanto, o avião deverá apontar para a direção que forma um ângulo de 11,04° do sul para o oeste. Sua velocidade em relação ao referencial do solo deverá ser de 247,7 km/h.

$$v_{AS,x} = v_{PA,x}$$

Sabemos que:

$$\operatorname{sen} \theta = \frac{v_{AS,x}}{v_{AS}}$$

e

$$\operatorname{sen} \varnothing = \frac{v_{PA,x}}{v_{PA}}$$

Movimento bi e tridimensional

Síntese

$\vec{r} = x\hat{i} + y\hat{j} + z\hat{k}$	Vetor *posição* de uma partícula em três dimensões.
$r = \sqrt{(x)^2 + (y)^2 + (z)^2}$	Módulo do vetor *posição* de uma partícula em três dimensões.
$\Delta\vec{r} = \vec{r}_2 - \vec{r}_1$	Vetor *deslocamento* de uma partícula em três dimensões.
$\vec{v}_m = \dfrac{\Delta\vec{r}}{\Delta t} = \dfrac{\Delta x}{\Delta t}\hat{i} + \dfrac{\Delta y}{\Delta t}\hat{j} + \dfrac{\Delta z}{\Delta t}\hat{k}$	Vetor *velocidade média* em três dimensões.
$\vec{v} = \lim\limits_{\Delta t \to 0} \dfrac{\vec{r}(t + \Delta t) - \vec{r}(t)}{\Delta t} = \lim\limits_{\Delta t \to 0} \dfrac{\Delta\vec{r}}{\Delta t} = \dfrac{d\vec{r}}{dt}$	Vetor *velocidade instantânea* em três dimensões.
$\vec{a}_m = \dfrac{\Delta\vec{v}}{\Delta t} = \dfrac{\Delta v_x}{\Delta t}\hat{i} + \dfrac{\Delta v_y}{\Delta t}\hat{j} + \dfrac{\Delta v_z}{\Delta t}\hat{k}$	Vetor *aceleração média* em três dimensões.
$\vec{a} = \lim\limits_{\Delta t \to 0} \dfrac{\vec{v}(t + \Delta t) - \vec{v}(t)}{\Delta t} = \lim\limits_{\Delta t \to 0} \dfrac{\Delta\vec{v}}{\Delta t} = \dfrac{d\vec{v}}{dt}$	Vetor *aceleração instantânea* em três dimensões.
$R = \dfrac{[(v_0^2 \operatorname{sen}(2\theta)]}{g}$	Alcance horizontal.
$y_{máx} = y_0 + \dfrac{(v_0 \cdot \operatorname{sen}\theta)^2}{2g}$	Alcance vertical.
$y = y_0 + \tan\theta \cdot x - \dfrac{g}{2v_0^2 \cdot \cos^2\theta} \cdot x^2$	Função *trajetória*.
$\omega_m = \dfrac{\Delta\theta}{t}$	Velocidade angular média.
$\theta = \theta_0 + \omega_m t$	Função *posição angular*.
$\omega = \dfrac{d\theta}{dt}$	Velocidade angular instantânea.
$v_t = \omega R$	Velocidade tangencial.
$\alpha = \dfrac{d\omega}{dt}$	Aceleração angular.
$\omega = \omega_0 + \alpha t$	Função *velocidade angular* para um objeto que gira com aceleração angular constante.
$\theta = \theta_0 + \omega_0 t + \alpha \dfrac{t^2}{2}$	Função *posição angular* para um objeto que gira com aceleração angular constante.

(continua)

(conclusão)

$a = \dfrac{|\vec{v}|^2}{|\vec{r}|}$	Aceleração centrípeta.
$a_t = \dfrac{dv}{dt} = \alpha R$	Aceleração tangencial.
$T = \dfrac{2\pi r}{v}$	Relação entre o período e a velocidade tangencial.
$f = \dfrac{1}{T}$	Relação entre frequência e período.

Atividades de autoavaliação

1. Em determinado instante, o vetor velocidade de uma partícula aponta para o sul, enquanto o vetor aceleração aponta para o nordeste, conforme a figura a seguir.

   Vetores velocidade e aceleração de uma partícula

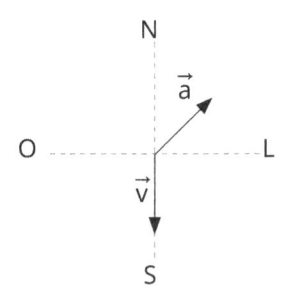

   Marque a alternativa que descreve o que acontece com o movimento subsequente da partícula.

   a) Aumenta o módulo de sua velocidade e vira para o leste.

   b) Aumenta o módulo de sua velocidade e vira para o oeste.

   c) Diminui o módulo de sua velocidade e vira para o leste.

   d) Diminui o módulo de sua velocidade e vira para o oeste.

   e) Permanece com o módulo da sua velocidade constante e vira para o oeste.

2. Em um circuito circular de testes automobilísticos, um piloto dirige um carro com módulo de velocidade constante de 120 km/h. Faça um esquema mostrando a direção e o sentido dos vetores *velocidade* e *aceleração*.

3. A posição inicial de uma partícula é dada pelo vetor $\vec{r_0} = (-2\,m)_{\hat{i}} + (5\,m)_{\hat{j}} + (12\,m)_{\hat{k}}$. Após 30 segundos a partícula está na posição $\vec{r} = (4\,m)_{\hat{i}} + (-3\,m)_{\hat{j}} + (2\,m)_{\hat{k}}$.

   a) Calcule o vetor deslocamento da partícula.

   b) Calcule o vetor velocidade média da partícula.

4. A posição de um gato em unidades SI é dada pelas equações

   $x(t) = -0{,}2t^2 + 5t + 20$

   $y(t) = 0{,}3t^2 - 10t + 5$

Movimento bi e tridimensional

Em termos de vetores unitários, determine:

a) A posição $\vec{r}$ do gato no instante de tempo 8 s.
b) O módulo do deslocamento do gato nos 8 s.
c) O vetor velocidade média do gato nos 8 s.
d) O módulo da velocidade média do gato nos 8 s.
e) O vetor velocidade instantânea do gato no instante 8 s.
f) O vetor aceleração instantânea do gato no instante 8 s.

5. A velocidade da correnteza de um rio com largura de 1 km é de 3 km/h. Em águas paradas, um barco consegue atingir a velocidade máxima de 4 km/h. O piloto do barco deseja atravessar o rio descrevendo uma linha reta perpendicular às margens, utilizando a potência máxima do motor.

   a) Para qual ângulo em relação à trajetória o piloto deverá apontar o barco?
   b) Quanto tempo ele levará para atravessar o rio?

6. A distância horizontal atingida por um martelo lançado por um atleta sob um ângulo de 45° é de 50 m. Despreze a resistência do ar e calcule o módulo da velocidade do martelo no ponto mais alto do seu voo. Considere g = 9,81 m/s².

7. Dois pontos, A e B, estão afastados por 3 km na mesma margem de um rio, cuja correnteza é de 1,5 km/h. Um barco motorizado consegue realizar o percurso de ida e volta entre os pontos A e B em 1 h, tendo módulo de velocidade em relação à água v_{BA} constante. Calcule v_{BA}.

8. Um passageiro de um trem atira um ovo verticalmente para cima, em relação ao referencial do trem, com módulo de velocidade de 4,9 $\frac{m}{s}$. O trem viaja com velocidade constante de 10 $\frac{m}{s}$. Considere g = 9,81 m/s². Visto pelo passageiro:

   a) Qual é o tempo que o ovo permanece no ar?
   b) Qual é o deslocamento do ovo durante sua subida?

   De acordo com um observador parado fora do trem, junto aos trilhos:

   c) Qual é o módulo da velocidade inicial do ovo?
   d) Qual é o ângulo de lançamento?
   e) Qual é o módulo do deslocamento do ovo durante sua subida?

9. Uma pessoa atira uma pedra do alto de um edifício cuja altura é 30 m, formando um ângulo de 30° com a horizontal. Desprezando a resistência do ar e considerando que o alcance horizontal da pedra também é de 30 m, calcule:

   a) o módulo da velocidade inicial da pedra;
   b) o tempo de voo da pedra;
   c) o módulo da velocidade com que a pedra atinge o chão.

10. João e José estão andando por um prédio. Em determinado instante, eles se separam: João segue por uma escada inclinada em 20° em relação à horizontal, com velocidade de 1,5 m/s, e José segue em linha reta, com velocidade de 2 m/s. Calcule:
    a) a velocidade de João em relação a José;
    b) o módulo da velocidade com que João deve caminhar na escada para estar sempre na mesma linha vertical que José.

3.
Leis de Newton e suas aplicações

Leis de Newton e suas aplicações

Neste capítulo, conheceremos as três leis de Newton, demonstraremos o contexto na qual elas foram formuladas e procuraremos exemplificá-las para que possamos compreendê-las melhor. Para tanto, apresentaremos explicações sobre os princípios da inércia, da dinâmica e da ação e reação, além da noção das forças normal e de atrito.

Em 1687, o inglês Isaac Newton publicou a obra *Phillosophiae naturalis principia mathematica* (Os princípios matemáticos da filosofia natural), na qual estabeleceu três leis relacionadas à estática e à dinâmica da matéria, conhecidas até hoje como as *três leis de Newton*.

Essas leis, juntamente com o princípio da gravitação universal, permitiram que Newton deduzisse matematicamente as leis empíricas de Johannes Kepler, que descreviam com precisão o movimento dos corpos celestes. O cientista inglês encontrou incentivo para a publicação de sua obra em uma aposta que Christopher Wren propôs a Robert Hooke e a Edmund Halley. Sentado em um café em Londres, o primeiro desafiou os outros dois a explicar matematicamente o que fazia com que as órbitas dos planetas fossem elípticas.

Halley, determinado a ganhar a aposta, procurou Newton para que ele o ajudasse a solucionar o desafio. Para sua surpresa, Newton já havia resolvido o problema, mas não se lembrava onde havia guardado as anotações com a solução. Incentivado por Halley, Newton encontrou motivação para escrever os três volumes de *Phillosophiae naturalis principia mathematica*, considerada uma das obras mais influentes da história.

Hoje sabemos que a mecânica newtoniana tem limitações no que se refere à descrição movimento de corpos que se deslocam com velocidades próximas à da luz e do movimento das partículas subatômicas. Para o primeiro caso, a teoria de Newton deve ser substituída pela teoria da relatividade de Einstein, que descreve o movimento de corpos em qualquer velocidade. No caso do movimento subatômico, a teoria mais indicada é a da mecânica quântica.

Entretanto, guardada a relevância dessas duas grandes teorias, ainda hoje a mecânica newtoniana é a mais utilizada para explicar o movimento dos corpos visíveis que encontramos no nosso dia a dia. Por isso, ela não perdeu e não perderá seu *status* tão cedo.

3.1 Primeira lei de Newton: princípio da inércia

Segundo Aristóteles (384-322 a.C.), para que um objeto permaneça em movimento constante, é necessário que uma força também constante atue ininterruptamente sobre ele. Essa é uma ideia bastante intuitiva, pois, quando empurramos um objeto sobre uma superfície, se não mantivermos uma força aplicada sobre ele, em algum momento ele irá parar. Entretanto, essa ideia foi duramente atacada pelo italiano Galileu Galilei (1564-1642), que, ao realizar determinados experimentos, demonstrou que um corpo em movimento somente muda seu estado de movimento devido a forças que atuam sobre ele. Uma dessas forças, bastante discutida pelo pensador pisano, é a força de atrito.

A constatação de Galileu, contudo, somente ganhou força quando foi publicada por Isaac Newton como sendo sua primeira lei, ou lei da inércia, juntamente com a segunda (princípio fundamental da dinâmica) e a terceira leis (lei da ação e reação).

Uma forma atual de enunciar o princípio da inércia é:

> **Princípio da inércia** – primeira lei de Newton: um corpo em repouso tende a permanecer em repouso, desde que a resultante das forças externas que atuam sobre ele seja nula. Um corpo em movimento retilíneo uniforme permanece em movimento retilíneo uniforme, desde que a resultante das forças externas que atuam sobre ele seja nula.

O princípio da inércia é válido somente para referenciais inerciais, em que um corpo permanece em repouso ou em movimento retilíneo uniforme quando a resultante das forças que atua sobre ele for nula.

Suponha que você esteja sentado na poltrona de um ônibus que se move em linha reta com velocidade constante (Figura 3.1). Você observa uma esfera presa por um fio no teto do ônibus. Se o ônibus estiver se movendo em linha reta e com módulo de velocidade constante, você perceberá que a esfera permanecerá em repouso e o fio estará na vertical em relação ao referencial do ônibus. Nesse caso, o veículo se comporta como um **referencial inercial**.

> Na teoria de Isaac Newton, espaço e tempo são considerados absolutos. De acordo com essa teoria, um referencial inercial é aquele que se move com velocidade constante em relação ao espaço absoluto. Referenciais inerciais têm a propriedade de compartilhar as mesmas leis físicas. Isso significa que não é possível realizar experiências físicas dentro de uma caixa totalmente fechada, movendo-se em linha reta e com velocidade constante, pois não seria possível sabermos sua velocidade em relação a outro referencial.

Leis de Newton e suas aplicações

Figura 3.1
O referencial do ônibus é inercial, pois ele se desloca com velocidade constante em relação ao referencial da estrada, que também é inercial

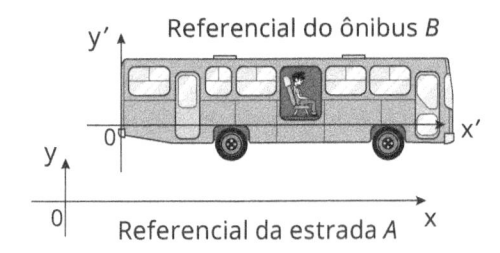

Velocidade do ônibus constante: $\vec{a} = 0$

Referencial do ônibus B
Referencial da estrada A

Se o motorista acelerar o ônibus de modo constante para frente, você terá a impressão de que quem está dentro do veículo está sendo acelerado para trás, ao mesmo tempo que o fio que suspende a esfera passa a formar um ângulo θ com a vertical (Figura 3.2). Para você e os demais passageiros do ônibus, não é possível explicar por que ocorre a sensação de estarem sendo acelerados para trás e por que o fio que sustenta a esfera passou a formar um ângulo com a vertical.

Figura 3.2
O referencial do ônibus é não inercial, pois está acelerado em relação ao referencial da estrada, que é inercial

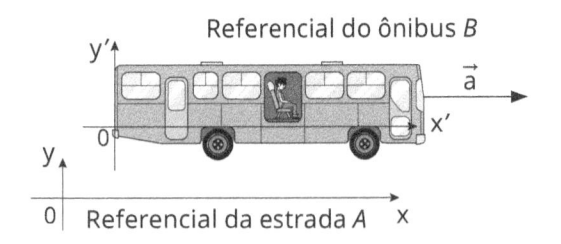

Velocidade do ônibus constante: $\vec{a} \neq 0$

Referencial do ônibus B
Referencial da estrada A

No caso da Figura 3.2, o ônibus se comporta como um **referencial não inercial**, pois está acelerado em relação ao referencial da estrada, que pode ser considerado inercial.

Mas será que os indivíduos dentro do ônibus realmente estão sendo acelerados para trás? O que acontece, na realidade, é que tanto a esfera quanto as pessoas que estão dentro do veículo tendem a permanecer em movimento com a mesma velocidade na qual já se encontravam. Se, repentinamente, o ônibus aumenta de velocidade, a inércia dos corpos tende a fazer com que eles permaneçam no mesmo estado de movimento em que estavam inicialmente.

Feita a distinção, de um modo geral podemos afirmar que um referencial que não está acelerado em relação a um referencial inercial também é um referencial inercial.

> A rigor, devido às acelerações centrípetas decorrentes dos seus movimentos de rotação e translação, a Terra **não** é um referencial inercial. Entretanto, a aceleração resultante é tão pequena (da ordem de 10^{-2} m/s², como mostra o Exemplo 3.1) que podemos considerar o planeta como um referencial inercial, a escolha que manteremos a não ser que digamos o contrário, nesta obra.

Exemplo 3.1

Por estar girando em torno do seu próprio eixo e em torno do Sol, a rigor, a Terra não pode ser considerada um referencial inercial, pois um objeto sobre a sua superfície apresenta duas componentes da aceleração: uma na direção do seu centro e a outra na direção do centro do Sol. Considerando que o raio da Terra na Linha do Equador é aproximadamente $r_t = 6371$ km e a distância da Terra ao Sol é de uma unidade astronômica (cerca de d = 150 000 000 km), calcule o módulo da aceleração:

a. em razão do movimento de rotação da Terra.
b. em virtude do movimento de translação da Terra.

Compare os resultados encontrados nos itens e compare-os com os resultados da aceleração gravitacional à qual os objetos próximos à superfície da Terra estão sujeitos, e conclua se podemos ou não considerar o referencial da Terra como inercial.

Resolução

a. Imagine uma partícula que se encontra sobre a Linha do Equador. Precisamos saber qual é a sua velocidade tangencial em relação ao centro da Terra. Em seguida, calculamos a aceleração centrípeta pela seguinte equação:

$$a_c = \frac{|\vec{v}|^2}{|\vec{r}|}$$

Para calcularmos a velocidade, temos de lembrar que o período de rotação da Terra é de 24 h, o que equivale a 86 400 s. Nesse intervalo de tempo (de um período), a partícula percorre a distância de $P = 2\pi \cdot r_T$, em que P é o perímetro da Terra. Converteremos para metros as distâncias que estão sendo dadas no enunciado em quilômetros. Assim, o módulo da velocidade da partícula é dado por:

$$v = \frac{2\pi \cdot r_T}{T}$$

$$v = \frac{2\pi \cdot 6.371.000 \text{ m}}{86.400 \text{ s}} = 463,3 \text{ m/s}$$

Esse é, aproximadamente, o módulo da velocidade com que os objetos que estão próximos à Linha do Equador giram em torno do eixo de rotação da Terra.

Logo, a aceleração centrípeta que acontece devido à rotação da Terra é:

$$a_c = \frac{463,3^2}{6\,371\,000} = 0,034 \text{ m/s}^2$$

b. Devemos seguir os mesmos passos para calcularmos a componente da aceleração em razão do movimento de translação da Terra, processo em que o planeta leva, aproximadamente, 365 dias e 6 horas para dar uma volta em torno do Sol. Assim:

$$v = \frac{2\pi \cdot d}{T}$$

$$v = \frac{2\pi \cdot 15\,000\,000\,000 \text{ m}}{(365 \cdot 24 + 6) \cdot 60 \cdot 60 \text{ s}}$$

$v = 29\,865,3$ m/s

Esse é aproximadamente o módulo da velocidade com que a Terra gira em torno do Sol.

Logo, a aceleração centrípeta que acontece devido à translação da Terra é:

$$a_c = \frac{29\,865,3^2}{15\,000\,000\,000} = 0,0059 \text{ m/s}^2$$

Comparando o resultado encontrado no item (a) com a aceleração da gravidade para objetos próximos à superfície da Terra (g = 9,81 m/s²), temos:

$$P_1 = \frac{0,034 \text{ m/s}^2}{9,81 \text{ m/s}^2} \cdot 100\% = 0,346\%$$

O resultado do item (b) fornece um percentual ainda menor:

$$P_2 = \frac{0,0059 \text{ m/s}^2}{9,81 \text{ m/s}^2} \cdot 100\% = 0,06\%$$

Note que os resultados encontrados são insignificantes diante da aceleração gravitacional próxima à superfície da Terra, que, como você já sabe, é de aproximadamente 9,81 m/s². Concluímos que, com boa aproximação, um referencial ligado ao planeta Terra pode ser considerado um referencial inercial.

Duas ilustrações para ajudar a entender a elaboração do princípio da inércia.

1. Uma observação simples, feita por Galileu, foi a de que uma esfera descendo um plano inclinado extremamente polido ganha velocidade, enquanto subindo o plano perde velocidade na mesma proporção. Logo, se o plano for horizontal, a esfera não deve perder nem ganhar velocidade. Obviamente, quando realizamos essa experiência, em algum momento a esfera para. Isso acontece devido à força de atrito existente entre a esfera e a superfície.

2. Ainda utilizando planos inclinados, Galileu verificou que, quando uma esfera desce por um plano e, em seguida, sobe por outro justaposto, praticamente atinge a mesma altura em que foi solta do primeiro plano. A pequena diferença entre a altura final e a inicial é atribuída à força de atrito. Assim, quanto mais polida a superfície, mais próxima da altura inicial chega a esfera. Observe a Figura 3.3.

Figura 3.3
Experiência de Galileu: esfera em superfície polida

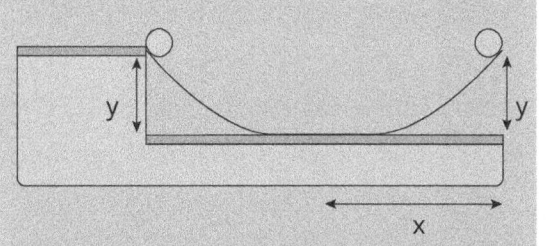

Ao diminuir o ângulo do aclive (ângulo de subida), Galileu observou que a esfera continuava a atingir, praticamente, a altura inicial y. Entretanto, o deslocamento x era maior. Aliás, tudo se passava como se o deslocamento x dependesse somente da inclinação do aclive. Quanto menor a inclinação (mantendo-se constante a altura y), maior o deslocamento x. Isso pode ser observado na Figura 3.4.

Figura 3.4
Experiência de Galileu: quanto menor a inclinação, maior o deslocamento

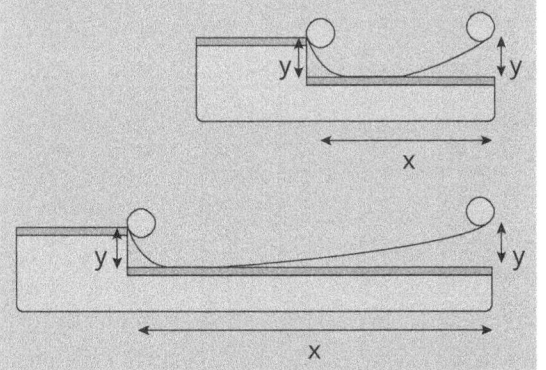

Leis de Newton e suas aplicações

O que aconteceria, então, com o movimento da esfera se a inclinação (i) do plano se aproximasse de zero? Se estivesse livre da força de atrito, o deslocamento x da esfera tenderia ao infinito. Em outras palavras, a esfera permaneceria indefinidamente se movendo com velocidade constante, como se observa na Figura 3.5.

Figura 3.5
Experiência de Galileu: esfera se move indefinidamente com velocidade constante

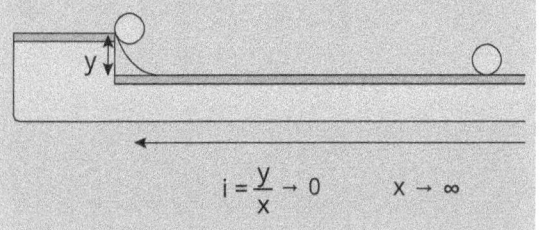

$i = \dfrac{y}{x} \to 0 \qquad x \to \infty$

Galileu observou que a manutenção do estado de movimento, a qual chamou de *inércia*, é uma propriedade intrínseca dos corpos.

A seguir, temos um diálogo que ilustra o pensamento de Galileu e que foi publicado em 1632 em seu livro *Diálogo sobre os dois máximos sistemas do mundo ptolomaico e copernicano* (Galilei, 2011).

Os personagens que estabelecem a conversa são Salviati (que representa Galileu), Simplício (que representa o pensamento aristotélico predominante da época) e Sagredo (que é um ouvinte inteligente, mas não aparece no trecho que dispomos a seguir).

Salviati: [...] Agora me diga: suponha que você tenha uma superfície plana, lisa, feita de um material como o aço. Ela não está paralela com o solo e, em cima dela, você coloca uma bola perfeitamente esférica e feita de um material pesado, como o bronze. O que você acredita que irá acontecer, quando a bola for solta? Você não acredita, como eu, que ela permanecerá parada?
Simplício: A superfície está inclinada?
Salviati: Sim, isso foi assumido.
Simplício: Não acredito que ela permanecerá parada; pelo contrário, tenho certeza de que ela irá espontaneamente rolar para baixo [...]
Salviati: [...] Durante quanto tempo você acha que a bola permanecerá rolando e com qual velocidade? Lembre-se que eu disse que era uma bola perfeitamente esférica e uma superfície altamente polida, de modo a remover todos os impedimentos acidentais e externos. Da mesma forma, eu quero que você despreze, também,

qualquer impedimento do ar, causado por sua resistência à separação, e todos os outros obstáculos acidentais, se existir algum.

Simplício: Eu o compreendi perfeitamente e lhe respondo que a bola continuaria a se mover indefinidamente, tão longe quanto a inclinação da superfície se estendesse e com um movimento continuamente acelerado. Pois tal é a natureza dos corpos pesados [...]; e, quanto maior a rampa, maior seria sua velocidade.

Salviati: E se alguém quisesse que a bola se movesse para cima, nessa mesma superfície, você acha que a bola poderia ir?

Simplício: Não espontaneamente; não. Mas arrastada ou forçadamente, ela iria.

Salviati: E se a bola fosse arremessada com um ímpeto forçadamente impresso nela, qual seria seu movimento e quão rápido seria ele?

Simplício: O movimento iria constantemente diminuir e seria retardado, sendo contrário à natureza, e teria uma duração maior ou menor, de acordo com um maior ou menor impulso e menor ou maior aclive.

Salviati: Muito bem; até aqui você me explicou o movimento sobre dois planos diferentes. Em um declive, o corpo pesado desce espontaneamente e continua acelerando e mantê-lo em repouso requer o uso de uma força. No aclive, uma força é necessária para arremessá-lo e até para mantê-lo parado e o movimento impresso diminui continuamente até ser inteiramente aniquilado. Você diz, também, que uma diferença nos dois casos se origina na maior ou menor inclinação do plano, de forma que, em um declive, uma velocidade maior se segue de uma maior inclinação, enquanto que, ao contrário, em um aclive, um dado corpo em movimento, arremessado com uma força dada, move-se mais longe, de acordo com uma menor inclinação.

Agora, diga-me o que aconteceria, se o mesmo corpo em movimento fosse colocado numa superfície em aclive ou declive (plana).

Simplício: [...] Não havendo declive, não haveria tendência natural ao movimento; não havendo aclive, não haveria resistência a ser movido. Assim, haveria uma indiferença quanto à propensão e à resistência ao movimento. Parece-me que a bola deveria permanecer naturalmente estável [...].

Leis de Newton e suas aplicações

> **Salviati:** [...] Acho que isso é o que aconteceria, se a bola fosse colocada firmemente. Mas o que aconteceria, se fosse dado à esfera um impulso, em qualquer direção?
>
> **Simplício:** Deve ser concluído que ela se moveria naquela direção.
>
> **Salviati:** Mas com que tipo de movimento? Um continuamente acelerado, como no declive, ou um continuamente retardado, como no aclive?
>
> **Simplício:** Não havendo aclive ou declive, não posso ver uma causa para desaceleração ou aceleração.
>
> **Salviati:** Exatamente. Mas, se não existe causa para a retardação da bola, deve haver ainda menos [causa] para que venha ao repouso; assim, até onde você supõe que a bola se moveria?
>
> **Simplício:** Tão longe quanto a extensão da superfície continuasse sem se levantar ou abaixar.
>
> **Salviati:** Então, se tal espaço fosse ilimitado, o movimento nele seria, da mesma forma, ilimitado? Isto é perpétuo?
>
> **Simplício:** Assim parece-me [...]
>
> Fonte: Galilei, 2011, p. 887.

3.1.1 Noção de *força*

Intuitivamente, entendemos *força* como um empurrão, ou como um puxão, que age sobre um corpo pressionando-o, deformando-o ou fazendo-o se movimentar. Uma definição um pouco mais formal, considerando o princípio da inércia e a ideia de referenciais inerciais, permite definir *força* como uma influência externa que atua sobre um corpo e o acelera em relação a um referencial inercial, ou seja, altera seu estado de movimento – supondo que essa força seja a única que atua sobre o corpo.

> Para casos em que mais de uma força age sobre o corpo, a mudança no estado de movimento acontecerá somente se a resultante das forças não for nula.

O efeito produzido por uma força sobre determinado corpo depende da sua intensidade (ou módulo), direção e sentido. Dizer que uma força resultante de 10 N atua sobre um corpo não nos permite fazer previsões sobre para onde esse corpo se deslocará. Contudo, se a direção e o sentido da aplicação da força forem informados, aí poderemos equacionar o problema e fazer previsões sobre a evolução do movimento do corpo. É fácil concluir, portanto, que força é uma grandeza vetorial.

As forças existentes na natureza resultam sempre da interação entre corpos, que podem ou não estar em contato. Assim, podemos classificar as forças em **forças de contato** e **forças de ação à distância** (ou **forças de campo**).

São exemplos de forças de contato a força de atrito entre seus pés e o chão; a força de sustentação que permite que um avião voe; a força de arraste aerodinâmico que influi diretamente no desempenho dos carros de corrida; a força de tração em um cabo de aço que movimenta um elevador; a força normal que é sempre perpendicular à superfície etc.

São exemplos de forças de ação à distância a força gravitacional entre você e a Terra; a força elétrica entre dois corpos eletricamente carregados; a força magnética entre dois ímãs, entre outros.

3.1.1.1
Calculando a força resultante

Consideremos a ilustração representada na Figura 3.6 a seguir, em que dois times (A e B) disputam uma competição de cabo de guerra. A bola que aparece na figura está presa à corda que está sendo puxada pelos times.

O time A tenta deslocar a bola para a esquerda, aplicando à corda uma força $\vec{F}_A$. Já o time B puxa a bola para a direita, aplicando à corda uma força $\vec{F}_B$.

Figura 3.6
Dois times disputando uma competição de cabo de guerra

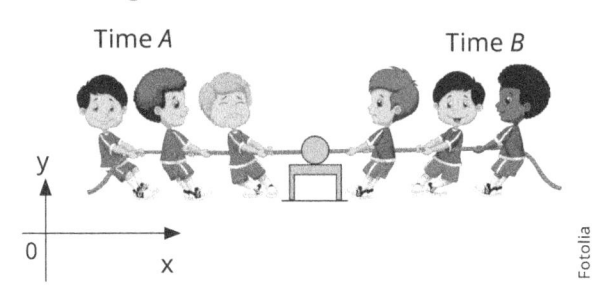

Além das forças aplicadas pelos times, atuam sobre a bola a força peso $\vec{P}$ para baixo e a força normal $\vec{F}_N$ para cima.

> Discutiremos essas duas forças ainda neste capítulo. Por ora, admitimos que elas apresentam o mesmo módulo, a mesma direção e atuam em sentidos contrários.

Esquematicamente, para as forças que atuam sobre a bola, temos quatro vetores, representados na Figura 3.7.

Figura 3.7
Esquema das forças que atuam sobre a bola

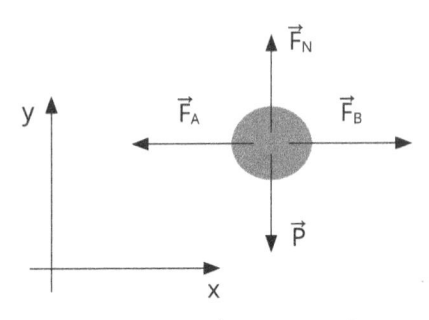

Como as forças peso $\vec{P}$ e normal $\vec{F}_N$ apresentam mesmo módulo e atuam em sentidos contrários, a resultante das forças na direção vertical é nula. Já para a direção horizontal, temos que considerar as seguintes possibilidades:

- Se o time A puxar a bola com força maior, $|\vec{F}_A|>|\vec{F}_B|$, a aceleração resultante será no sentido negativo do eixo x e a bola se deslocará para a esquerda.
- Da mesma forma, se o time B puxar a bola com força maior que o time A, $|\vec{F}_B|>|\vec{F}_A|$, a aceleração resultante será no sentido positivo do eixo x e a bola se deslocará para a direita.
- Se ambos os times aplicarem forças de mesmo módulo, $|\vec{F}_B|=|\vec{F}_A|$, a aceleração resultante será nula e a bola não se deslocará.

Independentemente de qual for o caso, a força resultante é a soma vetorial das forças que atuam sobre a bola:

$$\vec{F} = \vec{F}_A + \vec{F}_B + \vec{P} + \vec{F}_N$$

É importante ressaltarmos que a resultante das forças que atuam sobre um corpo equivale à aplicação de uma única força – a qual, atuando sozinha, produz a mesma aceleração que todas as forças atuando em conjunto. O Exemplo 3.2 nos permitirá observar a aplicação dessa ideia.

Exemplo 3.2

Os vetores da Figura 3.8 representam forças atuando sobre um corpo de massa 2,3 kg.

a. Calcule a força resultante e o ângulo que ela forma com o eixo x.

b. Suponha que no instante de tempo t = 0 s, a partícula esteja na posição $\vec{r}_0 = (0\ m)\hat{i} + (0\ m)\hat{j}$ e sua velocidade seja $\vec{v}_0 = (0\ m)\hat{i} + (0\ m)\hat{j}$. Calcule a sua aceleração (para isso, utilize a equação $a = \frac{F}{m}$, que será estudada na seção seguinte), sua velocidade e a sua posição no instante de tempo t = 5 s.

Figura 3.8
Forças atuando sobre um corpo

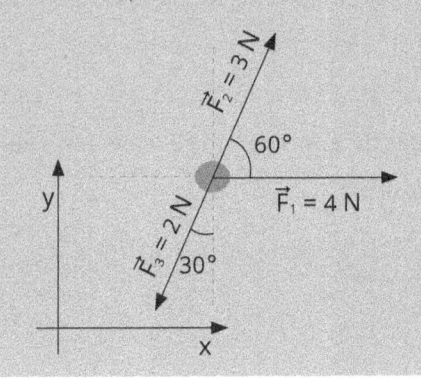

Resolução

a. Uma forma de calcular o módulo da força resultante é decompor os vetores em suas componentes ortogonais e, em seguida, aplicar o teorema de Pitágoras. Fazendo isso, obtemos as componentes nas direções x e y, evidenciadas na Figura 3.9.

Figura 3.9
Decomposição dos vetores forças

$\vec{F}_1 = 4\text{ N}$

$\vec{F}_{1x}$

$\vec{F}_{1x} = \vec{F}_1 \cos 0°$

$\vec{F}_{1x} = 4 \cdot \cos 0° = 4\text{ N}$

$\vec{F}_{1y} = \vec{F}_1 \sen 0°$

$\vec{F}_{1y} = 4 \cdot \sen 0° = 0$

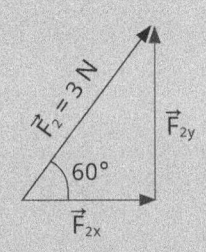

$\vec{F}_2 = 3\text{ N}$, $\vec{F}_{2y}$, 60°, $\vec{F}_{2x}$

$\vec{F}_{2x} = \vec{F}_2 \cos 60°$

$\vec{F}_{2x} = 3 \cdot \cos 60° = 1,5\text{ N}$

$\vec{F}_{2y} = \vec{F}_2 \sen 60°$

$\vec{F}_{2y} = 3 \cdot \sen 60° = 2,6\text{ N}$

$\vec{F}_3 = 2\text{ N}$, 30°, $\vec{F}_{3y}$, $\vec{F}_{3x}$

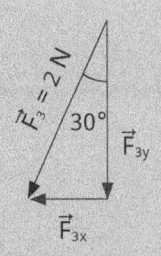

$\vec{F}_{3x} = \vec{F}_3 \cos 30°$

$\vec{F}_{3x} = 2 \cdot \cos 60° = 1,0\text{ N}$

$\vec{F}_{3y} = \vec{F}_3 \sen 30°$

$\vec{F}_{3y} = 2 \cdot \sen 60° = 1,7\text{ N}$

Podemos, agora, calcular o vetor resultante em cada uma das direções, lembrando de atribuir o sinal negativo para as componentes que estão nos sentidos x e y negativos (Figura 3.10):

$\vec{F}_x = \vec{F}_{1x} + \vec{F}_{2x} + \vec{F}_{3x}$ ∴

$\vec{F}_x = 4\text{ N} + 1,5\text{ N} - 1,0\text{ N} = 4,5\text{ N}$

$\vec{F}_y = \vec{F}_{1y} + \vec{F}_{2y} + \vec{F}_{3y}$ ∴

$\vec{F}_y = 0\text{ N} + 2,6\text{ N} - 1,7\text{ N} = 0,9\text{ N}$

Figura 3.10
Vetor *força resultante*

60°, $\vec{F}_y = 0,9\text{ N}$, $\vec{F}_x = 4,5\text{ N}$

Leis de Newton e suas aplicações

O módulo do vetor resultante é

$F_R^2 = F_x^2 + F_y^2$

$F_R = \sqrt{F_x^2 + F_y^2}$

$F_R = \sqrt{4,5^2 + 0,9^2} = 4,6\ N$

Por fim, utilizamos a razão trigonométrica tangente para calcular o ângulo θ que o vetor resultante forma com a direção x.

$\tan \theta = \dfrac{0,9}{4,5} = 0,2$

$\arctan(0,2) = \theta \rightarrow \theta = 11,3°$

Para maiores detalhes sobre operações com vetores, consulte o livro *Introdução à física: aspectos históricos, unidades de medidas e vetores* (2015), deste mesmo autor e desta mesma editora.

b. Como a resultante das forças aplicada ao corpo é constante, a sua aceleração também será. Além disso, a aceleração terá mesma direção e mesmo sentido da força resultante. Calculemos o módulo da aceleração.

$a = \dfrac{F_R}{m} = \dfrac{4,6\ N}{2,3\ kg} = 2\ m/s^2$

As componentes x e y dessa aceleração são as seguintes:

$\vec{a}_x = \dfrac{4,5\ N}{2,3\ kg} = (2,0\ m/s^2)\hat{i}$

$\vec{a}_y = \dfrac{0,9\ N}{2,3\ kg} = (0,4\ m/s^2)\hat{j}$

Portanto, o vetor *aceleração*, representado na Figura 3.11, é

$\vec{a} = (2,0\ m/s^2)\hat{i} + (0,4\ m/s^2)\hat{j}$

Figura 3.11
Vetor aceleração resultante

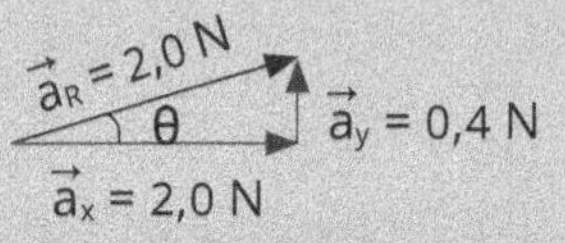

$\vec{a}_R = 2,0\ N$
$\vec{a}_y = 0,4\ N$
$\vec{a}_x = 2,0\ N$

Como a aceleração é constante, podemos aplicar as funções do movimento retilínio unifomemente variado (MRUV) para calcular a velocidade e a posição da massa no instante t = 5 s. Assim:

$\vec{v} = \vec{v}_0 + \vec{a}t$

Como:

$\vec{v}_0 = (0\ m/s)\hat{i} + (0\ m/s)\hat{j}$

Temos:

$\vec{v} = [(2,0\ m/s^2)\hat{i} + (0,40\ m/s^2)\hat{j}]t$

Para t = 5 s, a velocidade do corpo é:

$\vec{v} = (10\ m/s)\hat{i} + (2\ m/s)\hat{j}$

> A posição do corpo pode ser calculada pela seguinte equação:
>
> $$\vec{r} = \vec{r_0} + \vec{v_0}t + \frac{1}{2}\vec{a}t^2$$
>
> Como:
>
> $$\vec{r_0} = (0\ m)_{\hat{i}} + (0\ m)_{\hat{j}}$$
>
> Temos:
>
> $$\vec{r} = \frac{1}{2}[(2,0\ m/s^2)_{\hat{i}} + (0,4\ m/s^2)_{\hat{j}}]t^2$$
>
> Para t = 5, a posição do corpo é:
>
> $$\vec{r} = (25\ m)_{\hat{i}} + (5\ m)_{\hat{j}}$$

3.2 Segunda lei de Newton: princípio fundamental da dinâmica

O princípio da inércia nos diz que um corpo mantém seu estado de movimento quando a resultante das forças que atuam sobre ele for nula. Entretanto, não diz nada sobre o que acontece se a resultante não for nula. A segunda lei de Newton resolve essa lacuna.

> **Princípio fundamental da dinâmica – segunda lei de Newton:** a aceleração experimentada por um corpo é diretamente proporcional à força resultante que atua sobre ele, sendo o inverso de sua massa a constante de proporcionalidade.

A massa é propriedade intrínseca dos corpos, ou seja, é uma característica própria deles. Independentemente do lugar que o corpo ocupa no espaço, ou das forças a que está submetido, a sua massa é a mesma. Pelo enunciado da segunda lei de Newton, a massa é uma propriedade do corpo que relaciona a força que atua sobre ele com a aceleração produzida por essa mesma força. Matematicamente, temos, para a segunda lei:

$$\sum \vec{F} = \vec{F_R} = m \cdot \vec{a}$$

Ou, de outra forma:

$$\vec{a} = \frac{\vec{F_R}}{m}$$

Como a massa é uma grandeza física escalar, e a força é uma grandeza física vetorial que é dividida pela massa para resultar na aceleração, esta também é uma grandeza vetorial e apresenta a mesma direção e sentido da força.

A segunda lei nos permite verificar que a unidade de força é o produto entre a unidade de massa e a de aceleração. Escrevendo as dimensões de força, obtemos:

$$[F] = M \cdot L \cdot T^{-2}$$

Em termos de unidades SI, a unidade de força é $kg \cdot m/s^2$, que recebeu o nome de Newton (N), em homenagem ao inglês Isaac Newton pelas renomadas contribuições fornecidas ao campo da mecânica. Assim, uma força resultante correspondente a 1 N, atuando em um corpo de massa 1 kg, provocará nele uma aceleração de módulo 1 m/s², na mesma direção e no mesmo sentido da força.

É válido destacarmos que é a resultante das forças aplicada a um corpo que causa o efeito da aceleração, e não o contrário:

- Força → causa
- Aceleração → efeito

Assim, não é correto afirmarmos que a aceleração gera uma força resultante no corpo, mas sim que uma força resultante o acelera.

> **Exemplo 3.3**
>
> Uma força $\vec{F}_x$ atua sobre um bloco de massa $m_1 = 3$ kg e o coloca em movimento sobre uma superfície polida, em que o atrito pode ser desprezado, produzindo uma aceleração $\vec{a}_1 = (2 \text{ m/s}^2)\hat{i}$. Essa mesma força, nas mesmas condições, atua sobre um bloco de massa m_2, produzindo uma aceleração $\vec{a}_2 = (0,25 \text{ m/s}^2)\hat{i}$. Qual o valor da massa m_2?
>
> **Resolução**
>
> Pela segunda lei de Newton, temos:
>
> $\vec{F}_x = m_1 \cdot \vec{a}_1$
>
> e
>
> $\vec{F}_x = m_2 \cdot \vec{a}_2$
>
> Comparando as duas equações, obtemos:
>
> $m_1 \cdot a_1 = m_2 \cdot a_2$
>
> $m_2 = \dfrac{m_1 \cdot a_1}{a_2}$
>
> $m_2 = \dfrac{3 \text{ kg} \cdot 2 \text{ m/s}^2}{0,25 \text{ m/s}^2} = 24$ kg
>
> Portanto, uma mesma força produziu uma aceleração oito vezes menor ao atuar sobre um corpo de massa oito vezes maior. Para sabermos qual o módulo da força, basta encontrarmos o produto entre a massa e a correspondente aceleração:
>
> $\vec{F}_x = (3 \text{ kg} \cdot 2 \text{ m/s}^2)\hat{i} = (6 \text{ N})\hat{i}$
>
> ou
>
> $\vec{F}_x = (24 \text{ kg} \cdot 0,25 \text{ m/s}^2)\hat{i} = (6 \text{ N})\hat{i}$.

3.3 Terceira lei de Newton: princípio da ação e reação

O princípio da ação e reação descreve a interação mútua entre dois ou mais corpos. Interagir, no sentido que adotamos, significa empurrar, puxar por meio de forças de contato ou de ação à distância. Consideremos uma escada apoiada em uma parede (Figura 3.12). A escada exerce uma força sobre a parede $\vec{F}_{e,p}$ e a parede exerce uma força sobre a escada $\vec{F}_{p,e}$.

> **Princípio da ação e reação – terceira lei de Newton**: quando dois corpos interagem, para toda força de ação, existe uma força de reação, de mesma intensidade, de mesma direção, porém de sentido contrário.

Figura 3.12
Par ação-reação entre a escada e a parede

De acordo com a teoria de Newton, as forças de ação e reação são de **mesma natureza**. Isso significa que, em um **par ação-reação**, ambas as forças são de contato ou ambas são de campo. Não podemos ter um par ação-reação formado por uma força de contato e outra de campo. Além disso, as forças desse par não se anulam, pois **atuam em corpos diferentes**.

Em relação ao exemplo da escada e da parede, podemos escrever:

$$\vec{F}_{e,p} = -\vec{F}_{p,e}$$

Assim sendo, o módulo da força que a escada exerce sobre a parede é igual ao módulo da força que a parede exerce sobre a escada. De um modo geral, temos:

$$\vec{F}_A = -\vec{F}_R$$

O que indica que o módulo da força de ação ($\vec{F}_A$) é igual ao módulo da força de reação. O sinal negativo indica que as forças atuam na mesma direção, porém em sentidos contrários.

3.4 Diagrama de corpo livre

Chamamos de *diagrama de corpo livre* a representação de todas as forças que atuam sobre um corpo. Portanto, para desenhá-lo, precisamos saber identificar e caracterizar cada uma dessas forças. Por exemplo: sobre um bloco que está sendo puxado por uma força $\vec{F}$, e que desliza sobre uma mesa sem atrito com aceleração $\vec{a}$ para a direita (Figura 3.13), **podemos identificar três forças: a força $\vec{F}$, a força peso $\vec{P}$ e a força normal $\vec{F}_N$** (estudaremos a força peso e a força normal logo em seguida).

Leis de Newton e suas aplicações

Figura 3.13
Bloco sobre uma mesa sujeito a uma aceleração

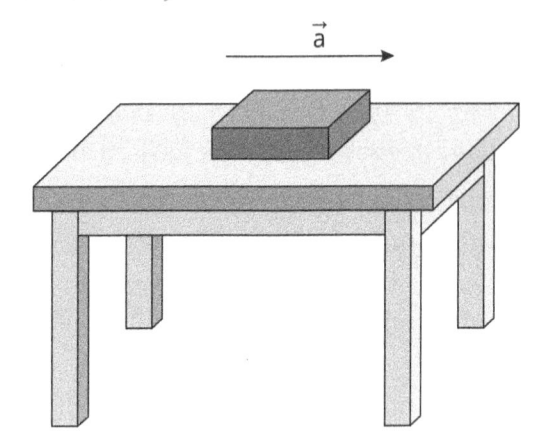

O diagrama de corpo livre do bloco (Figura 3.14) deve ser desenhado com o uso de um sistema de coordenadas retangulares que permita estabelecer a orientação das forças. Quando possível, prefira sempre sistemas em que um dos eixos esteja na direção do movimento.

Figura 3.14
Diagrama de corpo livre das forças que atuam sobre o bloco

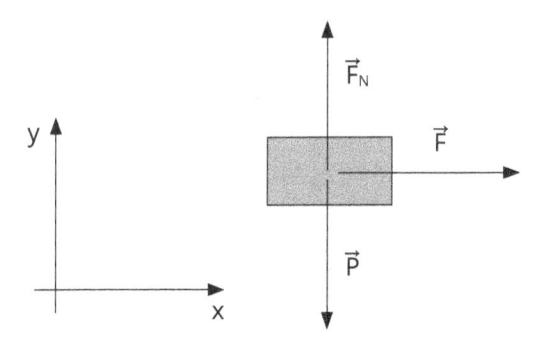

Neste exemplo, a força $\vec{F}$ está na direção do eixo x, no sentido positivo. Já a força normal e a força peso estão na direção do eixo y. A primeira no sentido positivo e a segunda no sentido negativo. Note que desenhamos o bloco **livre** dos corpos que se encontram em seu entorno, por isso chamamos o esquema de *diagrama de corpo livre*.

Após a correta identificação das forças que atuam sobre o corpo, a fim de saber como seu movimento evolui, procedemos com a aplicação da segunda lei de Newton em cada uma das direções estabelecidas:

$$\sum \vec{F}_x = m \cdot \vec{a}$$

$$\sum \vec{F}_y = m \cdot \vec{a}$$

Nos exemplos que serão apresentados no decorrer do capítulo, exercitaremos a construção de diagramas de corpo livre e a aplicação da segunda lei.

3.5 Forças e estudo da mecânica

Nesta seção, apresentaremos as principais forças que figuram no estudo da mecânica: as forças peso, normal, elástica, de tensão, de atrito, de arraste e a força centrípeta. Estudaremos cada uma delas separadamente.

3.5.1 Força peso

Ao abandonar uma esfera de certa altura, você percebe que, durante a queda, o módulo de sua velocidade aumenta. A variação da velocidade indica que a esfera está sendo acelerada. Logo, uma força age sobre ela.

De acordo com a teoria da gravitação universal de Isaac Newton, a gravidade é uma propriedade da matéria, e não somente do planeta Terra. Todos os corpos do universo exercem forças gravitacionais recíprocas uns sobre os outros. Tais forças são proporcionais ao produto de suas massas e inversamente proporcionais ao quadrado da distância que separa seus centros de massa.

Entretanto, para que essas forças sejam sensíveis aos nossos sentidos, é preciso que um dos corpos tenha uma massa muito grande e esteja próximo de nós, como é o caso do planeta Terra.

A força gravitacional produz nos corpos próximos à superfície da Terra uma aceleração de módulo aproximadamente $g = 9{,}81$ m/s². Esse valor varia com a altitude e com a latitude. Quanto mais alto estiver o corpo, menor é a força gravitacional (em virtude à variação da força com o inverso do quadrado da distância que separa os corpos). Por outro lado, quanto mais próximo dos polos o corpo estiver, maior é o módulo da força que ele experimenta (devido ao achatamento da Terra, um corpo localizado no polo está mais próximo do centro da Terra).

Entretanto, por ser pequena a variação da força gravitacional aplicada nas diferentes altitudes e latitudes, convencionamos considerar o valor de $g = 9{,}81$ m/s² para a aceleração nas proximidades da superfície terrestre. Chamaremos a força gravitacional, que causa essa aceleração, de *peso*. Assim, para um corpo de massa 1 kg, seu peso terá o seguinte módulo:

$$P = 1 \text{ kg} \cdot 9{,}81 \text{ m/s}^2 = 9{,}81 \text{ N}$$

É importante que você saiba diferenciar *peso* de *massa*. O **peso** é uma força que, como vimos, resulta do produto entre a massa do corpo e a aceleração gravitacional a que ele está sujeito. Por exemplo: seu peso nas proximidades da superfície da Terra é seis vezes maior do que seu peso nas proximidades da superfície da Lua. Isso porque a aceleração gravitacional na superfície da Terra é seis vezes maior do que na superfície da Lua.

Já a **massa** é uma propriedade intrínseca do corpo. É uma medida de sua inércia, grandeza que permite comparar a resistência dos corpos às alterações de movimento. Independentemente se você estiver na Terra ou na Lua, sua massa será sempre a mesma. De forma geral, dizemos que a massa de um corpo é a mesma em qualquer lugar do espaço.

Exemplo 3.4

Um astronauta, antes de embarcar em uma nave espacial com destino à Lua, mede sua massa e verifica o valor de 80 kg. Sabendo que a aceleração gravitacional na Lua é equivalente a 1/6 da aceleração gravitacional da Terra, calcule (considerando a aceleração gravitacional da Terra $g = 9{,}81$ m/s²):

a. o peso do astronauta na Terra.
b. a massa e o peso do astronauta na Lua.

Resolução

a. O peso do astronauta na Terra é o produto de sua massa pela aceleração gravitacional da Terra:

$P_T = 80 \text{ kg} \cdot 9{,}81 \text{ m/s}^2 = 784{,}8 \text{ N}$

b. A massa é uma propriedade dos corpos. Portanto, na Lua, a massa do astronauta continua sendo 80 kg. Quanto ao seu peso, como a aceleração gravitacional da Lua é 1/6 da aceleração gravitacional da Terra, temos:

$P_L = 80 \text{ kg} \cdot \dfrac{9{,}81 \text{ m/s}^2}{6} = 130{,}8 \text{ N}$

Obteríamos o mesmo resultado se simplesmente dividíssemos o peso do astronauta na Terra por 6.

Texto complementar: estado de imponderabilidade

Chamamos de *estado de imponderabilidade* o lugar no espaço onde não é possível discernir se um corpo está sob gravidade nula ou em queda livre, como é o caso do estado em que se encontram os tripulantes de uma nave espacial orbitando a Terra.

Constantemente observamos reportagens que mostram os astronautas "flutuando" no interior da nave, o que nos leva a pensar que a nave e os astronautas estão em uma região do espaço onde a gravidade é nula, o que não é verdade. O que acontece, na realidade, é que eles estão em constante queda e, ao mesmo tempo, seguem seu movimento natural em linha reta (princípio da inércia). A composição desses dois movimentos resulta no movimento orbital (Figura 3.15).

Figura 3.15
Esquema vetorial do deslocamento de um corpo celeste em órbita

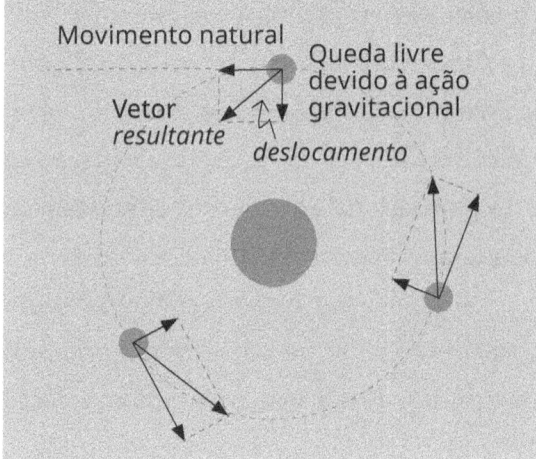

3.5.2 Força normal

Quando colocamos um corpo em contato com uma superfície, esta produz sobre ele uma força que é normal (perpendicular) à superfície. Isso acontece mesmo que a superfície não seja plana. Consideremos os exemplos da Figura 3.16:

Figura 3.16
Força normal exercida por uma superfície paralela ao referencial do chão e por uma superfície inclinada

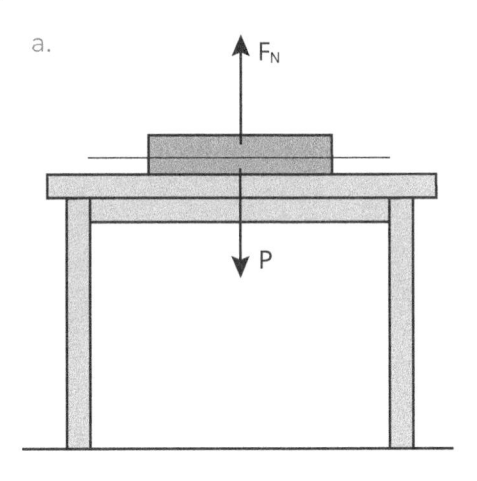

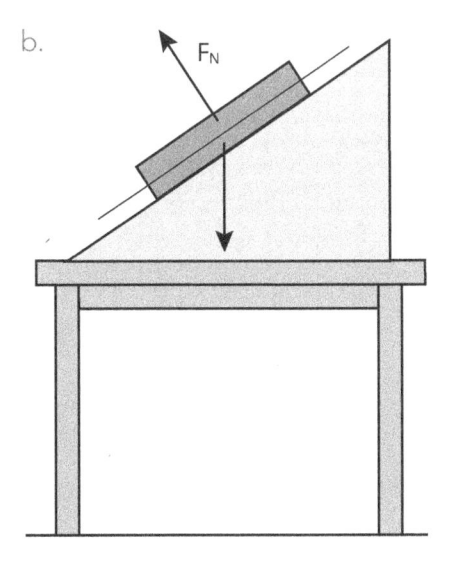

A Figura 3.16, (a) indica que o corpo em contato com a mesa está sendo puxado para baixo pela força peso ($\vec{P}$) na direção do centro da Terra. Caso a mesa não estivesse ali, o corpo cairia. Para estar em equilíbrio, é preciso que a mesa exerça uma força de mesmo módulo ao da força peso, mas em sentido contrário. Essa força é chamada de *normal* ($\vec{F}_N$).

Na situação (b) da Figura 3.16, o corpo está sobre uma superfície inclinada. Nesse caso, embora a força normal seja perpendicular à superfície do plano inclinado, seu módulo não é igual ao do peso do corpo. Veremos, ainda neste capítulo, que o módulo da força normal é $\vec{F}_N = P \cos\theta$, em que θ é o ângulo de inclinação do plano.

Vale ressaltarmos que a força normal e a força peso não formam um par ação-reação, pois são forças de naturezas diferentes (a normal é uma força de contato, enquanto o peso é de ação a distância). Além disso, ambas atuam sobre o mesmo corpo (como já vimos, pela terceira lei de Newton, o par ação-reação atua em corpos diferentes).

Exemplo 3.5

Um *notebook* está em repouso sobre uma mesa. Qual é a força normal que a mesa exerce sobre ele, sabendo que sua massa é de 2 kg?

Resolução

Duas forças atuam sobre o *notebook* (Figura 3.17): 1) a força peso; 2) a força normal. Como o *notebook* está em repouso, a resultante das forças que atua sobre ele é nula. Estabelecendo o eixo vertical como sendo o eixo y e aplicando a segunda lei de Newton, temos:

$$\sum \vec{F}_y = m \cdot \vec{a} = 0$$

$$\vec{F}_N - P = 0 \rightarrow \vec{F}_N - mg = 0$$

$$\vec{F}_N = mg$$

$$\vec{F}_N = 2 \text{ kg} \cdot 9{,}81 \text{ m/s}^2 = 19{,}62 \text{ N}$$

A força normal que a mesa exerce sobre o *notebook* é de 19,62 N.

Figura 3.17
Esquemas das forças que atuam sobre um *notebook*

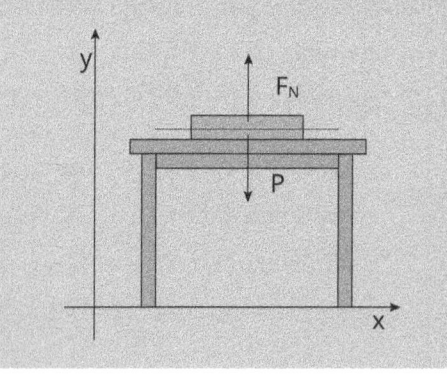

Exemplo 3.6

João tenta levantar uma caixa de 50 kg, que está sobre o chão de sua casa, mas não consegue. Com o uso de uma corda, aplica-lhe uma força vertical de 300 N. Nessas condições, calcule o valor da força normal que o chão exerce sobre a caixa.

Figura 3.18
Uma caixa sendo puxada por uma força vertical

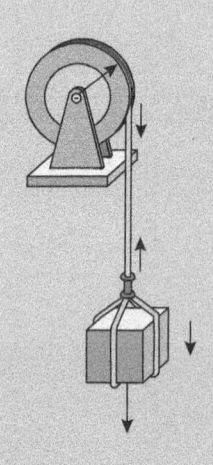

Resolução

O Exemplo 3.6 difere do anterior porque temos mais uma força atuando sobre o corpo (a força de João). Estabelecendo o eixo vertical como sendo o eixo y e aplicando a segunda lei de Newton, podemos considerar:

$$\sum \vec{F}_y = m \cdot \vec{a} = 0$$

$$F_N + F_J - P = 0 \rightarrow F_N + F_J - mg = 0$$

$$F_N = mg - F_J$$

$$F_N = 50 \text{ kg} \cdot 9{,}81 \text{ m/s}^2 - 300$$

$$F_N = 190{,}5 \text{ N}$$

Note que, nesse caso, a força normal é a diferença entre a força peso e a força vertical que João aplica sobre a caixa. Além disso, há um detalhe bastante intuitivo, mas que vale a pena destacar: João somente conseguiria levantar a caixa se aplicasse à corda uma força maior que a força peso.

Exemplo 3.7

Com o auxílio de uma balança e utilizando o elevador do edifício onde mora, Gabriela resolve fazer algumas experiências. Sua massa é de 60 kg e ela sabe que o elevador acelera e desacelera à taxa de 5 m/s². Com Gabriela sobre a balança (Figura 3.19), qual é a leitura (graduada em N) que ela registra quando o elevador está:

a. subindo e sua aceleração é positiva (acelerando)?
b. subindo e sua aceleração é negativa (freando)?
c. descendo e sua aceleração é positiva (freando)?
d. descendo e sua aceleração é negativa (acelerando)?
e. subindo ou descendo com velocidade constante?

Figura 3.19
Criança sobre uma balança em um elevador

Leis de Newton e suas aplicações

Resolução

Nos cinco casos, a leitura da balança será numericamente igual ao valor do módulo da força normal que a balança exerce sobre Gabriela. É importante notarmos que, se a garota estivesse sobre uma balança em repouso, graduada em N, a leitura seria igual ao seu peso, ou seja,

$F_N - mg = 0 \rightarrow F_N = mg = 60 \text{ kg} \cdot 9{,}81 \text{ m/s}^2 = 588{,}6 \text{ N}$

O diagrama de corpo livre para cada um dos casos está representado na Figura 3.20.

Figura 3.20
Diagramas de corpo livre das forças atuantes sobre uma criança que está sobre a balança dentro de um elevador em movimento

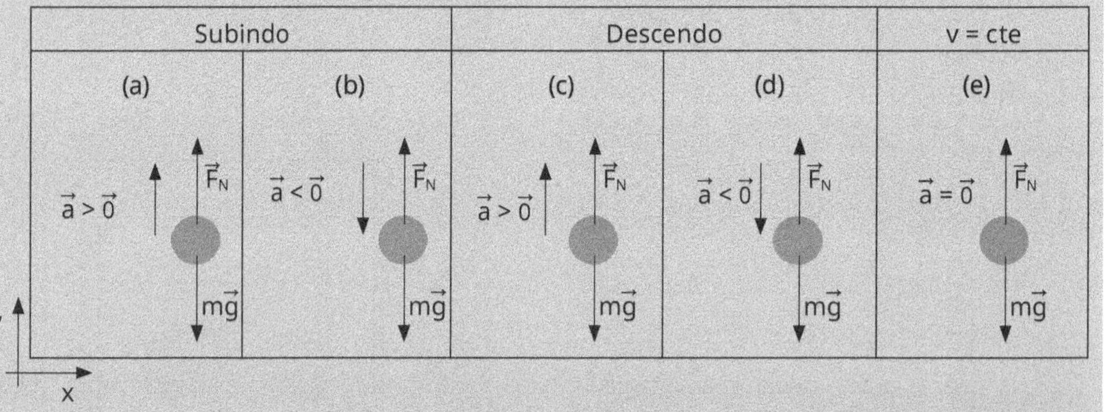

Subindo		Descendo		v = cte
(a) $\vec{a} > \vec{0}$	(b) $\vec{a} < \vec{0}$	(c) $\vec{a} > \vec{0}$	(d) $\vec{a} < \vec{0}$	(e) $\vec{a} = \vec{0}$

a. Aplicando a segunda lei de Newton na direção y, obtemos:

$\sum \vec{F}_y = m \cdot \vec{a}$

$F_N - mg = ma \rightarrow F_N = ma + mg$

$F_N = m(a + g)$

$F_N = 60 \text{ kg} (5 \text{ m/s}^2 + 9{,}81 \text{ m/s}^2)$

$F_N = 888{,}6 \text{ N}$

b. Realizando o mesmo procedimento e observando que a força resultante é negativa (logo, também a aceleração), temos:

$\sum \vec{F}_y = m \cdot \vec{a}$

$F_N - mg = -ma \rightarrow F_N = -ma + mg$

$F_N = m(-a + g)$

$F_N = 60 \text{ kg}(-5 \text{ m/s}^2 + 9{,}81 \text{ m/s}^2)$

$F_N = 288{,}6 \text{ N}$

c. Nesse caso, assim como no item (a), a força resultante é positiva. Temos exatamente o mesmo resultado:

$\sum \vec{F}_y = m \cdot \vec{a}$

$F_N - mg = ma \rightarrow F_N = ma + mg$

$F_N = m(a + g)$

$F_N = 60 \text{ kg}(5 \text{ m/s}^2 + 9{,}81 \text{ m/s}^2)$

$F_N = 888{,}6 \text{ N}$

d. Esse caso é exatamente o mesmo que o do item (b). A única mudança é que o corpo está descendo:

$\sum \vec{F}_y = m \cdot \vec{a}$

$F_N - mg = ma \rightarrow F_N = -ma + mg$

$F_N = m(-a + g)$

$F_N = 60 \text{ kg}(-5 \text{ m/s}^2 + 9{,}81 \text{ m/s}^2)$

$F_N = 288{,}6 \text{ N}$

e. Se o corpo está se movendo com velocidade constante, a resultante das forças que atua sobre ele é zero. Assim:

$\sum \vec{F}_y = m \cdot \vec{a} = 0$

$F_N - mg = 0$

$F_N = mg = 60 \text{ kg} \cdot 9{,}81 \text{ m/s}^2$

$F_N = 588{,}6 \text{ N}$

Portanto, movendo-se com velocidade constante, a leitura da balança é igual à leitura quando a balança está em repouso.

3.5.3 Força elástica: lei de Hooke

A partir de dados experimentais, o cientista inglês Robert Hooke (1635-1703) **verificou que a deformação (compressão ou alongamento)** sofrida por uma mola é proporcional à força aplicada em uma de suas extremidades. Assim, chegou à seguinte expressão:

$\vec{F}_E = -k \cdot \Delta \vec{x}$

Em que:

$\vec{F}_E$ é a força elástica;

$\Delta \vec{x}$ é a deformação da mola a partir de sua posição de equilíbrio;

k é constante elástica da mola.

A Figura 3.21 mostra uma mola comprimida, em equilíbrio e alongada.

Figura 3.21
Força elástica é sempre contrária ao deslocamento

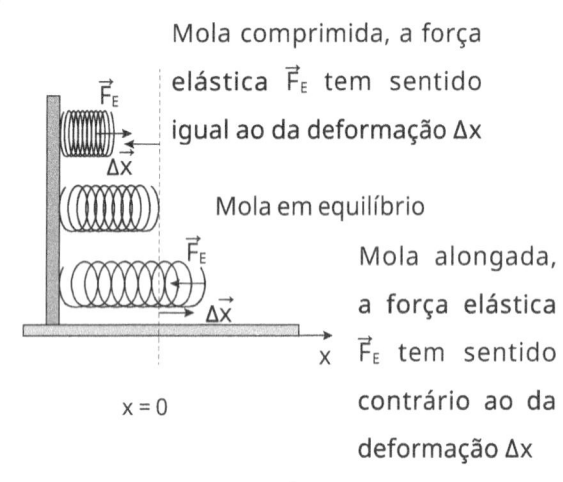

Mola comprimida, a força elástica $\vec{F}_E$ tem sentido igual ao da deformação Δx

Mola em equilíbrio

Mola alongada, a força elástica $\vec{F}_E$ tem sentido contrário ao da deformação Δx

A força elástica $\vec{F}_E$ que a mola exerce quando está sendo deformada é sempre contrária à deformação $\vec{\Delta x}$. Isso acontece porque se trata de uma força restauradora que tende sempre a fazer com que a mola volte para a posição de equilíbrio. Por esse motivo é que aparece o sinal negativo na expressão matemática da lei de Hooke.

Para que a lei de Hooke seja válida, a mola não pode ser deformada além do seu limite elástico. Se isso acontecer, a mola não retornará naturalmente a sua posição de equilíbrio.

Exemplo 3.8

Quando penduramos uma massa de 0,82 kg na extremidade da mola representada na Figura 3.22, seu comprimento varia de L = 12 cm para L + x_1 = 25 cm. Determine o comprimento L + x_2 dessa mola, quando penduramos uma massa de 2,5 kg. Considere g = 9,81 m/s² e que a mola obedece à lei de Hooke.

Figura 3.22
Esquema da elongação de uma mola

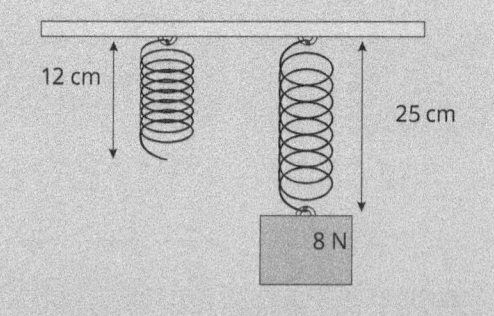

Resolução

A lei de Hooke estabelece a relação entre a força elástica, a constante elástica e a deformação que ela sofre.

$\vec{F}_E = -k\vec{x}$

Primeiramente, observe que a deformação x_1 da mola no primeiro caso é a diferença entre seu comprimento natural e seu comprimento quando a massa está pendurada. Assim,

$x_1 = 25$ cm $- L$

$x_1 = 25$ cm $- 12$ cm $= 13$ cm

Nos dois casos, tanto com a massa de 0,82 kg quanto com a de 2,5 kg penduradas na extremidade da mola, o sistema está em equilíbrio estático. Isso significa que a força exercida pela mola sobre o corpo é igual ao seu peso. Assim, podemos escrever:

$F_1 = kx_1 \rightarrow m_1 g = kx_1 \rightarrow k = \dfrac{m_1 g}{x_1}$

$F_2 = kx_2 \rightarrow m_2 g = kx_2 \rightarrow k = \dfrac{m_2 g}{x_2}$

Comparando esses dois resultados, temos:

$\dfrac{m_1 g}{x_1} = \dfrac{m_2 g}{x_2}$

$x_2 = \dfrac{m_2 x_1}{x_1}$

$x_2 = \dfrac{2,5 \text{ kg} \cdot 13 \text{ cm}}{0,82 \text{ kg}} = 39,63$ cm

Logo, o comprimento total da mola quando penduramos a massa m_2 é

$L + x_2 = 13$ cm $+ 39,63$ cm $= 52,63$ cm

Exemplo 3.9

A Figura 3.23 representa um bloco de massa 4 kg em repouso sobre um plano inclinado que forma um ângulo de 30° com a horizontal. O bloco está preso a uma mola de constante elástica k = 80 N/m. Considerando desprezível o atrito entre o bloco e a massa, calcule a deformação da mola e o módulo da força normal.

Figura 3.23
Bloco pendurado por uma mola em um plano inclinado

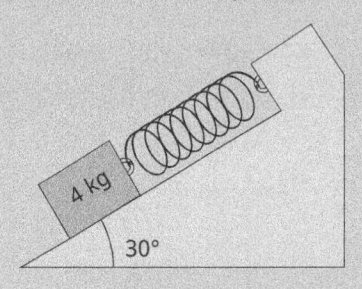

Resolução

Na Figura 3.24, temos o esquema das forças que atuam sobre o bloco.

Leis de Newton e suas aplicações

Figura 3.24
Esquema das forças que atuam sobre o bloco

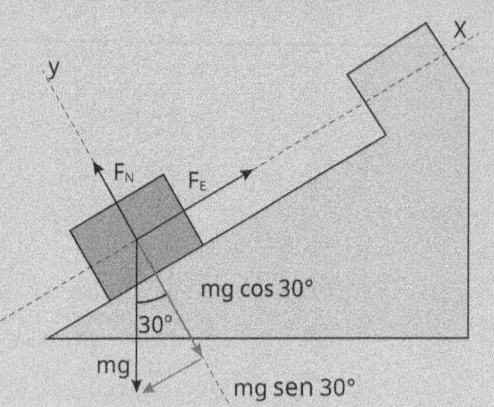

Estabeleceremos dois eixos retangulares e identificar as forças que atuam sobre o bloco. Para estar em equilíbrio estático (em repouso), é preciso que a somatória das forças nas direções x e y seja nula. Assim:

$\sum \vec{F}_x = \vec{0} \rightarrow F_E - mg \operatorname{sen} 30° = 0 \rightarrow$
$kx = mg \operatorname{sen} 30°$

$x = \dfrac{mg \operatorname{sen} 30°}{k}$

$x = \dfrac{4 \text{ kg} \cdot 9{,}81 \text{ m/s}^2 \cdot \operatorname{sen} 30°}{80 \text{ N/m}}$

$x = 0{,}245 \text{ m} = 24{,}5 \text{ cm}$

Para calcular o módulo da força normal, devemos considerar que a somatória das forças na direção y é zero. Assim:

$\sum \vec{F}_y = \vec{0} \rightarrow F_N - mg \cos 30° = 0$

$F_N = mg \cos 30°$

$F_N = 4 \text{ kg} \cdot 9{,}81 \dfrac{\text{m}}{\text{s}^2} \cdot \cos 30°$

$F_N = 33{,}98 \text{ N}$

3.5.4 Força de tensão

A força de tensão $\vec{T}$ aparece quando os corpos são puxados por fios ou cordas e é entendida como a força que o segmento do fio ou da corda exerce sobre um segmento adjacente. A rigor, a força de tensão não costuma ser constante ao longo do comprimento do fio ou da corda. Se você imaginar uma corda amarrada em um galho de árvore, indo do galho até o chão, a força de tensão em um segmento da corda que está próximo ao galho é maior do que em um que está próximo ao chão. Isso acontece porque o segmento que está próximo ao galho tem que suportar o peso de toda a corda que está abaixo dele. Contudo, para efeitos de cálculo, neste livro, consideraremos as cordas e fios inextensíveis (ou seja, que não esticam) e suas massas desprezíveis.

Figura 3.25
Forças que atuam sobre dois blocos ligados por uma corda inextensível

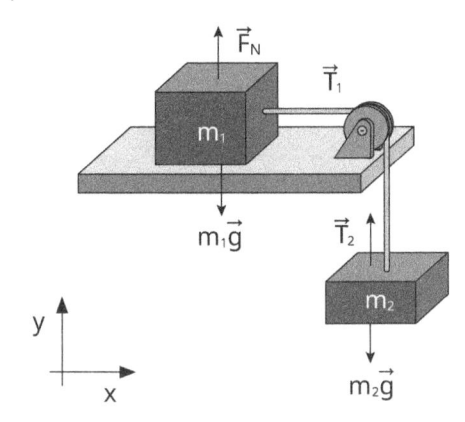

Na Figura 3.25, o módulo da tensão $\vec{T}_1$ é igual ao módulo da tensão $\vec{T}_2$. Além disso, é importante notarmos que o módulo da velocidade com que a massa m_2 cai é igual ao módulo da velocidade com que m_1 desliza sobre a plataforma. Isso significa que as duas massas estão sujeitas a acelerações de mesmo módulo. Analisaremos uma situação parecida no Exemplo 3.10.

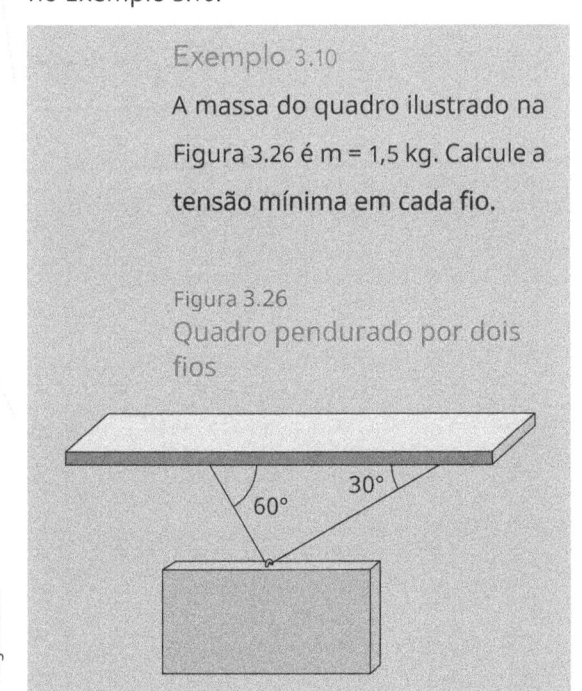

Exemplo 3.10

A massa do quadro ilustrado na Figura 3.26 é m = 1,5 kg. Calcule a tensão mínima em cada fio.

Figura 3.26
Quadro pendurado por dois fios

Resolução

Estabelecemos dois eixos retangulares e identificar as forças que atuam no quadro (Figura 3.27).

Figura 3.27
Forças que atuam sobre o quadro

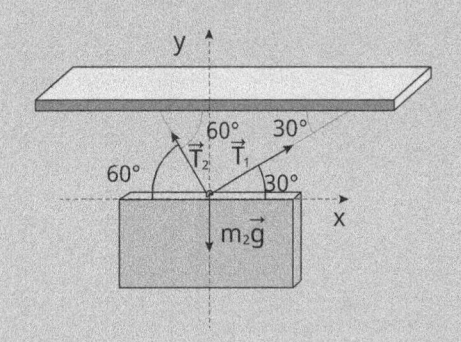

Para estar em equilíbrio estático (em repouso), é preciso que a somatória das forças nas direções x e y seja nula. Assim:

$\sum \vec{F}_x = \vec{0} \rightarrow T_{1,x} - T_{2,x} = 0$

$\sum \vec{F}_y = \vec{0} \rightarrow T_{1,y} - T_{2,y} - mg = 0$

$T_{1,x} = T_1 \cos 30°$

$T_{2,x} = T_2 \cos 60°$

$T_{1,y} = T_1 \sin 30°$

$T_{2,y} = T_2 \sin 60°$

Desse modo, temos duas equações com duas incógnitas (T_1 e T_2):

$$\begin{cases} T_1 \cos 30° - T_2 \cos 60° = 0 \\ T_1 \sin 30° + T_2 \sin 60° - mg = 0 \end{cases}$$

Isolando T_1 na primeira equação, obtemos:

$$T_1 = \frac{T_2 \cos 60°}{\cos 30°}$$

Substituindo esse resultado na segunda equação, obtemos:

$$\frac{T_2 \cos 60°}{\cos 30°} \sin 30° + T_2 \sin 60° - mg = 0$$

$$T_2 \left(\frac{\cos 60°}{\cos 30°} \sin 30° + \sin 60° \right) = mg$$

$$\vec{T}_2 = \frac{mg}{\left(\frac{\cos 60°}{\cos 30°} \sin 30° + \sin 60° \right)}$$

$$\vec{T}_2 = \frac{1,5 \text{ kg} \cdot 9,81 \text{ m/s}^2}{\left(\frac{\cos 60°}{\cos 30°} \sin 30° + \sin 60° \right)} = 12,74 \text{ N}$$

Voltando na expressão do T_1, temos:

$$T_1 = \frac{10,2 \text{ N} \cdot \cos 60°}{\cos 30°} = 7,36 \text{ N}$$

Perceba que, para um corpo suspenso por duas cordas, a corda que forma o menor ângulo com a vertical (neste exemplo, a corda 2 que suporta a tensão $\vec{T}_2$) é mais exigida, ou seja, experimenta uma tensão maior. No limite, quando o ângulo entre a corda 2 e a vertical tender a zero, a tensão $\vec{T}_2$ tenderá ao peso do quadro. Nessa configuração, a tensão $\vec{T}_1$ da outra corda se aproximará de zero e o ângulo entre ela e a vertical se aproximará de 90°.

Exemplo 3.11

O sistema representado na Figura 3.28 mostra um bloco de massa $m_2 = 3$ kg que pode deslizar sem atrito sobre a superfície da estante. Presos por cordas e ligados a esse bloco, estão outros dois blocos de massas $m_1 = 1$ kg e $m_3 = 2$ kg, conforme a figura.

Considerando que o sistema foi abandonado em repouso, que não há escorregamento entre as polias e as cordas e que as massas das polias são desprezíveis, calcule:

a. o módulo da aceleração de cada bloco.
b. o módulo da tensão em cada corda.

Figura 3.28
Três blocos ligados por cordas

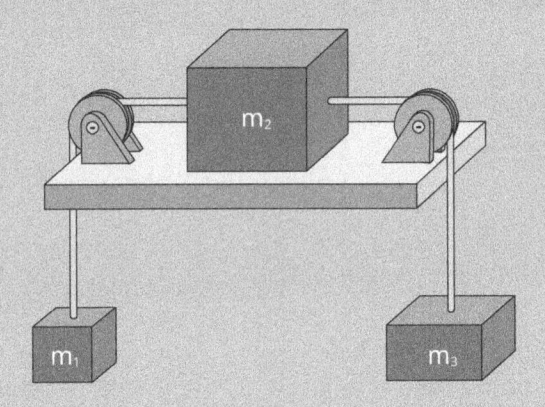

Resolução

Os diagramas de corpos livres dos três blocos estão representados na Figura 3.29.

Figura 3.29
Diagrama de corpo livro das forças que atuam em cada corpo

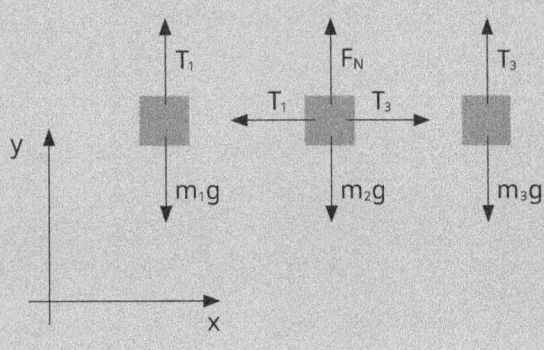

É importante notarmos que a tensão na corda que liga m_1 a m_2 tem módulos iguais. O mesmo acontece com a tensão na corda que liga m_2 a m_3. Outro detalhe importante é que o módulo da aceleração é o mesmo para os três blocos. Assim, aplicando a segunda lei de Newton a cada um dos blocos em cada uma das direções, obtemos:

Tabela 3.1
Forças que atuam sobre os blocos nas direções x e y

	Direção x	Direção y
Bloco 1	$\sum \vec{F}_x = \vec{0}$	$\sum \vec{F}_y = m_1 \vec{a}$ $T_1 - m_1 g = m_1 a$ (I)
Bloco 2	$\sum \vec{F}_v = m_2 \vec{a}$ $T_3 - T_1 = m_2 a$ (II)	$\sum \vec{F}_y = \vec{0}$ $F_N - m_2 g = 0$ $F_N = m_2 g$
Bloco 3	$\sum \vec{F}_x = \vec{0}$	$\sum \vec{F}_y = m_3 \vec{a}$ $m_3 g - T_3 = m_3 a$ (III)

Somando membro a membro as equações (I) e (III), temos:

$T_1 - T_3 + (m_3 - m_1) g = m_3 a + m_1 a$

$T_3 - T_1 + (m_1 - m_3) g = -(m_3 + m_1) a$

Substituindo esse resultado na equação (II), temos:

$m_2 a + (m_1 - m_3) g = -(m_3 + m_1) a$

$(m_1 - m_3) g = -(m_3 + m_1 + m_2) a$

$a = \dfrac{(m_3 - m_1) g}{(m_3 + m_1 + m_2)} = 1{,}64 \text{ m/s}^2$

Agora que conhecemos a aceleração do sistema, podemos voltar na equação (I) para calcular a tensão na corda que liga os blocos 1 e 2:

$T_1 = m_1 (a + g) = 1 \cdot (1{,}64 + 9{,}81) = 11{,}45 \text{ N}$

Substituindo os resultados dos passos anteriores na equação (III), temos:

$T_3 = m_2 a + T_1$

$T_3 = 3 \cdot 1,64 + 11,45 = 16,37$ N

O módulo da tensão na corda que liga os blocos 1 e 2 é 11,45 N, enquanto que o da tensão que liga os blocos 2 e 3 é 16,37 N. Embora as tensões sejam diferentes, o módulo da aceleração dos blocos é a mesma e vale 1,64 m/s². Obviamente essa aceleração fará o bloco m_1 subir, o bloco m_2 escorregar da esquerda para a direita e o bloco m_3 descer. Isso porque $m_3 > m_1$. Se m_1 fosse igual a m_3, o sistema permaneceria em repouso.

3.5.5 Força de atrito

Por mais lisa que seja uma superfície, ela nunca será totalmente livre de atrito. O atrito é uma peça-chave para explicar fisicamente o mundo que nos rodeia. Por exemplo: caso não houvesse atrito entre seus pés e o chão, você ficaria patinando e não sairia do lugar. É o que acontece quando andamos sobre uma pista de gelo, onde a força de atrito é pequena, podendo, em alguns casos, ser desprezada.

Da mesma forma que precisamos da existência da força de atrito para andar, um carro precisa dela para se mover. Tanto para colocar um carro em movimento, quanto para pará-lo, é necessário que exista atrito entre os pneus e a pista. Na Figura 3.30, o pequeno atrito entre o gelo que cobre a pista e o pneu do carro fez com que o motorista perdesse o controle.

Figura 3.30
Carro deslizando devido à pequena força de atrito entre os pneus e a pista

Como o módulo da força de atrito entre os pneus do carro e o gelo é pequeno, o carro não consegue se manter na pista.

É importante notarmos que, em alguns casos, trabalhamos para minimizar o atrito e, em outros, para maximizá-lo. Por exemplo: o atrito entre as engrenagens de uma máquina não é muito desejado, pois faz com que o gasto de energia elétrica seja maior. Por isso, a fim de minimizá-lo, costumamos lubrificar as peças que compõem o motor. Por outro lado, se não houver atrito entre a correia que liga uma engrenagem à outra, não é possível que ocorra a transmissão do movimento circular[i].

Experimentalmente, verificamos que a força de atrito, em situações de deslizamento:
- opõe-se ao movimento, sendo paralela às superfícies em contato;
- depende da natureza dos materiais que estão em contato;
- não depende da área de contato aparente entre as superfícies;
- é proporcional à força normal que atua sobre o corpo.

Além dessas características, observamos que quando um corpo está em repouso sobre uma superfície e, progressivamente, aumentamos o módulo da força que aplicamos sobre ele, a força de atrito também aumenta. Esse aumento é proporcional à força normal que atua sobre o corpo. Tudo se passa como se a força de atrito contrabalanceasse a força que estamos aplicando sobre o corpo. Chamamos essa força de *força de atrito estático* ($\vec{F}_s$). O corpo permanecerá em repouso enquanto a força aplicada sobre ele for inferior à força necessária para vencer o atrito.

Assim, podemos dizer que a força de atrito estático consegue contrabalancear a força que estamos aplicando sobre o corpo até um determinado limite: o momento em que o corpo está na iminência de entrar em movimento. Esse limite indica a força de atrito estático máxima ($\vec{F}_{s,máx}$) entre as superfícies em contato.

---
i Corpos em movimento de rotação serão estudados detalhadamente no Capítulo 7.

Figura 3.31
Força de atrito estático ($\vec{F}_s$) surgindo quando uma força ($\vec{F}$) atua sobre um bloco em repouso

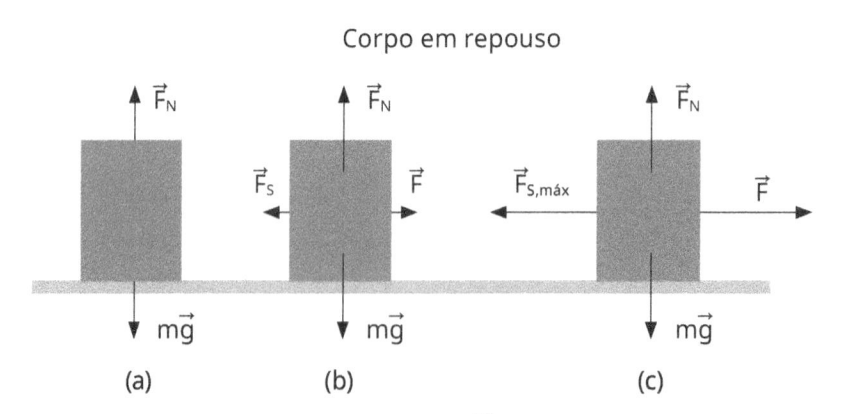

A Figura 3.31 mostra em (a) que, quando a força $\vec{F}$ é nula, a força de atrito estático também é nula. Em (b), quando $\vec{F}$ é diferente de zero, surge a força de atrito estático $\vec{F}_s$ que tem mesmo módulo, mesma intensidade, mas sentido contrário ao da força $\vec{F}$. Já em (c), na iminência do movimento, a força de atrito estático é máxima: $\vec{F}_{s,máx}$.

Figura 3.32
Força de atrito cinético atuando sobre um corpo em movimento

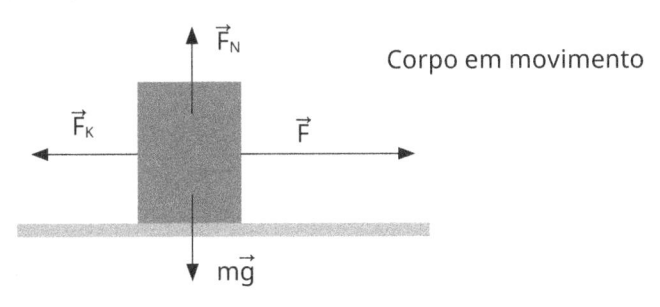

Após entrar em movimento, o corpo passa a experimentar uma força de atrito constante que apresenta módulo menor em relação ao módulo da força de atrito estático máxima (Figura 3.32). Quando o corpo está deslizando sobre a superfície, a força de atrito é chamada de *força de atrito cinético ou dinâmico* ($\vec{F}_K$).

Tanto a força de atrito estático quanto a força de atrito cinético são proporcionais à força normal que atua sobre o corpo. A constante de proporcionalidade é chamada *coeficiente de atrito estático* (μ_S), no caso do atrito estático, ou *coeficiente de atrito cinético* (μ_K), no caso do atrito cinético. Assim, temos as seguintes equações para o cálculo dos atritos estático e cinético:

$\vec{F}_S = \mu_S \cdot \vec{F}_N$ → força de atrito estático

$\vec{F}_K = \mu_K \cdot \vec{F}_N$ → força de atrito cinético

A Tabela 3.2 mostra os valores dos coeficientes de atrito estático e cinético de alguns materiais.

Tabela 3.2
Coeficientes de atrito estático máximo e cinético de alguns materiais

Materiais em contato	Coeficiente de atrito estático máximo (μ_S)	Coeficiente de atrito cinético (μ_K)
Aço sobre aço	0,7	0,6
Latão sobre aço	0,5	0,4
Cobre sobre ferro moldado	1,1	0,3
Vidro sobre vidro	0,9	0,4
Teflon sobre teflon	0,04	0,04
Teflon sobre aço	0,04	0,04
Borracha sobre concreto (seco)	1,0	0,80
Borracha sobre concreto (molhado)	0,30	0,25
Esqui parafinado sobre neve	0,10	0,05

Fonte: Tipler e Mosca, 2009a.

Leis de Newton e suas aplicações

Como você pode perceber, o valor do coeficiente de atrito não apresenta unidades de medida, ou seja, é adimensional. Isso pode ser facilmente verificado quando isolamos o coeficiente de atrito (estático ou cinético) e obtemos como resultado o quociente de uma força por outra. Assim, as unidades de medida se cancelam:

$$\mu = \frac{F_{atrito}}{F_N} \rightarrow [\mu_s] = \frac{[kg\ m/s^2]}{[kg\ m/s^2]} = 1$$

Com o auxílio de um dinamômetro (Figura 3.33), é possível registrar o aumento da força de atrito estático com o aumento da força aplicada ao corpo e perceber que, quando atinge seu valor máximo, ela é maior do que a força de atrito cinético.

Dinamômetro é um instrumento utilizado para medir forças. Consiste basicamente de uma mola com ganchos nas extremidades. A leitura da força aplicada em uma das extremidades é feita de acordo com a escala que está no corpo do dinamômetro.

Figura 3.33
Esquema para determinação da força de atrito estático

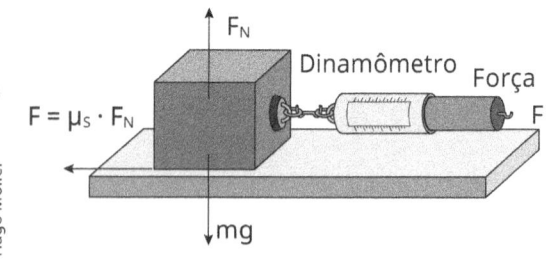

Um gráfico da força F aplicada ao corpo *versus* a força de atrito nos fornece uma curva como a representada no Gráfico 3.1.

Gráfico 3.1
Força de atrito *versus* força aplicada sobre um corpo

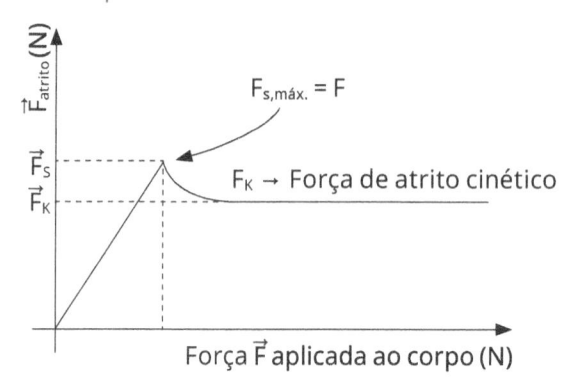

No gráfico apresentado, percebemos que o módulo da força de atrito estático $\vec{F}_s$ cresce igualmente ao módulo da força F que está sendo aplicada ao corpo. Quando o módulo da força F supera o módulo da força de atrito estático máxima $\vec{F}_{s,max}$, o corpo passa a experimentar a força constante de atrito cinético $\vec{F}_K$, que apresenta módulo menor do que o da força de atrito estático máxima ($\vec{F}_K < \vec{F}_{s,máx}$).

> **Exemplo 3.12**
> O esquema da Figura 3.34, a seguir, ilustra uma experiência que serve para determinar o coeficiente de atrito estático máximo entre duas superfícies.

Figura 3.34
Esquema de uma experiência para determinação do coeficiente de atrito estático

Figura 3.35
Forças atuantes sobre o bloco

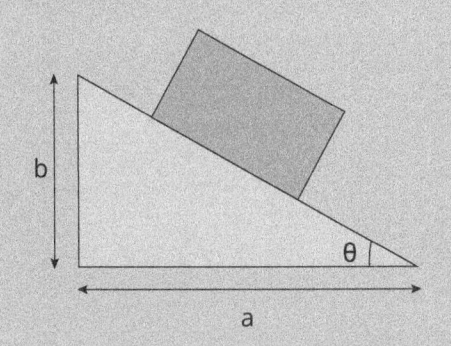

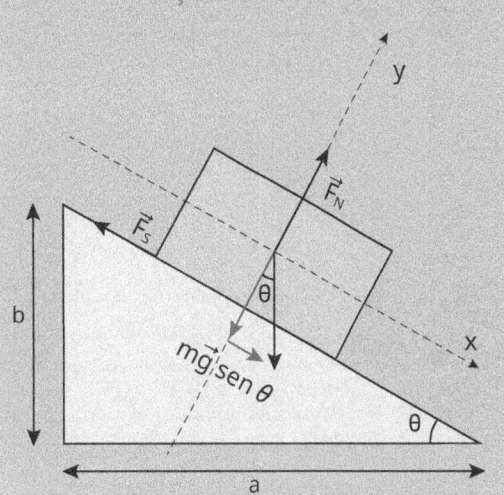

Essa experiência consiste em colocar um objeto que não rola sobre um plano que deve ser inclinado lentamente em relação à horizontal.

No momento em que o bloco estiver na iminência de deslizar, o plano inclinado deve ser fixado e os comprimentos a e b, indicados no esquema, medidos. O coeficiente de atrito estático entre as duas superfícies será o quociente entre as medidas a e b, ou seja,

$$\mu_s = \frac{b}{a}$$

Faça a demonstração matemática desse resultado.

Resolução

Na Figura 3.35, estão identificadas as forças que atuam sobre o bloco.

Como o corpo está em repouso sobre a rampa, a somatória das forças nas direções x e y deve ser nula. Assim, na direção y, temos:

$$mg \cos \theta = F_N \quad [I]$$

Na direção x, temos:

$$mg \operatorname{sen} \theta = F_s$$

$$mg \operatorname{sen} \theta = \mu_s \cdot F_N \quad [II]$$

Dividindo membro a membro a equação (II) pela (I), temos:

$$\frac{mg \operatorname{sen} \theta}{mg \cos \theta} = \frac{\mu_s \cdot F_N}{F_N}$$

$$\mu_s = \frac{\operatorname{sen} \theta}{\cos \theta} = \tan \theta$$

Como:

$$\tan \theta = \frac{b}{a}$$

Assim sendo, fica demonstrado que:

$$\mu_s = \frac{b}{a}$$

Exemplo 3.13

Uma caixa de massa 2 kg desliza sobre uma superfície rugosa com módulo de velocidade inicial $v_0 = 8$ m/s. A caixa leva 4 s para parar completamente. Determine o coeficiente de atrito cinético μ_k entre a caixa e a superfície.

Resolução

As forças que atuam sobre a caixa são o peso, a normal e a força de atrito cinético (Figura 3.36). As duas primeiras estão no sentido vertical, e a última está no sentido contrário ao deslocamento da caixa.

Figura 3.36
Uma caixa deslizando sobre uma superfície rugosa

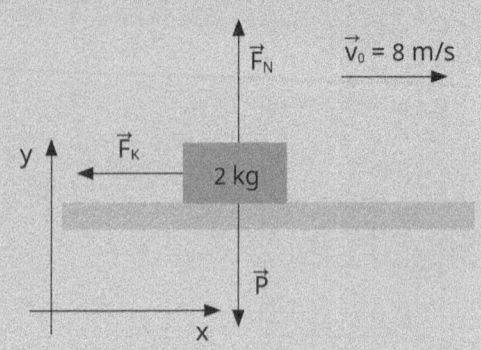

Aplicando a segunda lei de Newton nas direções x e y, obtemos:

$$\sum \vec{F}_x = m \cdot \vec{a}$$

$$-F_k = m \cdot a$$

A força de atrito cinético é obtida por $F_k = \mu_k \cdot F_N$. Assim,

$$-\mu_k \cdot F_N = m \cdot a$$

Como demonstrado, verificamos experimentalmente que a força de atrito cinético é constante. Logo, ela produzirá uma aceleração também constante. Assim, podemos aplicar as equações do MRUV para calcular a aceleração da caixa. Sabemos que:

$$v = v_0 + at$$

Após 4 s, a velocidade final da caixa é zero:

$0 = 8 + a \cdot 4$

$a = -\dfrac{8}{4} = -2 \text{ m/s}^2$

Para calcularmos a força normal, aplicamos a segunda lei de Newton na direção y:

$\sum \vec{F}_y = m \cdot \vec{a} = 0$

$F_N - P = 0 \rightarrow F_N - mg = 0$

$F_N = 2 \text{ kg} \cdot 9{,}81 \text{ m/s}^2 = 19{,}62 \text{ N}$

Voltando à expressão $\mu_k \cdot F_N = m \cdot a$ e substituindo os valores calculados, temos:

$-\mu_k \cdot 19{,}62 \text{ N} = 2 \text{ kg} \cdot (-2 \text{ m/s}^2)$

$\mu_k = -\dfrac{2 \text{ kg} \cdot (-2 \text{ m/s}^2)}{19{,}62 \text{ N}} = 0{,}204$

Portanto, o coeficiente de atrito cinético entre a caixa e a superfície é de $\mu_k = 0{,}204$, um número adimensional.

Exemplo 3.14

Na Figura 3.37, o coeficiente de atrito estático entre a superfície das caixas é $\mu_s = 0{,}6$. Já entre a superfície da caixa de maior massa e o chão, o atrito é desprezível.

Figura 3.37
Força aplicada sobre uma caixa

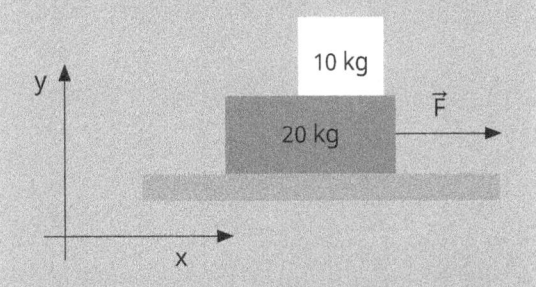

Calcule a força $\vec{F}$ máxima que pode ser aplicada à caixa de maior massa, no sentido horizontal (eixo x), para que não haja escorregamento entre as superfícies das caixas.

Resolução

Chamemos a caixa de maior massa de m_1 e a de menor massa de m_2 para, em seguida, com o auxílio de um diagrama de corpo livre (Figura 3.38), identificarmos as forças que atuam sobre elas.

Figura 3.38
Diagrama de corpo livre das forças que atuam sobre as caixas

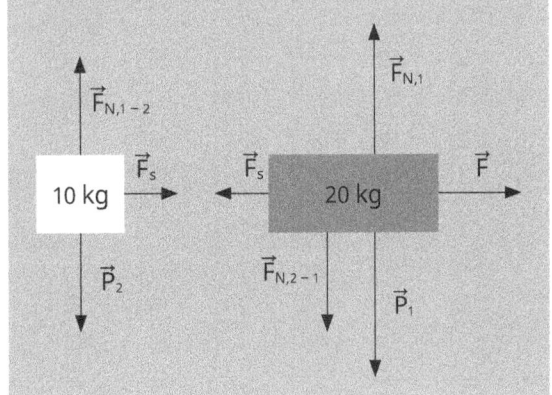

Em que:

- $\vec{F}_{N,1-2}$ é a força normal que m_1 exerce sobre m_2;
- $\vec{F}_{N,2-1}$ é a força normal que m_2 exerce sobre m_1;
- $\vec{F}_{N,1}$ é a força normal que o chão exerce sobre m_1;
- $\vec{F}_s$ é a força de atrito estático entre as duas caixas;
- $\vec{P}_1$ é o peso de m_1;
- $\vec{P}_2$ é o peso de m_2;
- $\vec{F}$ é a força que atua sobre m_1.

Note que a força de atrito estático $\vec{F}_s$ que atua sobre as massas apresenta mesmo módulo, mesma intensidade, porém sentido contrário, conforme a terceira lei de Newton.

Aplicando a segunda lei de Newton em m_2, na direção horizontal, obtemos:

$\sum \vec{F}_x = m_2 \cdot \vec{a}$

$F_s = m_2 a \rightarrow \mu_s F_{N,1-2} = m_2 a$

$a = \dfrac{\mu_s \cdot F_{N,1-2}}{m_2}$

Aplicando a segunda lei de Newton em m_2, na direção vertical, obtemos:

$\sum \vec{F}_y = m_2 \cdot \vec{a} = 0$

$F_{N,1-2} - P_2 = 0 \rightarrow F_{N,1-2} = m_2 g$

Assim:

$a = \dfrac{\mu_s \cdot m_2 \cdot g}{m_2} = 0{,}6 \cdot 9{,}81\ m/s^2 = 5{,}886\ m/s^2$

Essa aceleração decorre da aplicação da força $\vec{F}$. Para calcularmos o módulo dessa força, aplicamos a segunda lei de Newton sobre todo o sistema na direção horizontal:

$\sum \vec{F}_x = (m_1 + m_2) \cdot \vec{a}$

$\vec{F} = (m_1 + m_2) \cdot \vec{a}$

$\vec{F} = (20\ kg + 10\ kg) \cdot 5{,}886\ m/s^2$

$\vec{F} = 176{,}58\ N$

Se a força for superior a esse valor, ocorre o deslizamento entre os corpos.

3.5.6 Força de arraste

Um fluido é uma substância capaz de escoar. Em geral, gases e líquidos são considerados fluidos. Como exemplos, temos a água, o ar, o sangue, o vidro (que é considerado um sólido amorfo), o óleo, entre outras substâncias.

A força de arraste surge quando um corpo sólido se movimenta em relação a um fluido, ou, então, quando um fluido se movimenta em relação a um corpo sólido. Trata-se de uma força que se opõe ao movimento dos corpos e, por isso, é entendida como uma força retardadora.

A força de arraste é sempre paralela à direção do movimento relativo entre o fluido e o corpo. Experimentalmente, verifica-se que, para velocidades altas, a força de arraste é maior que para velocidades baixas. Para corpos que se deslocam em altas velocidades, ela é aproximadamente **proporcional ao módulo do quadrado da velocidade do corpo**. Já para corpos que se deslocam com baixas velocidades, ela é aproximadamente **proporcional ao módulo da velocidade** do corpo (as velocidades alta ou baixa dependem do fluido em que o corpo está imerso).

A expressão $F_A = bv^n$, que permite calcular o módulo da força de arraste, também pode ser mostrada pela Figura 3.39:

Figura 3.39
Paraquedista, força de arraste e módulo da força gravitacional

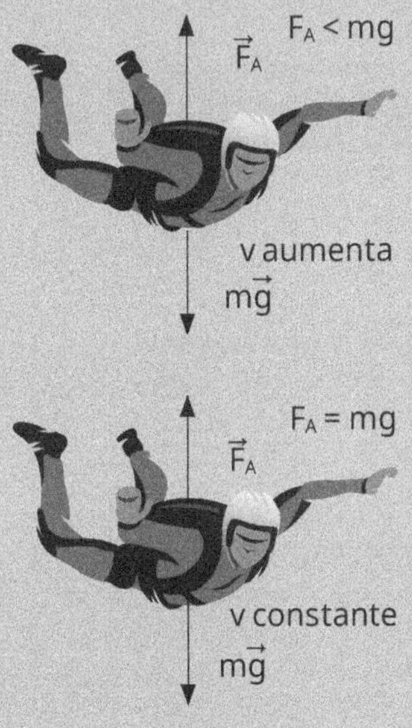

$F_A < mg$
v aumenta

$F_A = mg$
v constante

Quando o paraquedista atinge a velocidade terminal, a força de arraste apresenta mesmo módulo da força gravitacional. Nesse caso:

- F_A é o módulo da força de arraste;
- b é uma constante que depende da área (A) da seção transversal do corpo; do coeficiente (C) de arraste, que é determinado experimentalmente; e da massa específica (ρ) do fluido ($b = C_\rho A$);
- v é a velocidade do corpo;
- n é o expoente (para velocidades baixas, $n \cong 1$; para velocidades altas $n \cong 2$).

Quando um corpo imerso em um fluido cai sob a ação da força-peso, em algum momento o módulo da força de arraste será igual ao módulo da força-peso. Quando isso acontece, o corpo não está mais acelerado e passa a se deslocar com velocidade constante. Essa velocidade é chamada *velocidade terminal*.

Leis de Newton e suas aplicações

Na Figura 3.39, no início da queda, a força de arraste que atua sobre o paraquedista é nula e cresce gradualmente à medida que a sua velocidade aumenta. Em algum momento, a força de arraste terá o mesmo módulo que o da força-peso. A partir desse instante, o paraquedista não está mais acelerado e sua velocidade é constante, ou seja, ele atinge sua velocidade terminal.

Exemplo 3.15

Suponha que a massa do paraquedista mencionado seja de 80 kg e sua velocidade terminal 60 m/s. Calcule o valor do coeficiente b.

Resolução

Quando atinge a velocidade terminal, o módulo da força de arraste é igual ao da força peso:

$$F_A = bv^n = P = mg$$

Consideremos ainda $n = 2$, pois um corpo que se move a 60 m/s no ar está com uma velocidade consideravelmente alta. Assim,

$$b = \frac{mg}{v^2}$$

$$b = \frac{80 \text{ kg} \cdot 9{,}81 \text{ m/s}^2}{(60 \text{ m/s})^2} = 0{,}218 \text{ kg/m}$$

Exemplo 3.16

No exemplo anterior, verificamos que as dimensões do coeficiente b é o quociente entre a dimensão de massa e a dimensão de comprimento. Quais são as dimensões do coeficiente de arraste C do paraquedista?

Resolução

Sabemos que:

$$b = C_p A$$

Em que as dimensões de b, ρ e A são:

$$[b] = \frac{M}{L}$$

$$[\rho] = \frac{M}{L^3}$$

$$[A] = M^2$$

$$[b] = [C][\rho][A]$$

$$\frac{M}{L} = [C] \cdot \frac{M}{L^3} \cdot M^2$$

$$[C] = \frac{L^2}{M^2}$$

Logo:

As dimensões do coeficiente de arraste são o resultado do quociente entre o quadrado da dimensão de comprimento pelo quadrado da dimensão de massa. A unidade SI do coeficiente de arraste é m^2/kg^2.

3.5.7 Força centrípeta

Pela primeira lei de Newton, um corpo em movimento retilíneo uniforme (deslocando-se em linha reta e com módulo da velocidade constante) somente muda seu estado de movimento se uma força resultante atuar sobre ele. Já sabemos que a força é o fator que produz o efeito da aceleração em um corpo. Portanto, a alteração na direção da velocidade de um corpo é ocasionada por uma aceleração, que, por sua vez, foi gerada por uma força resultante.

A força centrípeta é a força resultante que acelera o corpo para o centro de uma trajetória curvilínea. Pela segunda lei de Newton, temos:

$$\vec{F}_c = m\vec{a}_c$$

Em que:

- $\vec{F}_c$ é a força centrípeta;
- m é a massa do corpo que descreve a trajetória curvilínea;
- $\vec{a}_c$ é a aceleração centrípeta.

Como vimos no capítulo anterior:

$$a_c = \frac{v^2}{r}$$

Assim, o módulo da força centrípeta é dado por:

$$F_c = m\frac{v^2}{r}$$

Exemplo 3.17

Um carro de massa 1 000 kg realiza uma curva de raio 150 m com velocidade v = 90 km/h (Figura 3.40). Calcule os módulos da aceleração centrípeta e da força de atrito estático necessários para que o carro não escorregue.

Figura 3.40
Força centrípeta em um carro que realiza uma curva

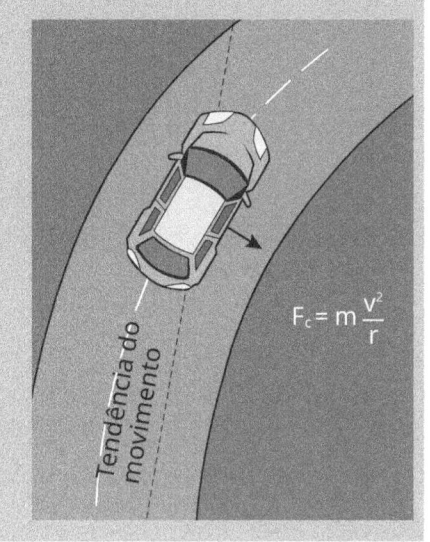

Leis de Newton e suas aplicações

Resolução

A tendência natural do movimento do carro seria permanecer em linha reta com velocidade constante. Para fazer a curva, a pista precisa exercer sobre os pneus do carro uma força de atrito na direção do centro da curva. A força de atrito estático, nesse caso, é a resultante centrípeta.

O módulo da aceleração centrípeta é calculado pela equação:

$$a_c = \frac{v^2}{r}$$

O módulo da velocidade do carro é $\frac{90}{3,6} = 25$ m/s. Assim:

$$a_c = \frac{(25 \text{ m/s})^2}{150 \text{ m}} = 4,167 \text{ m/s}^2$$

O módulo da força de atrito é o produto entre o módulo da aceleração centrípeta e a massa do carro:

$$F_S = m \cdot a_c$$

$$F_S = 1.000 \text{ kg} \cdot 4,167 \text{ m/s}^2$$

$$F_S = 4.167 \text{ N}$$

Essa força tem direção radial e aponta para o centro da curva.

A força centrífuga é uma força aparente que parece empurrar (ou puxar) os corpos do centro para fora de uma curva. Dizemos que é uma força aparente porque, na realidade, de acordo com a primeira lei de Newton, a tendência dos corpos em movimento é descrever trajetórias retilíneas. A força real que atua sobre os corpos que descrevem curvas é chamada de *centrípeta*. Sua direção é radial e empurra os corpos no sentido que vai das bordas para o centro da curva.

Você já deve ter participado de uma experiência como a descrita no Exemplo 3.17, em que, em uma curva, sentiu uma força aparente jogando seu corpo contra a porta do carro. Essa força aparente, ou pseudoforça, é chamada *força centrífuga*. Na realidade, não é você que é jogado contra a porta do carro, mas é o automóvel que, ao virar, faz o banco escorregar por baixo de você, jogando a porta ao seu encontro. A tendência do seu corpo é permanecer em linha reta, e a da porta é acompanhar o movimento do carro (que foi virado pelo motorista para realizar a curva). O banco só escorrega por baixo do seu corpo porque a força de atrito entre você e o banco é menor do que a força de atrito entre os pneus do carro e a pista.

Agora, faça o seguinte exercício de raciocínio:

Imagine que você esteja sentado sobre um bloco de gelo (atrito desprezível), preso a uma carroceria de um caminhão que se move por uma estrada retilínea com módulo da velocidade de 15 m/s. Suponhamos que o bloco ocupe toda a carroceria e esteja firmemente preso a ela. Imagine também que, em determinado momento, o caminhão tenha de realizar uma curva, mudando a direção do seu movimento, mas mantendo o módulo da velocidade constante. O que acontecerá com você?

É simples: o bloco de gelo não terá dificuldade alguma para deslizar por baixo de você, como se o seu assento fosse retirado repentinamente. Por sua vez, você continuará com a mesma velocidade e em linha reta, até colidir abrasivamente com o asfalto da pista.

Exemplo 3.18

Um corpo de massa $m_1 = 1$ kg gira preso a uma corda inextensível de comprimento $r_1 = 0,2$ m que tem uma das pontas fixas ao centro de uma mesa. Outro corpo de massa $m_2 = 2$ kg está preso ao primeiro por uma corda de comprimento $r_2 = 0,3$ m, conforme a Figura 3.41. Ambos descrevem circunferências cujo período é $P = 4$ s. Calcule a tensão em cada fio, considerando que os corpos giram sem atrito.

Figura 3.41
Dois corpos ligados por cordas realizando um movimento circular

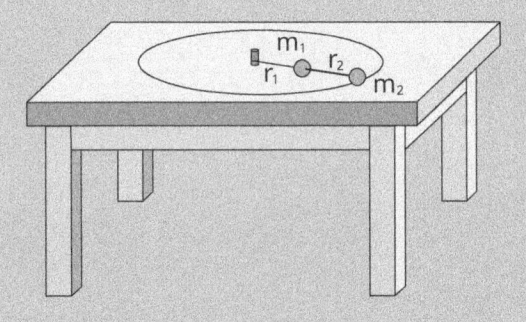

Resolução

Elaboremos o diagrama de corpo livre de cada um dos corpos (Figura 3.42).

Leis de Newton e suas aplicações

Figura 3.42
Diagrama de corpo livre das forças que atuam sobre os corpos do Exemplo 3.18

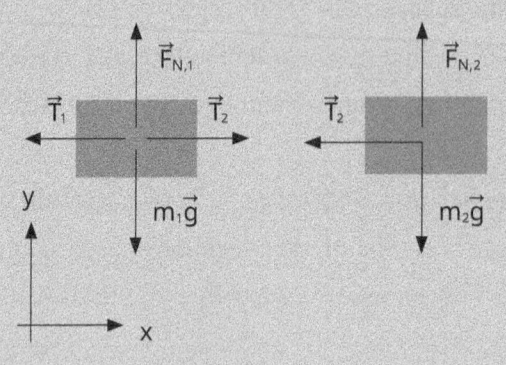

Para o corpo 1, temos:

$\sum F_x = T_1 - T_2 = m_1 a_{c,1}$

$a_{c,1} = \dfrac{v_1^2}{r_1}$

Sabemos que:

$v = \omega r$

Logo:

$T_1 - T_2 = m_1 \omega^2 r_1 \quad (I)$

Para o corpo 2, temos:

$\sum F_x = T_2 = m_2 a_{c,2}$

$T_2 = m_2 \omega^2 (r_1 + r_2) \quad (II)$

$T_2 = m_2 \cdot \left(\dfrac{2\pi}{P}\right)^2 \cdot (r_1 + r_2)$

$T_2 = 2 \cdot \left(\dfrac{2\pi}{4}\right)^2 \cdot (0{,}2 + 0{,}3) = 2{,}47 \text{ N}$

Substituindo (II) em (I), e considerando que a velocidade angular ω é a mesma para os dois corpos, obtemos:

$T_1 - m_2\omega^2(r_1 + r_2) = m_1\omega^2 r_1$

$T_1 = m_1\omega^2 r_1 + m_2\omega^2(r_1 + r_2)$

$T_1 = [m_1 r_1 + m_2(r_1 + r_2)] \cdot \omega^2$

A velocidade angular dos corpos está relacionada com o período por:

$\omega = \dfrac{2\pi}{P}$

Logo:

$T_1 = [m_1 r_1 + m_2(r_1 + r_2)] \cdot \left(\dfrac{2\pi}{P}\right)^2$

Substituindo os dados numéricos fornecidos pelo enunciado, obtemos:

$T_1 = [1 \cdot 0,2 + 2(0,2 + 0,3)] \cdot \left(\dfrac{2\pi}{4}\right)^2$

$T_1 = 2,96$ N

Portanto, as tensões nas cordas valem $T_1 = 2,96$ N e $T_2 = 2,47$ N

Exemplo 3.19

No ponto mais alto da trajetória do *looping* de uma pista de montanha russa, a força normal que o banco do carro exerce sobre João é igual ao peso do indivíduo. Sabendo que a massa de João é de 80 kg e que o módulo da velocidade do carro é constante durante o *looping*, calcule a força normal que o banco exerce sobre ele no ponto mais baixo da trajetória.

Resolução

Façamos o diagrama de corpo livre nos estágios em que o carro está no ponto mais alto e no ponto mais baixo da trajetória (Figura 3.43).

Figura 3.43
Esquema das forças que atuam sobre João no ponto mais alto e no ponto mais baixo da trajetória de um *looping*

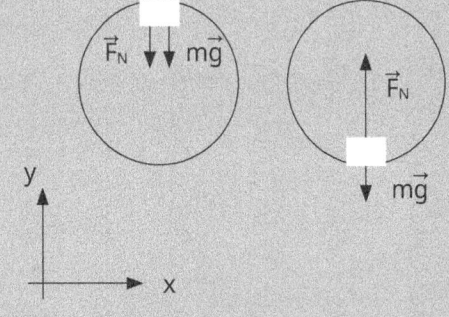

É importante enfatizarmos que, enquanto realiza o *looping*, o carro está acelerado para o centro pela resultante centrípeta que faz com que ele mude a direção de seu vetor *velocidade*. Assim, para o ponto mais alto, temos:

$\sum F_y = -F_N - mg = -ma$

O sinal negativo para o termo $-ma$ se justifica porque, no ponto mais alto, a aceleração está no sentido negativo do eixo y.

Leis de Newton e suas aplicações

De acordo com o enunciado, no ponto mais alto, a força normal é igual ao peso de João:

mg + mg = ma

a = 2g

$\frac{v^2}{R} = 2g \rightarrow v^2 = 2Rg$

Para o ponto mais baixo, temos:

$\sum F_y = F_n - mg = ma$

$F_n = m(a + g)$

$F_n = m\left(\frac{v^2}{R} + g\right)$

Sabemos que v é constante, logo, podemos substituir o resultado $v^2 = 2Rg$ que encontramos ao analisar o carro quando estava no ponto mais alto. Assim:

$F_n = m(2g + g) = 3mg$

Portanto, a força normal no ponto mais baixo da trajetória é:

$F_n = 3 \cdot 80 \text{ kg} \cdot 9,81 \text{ m/s}^2$

$F_n = 2.354,4 \text{ N}$

Isso equivale a exatamente três vezes o peso de João (ou seja, nesse ponto, João sente uma força três vezes maior que a de seu peso).

3.6 Curvas superelevadas

As curvas superelevadas têm como características não serem horizontais e apresentarem uma inclinação θ positiva nas bordas externas. Ao fazer esse tipo de curva, o carro apresenta resultante centrípeta voltada para o centro da circunferência que está na altura de seu centro de massa. Na Figura 3.44, estão representadas as forças centrípeta ($\vec{F}_c$), normal ($\vec{F}_N$) e peso ($m\vec{g}$).

> Estudaremos o centro de massa de um corpo no Capítulo 6. Por enquanto, considere que o centro de massa do carro é um ponto localizado no automóvel que se comporta como se toda a sua massa estivesse concentrada nele.

Figura 3.44
À esquerda, um carro de corrida realiza uma curva superelevada. À direita, um esquema das forças que atuam sobre o carro

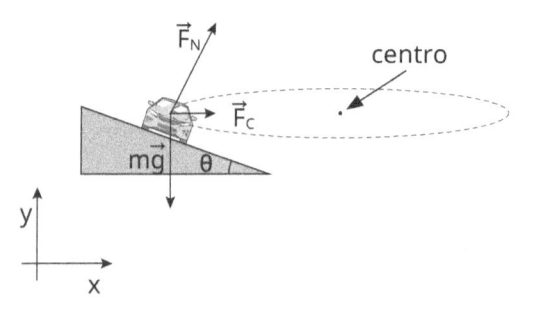

A força de atrito tem o sentido paralelo à pista e, dependendo das circunstâncias, pode estar apontada para sua borda interna ou externa. Vejamos, primeiramente, um exemplo em que não precisamos considerar a força de atrito radial e, em seguida, outro em que essa força deve ser considerada.

Exemplo 3.20

Um carro de corrida realiza testes em um circuito circular superelevado, com um ângulo de 20° em relação à horizontal e raio igual a 100 m. Que velocidade o piloto deverá manter para que não haja atrito na direção radial entre os pneus e a pista?

Resolução

Façamos um diagrama para identificar as forças que atuam na direção radial e na direção perpendicular à radial (Figura 3.45).

Figura 3.45
Diagrama das forças que atuam sobre o carro do Exemplo 3.20

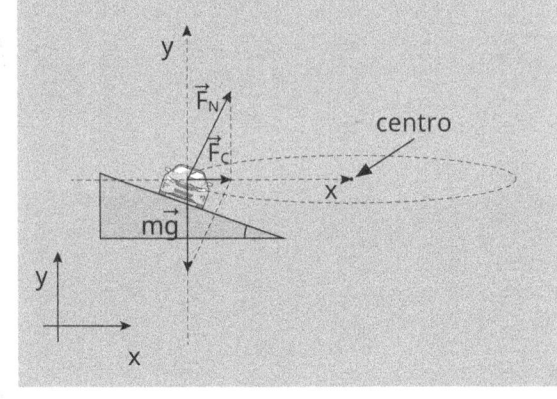

Pelo diagrama da Figura 3.45, percebemos que a força-peso e a componente vertical da força normal estão na direção do eixo y. Aplicando a segunda lei de Newton nessa direção, temos:

$\sum F_y = F_n \cos \theta - mg = 0$

$F_n \cos \theta = mg$ (I)

Na direção x, a única força que atua sobre o carro é a resultante centrípeta, que, pelo diagrama da Figura 3.45, é igual à componente horizontal da força normal. Aplicando a segunda lei de Newton na direção x, temos:

$\sum F_x = F_n \sin \theta = ma$

Como $a = \dfrac{mv^2}{R}$, temos:

$F_n \text{ sen } \theta = \dfrac{mv^2}{R}$ (II)

Dividindo (II) por (I), obtemos:

$\dfrac{F_n \text{ sen } \theta}{F_n \cos \theta} = \dfrac{\dfrac{mv^2}{R}}{mg}$

$\tan \theta = \dfrac{v^2}{gR}$

$v = \sqrt{gr \tan \theta}$

$v = \sqrt{9{,}81 \cdot 100 \cdot \tan 20°}$

$v = 18{,}9 \text{ m/s}$

Leis de Newton e suas aplicações

> Portanto, para que não haja atrito na direção radial entre os pneus e a pista, o piloto deverá manter a velocidade do carro em 18,9 m/s, o que corresponde a, aproximadamente, 68 km/h.

Na equação (I) do Exemplo 3.20, fica evidente que uma das componentes da força normal é igual ao peso do carro, sinalizando que a força normal propriamente dita tem módulo maior do que o módulo da força-peso. Isso faz sentido porque, em uma curva superelevada, o carro está sendo acelerado contra a pista. Analisemos agora um exemplo em que há atrito radial entre os pneus do carro e a pista.

> **Exemplo 3.21**
> Em um país onde as rodovias estão constantemente cobertas de neve, um engenheiro precisa projetar uma curva superelevada que permita que um carro em repouso não escorregue para a parte interna da pista e que outro, rodando a 50 km/h, não derrape para fora da pista. Sabendo que o coeficiente de atrito estático entre a borracha dos pneus e a pista coberta de neve é $\mu_s = 0,07$, calcule o raio mínimo que a curva deve ter e o ângulo de inclinação que a torna superelevada.

> **Resolução**
> O diagrama de corpo livre, nas duas situações, difere pelo sentido da força de atrito (Figura 3.45). No caso em que o carro está em repouso, a força de atrito age no sentido de segurá-lo, fazendo com que não escorregue para a parte interna da pista. No caso em que o carro está com velocidade de 50 km/h, a força de atrito age no sentido contrário, com a finalidade de mantê-lo na pista, não o deixando escapar pela tangente. Vejamos:

Figura 3.46
Esquemas das forças que atuam sobre um carro em uma pista superelevada

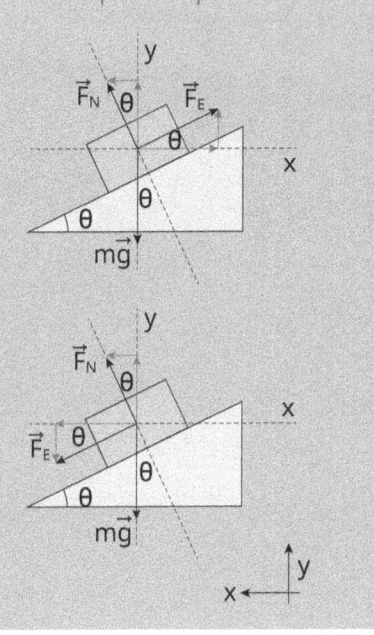

Primeiramente, equacionamos o caso em que o carro está em repouso. Note que colocamos o eixo x na direção da aceleração centrípeta, ou seja, apontando para o centro da circunferência. Além disso, observe que a força de atrito deve estar paralela à pista apontando para o sentido externo. Assim:

$\sum F_y = F_n \cos\theta + F_s \sen\theta - mg = 0$ (I)

$\sum F_x = F_n \sen\theta - F_s \cos\theta - ma = 0$ (II)

A equação (II) nos fornece:

$F_n \sen\theta - F_s \cos\theta = 0$

$F_n \sen\theta - \mu_s F_n \cos\theta = 0$

$F_n (\sen\theta - \mu_s \cos\theta) = 0$

A última equação permite duas soluções:

A primeira é obtida quando $F_n = 0$, o que sabemos que não é verdade, pois o carro está em contato com a pista, portanto, existe uma força normal.

A segunda é obtida quando o fator entre parênteses é igual a zero:

$\sen\theta - \mu_s \cos\theta = 0$

$\mu_s = \dfrac{\sen\theta}{\cos\theta} = \tan\theta = 0{,}07$

$\theta = 4{,}00°$

Agora, verifiquemos o que precisamos impor para que o carro não saia pela tangente. Nesse caso, a força de atrito deve apontar para o sentido interno da pista, de forma a segurar o carro em sua trajetória.

$\sum F_y = F_n \cos\theta - F_s \sen\theta - mg = 0$ (III)

$\sum F_x = F_n \sen\theta - F_s \cos\theta = ma$ (IV)

De (III), temos:

$F_n (\cos\theta - \mu_s \sen\theta) = mg$ (V)

De (IV), temos:

$F_n (\sen\theta + \mu_S \cos\theta) = \dfrac{mv^2}{R}$ (VI)

Dividindo (V) por (VI), obtemos:

$\dfrac{F_n (\cos\theta - \mu_s \sen\theta)}{F_n (\sen\theta + \mu_s \cos\theta)} = \dfrac{mg}{\frac{mv^2}{R}}$

$\dfrac{(\cos\theta - \mu_s \sen\theta)v^2}{g(\sen\theta + \mu_s \cos\theta)} = R$

$R = \dfrac{(\cos 4° - 0{,}07 \cdot \sen 4°)\left(\frac{50}{3{,}6}\right)^2}{9{,}81 \cdot (\sen 4° + 0{,}07 \cdot \cos 4°)}$

$R = 139{,}8 \text{ m}$

Assim, para atender às condições solicitadas no projeto, a superelevação da pista deve ter um ângulo de 4° e o seu raio deve ser de, no mínimo, 139,8 m.

Leis de Newton e suas aplicações

Síntese

$\sum \vec{F} = \vec{F_R} = m \cdot \vec{a}$	Expressão matemática para a segunda lei de Newton.
$\vec{F_A} = -\vec{F_R}$	Expressão matemática para a terceira lei de Newton.
$P = mg$	Módulo da força peso.
$\vec{F_E} = -k \cdot \vec{\Delta x}$	Força elástica – lei de Hooke.
$\vec{F_S} = \mu_S \cdot \vec{F_N}$	Força de atrito estático.
$\vec{F_K} = \mu_K \cdot \vec{F_N}$	Força de atrito cinético.
$\vec{F_A} = bv^n b = C\rho A$	Módulo da força de arraste.
$F_c = m \dfrac{v^2}{r}$	Módulo da força centrípeta.

Atividades de autoavaliação

1. Caso seja conhecida a resultante das forças que atuam sobre uma partícula, apenas com essa informação é possível prever a orientação do movimento da partícula em relação a um referencial inercial? Explique.

2. Antônio empurra seu carro com uma força constante F_1, fazendo com que sua velocidade varie 5 km/h em 10 segundos. José percebe que Antônio precisa de ajuda e o auxilia, empurrando o carro na mesma direção e sentido com uma força F_2. Com a soma dos esforços dos dois, a velocidade do carro varia 25 km/h em 10 segundos. Despreze qualquer tipo de atrito e compare as duas forças.

3. Uma mola de constante elástica de 800 N/m está pendurada por uma de suas extremidades no teto de uma sala. Na outra extremidade está um objeto de massa 15 kg que repousa sobre uma mesa. A mola está deformada em 12 cm. Calcule:
    a) A força que a mola exerce sobre o objeto.
    b) A força que a mesa exerce sobre o objeto.

4. Um lustre de massa m está pendurado por dois fios de comprimentos iguais. Cada fio forma um ângulo θ° com a horizontal.
    a) Deduza a equação geral para determinar a tensão T em cada fio.
    b) Para que ângulo θ essa tensão T é mínima? E máxima?
    c) Se θ = 45° e m = 1,5 kg, qual é a tensão nos fios?

5. Felipe atolou seu jipe na lama. Para tentar retirá-lo, amarrou uma das extremidades de uma corda no jipe e a outra em uma árvore. Em seguida, puxou verticalmente a meia distância da corda, conforme o esquema a seguir. Calcule a tensão na corda, sabendo que a força que Felipe imprime é de 800 N e o ângulo θ é de 5°.

Esquema da situação descrita no enunciado do exercício 5

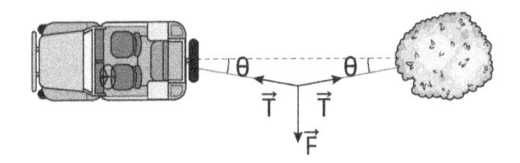

6. Observe a figura a seguir. Considerando que não há atrito entre o bloco e a rampa, calcule a força $\vec{F}$ necessária para puxar o bloco rampa acima.

Força sendo aplicada em um bloco sobre um plano inclinado

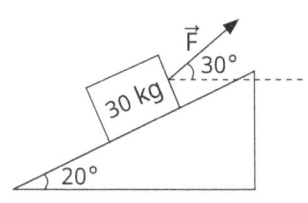

7. A figura a seguir mostra uma máquina de Atwood ideal inicialmente em repouso. Em cada lado, estão pendurados quatro blocos, cada um de massa m. Quando um bloco é retirado de um dos lados, a tensão T na corda é reduzida em 1 N. Desprezando qualquer tipo de atrito e a massa da corda, calcule a massa de cada bloco.

Esquema de uma máquina de Atwood com quatro blocos pendurados em cada extremidade da corda

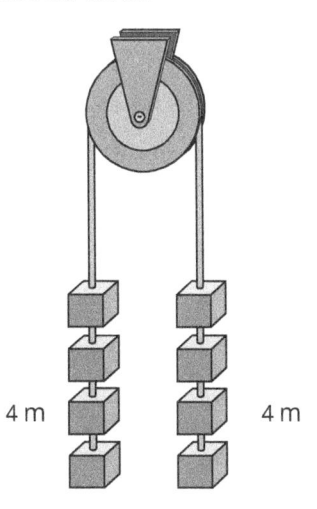

8. O bloco que está sobre a plataforma pode deslizar sem atrito. Desprezando a massa da polia e da corda, calcule a aceleração de cada bloco e a tensão na corda.

Esquema da situação descrita no exercício 8

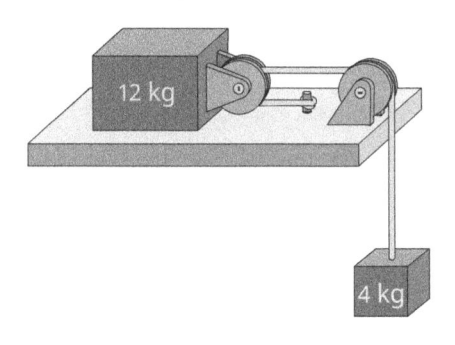

9. Um bloco de massa m está em repouso sobre um plano inclinado que forma um ângulo 30° com a horizontal. Calcule o coeficiente de atrito estático entre o bloco e a superfície.

10. Considere que o bloco do exercício anterior esteja descendo o plano inclinado com velocidade constante e calcule o coeficiente de atrito cinético entre o bloco e a superfície.

11. Uma força horizontal de 30 N é aplicada para arrastar um bloco que está sobre uma superfície horizontal e que se desloca com velocidade constante. Calcule a força de atrito entre o bloco e a superfície.

12. Calcule a força de atrito que atua sobre um bloco de massa m que é arrastado com velocidade constante sobre um plano horizontal por uma força de 40 N que forma um ângulo de 20° com a horizontal.

Leis de Newton e suas aplicações

13. Um bloco desliza sobre uma superfície rugosa com módulo de velocidade $v_0 = 5$ m/s. O atrito entre o bloco e a superfície faz com que ele desacelere, até que, após percorrer a distância d = 4 m, o módulo de sua velocidade seja zero. Calcule o coeficiente de atrito cinético entre o bloco e o plano.

14. Um caminhão trafega por uma rodovia retilínea com módulo de velocidade igual a 72 km/h, carregando sobre sua carroceria uma caixa de massa m = 30 kg. O coeficiente de atrito estático entre a caixa e a carroceria do caminhão é $\mu_s = 0{,}25$. Calcule a menor distância que o caminhão cobre ao frear até parar sem que a caixa escorregue.

15. **Considere um bloco que está em repouso** sobre um plano inclinado de ângulo $\theta = 40°$. O plano se desloca com aceleração constante sobre uma superfície plana. A aceleração não pode ser nem muito grande, porque fará o bloco subir o plano inclinado, nem muito pequena, pois fará com que o bloco escorregue plano abaixo. Considerando que o coeficiente de atrito estático entre o bloco e o plano seja $\mu_s = 0{,}3$, calcule as acelerações mínima e máxima que garantem que o corpo permaneça em repouso.

16. Uma criança gira uma bola presa a uma corda de comprimento L = 1 m. A massa da bola é de 0,5 kg e a corda forma um ângulo $\theta = 30°$ com a vertical, conforme a figura a seguir. Calcule o período de revolução da bola e a tensão na corda.

Esquema da situação descrita no exercício 16

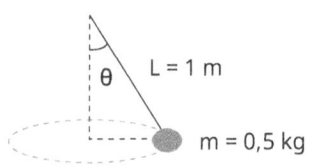

17. Um carro de massa 800 kg, a 100 km/h, faz uma curva superelevada de raio 150 m. Qual deve ser a inclinação da curva para que não seja necessária qualquer força de atrito na direção radial?

18. Considere que o carro descrito no problema anterior faz outra curva superelevada de inclinação $\theta = 15°$, raio de 100 m, com velocidade de 90 km/h. Calcule:
    a) a força normal que a pista exerce sobre os pneus.
    b) a força de atrito entre a pista e os pneus do carro.
    c) o coeficiente de atrito estático entre a pista e os pneus.

19. O projeto de uma curva superelevada exige que, quando ela estiver coberta de gelo, um carro parado não escorregue para a parte interna e um carro rodando até 70 km/h não escorregue para a parte externa. Sabe-se que o coeficiente de atrito estático entre a pista coberta de gelo e a borracha dos pneus é de 0,09. Nessas circunstâncias, qual deve ser a inclinação máxima e o raio mínimo da pista?

4.

Trabalho e energia

Trabalho e energia

Em física, os conceitos de *energia* e *trabalho* estão intimamente relacionados. Podemos dizer que a grandeza *trabalho* nos permite medir as transformações de energia causadas por uma força que atua sobre um corpo ou sistema. É sobre esse assunto que falaremos neste capítulo.

4.1 Energia

Energia é uma grandeza escalar que apresenta dimensões de força multiplicadas pelo deslocamento (N · m = kg m^2/s^2). Essa unidade recebe o nome de *joule* (J), em homenagem póstuma ao físico inglês **James Prescott Joule** (1818-1889) pelas contribuições a esse campo de estudo. A rigor, não conseguimos definir o que é *energia*. Podemos, entretanto, apresentar alguns atributos que permitem a construção de um conceito. Um deles é que, se um corpo ou sistema tem energia, ele tem a capacidade de realizar trabalho.

Existe uma lei fundamental na natureza que até então não foi violada: a **lei da conservação da energia** – a energia do universo é constante, não podendo ser criada nem destruída, somente transformada. Para melhor estudarmos o comportamento dos corpos, costumamos subdividir a energia em modalidades. Por exemplo: chamamos *energia cinética* (K) a energia associada ao movimento dos corpos; de *energia potencial* (U) a energia associada à configuração de um sistema; de *energia térmica* ($E_{térm}$) a energia associada ao movimento aleatório dos átomos e das moléculas.

Como estudaremos neste capítulo neste capítulo a relação existente entre o trabalho realizado por uma força e a variação da energia cinética do corpo, comecemos pelo entendimento do significado físico da grandeza *trabalho* (W).

4.2 Trabalho

De maneira geral, quando falamos em *trabalho*, imaginamos uma pessoa, uma máquina ou um animal realizando um esforço. Essa é uma ideia intuitiva que difere do conceito de *trabalho* utilizado na física. Para essa disciplina, realizar um trabalho equivale à aplicação de forças sobre um corpo, fazendo-o se deslocar. Nesse processo, necessariamente há transferência de energia. Em outras palavras, quando **uma força modifica o estado de movimento de um corpo, ela realiza um trabalho sobre ele,** fornecendo-lhe energia ou retirando-a. Dessa forma, a energia de um corpo ou sistema está intrinsecamente relacionada ao trabalho, pois quando há realização de trabalho, há transferência de energia.

Quando a força aplicada sobre o corpo for constante, o trabalho é calculado pelo produto escalar entre a força e o seu correspondente deslocamento. Em linguagem matemática, temos:

$$W = \vec{F} \circ \vec{\Delta r}$$

Assim, pela definição de produto escalar, o trabalho será equivalente ao produto do deslocamento pela componente da força que está na direção do deslocamento, conforme representado na Figura 4.1.

Figura 4.1
Definição de trabalho a partir de um produto escalar

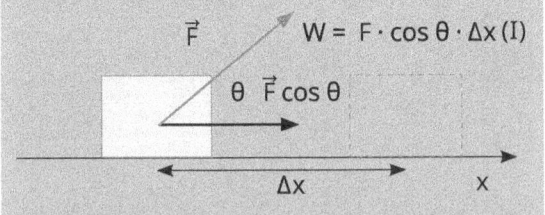

$$W = \vec{F} \cdot \cos\theta \cdot \Delta x \quad (I)$$

Em que:

- $\vec{F}$ é a força que está sendo aplicada ao corpo;
- $\vec{F} \cdot \cos\theta$ é a componente da força que faz com que o corpo se desloque na direção x;
- θ é o ângulo entre a direção da força e a direção do deslocamento;
- $\vec{\Delta x}$ é o deslocamento do corpo;
- W é o trabalho realizado pela força $\vec{F}$.

A unidade de trabalho no SI é o joule (J), a mesma de energia, que, como pode ser verificado por uma análise dimensional, equivale ao produto de um newton por um metro:

$$1\,J = N \cdot m$$

Quando estamos estudando partículas com dimensões atômicas e subatômicas, comumente utilizamos a unidade *elétron-volt* (eV):

$$1\,eV = 1{,}602 \cdot 10^{-19}\,J$$

Um eV é a energia cinética adquirida por um elétron quando acelerado por uma diferença de potencial de 1 volt.

No Gráfico 4.1, você pode observar a componente da força constante que efetua trabalho sobre um corpo pelo correspondente deslocamento. Repare que o trabalho realizado por uma força constante é numericamente igual à área do retângulo.

Gráfico 4.1
Trabalho realizado por uma força constante

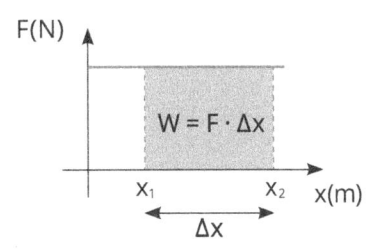

Note que o trabalho realizado pela força $\vec{F}$ é numericamente igual à área subentendida pela curva da força em função do deslocamento.

Quando um corpo já está em movimento, uma força pode atuar sobre ele, acelerando-o positiva ou negativamente (freando-o), conforme Figura a 4.3, a seguir. Se a força aplicada tiver uma componente no mesmo sentido do deslocamento do corpo, o trabalho será positivo e dizemos que há realização de **trabalho motor**. Nesse caso, o corpo recebeu energia do agente que produz a força. Se a força aplicada tiver uma componente no sentido contrário ao do deslocamento do corpo, o trabalho será negativo e dizemos que há realização de **trabalho resistente**. Assim, o agente que produz a força retirou energia do corpo. É importante enfatizarmos que, se a força *F* atuar na direção perpendicular ao deslocamento do corpo, **não há realização de trabalho**.

Figura 4.2
Exemplos de trabalho motor, trabalho resistente e ausência de trabalho

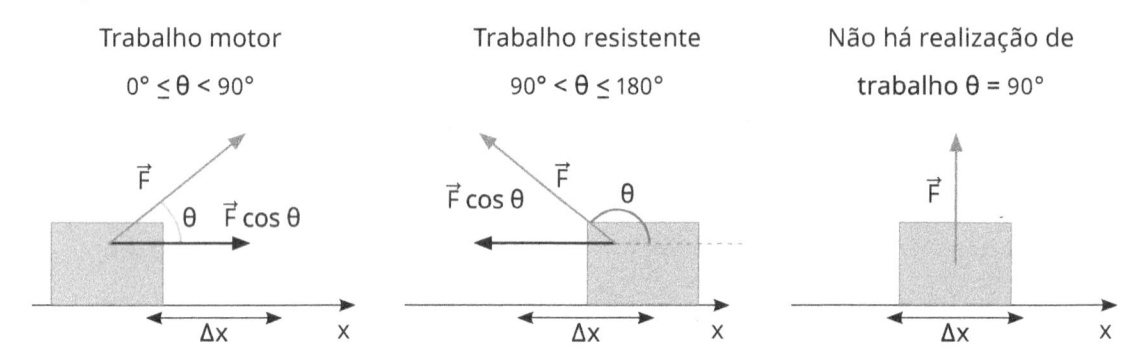

Trabalho motor	Trabalho resistente	Não há realização de
$0° \leq \theta < 90°$	$90° < \theta \leq 180°$	trabalho $\theta = 90°$

Se várias forças atuam sobre um corpo, o trabalho total realizado sobre ele é igual à somatória dos trabalhos realizados por cada força. Supondo que um corpo se desloca na direção *x*, temos:

$$W_{total} = F_{1,x}\Delta x_1 + F_{2,x}\Delta x_2 + F_{3,x}\Delta x_3 + ... + F_{n,x}\Delta x_n$$

Para um corpo rígido que não gira, todas as partículas que o constituem se deslocam igualmente. Assim, o trabalho total é equivalente ao produto da componente *x* da força resultante pelo deslocamento:

$$W_{total} = (F_{1,x} + F_{2,x} + F_{3,x} + ... + F_{n,x})\Delta x = F_{res,x}\Delta x$$

4.3 Energia cinética

Dizemos que um corpo tem energia cinética (K) quando ele está em movimento em relação a um referencial. A energia cinética está relacionada à massa e à velocidade do corpo. Comparando dois corpos que se movem com módulos de velocidades iguais em relação a um referencial, o que tiver maior massa terá maior energia cinética.

Da mesma forma, se compararmos corpos de massas iguais que se movem com módulos de velocidades diferentes, o que estiver animado de maior velocidade terá maior energia cinética. Em termos matemáticos, temos:

$$K = \frac{1}{2}mv^2$$

Em que:
- m é a massa do corpo;
- v é o módulo da velocidade do corpo;
- K é a energia cinética do corpo.

Exemplo 4.1

A massa de Cida é 65 kg e a de seu carro 900 kg. Calcule a energia cinética do carro, em joule, quando Cida estiver dirigindo-o com velocidade de 72 km/h.

Resolução

Primeiramente, transformamos a velocidade de km/h para m/s.

$$v = \frac{72 \text{ km}}{\text{h}} \cdot \frac{1 \text{ h}}{3600 \text{ s}} \cdot \frac{1000 \text{ m}}{1 \text{ km}} = 20 \text{ m/s}$$

A energia cinética é calculada por:

$$K = \frac{1}{2}(m_1 + m_2) \cdot v^2$$

Assim:

$$K = \frac{1}{2}(900 \text{ kg} + 65 \text{ kg}) \cdot (20 \text{ m/s})^2$$

$$K = 193\,000 \text{ J} = 193 \text{ KJ}$$

Exemplo 4.2

Um motoqueiro está dirigindo sua moto com velocidade inicial v_0.

a. Se ele dobrar a velocidade, em quanto a energia cinética é aumentada?
b. E se a velocidade for triplicada em vez de dobrada?

Resolução

a. A energia cinética inicial é:

$$K_0 = \frac{1}{2}mv_0^2$$

A energia cinética final é:

$$K_0 = \frac{1}{2}(2v_0)^2$$

$$K_0 = \frac{1}{2}4v_0^2$$

A razão entre a energia cinética final e a inicial é:

$$\frac{K}{K_0} = \frac{\frac{1}{2}m \cdot 4v_0^2}{\frac{1}{2}m \cdot v_0^2}$$

$$\frac{K}{K_0} = 4$$

$$K = 4K_0$$

Portanto, se a velocidade dobrar, a energia cinética quadruplica.

Trabalho e energia

b. O mesmo raciocínio pode ser aplicado para verificar o que acontece com a energia cinética quando a velocidade é triplicada.

$$K = \frac{1}{2} m \cdot (3v_0)^2$$

$$K_0 = \frac{1}{2} m \cdot 9v_0^2$$

$$\frac{K}{K_0} = \frac{\frac{1}{2} m \cdot 9v_0^2}{\frac{1}{2} m \cdot v_0^2}$$

$$\frac{K}{K_0} = 9$$

$$K = 9K_0$$

Assim, quando a velocidade é triplicada, a energia cinética aumenta em nove vezes.

Exemplo 4.3

Gabriela e Maria estão apostando uma corrida. No instante t_1, a energia cinética de ambas é a mesma ($K_{0,G} = K_{0,M}$) e Maria tem velocidade $v_{0,M} = 1,5$ m/s. No instante t_2, Maria aumentou sua velocidade em 20%, enquanto a de Gabriela permaneceu a mesma. Com o aumento da velocidade de Maria no instante t_2, as duas estão com a mesma velocidade. Sabendo que a massa de Maria é 40 kg, qual a massa de Gabriela?

Resolução

Primeiramente, calculamos o aumento de 20% na velocidade de Maria:

$$v_M = v_{0,M} + 0,2 v_{0,M}$$

$$v_M = 1,5 + 0,2 \cdot 1,5$$

$$v_M = 1,8 \text{ m/s}$$

Essa também é a velocidade de Gabriela nos instantes t_1 e t_2. Portanto:

$$v_M = v_{0,G} = v_G = 1,8 \text{ m/s}$$

Sabemos também que no instante t_1 a energia cinética de ambas é a mesma. Assim:

$$K_{0,G} = K_{0,M}$$

$$\frac{1}{2} m_G v_{0,G}^2 = \frac{1}{2} m_M v_{0,M}^2$$

Simplificando e substituindo os valores numéricos, obtemos:

$$m_G \cdot 1,8^2 = 40 \cdot 1,5^2$$

$$m_G = \frac{40 \cdot 1,5^2}{1,8^2} = 27,8 \text{ kg}$$

Portanto, a massa de Gabriela é 27,8 kg.

4.3.1 Teorema trabalho-energia cinética

Existe uma importante relação entre o trabalho realizado sobre um corpo e a variação da sua velocidade. De acordo com a segunda lei de Newton, a somatória das forças externas que agem sobre um corpo é equivalente ao produto da sua massa pela sua aceleração. Ou seja:

$$\vec{F} = m \cdot \vec{a}$$

Supondo que o deslocamento proporcionado pela força F se dê na direção x, temos:

$$\vec{F}_x = m \cdot \vec{a}_x$$

Substituindo esse resultado na expressão do trabalho, temos:

$$W = F \cdot \Delta x$$
$$W = m \cdot a_x \cdot \Delta x \quad (II)$$

Se a força for constante, a aceleração também será. Logo, podemos relacionar o deslocamento do corpo com a variação da velocidade pela equação de Torricelli:

$$v^2 = v_0^2 + 2 \cdot a_x \cdot \Delta x \quad (III)$$

Isolando nessa equação o fator $a_x \cdot \Delta x$, obtemos:

$$a_x \cdot \Delta x = \frac{v^2 - v_0^2}{2}$$

Agora substituamos o resultado em (II):

$$W = m \cdot \frac{v^2 - v_0^2}{2}$$
$$W = \frac{1}{2} m \cdot v^2 - \frac{1}{2} m \cdot v_0^2 \quad (IV)$$

Logo, o **trabalho total** que a resultante das forças externas realiza sobre **um corpo** é igual à variação da energia cinética do corpo.

$$W = \Delta K$$

Esse resultado é conhecido como *teorema trabalho-energia cinética*.

Exemplo 4.4

Em um ferro-velho, um carro de 1 200 kg, inicialmente em repouso, é elevado verticalmente à altura de 5 m por um guindaste que exerce sobre ele uma força constante de 50 kN (Figura 4.3). Calcule:

a. o trabalho que o guindaste realiza sobre o carro;
b. o trabalho que a força gravitacional realiza sobre o carro;
c. a variação da energia cinética do carro no deslocamento de 5 m;
d. a velocidade do carro quando ele estiver na altura de 5 m.

Trabalho e energia

Figura 4.3
Um guindaste içando um carro

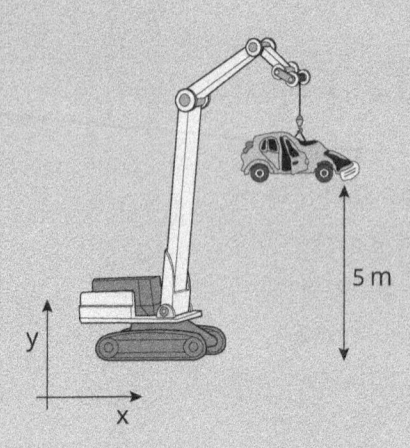

Resolução

A força que o guindaste exerce sobre o carro está no sentido positivo do eixo y, enquanto a força gravitacional atua no sentido negativo. O trabalho total realizado sobre o carro é igual à soma dos trabalhos realizados por essas duas forças (a primeira fornece energia para o carro, enquanto a segunda retira).

a. O trabalho realizado pela força aplicada pelo guindaste é:

$W_{gui} = F_G \cdot \cos \theta \cdot \Delta y$

$W_{gui} = 15 \text{ kJ} \cdot \cos 0° \cdot 5 \text{ m}$

$W_{gui} = 75 \text{ kJ}$

b. O trabalho realizado pela força gravitacional é:

$W_g = mg \cdot \cos \theta \cdot \Delta y$

$W_g = 1\,200 \text{ kg} \cdot 9{,}81 \text{ m/s}^2 \cdot \cos 180° \cdot 5 \text{ m}$

$W_g = -58{,}86 \text{ kJ}$

O trabalho total realizado sobre o *container* é igual à variação da energia cinética. Assim:

$\Delta K = W_{gui} + W_g$

$\Delta K = 75 \text{ kJ} - 58,86 \text{ kJ}$

$\Delta K = 16,14 \text{ kJ}$

A velocidade inicial do *container* é zero, portanto, sua energia cinética inicial também é zero. Assim, a variação da energia cinética é igual à energia cinética final:

$K = 16,14 \text{ kJ}$

$K = \frac{1}{2}m \cdot v^2$

$16\,140 = \frac{1}{2} \cdot 1\,200\, v^2$

$v^2 = 26,9$

$v = 5,19 \text{ m/s}$

Portanto, quando o carro atingir a altura de 5 m, sua velocidade será de 5,19 m/s.

4.4 Trabalho de uma força variável

Vimos que o trabalho que uma força constante realiza sobre um corpo é numericamente igual à área subentendida entre a curva do gráfico e o eixo das posições. Procedimento análogo devemos realizar quando a força que atua sobre o corpo é variável. Analisemos um caso simples: o da força elástica de uma mola (Figura 4.4).

Figura 4.4
Trabalho da força elástica

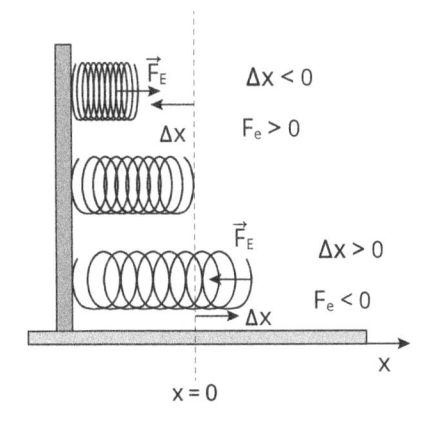

Trabalho e energia

Já sabemos que quando a mola está comprimida ($\Delta x < 0$), a força elástica é positiva ($F_E > 0$). Quando a mola está na posição de equilíbrio ($\Delta x = 0$), a força elástica é nula ($F_E = 0$). Quando a mola está esticada ($\Delta x > 0$), a força elástica é negativa ($F_E < 0$). Em outras palavras, quando a força elástica não é nula, ela se opõe ao movimento e, por isso, é chamada *força restauradora*. A Figura 4.5 refere-se à força elástica de uma mola pela sua correspondente posição no eixo.

Figura 4.5
Força elástica *versus* deformação da mola

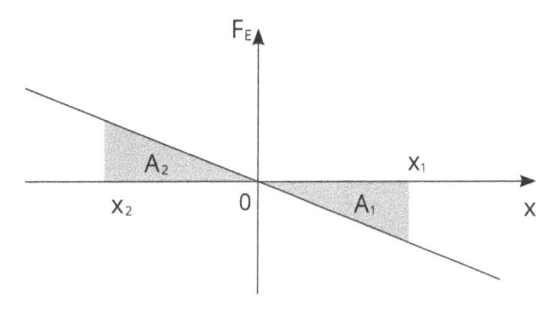

Quando a mola é comprimida da posição de equilíbrio até x_2, o trabalho W_2 da força elástica é numericamente igual à área A_2. O mesmo acontece quando a mola é esticada da posição de equilíbrio até x_1, o trabalho W_1 é numericamente igual à área A_1.

Note que A_1 é a área de um triângulo de base x_1 e altura $-kx_1$. Logo:

$$A_1 \stackrel{n}{=} W_1 = -\frac{1}{2}kx_1^2$$

O símbolo $\stackrel{n}{=}$ significa numericamente igual.

Lembre-se: a área de um triângulo é obtida multiplicando-se sua base pela sua altura e dividindo o resultado por 2.

O mesmo procedimento devemos adotar para calcular o trabalho quando a deformação da mola é negativa:

$$A_2 \stackrel{n}{=} W_2 = -\frac{1}{2}kx_2^2$$

Para o caso mais geral, em que a posição inicial da mola não coincide com a posição de equilíbrio (Figura 4.6), a área subentendida entre a curva do gráfico e o eixo das posições corresponde à área de um trapézio.

Figura 4.6
Trabalho da força elástica calculado a partir de um ponto qualquer

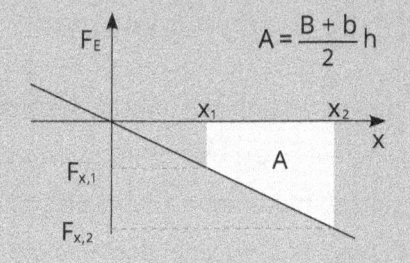

$$A = \frac{B+b}{2}h$$

Em que:
- B é a base maior do trapézio;
- b é a base menor do trapézio;
- h é a altura do trapézio.

Note que a base maior do trapézio é equivalente à força elástica $F_{x,2}$, a base menor à $F_{x,1}$ e a altura do trapézio equivalente à $(x_2 - x_1)$. Assim:

$$W = \frac{F_{x,2} + F_{x,1}}{2}(x_2 - x_1)$$

$$W = \frac{-kx_2 - kx_1}{2}(x_2 - x_1)$$

$$W = \frac{-k(x_2 + x_1)}{2}(x_2 - x_1)$$

$$W = \frac{-k(x_2^2 + x_1^2)}{2}$$

A última expressão permite calcular o trabalho realizado pela força elástica sobre um objeto preso em uma de suas extremidades.

Embora a força elástica seja uma força variável, o cálculo do trabalho que ela realiza sobre os objetos é relativamente simples, pois seu gráfico é uma reta que passa pela origem do sistema de coordenadas. Para os casos em que a curva descrita pela força em função da posição não é uma reta, temos que lançar mão do cálculo diferencial e integral para calcular o trabalho que a força realiza sobre o corpo.

No Gráfico 4.2, temos o gráfico de uma força variável $\vec{F}$ atuando sobre um corpo e produzindo o deslocamento $\Delta \vec{x} = \vec{x}_2 - \vec{x}_1$. Note que dividimos arbitrariamente o deslocamento total $\Delta \vec{x}$ em n = 9 pequenos deslocamentos $d\vec{x}_i$ que têm o mesmo comprimento.

Gráfico 4.2
Trabalho de uma força variável qualquer

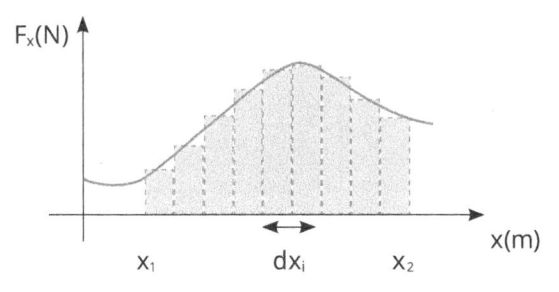

Para cada intervalo, tracejamos um retângulo cuja área pode ser calculada pelo produto entre o módulo da força $\vec{F}_{x,i}$ (altura do retângulo) e o módulo do pequeno deslocamento dx_i (base do retângulo). O trabalho total será igual à soma dos trabalhos realizados em cada intervalo dx_i.

$$W_{total} = W_1 + W_2 + W_3 + W_4 + W_5 + W_6 + W_7 + W_8 + W_9$$

$$W_{total} = F_{x,1} \cdot dx_1 + F_{x,2} \cdot dx_2 + ... + F_{x,9} \cdot dx_9$$

Como os pequenos deslocamentos são iguais, podemos chamá-lo apenas de dx. Assim:

$$W_{total} = (F_{x,1} + F_{x,2} + ... + F_{x,9})dx$$

Para casos em que somente conhecemos a curva que descreve a força que atua sobre um corpo em função da posição do corpo, devemos estimar os valores de $F_{x,i}$ a fim de calcular o correspondente trabalho W_i durante o deslocamento dx.

Vejamos o exemplo a seguir:

Exemplo 4.5

O Gráfico 4.3 é um gráfico de uma força variável F aplicada sobre um corpo. Estime o trabalho realizado pela força entre o intervalo x = 0 m e x = 80 m.

Gráfico 4.3
Força que atua sobre um corpo *versus* o deslocamento do corpo

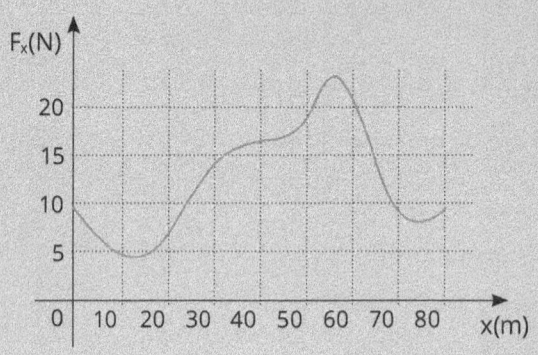

Resolução

Dividimos arbitrariamente o deslocamento em n = 16 subintervalos, cada um valendo dx = 5 m (Gráfico 4.4). Poderia ser qualquer outra quantidade de subintervalos, mas é importante você notar que, quanto maior o valor de n, mais precisa será a nossa estimativa.

Para cada um desses subintervalos, temos que estimar graficamente a força que atua sobre o corpo na direção do deslocamento. Assim, podemos calcular o trabalho total que a força F_x realiza sobre o corpo fazendo a somatória dos trabalhos realizados em cada deslocamento dx:

Gráfico 4.4
Divisão do gráfico em pequenos retângulos de áreas A = F · Δx

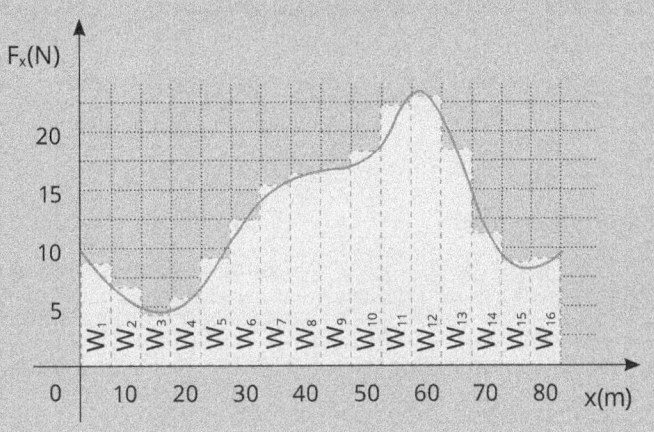

Na Tabela 4.1, apresentamos uma estimativa do trabalho realizado em cada um dos subintervalos representados no Gráfico 4.4.

Tabela 4.1
Estimativa do trabalho realizado pela força variável F em cada subintervalo do gráfico representado no Gráfico 4.4

(conclusão)

W_i	$F_i \cdot dx$	Resultado	W_i	$F_i \cdot dx$	Resultado
W_1	8 N · 5 m	40 J	W_{10}	18 N · 5 m	90 J
W_2	6 N · 5 m	30 J	W_{11}	22 N · 5 m	110 J
W_3	5 N · 5 m	25 J	W_{12}	23 N · 5 m	115 J
W_4	5,5 N · 5 m	27,5 J	W_{13}	18 N · 5 m	90 J
W_5	8 N · 5 m	40 J	W_{14}	12 N · 5 m	60 J
W_6	12,5 N · 5 m	62,5 J	W_{15}	8 N · 5 m	40 J
W_7	15,5 N · 5 m	77,5 J	W_{16}	8,5 N · 5 m	42,5 J
W_8	16 N · 5 m	80 J	W_{total}		1 015 J
W_9	17 N · 5 m	85 J			

(continua)

O trabalho total é a soma dos trabalhos calculados em cada subintervalo.

$W = W_1 + W_2 + W_3 + ... + W_{16} = 1\,015$ J

Trabalho e energia

> Ou, de forma equivalente:
>
> W = (8 + 6 + 5 + 5,5 + 8 + 12,5 + 15,5 N + 16 + 17 + 18 + 22 + 23 + 18 + 12 + 8 + 8,5) · 5 = 1 015 J
>
> Portanto, o trabalho realizado pela força variável F_x é aproximadamente 1 015 J.

No exemplo anterior, vimos que:

$$W = \sum_{i=1}^{n} F_i \cdot dx$$

Se fizermos o número de subintervalos tender ao infinito (n → ∞), iremos nos aproximar do valor exato do trabalho que a força F_x realiza sobre o corpo. Podemos utilizar a notação de limites para expressar esse resultado:

$$W = \lim_{n \to \infty} \sum_{i=1}^{n} F_i \cdot dx$$

Em cálculo, esse limite pode ser escrito na forma de uma integral definida:

$$W = \int_{x_1}^{x_2} F\,dx$$

Para calcularmos integrais definidas de funções polinomiais, utilizaremos, neste livro, a seguinte regra:

Seja a seguinte função:

$f(x) = ax^n$

Sua integral definida no intervalo [x_1, x_2] é dada por:

$$F(x) = \int_{x_1}^{x_2} ax^n\,dx = a\,\frac{x_2^{n+1} - x_1^{n+1}}{n+1}$$

Em que x_1 e x_2 são os limites do intervalo. Assim, se conhecemos a função que descreve a variação da força ao longo do deslocamento, podemos calcular o trabalho que a força realiza sobre o corpo.

Utilizemos essa ideia para calcular novamente o trabalho da força elástica de uma mola:

> **Exemplo 4.6**
>
> A massa foi atirada contra a mola representada na Figura 4.7 e a comprimiu em 0,2 m. A força que a mola exerce sobre a massa obedece a lei de Hooke (F = −kx) e sua constante elástica vale k = 6 000 N/m. Calcule:
>
> a. o trabalho que a mola realiza sobre a massa (para resolver, utilize o conceito de *integrais*).
>
> b. a velocidade inicial com que o bloco atingiu a mola.

Figura 4.7
Um bloco atirado horizontalmente contra uma mola

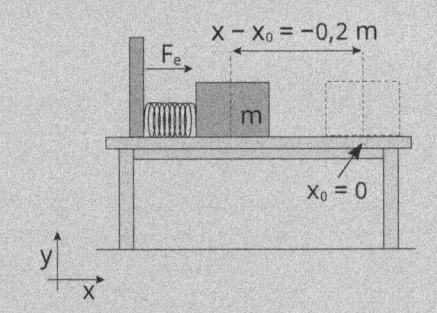

Resolução

A mola atua sobre a massa de forma a reduzir a sua energia cinética (retirando energia da massa). Portanto, o trabalho realizado sobre a massa é resistente (trabalho negativo).

a. Utilizando a ideia de integrais, temos:

$$W = \int_{x_0}^{x} F dx$$

$$W = \int_{0}^{-0,2} -kx\, dx$$

$$W = -600 \int_{0}^{-0,2} x\, dx$$

$$W = -600 \left[\frac{-(0,2)^2}{2} - \frac{(0)^2}{2} \right]$$

$$W = -600 \cdot (0,02) = -12 \text{ J}$$

O trabalho que a mola realiza sobre a massa é negativo. Isso significa que a mola retirou de 12 J energia da massa m.

b. Sabemos que o trabalho da força aplicada por um agente externo e realizada sobre um corpo é igual à variação de sua energia cinética. A mola realizou trabalho resistente sobre a massa até que sua velocidade no ponto de compressão máximo se tornasse zero. Assim:

$$W = \Delta K = \frac{1}{2} mv^2 - \frac{1}{2} mv_0^2$$

$$-12 = -\frac{1}{2} \cdot 2 \cdot v_0^2$$

$$v_0 = \sqrt{12} = 3,46 \text{ m/s}$$

Exemplo 4.7

Um corpo está sujeito a uma força hipotética $F(x) = \sqrt{x}$. Calcule o trabalho que essa força realiza sobre o corpo no deslocamento de $x_1 = 30$ m até $x_2 = 270$ m.

Resolução

Utilizamos a integração numérica para calcular o trabalho no deslocamento solicitado:

$$W = \int_{x_1}^{x_2} F\, dx$$

$$W = \int_{x_1}^{x_2} \sqrt{x}\, dx$$

$$W = \int_{x_1}^{x_2} x^{\frac{1}{2}}\, dx$$

Trabalho e energia

$$W = \left[\frac{(x_2)^{3/2}}{3/2} - \frac{(x_1)^{3/2}}{3/2}\right]$$

$$W = 3/2\,[(x_2)^{3/2} - (x_2)^{3/2}]$$

$$W = 3/2\,[(270)^{3/2} - (30)^{3/2}]$$

$$W = 2848{,}16\ J$$

Note que o trabalho é positivo (trabalho motor). Isso significa que o corpo recebe energia do agente promotor da força.

Exemplo 4.8

De acordo com a teoria da gravitação universal de Isaac Newton, a força recíproca que dois corpos exercem entre si é proporcional ao produto de suas massas e inversamente proporcional ao quadrado da distância que os separa. Matematicamente, podemos escrever da seguinte maneira:

$$F_g = G\,\frac{m_1 \cdot m_2}{x^2}$$

Em que:

- F_g é a força gravitacional;
- G é a constante gravitacional que vale $6{,}67 \cdot 10^{-11}$ Nm²/Kg²;
- m_1 e m_2 são as massas dos corpos;
- x é a distância que separa os centros de massas dos dois corpos.

Suponha que um corpo de massa $m_2 = 500$ kg está inicialmente a 10 000 km da Terra. Qual o trabalho realizado pela força gravitacional para trazê-lo até a distância de 9 999 km (Figura 4.8)? Considere a massa da Terra $m_1 = 5{,}97 \cdot 10^{24}$ kg.

Figura 4.8
Forças que atuam sobre dois corpos separados por uma grande distância

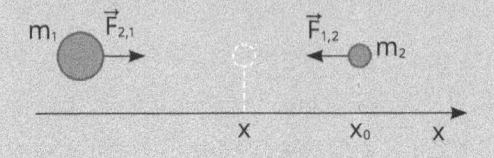

Resolução

A força $F_{1,2}$ que a Terra exerce sobre a massa m_2 está na mesma direção da orientação do eixo x, porém tem sentido contrário à força $F_{2,1}$. Devemos, portanto, considerá-la negativa. Entretanto, essa força está no mesmo sentido do deslocamento da massa m_2, sinalizando de antemão que o trabalho que a Terra realiza sobre a massa é positivo, ou seja, um trabalho motor. Utilizando a ideia de integrais, temos:

$$W = \int_{x_0}^{x} -F_{1,2}\, dx$$

$$W = \int_{x_0}^{x} -G\frac{m_1 \cdot m_2}{x^2}\, dx$$

$$W = -G \cdot m_1 \cdot m_2 \int_{x_0}^{x} \frac{1}{x^2}\, dx$$

$$W = G \cdot m_1 \cdot m_2 \int_{x_0}^{x} x^{-2}\, dx$$

$$W = -G \cdot m_1 \cdot m_2 \left[\frac{(x)^{-1}}{-1} - \frac{(x_0)^{-1}}{-1}\right]$$

$$W = G \cdot m_1 \cdot m_2 \left[\frac{1}{x} - \frac{1}{x_0}\right]$$

$$W = 6{,}67 \cdot 10^{-11} \cdot 500\ \mathrm{kg} \cdot 5{,}97 \cdot 10^{24}\ \mathrm{kg} \cdot \left[\frac{1}{9\,999\,000\ \mathrm{m}} - \frac{1}{10\,000\,000\ \mathrm{m}}\right]$$

$$W = 1{,}99 \cdot 10^{6}\ \mathrm{J}$$

Se esse mesmo corpo executasse esse deslocamento nas proximidades da superfície da Terra, o trabalho que a força gravitacional realizaria sobre ele seria de aproximadamente $W = 4{,}91 \cdot 10^{6}$ J, ou seja, mais que o dobro.

4.5 Trabalho em três dimensões em produto escalar

Em três dimensões, assim como no caso unidimensional, o trabalho total que uma força constante realiza sobre um corpo é dado pelo produto escalar (ou produto interno) entre os vetores *força* e *deslocamento*.

$$W_{total} = \vec{F} \circ \vec{\Delta r}$$

$$W_{total} = F \cdot \Delta r \cdot \cos \varnothing$$

Em que Δr é o módulo do deslocamento do corpo e $\varnothing$ é o ângulo formado entre os vetores $\vec{F}$ e $\vec{\Delta r}$.

Na Figura 4.9, uma partícula de massa 1 kg, que está inicialmente na posição $\vec{r_0} = (4\ \mathrm{m})_i + (3\ \mathrm{m})_j + (1\ \mathrm{m})_k$ foi levada para o ponto B, posição $\vec{r} = (4\ \mathrm{m})_j + (3\ \mathrm{m})_k$, por meio do caminho tracejado. O trabalho que a força gravitacional realiza sobre a partícula é calculado por:

$$W_g = \vec{F_g} \circ \vec{\Delta r}$$

O deslocamento da partícula foi:

$$\vec{\Delta r} = [(4\ \mathrm{m})_j + (3\ \mathrm{m})_k] - [(4\ \mathrm{m})_i + (3\ \mathrm{m})_j + (1\ \mathrm{m})_k]$$

$$\vec{\Delta r} = (-4\ \mathrm{m})_i + (1\ \mathrm{m})_j + (2\ \mathrm{m})_k$$

Trabalho e energia

Figura 4.9
Uma partícula de 1 kg massa é levada do ponto A ao ponto B pelo caminho tracejado

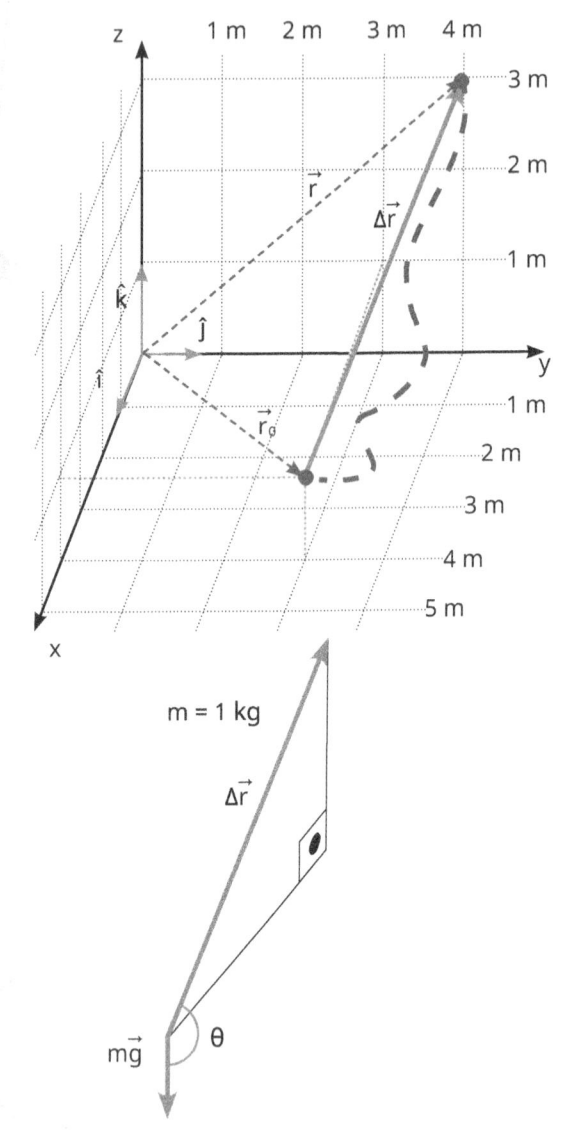

$$W_g = (-9{,}81 \text{ kg m/s}^2)_{\hat{k}} \circ [(-4 \text{ m})_{\hat{i}} + (1 \text{ m})_{\hat{j}} + (2 \text{ m})_{\hat{k}}]$$
$$W_g = (-9{,}81 \text{ kg m/s}^2)_{\hat{j}} \circ (2 \text{ m})_{\hat{k}}$$
$$W_g = -19{,}62 \text{ kg m}^2/\text{s}^2$$

O resultado mostra que o trabalho que a força gravitacional realiza sobre a partícula independe da sua trajetória (depende somente do deslocamento) e é um trabalho resistente, indicando que a força gravitacional retira energia da partícula.

Poderíamos ter chegado ao mesmo resultado calculando o produto entre o módulo da força gravitacional, o módulo do deslocamento da partícula e o cosseno do ângulo θ formado entre o vetor força e o vetor deslocamento ($W_g = F \cdot \Delta r \cdot \cos \theta$). Para isso, primeiramente teríamos que obter o ângulo θ por meio de uma análise geométrica da figura.

Como exercício, mostre que o ângulo θ vale 115,87° e, em seguida, mostre que:

$$W_g = F \cdot \Delta r \cdot \cos \theta = -19{,}62 \text{ kg m}^2/\text{s}^2$$

No exemplo que acabamos de ilustrar, a força gravitacional que atua sobre a partícula foi considerada constante (isso é totalmente plausível quando estamos próximos à superfície da Terra). Como já vimos anteriormente, em muitos casos, as forças que atuam sobre uma partícula são variáveis (caso da força elástica). Quando isso acontece, devemos recorrer novamente ao conceito de integrais para calcular o trabalho:

$$W_{total} = \int_{r_0}^{r} \vec{F} \circ d\vec{r}$$

Sabemos que a força gravitacional nas imediações da superfície da Terra é calculada pelo produto entre a massa da partícula e a aceleração gravitacional ($m\vec{g}$). Além disso, ela atua no sentido negativo do eixo z, conforme sistema de coordenadas proposto na Figura 4.10. Assim:

No Exemplo 4.9, a força é constante.

Exemplo 4.9

A força $\vec{F} = (2N)_\hat{i} + (5N)_\hat{j} + (-3N)_\hat{k}$ é aplicada sobre um corpo e produz o deslocamento $\vec{\Delta r} = (-4m)_\hat{i} + (2m)_\hat{j} + (1m)_\hat{k}$. Calcule o trabalho realizado pela força e o correspondente ângulo entre a direção da força e a direção do deslocamento.

Resolução

A expressão matemática para calcular o trabalho realizado sobre um corpo que se move em três dimensões é:

$$W = \vec{F} \cdot \vec{\Delta r}$$

Assim:

$$W = F_x \Delta x + F_y \Delta y + F_z \Delta z$$

$$W = 2\,N \cdot (-4\,m) + 5\,N \cdot 2\,m + (-3\,N) \cdot 1\,m$$

$$W = -8\,J + 10\,J - 3\,J = -1\,J$$

Utilizando a definição de produto interno, podemos calcular o ângulo entre os dois vetores:

$$W = F \cdot \Delta r \cdot \cos \emptyset$$

$$\cos \emptyset = \frac{W}{F \cdot \Delta r}$$

Para isso, precisamos calcular o módulo de cada um dos vetores:

$$F = \sqrt{2^2 + 5^2 + (-3)^2} = 6{,}164\,N$$

$$\Delta r = \sqrt{(-4)^2 + 2^2 + 1^2} = 4{,}583\,m$$

$$\cos \emptyset = \frac{-1}{6{,}164 \cdot 4{,}583} = -0{,}035399$$

$$\emptyset = 92{,}03°$$

Portanto, o trabalho realizado pela força é de −1 J (trabalho resistente) e o ângulo formado entre os vetores força e deslocamento é igual a $\emptyset = 92{,}03°$.

4.6 Trabalho da força centrípeta

Você já sabe que a velocidade é uma grandeza vetorial e que para estar bem definida precisa que o seu módulo, a sua direção e o seu sentido sejam conhecidos. Você sabe também que para um corpo alterar seu estado de movimento é preciso que uma força aja sobre ele (primeira lei de Newton), produzindo, como efeito, uma aceleração.

Como vimos no capítulo anterior, se um corpo descreve um movimento circular, o módulo de sua velocidade tangencial muda constantemente de direção. Essa alteração no estado do movimento é decorrente da ação da força centrípeta que tem direção radial, ou seja, é dirigida para o centro da circunferência, e cujo módulo é calculado por

$$F_c = m \cdot \frac{v^2}{r}$$

Essa força é sempre perpendicular ao deslocamento do corpo e não altera o módulo da sua velocidade tangencial. Assim:

$$W_c = \vec{F}_c \cdot \vec{\Delta r}$$
$$W_c = F_c \cdot \Delta r \cdot \cos 90°$$
$$W_c = F_c \cdot \Delta r \cdot 0 = 0\ J$$

Portanto, é nulo o trabalho que a força centrípeta realiza sobre um corpo que descreve um movimento circular.

4.7 Potência mecânica

O trabalho que uma força realiza sobre um corpo pode ocorrer com menor ou maior rapidez. A grandeza física que relaciona o trabalho com o tempo que a força levou para realizá-lo é chamada **potência**. Podemos dizer que potência é a capacidade de uma força realizar trabalho em um determinado intervalo de tempo.

Em alguns casos, estamos interessados em calcular a potência média de uma força, em outros, a potência instantânea. Para calcular a potência média, dividimos o trabalho total produzido em determinado deslocamento pelo intervalo de tempo que o corpo levou para se deslocar. Matematicamente, temos:

$$P_{med} = \frac{W}{\Delta t}$$

Sabemos que $W = \vec{F} \cdot \vec{\Delta r}$, logo:

$$P_{med} = \frac{\vec{F} \cdot \vec{\Delta r}}{\Delta t}$$

O quociente entre o deslocamento e o intervalo de tempo é igual à velocidade média do corpo: $\vec{v}_{med} = \frac{\Delta r}{\Delta t}$. Assim:

$$P_{med} = \vec{F} \cdot \vec{v}_{med}$$

Já a potência instantânea é definida como a taxa temporal com que a força realiza trabalho.

$P = \dfrac{dW}{dt}$

$dW = \vec{F} \cdot d\vec{r}$

$P = \dfrac{\vec{F} \cdot d\vec{r}}{dt}$

$P = \vec{F} \cdot \vec{v}$

Em cálculo, a taxa instantânea com que uma grandeza varia em relação à outra pode ser escrita como uma derivada.

Nesse último resultado, a velocidade corresponde à velocidade instantânea do corpo.

No SI, a unidade de potência é o watt (W), em homenagem ao escocês **James Watt** (1736-1819) pelos trabalhos realizados com máquinas térmicas. A unidade *watt* corresponde a um joule por segundo. Além dessa unidade, temos outras que não pertencem ao SI, mas que ainda são bastante utilizadas pelas fábricas de automóveis, como o cavalo-vapor (cv), que equivale a aproximadamente 735 W, e o *horse-power* (HP), que equivale a, aproximadamente, 746 W.

A unidade cavalo-vapor (cv)

A origem da unidade cavalo-vapor (cv) remonta ao século XIX, quando James Watt comparou a potência entre as máquinas a vapor existentes na época com o esforço dos cavalos, até então responsáveis pelo trabalho pesado. De acordo com Watt, um cavalo conseguia levantar cerca de 100 kg de carvão a uma altura de 30 metros no intervalo de tempo de 1 minuto (Figura 4.10).

Figura 4.10
Esquema para determinar a unidade cavalo-vapor (cv)

Entretanto, por motivos desconhecidos, Watt resolveu considerar que um cavalo era capaz de elevar 150 kg à altura de 30 m em 1 minuto.

$P_{med} = \dfrac{W}{\Delta t} = \dfrac{F \cdot d}{\Delta t}$

Em que F é o módulo da força gravitacional. Assim:

$P_{med} = \dfrac{m \cdot g \cdot d}{\Delta t}$

$P_{med} = \dfrac{150 \text{ kg} \cdot 9{,}81 \text{ m/s}^2 \cdot 30 \text{ m}}{60 \text{ s}}$

$P_{med} = 735{,}8 \text{ W} = 1 \text{ cv}$

Ou, equivalentemente, podemos considerar 1 cv como o trabalho realizado por uma força para elevar 75 kg à altura de 1 metro no intervalo de tempo de 1 segundo.

$$P_{med} = \frac{W}{\Delta t} = \frac{F \cdot d}{\Delta t} = \frac{m \cdot g \cdot d}{\Delta t}$$

$$P_{med} = \frac{75 \text{ kg} \cdot 9{,}81 \text{ m/s}^2 \cdot 1 \text{ m}}{1 \text{ s}}$$

$$P_{med} = 735{,}8 \text{ W} = 1 \text{ cv}$$

Note que pelas contas originais de Watt, 1 cv corresponde a, aproximadamente, a potência de 1,5 cavalos reais. Para efeito de curiosidade, uma Ferrari F430, que tem potência de 490 cv, na realidade, dispõe de potência correspondente a 735 cavalos reais (1,5 · 490 = 735).

A unidade *horse-power* (HP)

A unidade *horse-power* (HP) difere da unidade cavalo-vapor por ser definida de acordo com o sistema inglês de unidades. É entendida como a potência média para elevar uma massa de 33 000 libras (1 lb = 0,4536 kg) à altura de um pé (1 pé = 0,3048 m) no intervalo de tempo de 1 minuto.

$$P_{med} = \frac{W}{\Delta t} = \frac{F \cdot d}{\Delta t} = \frac{m \cdot g \cdot d}{\Delta t}$$

$$P_{med} = \frac{33\,000 \text{ lb} \cdot 32{,}185 \text{ pé/s}^2 \cdot 1 \text{ pé}}{60 \text{ s}}$$

$$P_{med} = 17\,701{,}75 \text{ lb pé}^2/\text{s}^3$$

Transformando esse resultado para o SI, obtemos:

$$\frac{17\,701{,}75 \text{ lb pé}^2}{\text{s}^3} \cdot \frac{(0{,}3048 \text{ m})^2}{1 \text{ pé}^2} \cdot \frac{0{,}4536 \text{ kg}}{1 \text{ lb}}$$

$$P_{med} = 746{,}0 \ \frac{\text{kgm}^2}{\text{s}^3}$$

A unidade resultante pode ser manipulada, de modo a obtermos o resultado em termos da unidade *watt*:

$$\frac{\text{kgm}^2}{\text{s}^3} = \frac{\text{Nm}}{\text{s}} = \frac{\text{J}}{\text{s}} = \text{W}$$

Portanto, um HP equivale a, aproximadamente, 746,0 W.

Exemplo 4.10

Um elevador transporta seis pessoas, cada uma com massa igual a 80 kg, por uma altura de 60 m em 20 s. A massa do elevador é de 100 kg. Calcule a potência média desenvolvida pelo motor.

Resolução

O trabalho realizado pelo motor é igual ao trabalho realizado pela força-peso, uma vez que não há variação da energia cinética ($v_{inicial} = 0 = v_{final}$)

$$P_{med} = \vec{F}_{motor} \circ \vec{v}_{med} = F_{motor} \cdot v_{med} \cos 0° = F_{motor} \cdot v_{med}$$

A velocidade média é o quociente entre a altura e o intervalo de tempo:

$$v_{med} = \frac{\Delta h}{\Delta t}$$

A força média que o motor imprime ao elevador é igual, em módulo, à força gravitacional.

$$F_{motor} = (6 \cdot m + M)g$$

Em que m é a massa de cada pessoa e M a massa do elevador. Assim:

$$P_{med} = (6 \cdot m + M)g \cdot \frac{\Delta h}{\Delta t}$$

Substituindo os dados fornecidos pelo enunciado, temos:

$$P_{med} = (6 \cdot 80 \text{ kg} + 100 \text{ kg}) \cdot 9{,}81 \text{ m/s}^2 \cdot \frac{60 \text{ m}}{20 \text{ s}} = 17\,069{,}4 \text{ W}$$

Ou, aproximadamente, $P_{med} = 23{,}2$ cv (faça essa conversão para conferir).

Exemplo 4.11

Certo automóvel é capaz de desenvolver uma potência constante de 577 cv. Sua massa é de 1 375 kg. Na pista de testes da fábrica em que é produzido, um piloto de massa 75 kg deseja saber quanto tempo o carro, partindo do repouso, levará para atingir 100 km/h. Caso fosse possível desprezar a perda de energia térmica pelo aquecimento do motor e demais engrenagens, o atrito entre o solo e os pneus e o atrito decorrente da força de arraste, qual seria o resultado experimental obtido?

Resolução

A equação que relaciona a potência, a força e a velocidade é:

$P = \vec{F} \circ \vec{v} = F \cdot v \cos 0° = F \cdot v$

Pela segunda lei de Newton:

$F = (m_f + m_p)a$

Em que m_f é a massa da Ferrari e m_p é a massa do piloto. Assim:

$P = (m_f + m_p) a \cdot v$

Se a potência é constante, o produto $a \cdot v$ também deve ser constante. Como a velocidade varia, a aceleração também varia. Logo, devemos expressar a aceleração como a taxa temporal de variação da velocidade:

$P = (m_f + m_p)\dfrac{dv}{dt} \cdot v$

$Pdt = (m_f + m_p)vdv$

$\int_{t_0}^{t} Pdt = \int_{v_0}^{v} (m_f + m_p) vdv$

$P \int_{t_0}^{t} dt = (m_f + m_p) \int_{v_0}^{v} vdv$

$P \cdot (t - t_0) = \dfrac{(m_f + m_p) v^2}{2} - \dfrac{(m_f + m_p) v_0^2}{2}$

$P \cdot \Delta t = K - K_0$

$\Delta t = \dfrac{\Delta K}{P}$

> Como a energia cinética inicial é zero, temos:
>
> $$\Delta t = \frac{\frac{1}{2}(m_f + m_p)v^2}{P}$$
>
> $$\Delta t = \frac{\frac{1}{2}(1\,375\text{ kg} + 75\text{ kg})\left(\frac{100}{3,6}\text{ m/s}\right)^2}{(577 \cdot 735)\text{ W}} = 1,30\text{ s}$$
>
> Obviamente, esse não é o resultado encontrado experimentalmente, pois, para realizar os cálculos, desprezamos a energia dissipada devido à produção de calor pelo motor, além de desconsiderar o arraste aerodinâmico e o atrito entre os pneus e o solo. Segundo informações da fábrica da Ferrari, em condições normais, esse modelo é capaz de ir de 0 km/h a 100 km/h em 3,4 segundos.

4.7.1 Rendimento

No caso do Exemplo 4.11, parte da potência total da Ferrari foi dissipada para vencer o arraste aerodinâmico, o atrito entre os pneus e o solo e a liberação de energia térmica pelo motor. Uma grandeza física que permite avaliar a eficiência de uma máquina é o rendimento (η), que estabelece a relação entre a potência total (P_t) produzida, a potência dissipada (P_d) e a potência que foi efetivamente utilizada, chamada de potência útil (P_u). Matematicamente, podemos escrever:

$$P_t = P_u + P_d$$

O rendimento é calculado pela expressão

$$\eta = \frac{P_t - P_d}{P_t} = \frac{P_u}{P_t}$$

Note que o rendimento é adimensional, pois é o quociente entre duas grandezas físicas de mesma dimensão. Note, também, que o rendimento será sempre menor do que 1 e maior ou igual a zero: $0 \leq \eta < 1$. Isso porque, qualquer que seja a máquina, sempre haverá uma parcela de energia dissipada.

Exemplo 4.12

Calcule a potência útil e o rendimento da Ferrari do Exemplo 4.11, considerando que o intervalo de tempo que ela leva para ir de 0 km/h a 100 km/h é de 3,4 segundos.

Resolução

A potência útil é igual ao quociente entre o trabalho mecânico realizado pelo motor e o intervalo de tempo.

$$P_u = \frac{W}{\Delta t}$$

Como o trabalho que uma força realiza sobre um corpo é igual à variação da sua energia cinética, temos:

$$P_u = \frac{\Delta K}{\Delta t}$$

$$P_u = \frac{\frac{1}{2}(1\,375 \text{ kg} + 75 \text{ kg})\left(\frac{100}{3,6} \text{ m/s}\right)^2}{3,4 \text{ s}}$$

$P_u = 161\,696,6 \text{ W} = 220 \text{ cv}$

O rendimento é obtido dividindo-se a potência útil pela potência total:

$$\eta = \frac{P_u}{P_t} = \frac{220 \text{ cv}}{577 \text{ cv}} \therefore$$

$P_u = 0,38 = 38\%$

Em média, o rendimento de um motor à gasolina é cerca de 35%.

Exemplo 4.13

(Adaptada UFRGS – 2011) O resgate de trabalhadores presos em uma mina subterrânea no norte do Chile foi realizado através de uma cápsula introduzida em uma perfuração do solo até o local em que se encontravam os mineiros, a uma profundidade da ordem de 600 m. Um motor com potência total aproximadamente igual a 200,0 kW puxava a cápsula de 250 kg contendo um mineiro de cada vez. Considere que para o resgate de um mineiro de 70 kg de massa a cápsula gastou 10 minutos para completar o percurso e suponha que a aceleração da gravidade local seja 9,81 m/s². Não se computando a potência necessária para compensar as perdas por atrito, calcule a potência efetivamente fornecida pelo motor para içar a cápsula.

> **Resolução**
>
> A potência utilizada é igual ao quociente entre o trabalho mecânico realizado pelo motor e o intervalo de tempo:
>
> $$P_{utilizada} = \frac{W}{\Delta t}$$
>
> A força média que o motor exerce sobre a cápsula tem módulo igual ao da força gravitacional e o deslocamento é igual à profundidade da mina. Assim:
>
> $$P_{utilizada} = \frac{(m_c + m_m)\,gh}{\Delta t}$$
>
> Em que m_c é a massa da cápsula e m_m é a massa de um mineiro. Substituindo os valores fornecidos pelo enunciado, obtemos:
>
> $$P_{utilizada} = \frac{(250 \text{ kg} + 70 \text{ kg}) \cdot 9{,}81 \text{ m/s}^2 \cdot 600 \text{ m}}{10 \cdot 60 \text{ s}} = 3\,139{,}2 \text{ W}$$
>
> Portanto, a potência efetivamente utilizada foi de 3 139,2 W. Note que não estamos nos referindo à potência como sendo a potência útil, mas sim a potência utilizada. Isso porque, certamente, não foi necessário colocar o motor para trabalhar utilizando a potência máxima.

4.7.2 Potência e energia cinética

A potência instantânea obtida por uma força resultante que atua sobre um corpo é igual à taxa temporal da variação da energia cinética da partícula. Podemos demonstrar matematicamente esse enunciado. Já sabemos que:

$$P = \vec{F} \circ \vec{v}$$

De acordo com a segunda lei de Newton, $\vec{F} = m \cdot \vec{a}$ então:

$$P = m \cdot \vec{a} \circ \vec{v}$$

O produto escalar entre a aceleração e a velocidade é igual à derivada do quadrado do módulo da velocidade em relação ao tempo. Observe:

$$P = m \cdot \frac{1}{2} \frac{d}{dt} v^2$$

Inserindo os fatores constantes no operador derivada, obtemos:

$$P = \frac{d}{dt}\left(\frac{1}{2} m \cdot v^2\right)$$

$$\frac{d}{dt}v^2 = \frac{d}{dt}(\vec{v}\circ\vec{v}) = \vec{v}\circ\frac{d}{dt}\vec{v} + \frac{d}{dt}\vec{v}\circ\vec{v}$$

Como o produto escalar comuta, temos:

$$\frac{d}{dt}v^2 = 2\frac{d}{dt}\vec{v}\circ\vec{v} \quad \frac{1}{2}\frac{d}{dt}v^2 = \frac{d}{dt}\vec{v}\circ\vec{v}$$

Sabemos que:
$$\vec{a} = \frac{d\vec{v}}{dt}$$

Logo:
$$\frac{1}{2}\frac{d}{dt}v^2 = \vec{a}\circ\vec{v}$$

O segundo membro da equação é a derivada da energia cinética do corpo.

$$P = \frac{dK}{dt}$$

Portanto, a potência instantânea é igual à taxa temporal de variação da energia cinética. Esse resultado possibilita enunciar uma definição mais geral para o trabalho em três dimensões. Veja:

$$P = \frac{dW}{dt} = \frac{dK}{dt}$$

$$P = \vec{F}\circ\vec{v} = \frac{dK}{dt}$$

$$\vec{F}\circ\frac{d\vec{r}}{dt} = \frac{dK}{dt}$$

Integrando os dois membros em relação ao tempo, temos:

$$\int \vec{F}\circ\frac{d\vec{r}}{dt}dt = \int \frac{dK}{dt}dt$$

$$\vec{F}\circ d\vec{r} = dK$$

Integrando novamente, mas agora em relação à variável de integração explicitada, temos:

$$\int_{r_0}^{r}\vec{F}\circ d\vec{r} = \int_{K_0}^{K}dK$$

Como vimos, a integral do primeiro membro é igual ao trabalho total que a força realiza sobre o corpo. Já a segunda integral é igual à variação da energia cinética do corpo:

$$W_{total} = \Delta K$$

Um corpo pode ser considerado como partícula quando suas dimensões são desprezíveis frente às distâncias que estabelece em seu movimento. Por exemplo, as dimensões da Terra são desprezíveis quando analisamos o seu movimento em torno do Sol, pois a distância entre a Terra e o Sol é muito maior que qualquer dimensão do planeta.

Também podemos considerar os corpos como partículas quando admitimos que a resultante das forças que atuam sobre eles está sendo aplicada no seu centro de massa.

Esse resultado é a generalização do teorema trabalho-energia cinética para o caso tridimensional. **Ele é válido para casos em que os corpos podem ser considerados como partículas.**

Exemplo 4.14

Dois esquiadores estão na iminência de descer rampas de mesma altura (Figura 4.11), mas com inclinações diferentes. Ambos apresentam módulo de velocidade inicial zero. Desprezando-se qualquer tipo de atrito, qual dos dois chegará à superfície plana com maior módulo de velocidade?

Figura 4.11
Dois esquiadores prestes a descer uma rampa

Resolução

Podemos considerar os dois esquiadores como partículas e aplicar o teorema do trabalho-energia cinética. Assim, conseguiremos calcular a velocidade final de cada um deles. As forças que atuam sobre os dois esportistas são as mesmas: força normal e força gravitacional, representadas na Figura 4.12. O trabalho total realizado sobre cada desportista é igual à soma do trabalho decorrente dessas duas forças.

Figura 4.12
Diagrama das forças que atuam sobre os esquiadores

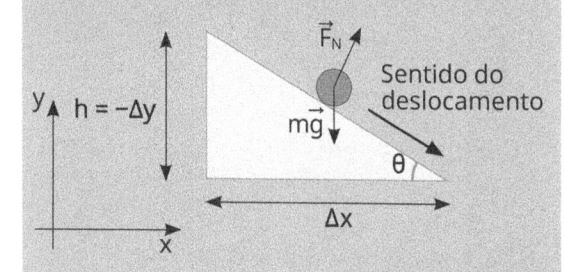

$$W_{total} = W_g + W_N$$

Como a força normal é perpendicular ao deslocamento, o trabalho total se resume ao trabalho da força gravitacional (que é constante). Assim:

$$W_g = \int_{r_0}^{r} \vec{F}_g \cdot d\vec{r}$$

$$W_g = \int_{r_0}^{r} (-mg)\hat{j} \cdot d\vec{r}$$

Trabalho e energia

A massa e a aceleração gravitacional são constantes, logo, podem ser retiradas do integrando:

$$W_g = (-mg)\hat{j} \circ \int_{r_0}^{r} d\vec{r}$$

A integral é igual ao deslocamento do esqueitista.

$$W_g = (-mg)\hat{j} \circ \Delta\vec{r}$$

$$W_g = (-mg)\hat{j} \circ [(\Delta x)\hat{i} + (\Delta y)\hat{j}]$$

$$W_g = -mg\Delta y$$

Como Δy é negativo, o trabalho que a força gravitacional realiza sobre cada esqueitista é positivo:

$$W_g = mgh$$

Pelo teorema trabalho-energia cinética, temos:

$$W_{total} = W_g = \Delta K$$

$$mgh = \frac{1}{2}mv^2 - \frac{1}{2}mv_0^2$$

Como $v_0 = 0$, a velocidade final é dada por:

$$v = \sqrt{2gh}$$

Esse resultado é válido para os dois esqueitistas, pois não depende de suas respectivas massas e nem da inclinação da rampa. Portanto, ambos chegarão à superfície horizontal com a mesma velocidade.

4.8 Forças conservativas

Gabriela e Lucas escalaram uma parede como a que está representada na Figura 4.13. Lucas foi pelo caminho azul e Gabriela pelo caminho vermelho. Considerando que ambos possuem a mesma massa, em qual deles a força gravitacional realizou maior trabalho?

Figura 4.13
Trajetórias descritas por dois escaladores em uma parede vertical

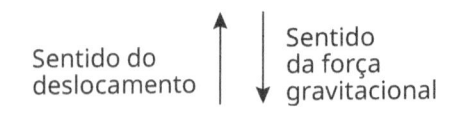

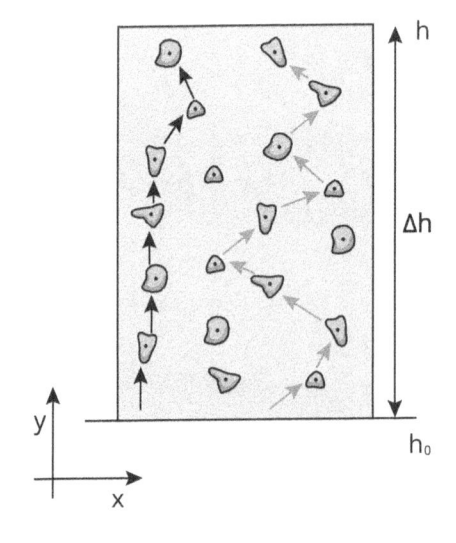

Já definimos o trabalho como o produto escalar entre o vetor força que age sobre o corpo e o vetor deslocamento. Observe que a trajetória percorrida por Gabriela é mais longa do que a percorrida por Lucas. Entretanto, o deslocamento dos dois é o mesmo. Logo, o trabalho realizado pela força gravitacional sobre cada um deles também é o mesmo e é dado por (em que h é a altura):

$$W = -mgh$$

Outra observação importante é que o trabalho é negativo devido aos vetores força e deslocamento possuírem sentidos contrários.

Agora, suponha que ambos desçam a parede por qualquer outro trajeto, retornando para a posição em que se encontravam inicialmente. Qual o trabalho que a força gravitacional realiza sobre eles?

Pelos mesmos argumentos anteriores, o trabalho que a força gravitacional realiza sobre cada um deles é igual. Contudo, como os vetores força e deslocamento possuem sentidos coincidentes, o trabalho é positivo:

$$W = mgh$$

A Figura 4.14 mostra a trajetória que Gabriela e Lucas percorreram. Note que, nos dois casos, as trajetórias são fechadas (iniciam e terminam em um mesmo ponto).

Figura 4.14
Trajetórias fechadas dos dois escaladores

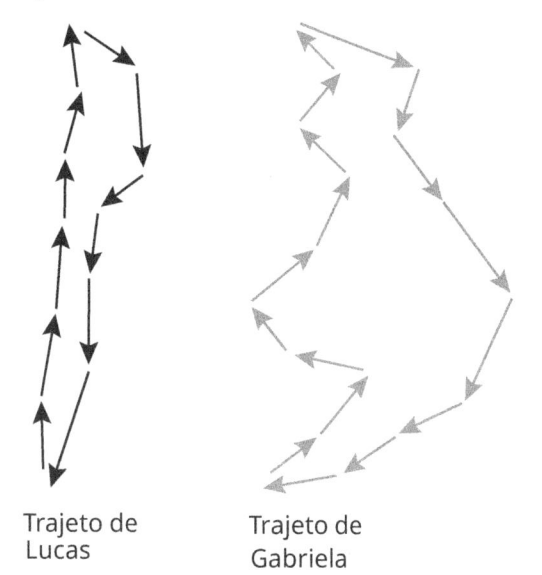

Trajeto de Lucas   Trajeto de Gabriela

Se somarmos o trabalho total que a força gravitacional realizou sobre cada um deles, obteremos:

$$W_{total} = -mgh + mgh = 0$$

Ou seja, independentemente da trajetória, em um circuito fechado, o trabalho da força gravitacional sobre os dois corpos é igual a zero. Quando isso ocorre, a força é chamada de **conservativa**.

A força elástica também é conservativa, pois a energia que a mola retira de um corpo, quando deformada, é devolvida quando ela retorna à posição de equilíbrio.

Trabalho e energia

> **Importante**
>
> - Uma força é conservativa quando for nulo o trabalho que ela realiza sobre um corpo que descreve uma trajetória fechada, retornando à posição inicial.
> - O trabalho realizado por uma força conservativa sobre um corpo, independe da sua trajetória.

Podemos utilizar cálculos mais sofisticados para mostrar que o trabalho de uma força conservativa ao longo de um circuito fechado é zero. Consideremos que um corpo, sob a ação de uma força conservativa, é levado de A até B pelo caminho C_1 e, depois, de B até A pelo caminho C_2, conforme Figura 4.15.

Figura 4.15
Dois caminhos hipotéticos que ligam os pontos A e B

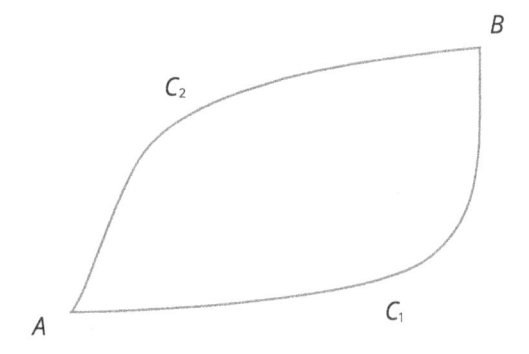

O trabalho total que a força conservativa realiza sobre o corpo no percurso de ida e volta é igual a:

$$W_T = \oint \vec{F} \cdot d\vec{r} = W_1 + W_2$$

O símbolo $\oint$ representa que a integração ocorre ao longo de um circuito fechado.

O trabalho no percurso de ida é dado por

$$W_1 = {}_{C_1}\!\int_A^B \vec{F} \cdot d\vec{r}$$

Da mesma forma, para o percurso de volta podemos escrever:

$$W_2 = {}_{C_2}\!\int_A^B \vec{F} \cdot d\vec{r}$$

Utilizando a propriedade das integrais descrita, temos:

$$W_2 = {}_{\overline{C_2}}\!\int_A^B \vec{F} \cdot d\vec{r}$$

Conforme a propriedade das integrais, trocando-se os limites de integração, a integral muda de sinal. Ou seja:

$$\int_A^B f(x)dx = -\int_A^B f(x)dx$$

Voltando à expressão inicial, temos:

$$W_T = \oint \vec{F} \cdot d\vec{r} = W_1 + W_2 = {}_{C_1}\!\int_A^B \vec{F} \cdot d\vec{r} - {}_{C_2}\!\int_A^B \vec{F} \cdot d\vec{r}$$

Como o trabalho realizado por uma força conservativa independe da trajetória do corpo, as integrais que figuram no último membro da equação são iguais. Assim:

$$W_T = 0$$

Esse resultado mostra que o trabalho realizado por uma força conservativa ao longo de um circuito fechado é zero.

A força que não é conservativa é chamada *não conservativa* ou *dissipativa*. A força de atrito cinético, a força de resistência do ar e a força muscular são exemplos de forças dissipativas.

Imagine um carro que freia bruscamente a ponto de derrapar os pneus. A força de atrito cinético entre os pneus e o asfalto retira energia cinética do carro, fazendo-o parar. Essa energia, em sua maior parte, é transformada em energia térmica, que não pode ser convertida novamente em energia cinética. Por esse motivo, a força de atrito é classificada como dissipativa.

No próximo capítulo, veremos que uma força conservativa não modifica a energia mecânica de um sistema. Já as forças dissipativas transformam a energia mecânica de um sistema em outra forma de energia.

Exemplo 4.15

João precisa encontrar Maria, sua namorada, que está sobre uma plataforma a uma altura 4 m de do solo (Figura 4.16). Se ele optar por subir pelo caminho A, terá que se deslocar 8 m por uma rampa cuja inclinação é de 30° em relação ao solo. Se optar por subir pelo caminho B, terá que enfrentar uma inclinação de 45°, mas, em compensação, o seu deslocamento será de 5,657 m.

Figura 4.16
Dois possíveis caminhos que levam João à sua namorada

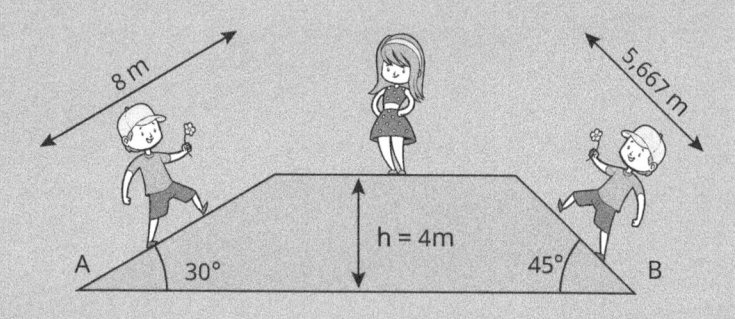

Sabendo que a massa de João é de 90 kg, calcule o trabalho realizado pela força gravitacional nos caminhos A e B.

Resolução

Os deslocamentos pelos caminhos A e B são dados, respectivamente, por:

$$\Delta \vec{r}_A = \Delta x_{A,\hat{i}} + \Delta y_{A,\hat{j}}$$

$$\Delta \vec{r}_B = \Delta x_{B,\hat{i}} + \Delta y_{B,\hat{j}}$$

Pelo caminho A, temos:

$W_A = \vec{F}_g \circ \vec{\Delta r_A}$

$W_A = -mg\hat{j} \circ (\Delta x\hat{i} + \Delta y\hat{j})$

$W_A = -mg\hat{j} \circ \Delta y\hat{j}$

$W_A = -mg\Delta y = -mgh$

Pelo caminho B, temos:

$W_B = \vec{F}_g \circ \vec{\Delta r_B}$

$W_B = -mg\hat{j} \circ (\Delta x\hat{i} + \Delta y\hat{j})$

$W_B = -mg\hat{j} \circ \Delta y\hat{j}$

$W_B = -mg\Delta y = -mgh$

Como a força gravitacional é conservativa, o trabalho que ela realiza sobre João independe da trajetória que ele escolher. Assim, qualquer que seja o lado escolhido para alcançar o topo da plataforma, o trabalho realizado sobre ele pela força gravitacional será o mesmo.

$W_A = W_B = -90 \text{ kg} \cdot 9{,}81 \text{ m/s}^2 \cdot 4 \text{ m} = -3531{,}6 \text{ J}$

Exemplo 4.16

Em relação ao exemplo anterior, suponha que, no momento que João alcança a plataforma, ele escorregue e caia, estabelecendo uma trajetória vertical. Qual o trabalho que a força gravitacional realiza sobre ele?

Resolução

Como a força gravitacional é conservativa, o trabalho que ela realiza na queda de João é igual ao negativo do trabalho realizado durante a subida. Portanto:

$W = 3531{,}6 \text{ Jw}$

Poderíamos ainda escrever:

$W = \vec{F}_g \circ \Delta \vec{r}$

$W = -mg\hat{j} \circ (\Delta x \hat{i} + \Delta y \hat{j})$

$W = -mg\hat{j} \circ \Delta y \hat{j}$

$W = -mg\Delta y$

Como Δy é negativo, o trabalho no deslocamento deve ser positivo:

$W = mgh$

Substituindo os valores fornecidos pelo enunciado, temos:

$W = 90 \text{ kg} \cdot 9{,}81 \text{ m/s}^2 \cdot 4 \text{ m} = 3.531{,}6 \text{ J}$

Exemplo 4.17

Uma massa m está presa na extremidade de uma mola que é deformada da posição de equilíbrio até a posição x. Em seguida, a mola é levada novamente à posição de equilíbrio, conforme Figura 4.17. Calcule o trabalho total que a mola realiza sobre a massa no percurso de ida e volta.

Figura 4.17
Massa presa à extremidade de uma mola

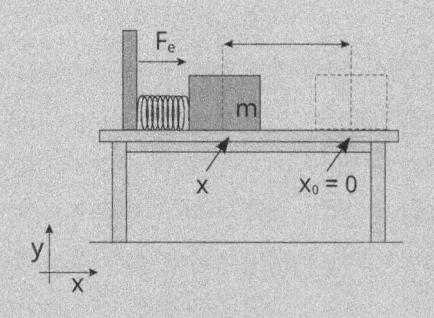

Resolução

O trabalho no percurso de ida é dado por:

$W_1 = \int_0^x -kx \, dx$

Para o percurso de volta, temos:

$W_2 = \int_x^0 -kx \, dx$

O trabalho total no percurso de ida e volta é dado por

$W_T = W_1 + W_2 = \int_0^x -kx \, dx + \int_x^0 -kx \, d$

Alterando os limites de integração de uma das integrais, verificamos que o trabalho total é zero:

$W_T = \int_0^x -kx \, dx - \int_0^x -kx \, dx = 0$

Tal verificação mostra que a força elástica também é uma força conservativa.

4.9 Energia potencial

Uma maçã cai da árvore. A água da barragem de uma usina hidrelétrica desce com altas velocidades pelas tubulações. Uma criança gradativamente ganha velocidade ao escorregar por um tobogã. Uma flecha ganha velocidade após se desprender do arco. Um artista circense é impulsionado para o alto após pular sobre uma cama elástica. Os amortecedores de um carro sendo pressionado sobre o solo produzem um movimento oscilatório que tem por objetivo absorver os impactos.

O que existe em comum em todos esses casos?

Nos três primeiros, a diferença de altura entre as posições inicial e final dos corpos possibilita que eles entrem em movimento. Nos três últimos, a possibilidade de movimento dos corpos está associada à deformação de algo elástico. Em todos os casos, os corpos armazenam a capacidade de entrar em movimento **devido à configuração de um sistema**.

Como vimos, o trabalho realizado por uma força sobre uma partícula (ou corpo sendo considerado como partícula) é igual à variação da sua energia cinética (teorema trabalho-energia cinética). Para o caso em que forças atuam sobre um sistema (dois ou mais corpos), o trabalho realizado pela resultante das forças externas pode ficar confinado no sistema na forma de energia potencial (U).

Entendemos **energia potencial** como qualquer energia associada à configuração de um sistema formado por corpos que exercem forças mútuas entre si. Analisemos um caso simples.

Figura 4.18
Um guindaste elevando um carro (sistema formado pelo carro e pela Terra, não incluindo o guindaste)

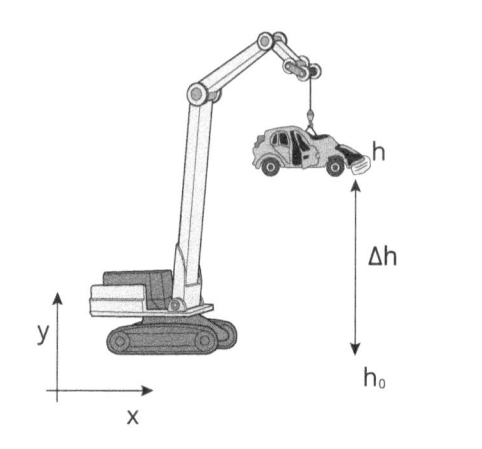

Na Figura 4.18, suponha que o sistema seja formado pelo carro e pelo planeta Terra. Em determinado instante, o guindaste iça o carro da posição inicial h_0 até a posição final h.

A velocidade do carro, nessas duas posições, é zero, ou seja, não há variação da energia cinética ($\Delta K = 0$).

Para efetuar o deslocamento, o guindaste imprime ao carro uma força externa $\vec{F}$, que realiza um trabalho W_F. Ao mesmo tempo, a força gravitacional (interna ao sistema) realiza um trabalho W_g sobre o carro. Pelo modelo de partícula, como não houve variação da energia cinética do carro, o trabalho total realizado sobre ele é zero. Matematicamente, temos:

$W_{total} = W_g + W_F = 0$

Logo:

$W_F = -W_g$

Como vimos anteriormente, o trabalho da força gravitacional é dado por:

$W_g = \int_{h_0}^{h} -mg\, dy = -mg\Delta h$

Dessa forma, o trabalho que a força $\vec{F}$ realiza sobre o carro é igual, em módulo, ao trabalho da força gravitacional. Contudo, enquanto a força $\vec{F}$ fornece energia ao carro, a força gravitacional retira dele a mesma quantidade de energia. Assim:

$W_F = mg\Delta h$

Do ponto de vista do sistema formado pelo carro e pela Terra, a força $\vec{F}$ realiza um trabalho que não muda a energia cinética do sistema, mas serve para alterar sua configuração. Isso significa que o guindaste transferiu energia ao sistema por meio da realização de trabalho, e esta ficou armazenada no sistema na forma de energia potencial (nesse caso, energia potencial gravitacional). Podemos, então, escrever:

$\Delta U = W_F = -W_g$

Importante

A energia potencial gravitacional de um sistema massa-Terra é igual ao negativo do trabalho realizado pela força gravitacional.

$\Delta U_g = mg\Delta h$ Energia potencial gravitacional

Ou, de forma equivalente:
$dU_g = -dW_g = -\vec{F}_g \circ \vec{dy}$
$dU_g = -dW_g = -\vec{F}_g \circ (dx\hat{i} + dy\hat{j} + dz\hat{k})$

Considerando que a força gravitacional está na direção y, temos:
$dU_g = -(-mg)dy$
$dU_g = mg\, dy$
$\int_{U_0}^{U} dU_g = \int_{h_0}^{h} mg\, dy$
$\Delta U_g = mg\Delta h$

Para um deslocamento infinitesimal $\vec{dy}$, a energia potencial gravitacional é dada por:

$dU_g = -\vec{F}_g \circ \vec{dy}$

Exemplo 4.18

Um porta-retratos de massa 0,5 kg cai de uma estante da altura 1,2 m em relação ao chão. Calcule:

a. a energia potencial gravitacional do sistema formado pelo porta-retratos e a Terra antes da queda.

b. a velocidade com que o porta-retratos atinge o chão.

Trabalho e energia

Resolução

a. A energia potencial armazenada no sistema porta-retratos-Terra é igual ao negativo do trabalho realizado pela força gravitacional quando o porta-retrato foi colocado na estante por alguém. Assim:

$$U_g = -W_g = -\int_0^h -mg\, dy$$

$$U_g = mgh$$

$$U_g = 0{,}5 \text{ kg} \cdot 10 \text{ m/s}^2 \cdot 1{,}2 \text{ m} = 6 \text{ J}$$

Portanto, a energia potencial gravitacional confinada no sistema Terra-porta-retrato é 6 J.

Pelo teorema trabalho-energia cinética, o trabalho que uma força realiza sobre um corpo é igual à variação da sua energia cinética. Na queda do porta-retrato, a única força que age sobre ele é a gravitacional.

$$W = mgh = \Delta K$$

$$\Delta K = mgh$$

$$\Delta K = 0{,}5 \text{ kg} \cdot 10 \text{ m/s}^2 \cdot 1{,}2 \text{ m}$$

$$\Delta K = 6 \text{ J}$$

Observe que a variação da energia cinética é igual à energia potencial gravitacional que estava confinada no sistema. Estudaremos melhor essa transformação de energia no próximo capítulo. Por enquanto, nos restringiremos a calcular a velocidade final do porta-retrato na iminência de atingir o chão.

$$\Delta K = \frac{1}{2} m \cdot v^2 - \frac{1}{2} m \cdot v_0^2 = 6 \text{ J}$$

A energia cinética inicial é zero, portanto:

$$\frac{1}{2} \cdot 0{,}5 \cdot v^2 = 6$$

$$\frac{1}{2} \cdot 0{,}5 \cdot v^2 = 6$$

$$v_f^2 = 24$$

$$v = \sqrt{24} = 4{,}90 \text{ m/s}$$

Vejamos agora um caso em que o sistema é formado por uma mola e um bloco rígido (Figura 4.19).

Figura 4.19
Sistema bloco-mola

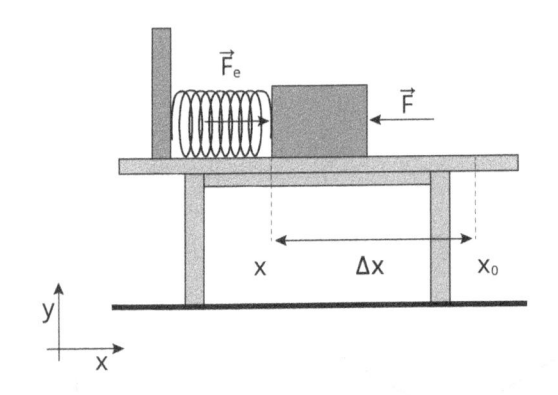

A força $\vec{F}$ está sendo aplicada ao bloco que a transmite integralmente para a mola, comprimindo-a. Considerando o bloco como uma partícula, sabemos que quando a mola alcança a posição x, o trabalho que a força elástica realiza sobre ele é dado por:

$$W_E = \int_{x_0}^{x} -kx\, dx = \frac{-k(x^2 - x_0^2)}{2}$$

O trabalho total realizado sobre o bloco é igual à soma do trabalho da força elástica com o trabalho da força $\vec{F}$. Como não houve variação da **energia cinética**, $K = K_0$ (pois em x e em x_0 o bloco está parado), o trabalho total realizado sobre o bloco é igual a zero. Matematicamente, temos:

$$W_{total} = W_E + W_F = 0$$

Logo:

$$W_F = -W_E$$

$$W_F = \frac{k(x^2 - x_0^2)}{2}$$

Concluímos, assim, que o trabalho que a força $\vec{F}$ realiza sobre o bloco é igual ao negativo do trabalho que a força elástica realiza sobre ele. Em outras palavras, a energia fornecida pela força $\vec{F}$ é retirada do bloco pela força elástica (isso sob o ponto de vista do modelo de partícula).

Sob o ponto de vista de um sistema formado pelo bloco e pela mola, o trabalho que a força $\vec{F}$ externa realiza sobre o sistema não altera a sua energia cinética, mas muda sua configuração. Quando isso acontece, dizemos que a força $\vec{F}$ forneceu energia ao sistema, a qual ficou armazenada na forma de energia potencial (neste caso, na forma de energia potencial elástica). Assim:

$$\Delta U = W_F = -W_E$$

A energia potencial elástica de um sistema massa-mola é igual ao negativo do trabalho realizado pela força elástica.

$\Delta U_E = \frac{k(x^2 - x_0^2)}{2}$ (Energia potencial elástica)

Ou, de forma equivalente:

$$dU_E = -dW_E - \vec{F}_E \cdot d\vec{r}$$

$$dU_E = -dW_E = -\vec{F}_E \cdot (dx\hat{i} + dy\hat{j} + dz\hat{k})$$

Considerando que a deformação da mola ocorre na direção x, temos:

$$dU_E = -F_E dx$$

$$dU_E = -(-kx)dx$$

$$dU_E = kx\, dx$$

$$\int_{U_0}^{U} dU_E = \int_{x_0}^{x} kx\, dx$$

$$\Delta U_E = \frac{k(x^2 - x_0^2)}{2}$$

Trabalho e energia

Exemplo 4.19

Uma força externa comprime uma esfera contra uma mola até que ela se deforme 10 cm. A constante elástica da mola vale k = 500 N/m.

a. Calcule a força que a mola exerce sobre a esfera.
b. Adotando o modelo de partícula, calcule o trabalho que a mola realiza sobre a esfera.
c. Adotando o modelo de sistema, calcule a energia potencial elástica confinada no sistema esfera-mola.

Resolução

a. A força que a mola exerce sobre a esfera é calculada por:

$F = -k \cdot \Delta x$

Assim:

$F = -500 \text{ N/m} \cdot 0,1 \text{ m}$

$F = -50 \text{ N}$

O sinal negativo indica que a força age no sentido contrário ao deslocamento da esfera, sendo, portanto, uma força restauradora.

b. O trabalho que a mola realiza sobre a esfera é calculado por:

$W = \int_0^{0,1} -kx \, dx$

$W = -500 \left[\dfrac{(-0,1)^2}{2} - \dfrac{(0)^2}{2} \right]$

$W = -500 \cdot (0,005) = -2,5 \text{ J}$

O trabalho da força elástica é resistente (negativo), pois, sob o ponto de vista do modelo de partícula, ela retira energia da esfera.

c. A energia potencial elástica confinada no sistema esfera-mola é calculada por:

$\Delta U_E = -W$

$\Delta U_E = 2,5 \text{ J}$

Exemplo 4.20

Analise em quanto é aumentada a energia potencial elástica armazenada em um sistema quando a deformação da mola é:

a. dobrada.
b. triplicada.

Resolução

A energia potencial elástica inicial é dada por:

$\Delta U_{E,0} = \dfrac{k(x^2 - x_0^2)}{2}$

a. Considerando $x_0 = 0$, quando dobramos a deformação, temos:

$$\Delta U_E = \frac{k(2x^2)}{2}$$

$$\Delta U_E = \frac{4kx^2}{2} = 4\Delta U_{E,0}$$

b. Adotamos o mesmo procedimento para quando a deformação é triplicada:

$$\Delta U_E = \frac{k(3x^2)}{2}$$

$$\Delta U_E = \frac{9kx^2}{2} = 9\Delta U_{E,0}$$

Portanto, quando dobramos a deformação da mola, a energia potencial elástica quadriplica e, quando triplicamos essa deformação, ela aumenta em nove vezes.

Vimos que as energias potenciais gravitacional e elástica estão diretamente relacionadas às forças conservativas. A propósito, não faz sentido falar em energia potencial se a força não for conservativa. Qualquer outra força que seja conservativa pode ter uma função energia potencial associada a ela.

Síntese

$W = \vec{F} \circ \Delta \vec{r}$	Trabalho de uma força.
$W_{total} = (F_{1,x} + F_{2,x} + F_{3,x} + ... + F_{n,x})\Delta x = F_{res,x} \Delta x$	Trabalho total de várias forças atuando sobre um corpo.
$K = \frac{1}{2}mv^2$	Energia cinética.
$W = \Delta K$	Teorema trabalho-energia cinética para uma partícula.
$W_g = -mgh$	Trabalho realizado pela força gravitacional.
$W_e = \frac{-k(x_2^2 - x_1^2)}{2}$	Trabalho realizado pela força elástica.
$W_{total} = \int_{r_0}^{r} \vec{F} \cdot d\vec{r}$	Trabalho em três dimensões de uma força variável qualquer.
$P_{med} = \frac{W}{\Delta t}$	Potência média.
$P = \frac{dW}{dt}$	Potência instantânea.
$P = \vec{F} \cdot \vec{v}$	Potência em termos da velocidade.
$\eta = \frac{P_t - P_d}{P_t} = \frac{P_u}{P_t}$	Rendimento.

(continua)

Trabalho e energia

(conclusão)

$P = \dfrac{\Delta K}{\Delta t}$	Relação entre potência média e energia cinética.
$P = \dfrac{dK}{dt}$	Relação entre potência instantânea e energia cinética.
$W = 0$	Trabalho de uma força conservativa.
$W = -\Delta U$	Relação entre o trabalho realizado por uma força conservativa e a energia potencial do sistema.
$\Delta U_g = mg\Delta h$	Energia potencial gravitacional.
$\Delta U_E = \dfrac{k(x^2 - x_0^2)}{2}$	Energia potencial elástica.

Atividades de autoavaliação

1. Uma partícula apresenta, inicialmente, a energia cinética K. Em determinado instante, ela passa a se deslocar na direção oposta, com o dobro da velocidade que tinha. Em quantas vezes a energia cinética da partícula é aumentada?

2. Uma força variável atua sobre um corpo fazendo-o se deslocar na mesma direção de sua linha de ação. A força varia com a posição de acordo com a equação $F_x = 3x^2$. Calcule o trabalho que a força realiza sobre o corpo quando ele se desloca da posição $x = 0$ m até $x = 4$ m.

3. Um bloco de 5 kg escorrega sem atrito por um plano inclinado que forma um ângulo de 45° com a horizontal. Calcule:
   a) o trabalho realizado por cada uma das forças que atuam sobre ele quando o bloco escorrega 3 m plano inclinado abaixo;
   b) o trabalho total realizado sobre o bloco.
   c) a velocidade do bloco após ele se deslocar por 1 m, supondo que ele começa a escorregar a partir do repouso.
   d) a velocidade do bloco depois de escorregar 1 m, tendo velocidade inicial de 3 m/s.

4. O funcionário de um supermercado tem a opção de empurrar um carrinho de massa m = 50 kg por duas rampas para levá-lo até uma plataforma de altura 2 m. A primeira tem comprimento $L_1 = 4$ m e a segunda $L_2 = 6$ m. O rolamento do carrinho é equivalente ao deslizamento sem atrito.
   a) Para cada rampa, determine a força paralela à superfície inclinada suficiente para se empurrar o carrinho com velocidade constante.

b) Calcule o trabalho que a força realiza em cada um dos casos.

c) Com o resultado obtido em b, discuta qual a vantagem de escolher um ou outro caminho.

5. O deslocamento de um objeto de massa m = 2 kg é dado pelo vetor $\vec{\Delta r} = (4\ m)\hat{i} + (-2\ m)\hat{j} + (-5\ m)\hat{k}$. Durante o deslocamento, uma força $F = (5\ N)\hat{i} + (-3\ N)\hat{k}$ atua sobre o objeto.

   a) Calcule o trabalho que a força realiza durante o deslocamento.

   b) Calcule a componente da força $\vec{F}$ que está na direção do deslocamento.

6. A potência de um carro de corrida pode ser considerada constante. Determine a razão entre a aceleração do carro na velocidade de 120 km/h e a aceleração na velocidade de 60 km/h (despreze a resistência do ar).

7. Calcule a potência proporcionada pela força nos seguintes casos:

   a) $\vec{F} = (5\ N)\hat{i} + (2\ N)\hat{j}$ e $\vec{v} = (3\ m/s)\hat{k}$;

   b) $\vec{F} = (2\ N)\hat{i} + (-4\ N)\hat{j}$ e $\vec{v} = (-3\ m/s)\hat{i} + (2\ m/s)\hat{j}$;

   c) $\vec{F} = (2\ N)\hat{i} + (-3\ N)\hat{k}$ e $\vec{v} = (1\ m/s)\hat{i} + (5\ m/s)\hat{j}$.

8. Um carro parte do repouso desenvolvendo uma potência constante. Depois de 10 s, a sua velocidade é de 100 km/h. Supondo que a massa do carro seja de 800 kg, calcule qual será a sua velocidade no instante de tempo 15 s e qual a distância que ele estará do ponto de partida.

9. Um bloco de 3 kg, partindo do repouso, desliza sem atrito por um plano inclinado 40° em relação à horizontal. A altura do plano é de 15 m.

   a) Qual a energia potencial inicial do sistema bloco-Terra, tomando como referência o nível do solo?

   b) Utilize as leis de Newton para determinar a distância que o bloco percorre no primeiro segundo e a sua respectiva velocidade nesse instante.

   c) Determine a energia potencial do sistema e a energia cinética do bloco no instante t = 1 s.

   d) Determine a energia cinética e a velocidade do bloco no instante em que o bloco termina de descer o plano inclinado.

10. Partindo do repouso, após 4 s, as massas de uma máquina de Atwood simples (ver figura a seguir) se deslocaram 8 m e estão animadas com velocidade de 6 m/s. Nesse mesmo instante, a energia cinética do sistema vale 100 J.

Trabalho e energia

Máquina de Atwood simples

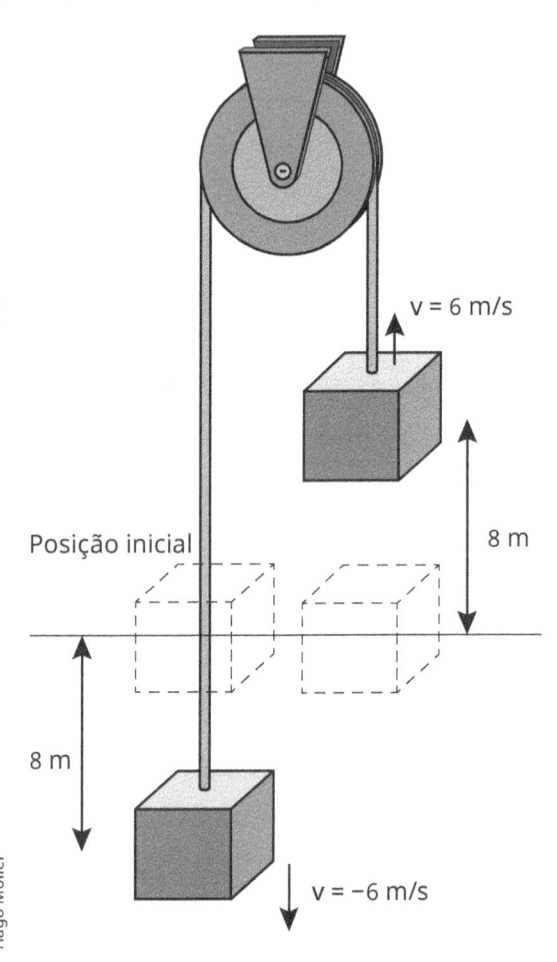

v = 6 m/s

8 m

Posição inicial

8 m

v = –6 m/s

Considere que as massas da polia e da corda são desprezíveis e calcule os valores das massas que se encontram nas extremidades.

5.

Conservação da energia

Conservação da energia

Você já deve ter ouvido falar da famosa **lei de Lavoisier**: na natureza nada se cria, nada se perde, tudo se transforma. Tal afirmação foi feita com base na análise realizada sobre a conservação da massa entre substâncias presentes em certa reação química. Essa norma pressupõe que, em uma reação química que ocorre em um sistema fechado, a soma das massas antes da reação tem de ser igual à soma delas após esse fenômeno. Neste capítulo, analisaremos os desdobramentos da afirmação de Lavoisier, procurando entender os **princípios da conservação da energia**.

Hoje sabemos, por meio da teoria de Einstein, que existe um princípio geral, resultante das simetrias do espaço e do tempo, que afirma a equivalência entre massa e energia, ou, ainda, que todo corpo tem uma energia a ele associada. Essa equivalência foi equacionada e escrita em linguagem matemática pelo físico alemão da seguinte forma:

$$E = mc^2$$

Em que:
- E é a energia de repouso do corpo.
- m é a massa de repouso do corpo.
- c é a velocidade da luz.

A equivalência entre massa e energia é relevante em um cenário em que as velocidades dos corpos estão próximas à velocidade da luz. Para os fenômenos dos corpos visíveis a olho nu que rodeiam nosso cotidiano, podemos considerar que as massas dos corpos se mantêm constantes, ou seja, conservam-se (sua variação devido às mudanças de velocidade é insignificante).

Neste capítulo, estudaremos a lei, uma das mais importante da física, cuja afirmação é a de que a energia do universo é constante.

5.1 Conservação da energia mecânica

No capítulo anterior, vimos que o trabalho realizado por uma força conservativa é equivalente ao decréscimo da energia potencial do sistema ($W_c = -\Delta U$). Vimos também que a energia potencial fica confinada no sistema e pode, a qualquer momento, ser utilizada para produzir movimento.

Como podemos descrever as energias cinética e potencial de um sistema formado por várias partículas?

Para respondermos a essa pergunta, temos primeiramente de admitir que a energia cinética associada a um sistema de partículas é igual à soma das energias cinéticas de todas as partículas.

$$K_{sist} = K_1 + K_2 + K_3 + \ldots - K_n = \sum_{i=1}^{n} K_i$$

Se o trabalho total realizado sobre uma partícula é igual à variação da sua energia cinética, então, o trabalho total realizado sobre um sistema de partículas é igual à somatória da variação das energias cinéticas de todas as partículas, que, por sua vez, é igual à variação da energia cinética do sistema.

$$W_{total} = \sum_{i=1}^{n} K_i = \Delta K_{sist}$$

As forças que realizam trabalho em um sistema podem ser externas, internas conservativas ou internas não conservativas, de modo que o trabalho total realizado sobre o sistema pode ser equacionado da seguinte forma:

$$W_{total} = W_e + W_i + W_{nc}$$

Em que:
- W_e é o trabalho realizado pelas forças externas que atuam sobre o sistema;
- W_i é o trabalho realizado pelas forças internas conservativas;
- W_{nc} é o trabalho realizado pelas forças internas não conservativas.

Vejamos um caso em que figuram forças externas, internas conservativas e internas não conservativas. Considere um meteoro em rota de colisão com a Terra, conforme Figura 5.1:

Figura 5.1
Forças entre corpos celestes com o Sol ao fundo (desenho não está em escala)

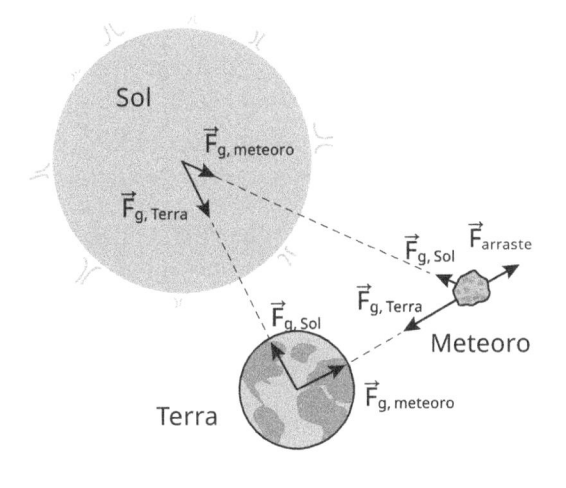

Definamos, arbitrariamente, que o sistema é formado pelo meteoro e pela Terra. Consideremos também que a massa da Terra é bem maior que a do meteoro; logo, o deslocamento da primeira é desprezível em relação ao do segundo. As forças que atuam sobre o sistema *meteoro-Terra* são:

- força gravitacional mútua entre o meteoro e a Terra (força interna conservativa);
- força gravitacional mútua entre o meteoro e o Sol (força externa);
- força gravitacional mútua entre a Terra e o Sol (força externa);
- força de arraste aerodinâmico decorrente da atmosfera terrestre (força interna não conservativa).

No caso desse exemplo, fica clara a ação de forças internas não conservativas e de forças externas.

Utilizemos a última equação e o conhecimento estudado no capítulo anterior para chegar à definição de energia mecânica de um sistema. Rearranjando os termos, obtemos:

$$W_{total} - W_i = W_e + W_{nc}$$

Sabemos que o trabalho total realizado sobre um sistema é igual à variação de sua energia cinética ($W_{total} = \Delta K_{sist}$). Sabemos também que o trabalho realizado por forças internas conservativas é igual ao decréscimo da energia potencial do sistema ($W_i = -\Delta U_{sist}$). Substituindo esses resultados na última equação, obtemos:

$$\Delta K_{sist} + \Delta U_{sist} = W_e + W_{nc}$$

Conservação da energia

Definimos como *energia mecânica total* do sistema a soma das energias potencial e cinética:

$$E_{mec} = K_{sist} + U_{sist}$$

A variação da energia mecânica do sistema é, portanto, dada por:

$$\Delta E_{mec} = \Delta K_{sist} + \Delta U_{sist}$$

Assim, em termos de sistemas, o teorema *trabalho-energia* é escrito da seguinte forma:

$$W_e = \Delta E_{mec} - W_{nc}$$
ou
$$W_e + W_{nc} = \Delta E_{mec}$$

Essa descrição mostra que, se a soma do trabalho das forças externas com o trabalho das forças internas não conservativas for zero, a energia mecânica do sistema é conservada, ou seja, a variação da energia mecânica do sistema é igual a zero.

$$\Delta E_{mec} = \Delta K_{sist} + \Delta U_{sist} = 0$$

Ou, de forma equivalente:

$$E_{mec} = K_{sist} + U_{sist} = \text{constante}$$

Se a energia mecânica de um sistema é conservada, concluímos que a soma das energias cinética e potencial, no momento inicial, é igual à soma dessas energias no momento final:

$$K_{sist,0} + U_{sist,0} = K_{sist} + U_{sist}$$

Esse resultado é bastante significativo pelo fato de que não importa o que aconteceu no intervalo de tempo entre o início e o fim da observação de um sistema, pois há conservação da energia mecânica. Em outras palavras, o movimento intermediário das partículas que formam um sistema e o trabalho das forças envolvidas no processo podem ser desconsiderados na resolução de problemas em que há conservação da energia mecânica. Essa abordagem, como veremos a seguir, permite-nos resolver problemas com maior facilidade do que pela aplicação direta das leis de Newton.

Vejamos alguns exemplos:

Exemplo 5.1

Abandona-se um bloco de massa com 2 kg, inicialmente em repouso, do ponto *A* que está localizado a uma altura de 5 m do solo, conforme Figura 5.2. O bloco escorrega pela rampa sem atrito e, quando sua altura é zero, colide com uma mola de constante elástica 3 000 N/m. Calcule:

a. a velocidade do bloco quando ele termina de descer a rampa.
b. a máxima deformação que o bloco provocará na mola.
c. a altura do bloco quando a sua velocidade for 5 m/s.

Figura 5.2
Bloco na iminência de descer uma rampa sem atrito e colidir com uma mola

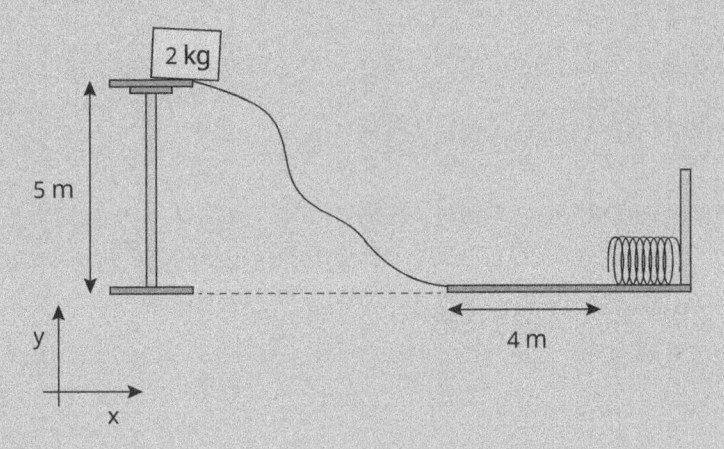

Resolução

Consideremos que o sistema é formado pelo bloco, pela Terra e pela mola. As forças que realizarão trabalho sobre o sistema são forças internas conservativas: força gravitacional e força elástica (a força normal não realiza trabalho, pois é sempre perpendicular ao deslocamento). Não há forças externas atuando sobre o sistema, nem forças não conservativas. Assim, podemos escrever:

$$\Delta E_{mec} = \Delta K_{sist} + \Delta U_{sist} = W_e + W_{nc} = 0$$

a. Inicialmente, o sistema tem somente energia potencial gravitacional, que será totalmente transformada em energia cinética quando o bloco atingir a altura zero.
$$K = U_{g,0}$$
$$\frac{1}{2}mv^2 = mgh_0$$
$$v = \sqrt{2gh_0} = \sqrt{2 \cdot 9{,}81 \cdot 5} = 9{,}9 \text{ m/s}$$

b. Quando o bloco está na altura zero, toda a energia cinética que o sistema apresenta se transformará em energia potencial elástica quando a mola atingir a máxima deformação. Dessa forma, temos:

$U_e = K$

$\frac{1}{2}kx^2 = \frac{1}{2}mv^2$

Isolando x na equação, obtemos a máxima deformação da mola:

$x = \sqrt{\frac{mv^2}{k}} = \sqrt{\frac{2 \cdot 98,1}{3000}} = 0,2557 \text{ m} = 25,57 \text{ cm}$

c. Quando a velocidade do bloco for de 5 m/s, ele ainda estará descendo a rampa. Portanto, a energia mecânica do sistema (que é igual à energia potencial gravitacional que o sistema tinha no início) é composta por uma parcela de energia potencial gravitacional e outra de energia cinética. Equacionando esse raciocínio, temos:

$K + U = U_{g,0}$

$U = U_{g,0} - K$

$mgh = mgh_0 - \frac{1}{2}mv^2$

Simplificando a equação e isolando a altura h, obtemos:

$h = h_0 - \frac{v^2}{2g} = 5 - \frac{5^2}{2 \cdot 9,81} = 3,73 \text{ m}$

Exemplo 5.2

Uma bola de boliche, de massa 3 kg, encontra-se presa sobre uma mola disposta na vertical que está deformada 40 cm em relação à sua posição de equilíbrio. Quando a bola é solta, ela é arremessada verticalmente para cima. Considerando que somente forças conservativas atuam sobre o sistema *Terra-mola-bola*, determine a altura máxima que a bola atingirá. Considere que a massa da mola é desprezível e que sua constante elástica vale k = 2 000 N/m.

Resolução

No início, o sistema tem somente energia potencial elástica. Quando a bola atingir a altura máxima, toda a energia potencial elástica do sistema terá sido transformada em energia potencial gravitacional. Assim:

$U_g = U_e$

$mgh = \dfrac{1}{2} kx^2$

$h = \dfrac{kx^2}{2mg} = \dfrac{2000 \cdot 0{,}4^2}{2 \cdot 3 \cdot 9{,}81} = 5{,}44 \text{ m}$

A bola atingirá a altura de 5,44 m.

Exemplo 5.3

Um goleiro chuta uma bola para o campo adversário com módulo de velocidade inicial igual a 72 km/h, formando um ângulo de 30° com a horizontal. Se desprezarmos o atrito com o ar, qual é a altura máxima que a bola atingirá?

Resolução

Considerando que o sistema é formado pela bola e pela Terra, procedemos à análise a partir do momento em que a bola é chutada. No início, o sistema tem somente energia cinética, que é igual à energia mecânica do sistema. Na altura máxima, a bola apresenta energia cinética correspondente à componente horizontal da velocidade na direção v_x e energia potencial gravitacional correspondente à altura máxima. Assim:

$E_{mec} = K_0 = K_{h\,máx} + U_{h\,máx}$

$\dfrac{1}{2} mv_0^2 = \dfrac{1}{2} mv_x^2 + mgh_{máx}$

Sabemos que $v_x = v_0 \cos 30°$. Isolando $h_{máx}$ na última equação, obtemos:

$h_{máx} = \dfrac{v_0^2 - v_x^2}{2g} = \dfrac{v_0^2 - (v_0 \cos 10°)^2}{2g}$

$h_{máx} = \dfrac{\left(\dfrac{72}{3{,}6}\right)^2 - \left(\dfrac{72}{3{,}6} \cos 30°\right)^2}{2 \cdot 9{,}81} = 5{,}1 \text{ m}$

A altura máxima que a bola vai atingir é 5,1 m.

Conservação da energia

Os itens (a) e (b) do próximo exemplo foram resolvidos por meio das equações da cinemática estudadas no Capítulo 2. Faremos novamente a resolução, utilizando o princípio da conservação da energia mecânica.

> Exemplo 5.4
>
> O piloto de um helicóptero deseja levar mantimentos para um grupo de pessoas que está ilhado (ver Figura 2.6). Quando se encontra exatamente acima do grupo, a uma altura de 50 m do chão, o piloto solta a caixa de mantimentos. Ele está a uma velocidade de 25 m/s, formando um ângulo de 30° com a horizontal. Desprezando a resistência do ar, responda:
>
> a. Qual é a altura máxima que a caixa de mantimentos atingirá?
> b. Qual o módulo do vetor velocidade final da caixa, imediatamente antes de atingir o solo?
>
> Resolução
>
> a. Como estamos desprezando a resistência do ar, a única força que atua sobre o saco é a gravitacional, que é conservativa. Logo, podemos utilizar a conservação da energia mecânica para resolver o problema.
>
> Escrevamos a equação da conservação da energia mecânica para o momento em que a caixa é solta do helicóptero e para o momento em que ela atinge a altura máxima.
>
> $E_{mec} = K_0 + U_0 = K_{h\,máx} + U_{h\,máx}$
>
> Como já vimos no exemplo anterior, a energia cinética no ponto mais alto da trajetória deve-se somente à componente x da velocidade, pois a componente y é zero. Assim:
>
> $\frac{1}{2}mv_0^2 + mgh_0 = \frac{1}{2}mv_x^2 + mgh_{máx}$
>
> Como a massa figura em todos os termos da equação, podemos eliminá-la:
>
> Isolando $h_{máx}$ e fazendo $v_x = v_0 \cos 30°$, temos:
>
> $h_{máx} = \frac{1}{2g}v_0^2 + h_0 - \frac{1}{2g}(v_0 \cos 30°)^2$
>
> Substituindo os valores fornecidos pelo enunciado, obtemos:
>
> $h_{máx} = \frac{1}{2 \cdot 9{,}81} \cdot 25^2 + 50 - \frac{1}{2 \cdot 9{,}81} \cdot (25 \cdot \cos 30°)^2 = 57{,}96$ m/s

b. Quando o saco de mantimentos atinge o chão, a energia potencial gravitacional associada ao sistema é zero. Logo, a energia mecânica neste instante é puramente cinética.

$E_{mec} = K_0 + U_0 = K$

$\frac{1}{2} mv_0^2 + mgh_0 = \frac{1}{2} mv^2$

Eliminando as massas e isolando a velocidade final, temos:

$v = \sqrt{v_0^2 + 2gh_0} = 40{,}07$ m/s

Os resultados dos itens (a) e (b) são os mesmos que encontramos no Exemplo 2.7 quando utilizamos as equações da cinemática.

Exemplo 5.5

Um pêndulo de massa m = 0,4 kg e corda de comprimento L = 2 m é solto do repouso quando forma um ângulo inicial $\theta_0 = 45°$ com a vertical, conforme Figura 5.3. Desprezando a resistência do ar, calcule:

a. o módulo da velocidade do pêndulo quando ele passa pelo ponto mais baixo da trajetória.
b. o módulo da tensão na corda nesse mesmo ponto.

Figura 5.3
Pêndulo simples formando um ângulo θ com a vertical

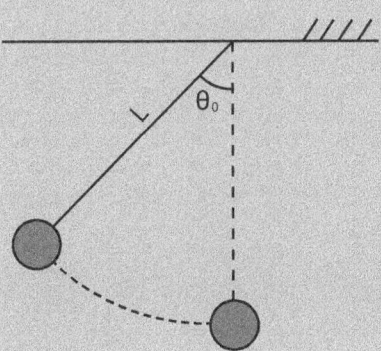

Conservação da energia

Resolução

Considereos o sistema como formado pela Terra e pelo pêndulo. Duas forças atuam sobre ele: a força gravitacional e a tensão na corda. A primeira é uma força conservativa, cujo trabalho é igual ao negativo da variação da energia potencial do sistema. Já a segunda é uma força interna não conservativa, perpendicular ao deslocamento da massa do pêndulo. Portanto, ela não realiza trabalho ($W = \int_{\vec{r}_0}^{\vec{r}} \vec{T} \circ d\vec{r} = \int_{\vec{r}_0}^{\vec{r}} T \cdot \cos 90° \, dr = 0$, pois $\cos 90° = 0$). Assim, podemos escrever:

$\Delta E_{mec} = \Delta K_{sist} + \Delta U_{sist} = W_e + W_{nc} = 0$

$K + U = K_0 + U_0$

No exato instante em que o pêndulo é solto do repouso, sua energia cinética é zero e o sistema tem somente energia potencial gravitacional. Consideremos que, no ponto mais baixo da trajetória, a energia potencial gravitacional do sistema seja zero. Durante o percurso que vai da posição inicial até o ponto mais baixo da trajetória, a energia potencial inicial vai sendo convertida em energia cinética. A Figura 5.4 ajuda a entender melhor o movimento do pêndulo.

Figura 5.4
Esquema para analisar o movimento do pêndulo

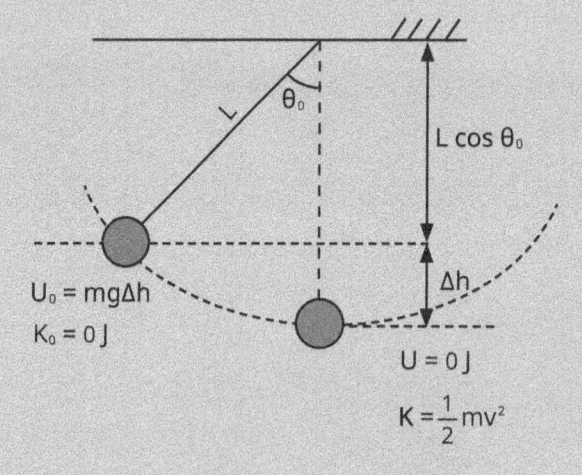

a. No ponto mais baixo da trajetória, temos:

$K = U_0$

$\frac{1}{2} mv^2 = mg\Delta h$

$v = \sqrt{2g\Delta h}$

Observe que $\Delta h = L - L \cos \theta_0$. Logo:

$$v = \sqrt{2gL(1 - \cos \theta_0)}$$
$$v = \sqrt{2 \cdot 9{,}81 \cdot 2(1 - \cos 45°)} = 3{,}39 \text{ m/s}$$

b. A tensão na corda no ponto mais baixo é obtida aplicando-se a segunda lei de Newton:

$\sum F = m \cdot a_c$

$T - mg = m \cdot a_c$

$T - mg = m \cdot \dfrac{v^2}{L}$

$T = m \cdot \dfrac{2gL(1 - \cos \theta_0)}{L} + mg$

Manipulando esta última equação, obtemos:

$T = mg[2(1 - \cos \theta_0) + 1]$

$T = (3 - 2 \cos \theta_0)mg = (3 - 2 \cos 45°) \cdot 0{,}4 \cdot 9{,}81 = 6{,}22 \text{ N}$

Portanto, a tensão na corda no ponto mais baixo da trajetória é de 6,22 N.

Exemplo 5.6

Um aluno de um curso de engenharia deseja realizar uma experiência, conforme esquema apresentado na Figura 5.5.

Figura 5.5
Um bloco desce a rampa e realiza o *looping*

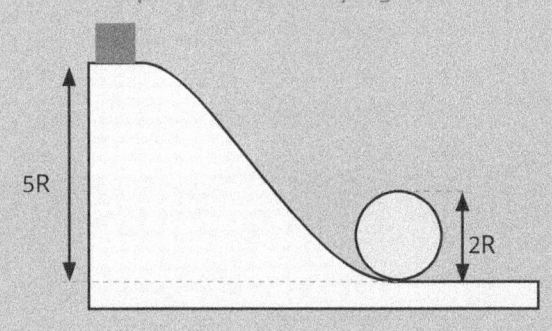

O objetivo é fazer com que o bloco desça pela rampa e em seguida realize o *looping*.

Conservação da energia

a. Considerando que a superfície da rampa é perfeitamente polida, a energia armazenada no sistema Terra-bloco-rampa é suficiente para que ele complete o *looping*?

b. Considere, ainda, que:
- existe atrito entre a rampa e o bloco;
- ao chegar ao ponto mais baixo da rampa, um sensor indica que o bloco perdeu 30% da velocidade que teria caso não tivesse atrito;
- durante o restante da trajetória do *looping* não há mais dissipação de energia mecânica devido ao atrito;

Nessas condições, a energia restante é suficiente para que o bloco complete o *looping*?

Resolução

Na parte mais alta da rampa, a energia mecânica do sistema é igual à sua energia potencial gravitacional.

$E_{mec} = U_0 = 5mgR$

a. Para que o bloco consiga realizar o *looping*, é necessário que a força normal no ponto mais alto do *looping* seja maior ou igual a zero. Aplicando a segunda lei de Newton sobre o bloco neste ponto, temos:

$\sum F = m \cdot a_c$

$-F_N - mg = -m \cdot a_c$

$F_N = m \cdot \dfrac{v^2}{R} - mg$

Pela conservação da energia mecânica, podemos encontrar uma expressão para a velocidade no ponto mais alto do *looping*:

$K = U_0 - U$

$\dfrac{1}{2} mv^2 = 5mgR - 2mgR$

$v^2 = 6gR$

Substituindo esse resultado na expressão da força normal, temos:

$F_N = m \cdot \dfrac{6gR}{R} - mg$

$F_N = 5mg$

Ou seja, como a força normal no ponto mais alto do *looping* é maior do que zero, a energia mecânica inicial é suficiente para que o bloco complete o *looping*.

b. Nesse caso, ao chegar ao final da rampa, parte da energia inicial foi dissipada na forma de calor.

$U_0 = K + E_{dissipada}$

Caso não tivesse perdido energia, a velocidade do bloco poderia ser calculada pela conservação da energia mecânica. Nesse caso, teríamos:

$K = U_0$

$\dfrac{1}{2} mv^2 = 5mgR$

$v = \sqrt{10gR}$

No entanto, sabemos que a velocidade com que o bloco chega ao final da rampa é igual a 70% desse valor, ou seja:

$v = 0{,}7\sqrt{10gR}$

Substituindo esse resultado na expressão a seguir:

$U_0 = K + E_{dissipada}$

Temos:

$5mgR = \dfrac{1}{2} m(0{,}7\sqrt{10gR})^2 + E_{dissipada}$

$5mgR = 2{,}45mgR + E_{dissipada}$

$E_{dissipada} = 5mgR - 2{,}45mgR = 2{,}55mgR$

> Logo, quando o bloco chegar ao ponto mais alto do *looping*, sua energia mecânica total será:
>
> $E_{mec} = U_0 - E_{dissipada}$
>
> $E_{mec} = 5mgR - 2{,}55mgR = 2{,}45mgR$
>
> A energia cinética nesse ponto é dada por:
>
> $K = E_{mec} - 2mgR$
>
> $K = 2{,}45mgR - 2mgR = 0{,}45mgR$
>
> Aplicando a segunda lei de Newton sobre o bloco quando ele está no ponto mais alto do *looping*, obtemos:
>
> $\sum F = m \cdot a_c$
>
> $-F_N - mg = -m \cdot a_c$
>
> $F_N = m \cdot \dfrac{v^2}{R} - mg$
>
> $F_N = m \cdot \dfrac{0{,}9gR}{R} - mg$
>
> $F_N = -0{,}1mg$
>
> Como o cálculo da força normal resultou em um valor menor que zero, o bloco não terá energia suficiente para completar o *looping*.

5.2 Energia potencial e equilíbrio

Sabemos que só faz sentido falar em *energia potencial* quando temos forças conservativas atuando sobre um sistema. No capítulo anterior, aprendemos que, para um corpo que se move na direção x, a energia potencial associada a uma força conservativa que atua também na direção x é dada por:

$$dU = -dW = -\vec{F} \circ d\vec{r} = -\vec{F}_i \circ (dx_i + dy_j + dz_k)$$

Realizando o produto escalar, obtemos:

$$dU = -F_x \, dx$$

Derivando ambos os membros dessa última equação em relação a x, verificamos que uma força conservativa pode ser escrita como o negativo da taxa de variação da energia potencial em relação ao deslocamento. Portanto, no caso unidimensional, podemos calcular uma força conservativa que atua sobre um corpo, derivando a função energia potencial em relação à variável que indica a posição do corpo (nesse caso, em relação à x).

$$F_x = -\frac{dU}{dx}$$

Podemos verificar a validade desse resultado, derivando as expressões das energias potenciais gravitacional e elástica para obter, respectivamente, as expressões para as forças gravitacional e elástica.

$U_g = mgy$ (energia potencial gravitacional)

$F_g = -\dfrac{dU}{dy} = -mg$ (força gravitacional)

$U_e = \dfrac{1}{2} kx^2$ (energia potencial elástica)

$F_g = -\dfrac{dU}{dy} = -kx$ (força elástica)

Caso seja fornecido um gráfico da energia potencial de um sistema, podemos obter a força conservativa que atua sobre um de seus elementos por meio do simples cálculo da derivada da função energia potencial em relação à posição do elemento (inclinação da reta tangente à curva do gráfico). A força que atua sobre o elemento, no ponto em questão, será igual ao negativo da derivada (ao negativo da inclinação da reta tangente à curva do gráfico).

A taxa instantânea de variação de uma grandeza em relação à outra (à derivada) pode ser obtida pela inclinação da reta tangente à curva em determinado ponto.

Exemplo 5.7

O Gráfico 5.1 refere-se à energia potencial gravitacional de um sistema *massa-Terra*. No eixo y, temos a altura da massa em relação à superfície da Terra e, no eixo U, a energia potencial gravitacional (que, na superfície da Terra, estamos considerando zero). Estime graficamente a força gravitacional que atua sobre a massa.

Gráfico 5.1
Energia potencial gravitacional *versus* altura

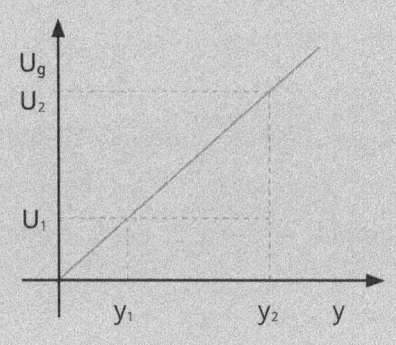

Conservação da energia

> **Resolução**
>
> Como o gráfico é uma reta, a tangente em qualquer ponto também é uma reta, paralela à do gráfico. Para estimarmos o valor da força que atua sobre a massa, calculemos calcular graficamente a inclinação da reta tangente.
>
> $$i = \frac{\Delta U}{\Delta y} = \frac{U_2 - U_1}{y_2 - y_1} = \frac{mgy_2 - mgy_1}{y_2 - y_1} = \frac{mg(y_2 - y_1)}{y_2 - y_1} = mg$$
>
> A força conservativa que atua sobre a massa é igual ao negativo desse resultado.
>
> $$F_g = -\frac{\Delta U}{\Delta y} = -mg$$

No caso de um sistema formado por uma massa e uma mola (que obedece à lei de Hooke), o gráfico da energia potencial elástica *versus* a deformação da mola é uma parábola com concavidade voltada para cima (Gráfico 5.2).

Gráfico 5.2
Energia potencial elástica *versus* deformação da mola

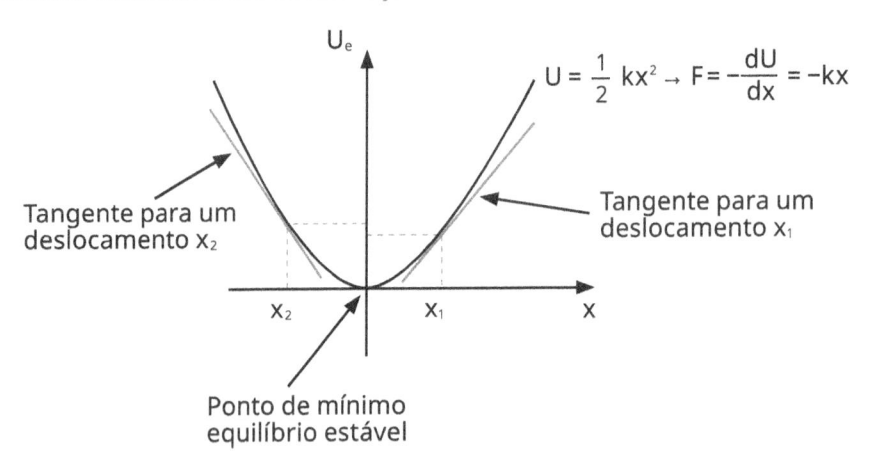

$$U = \frac{1}{2} kx^2 \rightarrow F = -\frac{dU}{dx} = -kx$$

No Gráfico 5.2, a inclinação da reta tangente à curva é numericamente igual ao negativo da força elástica que atua sobre a massa. É importante que você perceba que, na posição de equilíbrio, a reta tangente à curva é paralela ao eixo x. Logo, sua inclinação é zero, sinalizando que, nesse ponto, a força elástica exercida pela mola sobre a massa é zero.

Observe que, quanto mais distante da posição de equilíbrio, maior é a inclinação da reta tangente à curva. Esse fenômeno nos leva a concluir que a força elástica aumenta em módulo à medida que a massa se distancia da posição de equilíbrio.

Como a força elástica é numericamente igual ao negativo da inclinação da reta tangente à curva, quando x é positivo, a inclinação da reta tangente também é positiva e a força elástica é negativa. Já quando x é negativo, a inclinação da reta tangente é negativa e a força elástica é positiva.

É importante também enfatizarmos que qualquer deslocamento da massa a partir da posição de equilíbrio (x = 0) produz uma força restauradora que a acelera no sentido da posição de equilíbrio (para x > 0 → F < 0; para x < 0 → F > 0). Quando isso acontece, dizemos que o corpo está em **equilíbrio estável**.

Em casos de sistemas nos quais um pequeno deslocamento da posição de equilíbrio provoca uma força resultante sobre o corpo, que o acelera para longe da posição de equilíbrio, afirmamos que o **equilíbrio é instável**. Nesse tipo de equilíbrio, o gráfico da energia potencial do sistema *versus* a posição do corpo apresenta um ponto de máximo (Gráfico 5.3).

Um exemplo é um sistema formado por três corpos cujos centros de massa passam pela mesma reta (supondo que os corpos que se encontram nas extremidades estejam fixos).

> Estudaremos o centro de massa de um corpo no Capítulo 6. Por enquanto, considere que o centro de massa é um ponto localizado no corpo que se comporta como se toda a massa do corpo estive nele concentrada.

Gráfico 5.3
Energia potencial gravitacional associada a um sistema formado por três corpos, sendo que os das extremidades estão fixos e são muito mais massivos do que o que está entre eles

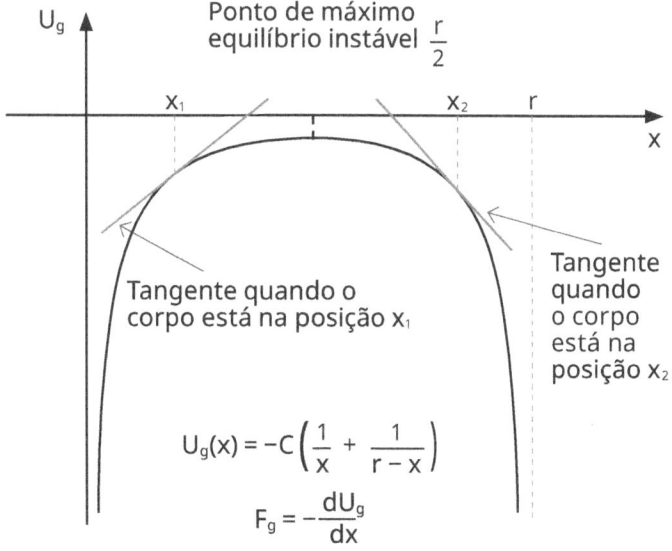

$$U_g(x) = -C\left(\frac{1}{x} + \frac{1}{r-x}\right)$$

$$F_g = -\frac{dU_g}{dx}$$

No Gráfico 5.3, os corpos das extremidades estão fixos e são muito mais massivos que aquilo que está entre eles. Nesse caso, a posição de equilíbrio é $\frac{r}{2}$. Para x maior que $\frac{r}{2}$, a inclinação da reta tangente à curva é negativa e a força é positiva (x > $\frac{r}{2}$ → F > 0). Para x menor que $\frac{r}{2}$, a inclinação da reta tangente à curva é positiva e a força é negativa (x < $\frac{r}{2}$ → F < 0).

Conservação da energia

Para potenciais que são constantes em um dado intervalo, dizemos que o **equilíbrio é indiferente**. Por exemplo: uma esfera sobre uma mesa. Ao deslocarmos a esfera lateralmente, a energia potencial associada ao sistema Terra-esfera permanece constante. O Gráfico 5.4 mostra um gráfico de um potencial constante pelo deslocamento do corpo.

Gráfico 5.4
Energia potencial de um sistema em que o equilíbrio é indiferente

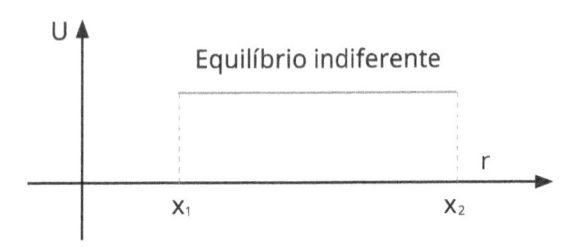

No caso de equilíbrio indiferente, a reta tangente à curva do gráfico é paralela ao eixo x e vale zero, indicando que a força $F = -\dfrac{dU}{dx}$ é nula para pequenos deslocamentos do corpo. Na seção seguinte, aprofundaremos nosso estudo sobre a curva da energia potencial.

5.3 Estudo da curva de energia potencial

Consideremos novamente um sistema em que uma força conservativa realiza trabalho sobre uma partícula que se move na direção x de um sistema de coordenadas previamente estabelecido. No Gráfico 5.5, temos a função energia potencial associada ao sistema. Lembre-se de que a energia cinética pode ser obtida pela diferença de energia entre as curvas da energia mecânica e a energia potencial. Já no Gráfico 5.6, vemos a força conservativa associada à energia potencial.

Gráfico 5.5
(a) Energia potencial e mecânica de um sistema e (b) Força conservativa associada à energia potencial

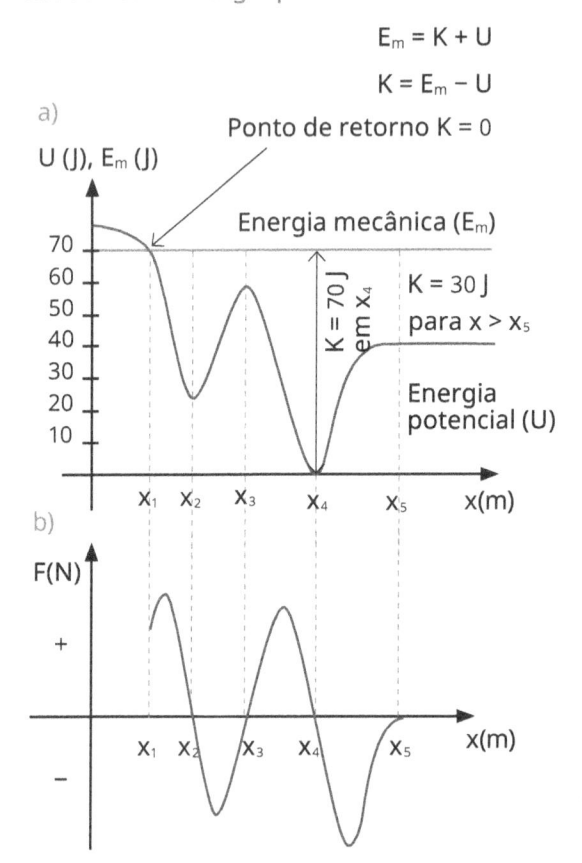

$$E_m = K + U$$
$$K = E_m - U$$

Nesse sistema, a energia mecânica E_m é constante e obtida pela soma da energia potencial com a energia cinética.

$$E_m = K(x) + U(x)$$

Logo, a energia cinética pode ser calculada pela diferença entre a energia mecânica e a energia potencial.

$$K(x) = E_m - U(x)$$

No Gráfico 5.5, verificamos que a energia mecânica é igual a 70 J. Seu gráfico é uma reta paralela ao eixo x. A diferença entre essa reta e a curva da energia potencial, para um valor específico da posição x da partícula, é igual à energia cinética da partícula. Percebemos assim que, em x_1, a energia potencial é igual à energia mecânica e, consequentemente, a energia cinética é igual a zero. Note que a partícula não pode assumir uma posição menor do que x_1, pois a energia cinética não pode ser negativa ($k = \frac{1}{2}mv^2$). Assim, quando a partícula se move de x_2 para x_1, ao atingir a posição x_1 ela muda de sentido e passa a se mover no sentido contrário. Por isso, a posição x_1 é chamada de *ponto de retorno*.

Quando a partícula está nas posições x_2, x_3, x_4 e qualquer outra posição $x \geq x_5$, percebemos que a força conservativa que atua sobre ela é nula (nos pontos de máximos e mínimos, a inclinação da reta tangente à curva é zero, logo a força também é zero). Esses pontos, como já vimos na seção anterior, são **pontos de equilíbrio**.

Continuando a análise dos gráficos, no 5.6 percebemos que, entre x_1 e x_2, a força é positiva, pois a inclinação da reta tangente à curva da energia potencial é negativa e o módulo da força conservativa é numericamente igual ao negativo da inclinação da reta tangente à curva $F = -\frac{dU}{dx}$. Já entre x_2 e x_3, a força é negativa, pois a inclinação da reta tangente à curva é positiva.

O Gráfico 5.6 é uma síntese das análises anteriores. Por meio dele percebemos, ainda, que entre um ponto de máximo e mínimo da curva de energia potencial estão localizados, respectivamente, pontos de mínimo e máximo da força conservativa.

Analisando os gráficos 5.5 e 5.6, fica claro que as posições x_2 e x_4 são pontos de **equilíbrio estável**, enquanto que x_3 é um ponto de **equilíbrio instável**. Já para os valores maiores que x_5, o **equilíbrio é indiferente**.

Se conhecermos a função matemática que descreve a curva da energia potencial de um sistema, podemos, por meio das ferramentas do cálculo diferencial, determinar facilmente os pontos de equilíbrio e verificar se são estáveis, instáveis ou indiferentes.

Isso é possível porque, em pontos de máximos e de mínimos, a inclinação da reta tangente à curva é sempre zero. Nesses pontos, a força resultante é nula e o sistema está em estado de equilíbrio. Em pontos de inflexão, a força também pode ser nula, mas não é uma regra, porque não é em todo ponto de inflexão que a inclinação da reta tangente à curva é zero.

Vejamos, a seguir, o procedimento para classificar o equilíbrio de elementos que compõem um sistema.

1. Calculamos a derivada primeira (inclinação da reta tangente à curva) da função potencial em relação à posição da partícula. A força conservativa que atua sobre ela será igual ao negativo do resultado.

$$F = -\frac{dU}{dx}$$

2. Igualamos a zero a expressão obtida no passo 1, a fim de descobrir os pontos para os quais a força conservativa é nula. Os valores obtidos serão as posições x dos pontos de equilíbrios.

3. Calculamos a derivada segunda da função potencial em relação à posição da partícula e, em seguida, substituímos na função resultante os valores calculados no passo 2. Teremos os seguintes resultados possíveis para serem analisados:

   a. Se a derivada segunda no ponto de equilíbrio for maior do que zero, o ponto será um mínimo local e o equilíbrio será estável.

   b. Se a derivada segunda no ponto de equilíbrio for menor do que zero, o ponto será um máximo local e o equilíbrio será instável.

   c. Se a derivada segunda no ponto de equilíbrio for zero, nada poderemos afirmar sobre o estado de equilíbrio. Nesse caso, teremos que aplicar o teste da derivada primeira para descobrir se o ponto é um máximo, um mínimo ou um ponto de inflexão da curva. Assim, temos as seguintes possibilidades:

- Se a derivada primeira for positiva para valores de x menores que o valor de x do ponto de equilíbrio e negativa para valores maiores, então, o ponto é um máximo e o equilíbrio é instável.

- Se a derivada primeira for negativa para valores de x menores que o valor de x do ponto de equilíbrio e positiva para valores maiores, então, o ponto é um mínimo e o equilíbrio é estável.

- Se a derivada primeira tiver mesmo sinal para valores de x menores que o valor de x do ponto de equilíbrio e para valores maiores, então, o ponto é de inflexão e o equilíbrio pode ser instável ou indiferente.

Vejamos um exemplo para melhor demonstrar cada um desses passos.

> **Exemplo 5.8**
>
> A energia potencial gravitacional associada a um sistema formado por três corpos alinhados – sendo que os dois das extremidades estão fixos e são bastante densos em relação ao que está no meio (uma partícula) – é dada por:
>
> $$U(x) = -C\left(\frac{1}{x} + \frac{1}{r-x}\right)$$

Em que C uma constante positiva e r é a distância entre os dois corpos densos. Determine:

a. a força F que atua sobre a partícula.
b. o valor de x em que a força F é nula.

Para o valor de x calculado no item (b), determine se a partícula se encontra em equilíbrio estável, instável ou indiferente.

Resolução

a. A derivada primeira da função potencial nos fornece a força resultante que atua sobre a partícula:

$$F = -\frac{dU}{dx}$$

$$\frac{dU}{dx} = \frac{d}{dx}[-C x^{-1} - C(r-x)^{-1}]$$

$$\frac{dU}{dx} = [Cx^{-2} - C(r-x)^{-2}]$$

$$\frac{dU}{dx} = C\left[\frac{1}{x^2} - \frac{1}{(r-x)^2}\right]$$

$$F = -C\left[\frac{1}{x^2} - \frac{1}{(r-x)^2}\right]$$

b. Considerando F = 0 no resultado anterior, descobrimos o valor de x que nos fornece a posição de equilíbrio.

$$0 = -C\left[\frac{1}{x^2} - \frac{1}{(r-x)^2}\right]$$

$$\frac{1}{x^2} = \frac{1}{(r-x)^2}$$

$$r^2 - 2xr + x^2 = x^2$$

$$2xr = r^2$$

$$x = \frac{r}{2}$$

Calculemos a derivada segunda da função potencial:

$$\frac{d^2U}{dx^2} = \frac{d}{dx}[Cx^{-2} - C(r-x)^{-2}]$$

$$\frac{d^2U}{dx^2} = -2Cx^{-3} - 2C(r-x)^{-3}$$

$$\frac{d^2U}{dx^2} = -2C\left[\frac{1}{x^3} + \frac{1}{(r-x)^3}\right]$$

Para $x = \frac{r}{2}$, temos:

$$\frac{d^2U}{dx^2} = -2C\left[\frac{1}{\left(\frac{r}{2}\right)^3} + \frac{1}{\left(r-\frac{r}{2}\right)^3}\right]$$

$$\frac{d^2U}{dx^2} = -2C\left[\frac{1}{\left(\frac{r}{2}\right)^3} + \frac{1}{\left(\frac{r}{2}\right)^3}\right] = \frac{-32C}{r^3}$$

Como o enunciado afirma que C é uma constante positiva, a derivada segunda é negativa. Logo, o gráfico da energia potencial *versus* a posição da partícula fornece um ponto de máximo. Sabemos que em pontos de máximos o equilíbrio é instável.

No exemplo anterior, verificamos que o ponto de equilíbrio entre dois corpos fixos que têm massas iguais encontra-se a meia distância dos corpos. Também demonstramos que uma partícula localizada nesse ponto está em equilíbrio instável. É válido destacarmos que essa é uma situação hipotética, meramente didática, que não pode ser aplicada a corpos astronômicos pelo simples fato de não conseguirmos fixar duas grandes massas no espaço. No entanto, existem pontos de equilíbrio no espaço que são conhecidos como *pontos de Lagrange*, que são mais bem explicados no texto a seguir.

Texto complementar: os pontos de Lagrange

A Figura 5.6 é um esquema simplificado do movimento da Terra em torno do Sol. Nela estão evidenciados cinco pontos: L1, L2, L3, L4 e L5. Eles são conhecidos como *pontos de Lagrange*, nome dado em homenagem ao matemático italiano Joseph-Louis Lagrange, que, com seus estudos, fez a previsão teórica da existência de pontos de equilíbrio nas imediações de sistemas formados por duas grandes massas. Lagrange mostrou que os pontos L1, L2 e L3 são de equilíbrio instável e os pontos L4 e L5 de equilíbrio estável.

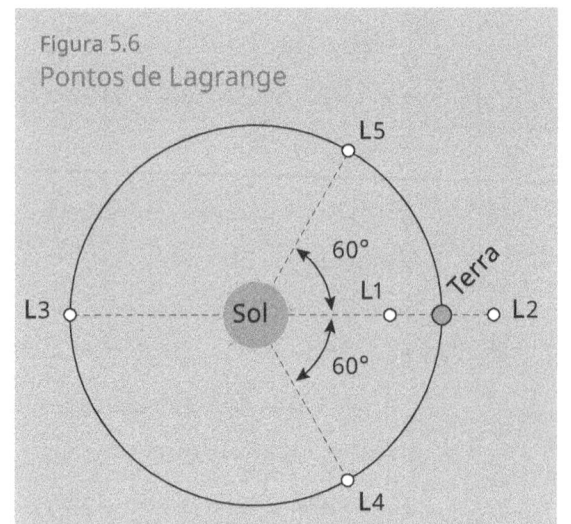

Figura 5.6
Pontos de Lagrange

Tiago Möller

Nesse esquema, diferentemente do caso estudado no exemplo anterior, em que as massas eram iguais e estavam fixas, existe um movimento relativo entre o Sol e a Terra. Além disso, devemos considerar a relevante diferença entre as massas dos dois corpos.

Para calcular a posição de equilíbrio dos pontos L1, L2 e L3, devemos considerar que um corpo localizado nesses pontos terá uma resultante centrípeta. Já no caso dos pontos L4 e L5, temos que levar em conta a posição do centro de massa do sistema formado pelo Sol e pela Terra.

5.4 A conservação da energia

A conservação das grandezas físicas sempre despertou o interesse dos físicos, pois, ao entender as condições que fazem com que certas grandezas se conservem, é possível também compreender em que condições a conservação não se realiza.

Pensando nisso, em 1842, o médico alemão **Julius Robert Mayer** propôs que, quando uma quantidade de determinada modalidade de energia desaparece, necessariamente ela reaparece na forma de outra (ou outras) modalidade de energia. Hoje sabemos, por exemplo, que a energia cinética dissipada pelo atrito é convertida, em sua maior parte, em energia térmica. No ano seguinte à proposição de Mayer, **James Prescott Joule** realizou um experimento que possibilitou estabelecer a equivalência entre trabalho mecânico e calor, mostrando que essas duas grandezas físicas são intercambiáveis. Na história da ciência, a experiência de Joule é considerada determinante para a aceitação do princípio da conservação da energia.

Equivalente mecânico do calor: a experiência de Joule

Em 1850, James Prescott Joule apresentou à Sociedade Real de Londres uma monografia na qual relatava experiências que peovavelmente levariam à conclusão de que a quantidade de calor capaz de aumentar a temperatura de 1 libra (0,454 kg) de água em (0,56 °C) era equivalente à força mecânica representada pela queda de 772 libras (aproximadamente 350 kg) de uma altura equivalente a um pé (1 pé = 0,305 m).

Para chegar a essa conclusão, Joule colocou água em um calorímetro, no qual um conjunto de paletas poderia girar quando uma massa que estava presa a uma corda (enrolada na haste que segurava as paletas) fosse solta, conforme Figura 5.7.

Figura 5.7
Esquema da experiência de Joule

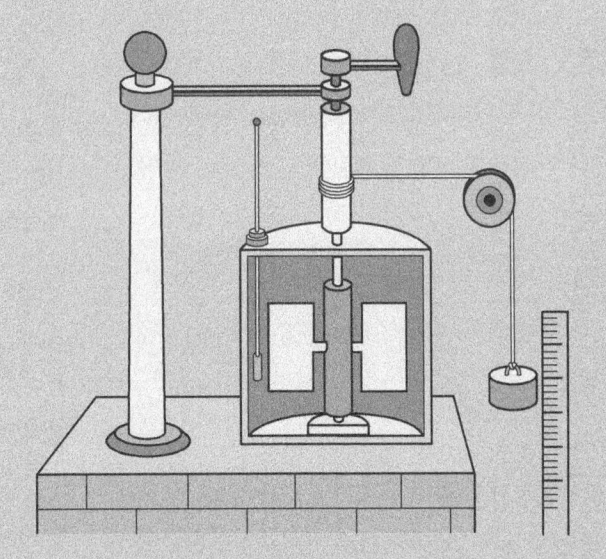

Com essa experiência, Joule mostrou a primeira ilustração da lei da conservação da energia, tida, hoje, como uma das mais fundamentais da Física (Rosa, 2012c).

Conservação da energia

Nesta seção, estudaremos casos em que a energia mecânica não se conserva, mas se converte parcial ou totalmente em outra modalidade de energia. Isso acontece, por exemplo, quando a energia mecânica se transforma em energia térmica e sonora por meio do atrito entre as engrenagens de uma máquina, ou quando uma massa de modelar se deforma ao atingir o chão após ser solta de certa altura. Também são exemplos as frenagens dos carros, os deslocamentos de caixas sobre superfícies rugosas e o arraste aerodinâmico.

Em todos esses casos, um tipo de energia se transforma em outro. Podemos afirmar que o aumento ou diminuição da energia total de um sistema pode sempre ser creditado ao aparecimento ou desaparecimento da energia fora do sistema. Matematicamente escrevemos:

$$\Delta E_{sis} = E_{entra} - E_{sai}$$

De maneira equivalente, se considerarmos o universo como sendo o sistema, podemos dizer que:

> a energia do universo é constante. Energia não pode ser criada nem destruída. Apenas transformada de uma modalidade para outra.

É possível contabilizarmos a energia total de um sistema somando as parcelas correspondentes às modalidades de energia existentes nele, como as energias mecânica, térmica, química, elétrica e outras:

$$E_{sist} = E_{mec} + E_{térm} + E_{quím} + E_{outras}$$

Caso o sistema esteja isolado, as transformações de energia ocorrem no âmbito dele próprio. Quando não está isolado, uma forma de transferir energia para dentro ou para fora dele é por meio da realização de trabalho sobre o sistema. Se assim for, o trabalho realizado pelos agentes externos (entenda-se, forças externas) é igual à variação da energia do sistema. Esse resultado é conhecido como *teorema do trabalho-energia* e pode ser escrito matematicamente como:

$$W_{ext} = \Delta E_{sis} = \Delta E_{mec} + \Delta E_{térm} + \Delta E_{quím} + \Delta E_{outras}$$

> Outra forma de transferir energia para fora ou para dentro de um sistema é por meio do calor, cuja definição refere-se à transferência de energia em razão da diferença de temperatura entre um sistema e suas vizinhanças. Na etapa em que estamos, desprezamos a troca de energia devido às diferenças de temperatura.

Esse teorema é válido para a análise de sistemas. Entretanto, se estabelecermos que o sistema é formado por uma única partícula, sua energia pode ser puramente cinética. Nesse caso, o teorema *trabalho-energia* se reduz ao teorema trabalho-energia cinética que estudamos no capítulo anterior. Logo, o teorema *trabalho-energia cinética* é um caso particular do teorema *trabalho-energia*.

A seguir, analisamos algumas situações em que podemos aplicar o teorema *trabalho-energia*.

Exemplo 5.9

Uma massa de modelar de massa $m = 0,5$ kg é solta do repouso de uma altura $h = 3$ m e colide com um piso perfeitamente rígido que a deforma e a mantém estática. Considerando que o sistema é formado pela Terra, pelo piso e pela massa de modelar, calcule o acréscimo de energia térmica ao sistema devido à deformação da massa.

Resolução

Pelo teorema do trabalho-energia, temos:

$$W_{ext} = \Delta E_{sis} = \Delta E_{mec} + \Delta E_{térm} + \Delta E_{quím} + \Delta E_{outra}$$

Duas são as forças que atuam sobre a bola após ela ter sido largada: a força gravitacional e a força normal (quando a massa de modelar toca o piso). Elas são internas ao sistema. Logo, $W_{ext} = 0$ e

$$0 = \Delta E_{mec} + \Delta E_{térm}$$

$$\Delta E_{térm} = -\Delta E_{mec}$$

A energia mecânica inicial do sistema é igual à energia potencial gravitacional associada ao sistema. A energia mecânica final é zero, pois a massa de modelar estará na altura zero e sua velocidade final também será zero. Assim:

$$\Delta E_{mec} = -mgh$$

$$\Delta E_{térm} = -\Delta E_{mec} = mgh$$

Portanto, o acréscimo de energia térmica ao sistema será:

$$\Delta E_{térm} = mgh = 0,5 \cdot 9,81 \cdot 3 = 14,7 \text{ J}$$

Exemplo 5.10

Um bloco de massa m = 2 kg está sendo comprimido contra uma mola disposta na horizontal, de constante elástica k = 800 N/m, deformando-a em 20 cm. Quando o bloco é solto, ao atingir a posição de equilíbrio da mola, uma força de atrito em virtude do contato entre as superfícies passa a atuar sobre ele. Considerando que o coeficiente de atrito cinético é μ_k = 0,4, calcule o acréscimo de energia térmica que foi dado ao sistema após o bloco ter percorrido a distância de 1,5 m.

Resolução

Estabeleçamos que o sistema é formado pelo bloco, pela mola e pela superfície. Um diagrama de corpo livre do bloco (Figura 5.8) nos permite definir as forças internas e externas ao sistema e verificar quais realizam trabalho sobre ele.

Figura 5.8
Diagrama de corpo livre do bloco antes e depois de atingir a posição de equilíbrio da mola

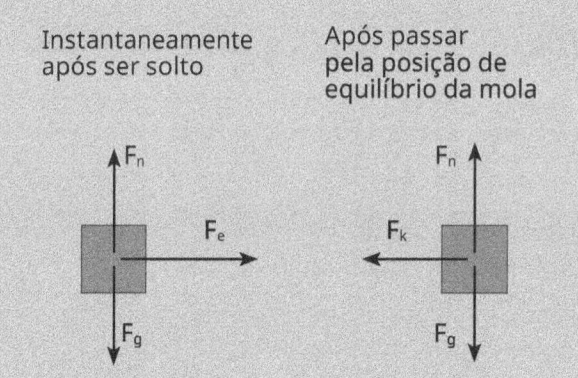

Instantaneamente após ser solto

Após passar pela posição de equilíbrio da mola

F_n, F_e, F_g

F_n, F_k, F_g

Percebemos, assim, que:
- a força elástica é uma força interna conservativa;
- a força de atrito cinético é uma força interna não conservativa;
- a força peso é produzida pela terra, um agente externo ao sistema; no entanto, ela não realiza trabalho por ser perpendicular ao deslocamento do bloco.
- a força normal é interna e é produzida pelo contato entre as superfícies; por ser perpendicular ao deslocamento do bloco, também não realiza trabalho.

Como a única força externa ao sistema é a força-peso, que não realiza trabalho, pelo teorema trabalho-energia, podemos escrever o seguinte:

$W_{ext} = \Delta E_{sis} = \Delta E_{mec} + \Delta E_{térm} + \Delta E_{quím} + \Delta E_{outras}$

$0 = \Delta E_{sis} = \Delta E_{mec} + \Delta E_{térm} + \Delta E_{quím} + \Delta E_{outras}$

Nesse caso específico, as energias envolvidas em nossa análise são a mecânica e a térmica. A variação das outras parcelas pode ser desconsiderada. Assim:

$\Delta E_{mec} + \Delta E_{térm} = 0 \rightarrow \Delta E_{térm} = -\Delta E_{mec}$

A variação da energia mecânica do sistema, após o bloco abandonar a mola, será igual à variação da energia cinética do bloco. Desse modo:

$\Delta E_{mec} = K - K_0$

$\Delta E_{mec} = \frac{1}{2} mv^2 - \frac{1}{2} mv_0^2$

Para calcular v^2 após o bloco ter percorrido 1,5 m, podemos aplicar a segunda lei de Newton na direção x:

$F_k = ma$

$\mu_k \cdot F_N = ma$

$\mu_k \cdot mg = ma$

$a = \mu_k \cdot g$

$v^2 = v_0^2 - 2a\Delta x$

$v^2 = v_0^2 - 2\mu_k \cdot g \cdot \Delta x$

Substituindo esse resultado na expressão da variação da energia mecânica, temos:

$\Delta E_{mec} = \frac{1}{2} m(v_0^2 - 2\mu_k \cdot g \cdot \Delta x) - \frac{1}{2} mv_0^2$

$\Delta E_{mec} = \frac{1}{2} mv_0^2 - \mu_k \cdot mg \cdot \Delta x - \frac{1}{2} mv_0^2$

Logo:

$\Delta E_{mec} = -\mu_k \cdot mg \cdot \Delta x$

Como o decréscimo de energia mecânica é igual ao acréscimo de energia térmica, temos:

$\Delta E_{térm} = \mu_k \cdot mg \cdot \Delta x$

$\Delta E_{térm} = 0{,}4 \cdot 2 \text{ kg} \cdot 9{,}81 \text{ m/s}^2 \cdot 1{,}5 \text{ m}$

$\Delta E_{térm} = 11{,}8 \text{ J}$

Exemplo 5.11

No esquema da Figura 5.9, o coeficiente de atrito cinético entre o corpo de massa $m_1 = 5$ kg e a superfície da plataforma é de 0,2. Considere que o cabo que liga os blocos é inextensível e que a massa da polia é desprezível.

a. Calcule o módulo da velocidade dos blocos quando a massa $m_2 = 3$ kg tiver caído 2 m.
b. Utilizando o teorema trabalho-energia, mostre que o acréscimo de energia térmica ao sistema quando a massa $m_2 = 3$ kg cair a uma altura y qualquer, sem que a massa m_1 abandone a plataforma, é de $\Delta E_{térm} = \mu_k \cdot m_1 g \cdot y$.

Figura 5.9
Dois blocos ligados por um cabo inextensível

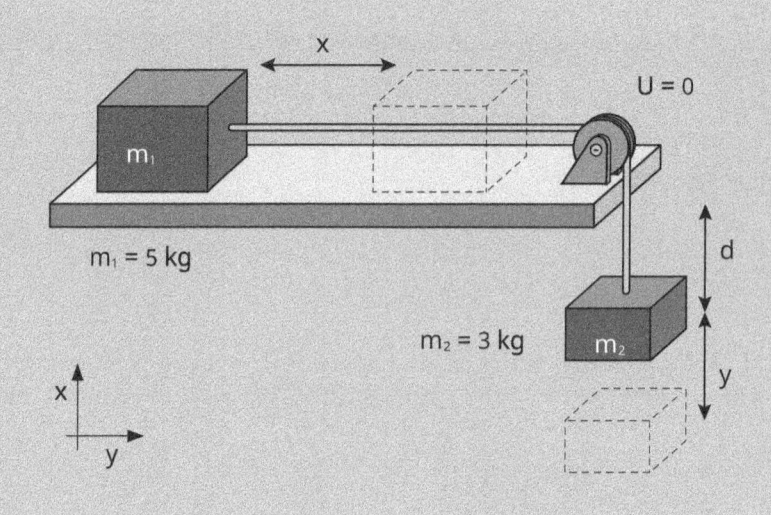

Resolução

a. Façamos um diagrama de corpo livre para cada um dos corpos (Figura 5.10).

Figura 5.10
Diagrama de corpo livre dos blocos

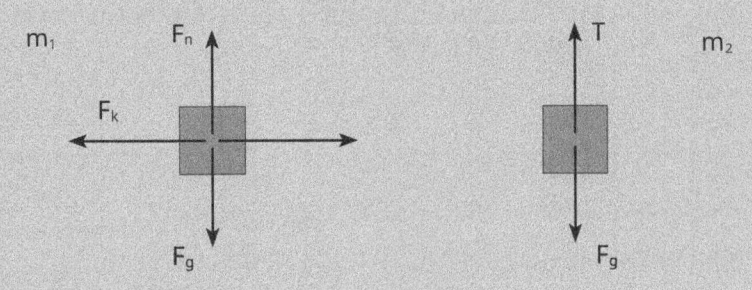

Para conhecermos v, aplicamos a segunda lei de Newton sobre as massas. Para a massa m_1, temos:

$T - F_k = m_1 a$

$T - \mu_k \cdot F_N = m_1 a$

$T - \mu_k \cdot m_1 g = m_1 a$

Para a massa m_2, temos:

$m_2 g - T = m_2 a$

Somando os membros das duas últimas equações, obtemos uma expressão para o módulo da aceleração dos blocos.

$(m_2 - \mu_k \cdot m_1)g = a(m_1 + m_2)$

$a = \dfrac{(m_2 - \mu_k \cdot m_1)}{(m_1 + m_2)} g$

Como o coeficiente de atrito cinético é constante, a aceleração também é constante. Logo, podemos utilizar as equações do movimento com aceleração constante para calcular v:

$v^2 = v_0^2 + 2a\Delta x$

$v_0 = 0$

$$v^2 = 2g \cdot \frac{(m_2 - \mu_k \cdot m_1)}{(m_1 + m_2)} y$$

$$v = \sqrt{2g \cdot \frac{(m_2 - \mu_k \cdot m_1)}{(m_1 + m_2)} y}$$

Após o bloco de massa m_2 ter caído exatamente 2 m, a velocidade é:

$$v = \sqrt{\frac{2 \cdot 9{,}81(3 - 0{,}2 \cdot 5)}{(5 + 3)} 2} = 3{,}13 \text{ m/s}$$

b. Consideremos que o sistema é formado pelos blocos, pela superfície e pela Terra e suas imediações. Pelo teorema *trabalho-energia*, temos:

$W_{ext} = \Delta E_{sis}$ ⟹ $W_{ext} = \Delta E_{mec} + \Delta E_{térm} + \Delta E_{quím} + \Delta E_{outras}$

$\Delta E_{mec} + \Delta E_{térm} = 0 \rightarrow \Delta E_{térm} = -\Delta E_{mec}$

Ou seja, para calcularmos o acréscimo de energia térmica ao sistema, temos que calcular o decréscimo de energia mecânica. Assim:

$\Delta E_{mec} = (K_1 + K_2 + U_1 + U_2) - (K_{1,0} + K_{2,0} + U_{1,0} + U_{2,0})$

A energia cinética inicial das duas massas é zero. Suponha que a massa m_1 não abandona a plataforma e que, em sua altura inicial, a energia potencial gravitacional também seja zero. Assim:

$K_{1,0} = 0, \quad K_{2,0} = 0, \quad U_{1,0} = 0$

$\Delta E_{mec} = (K_1 + K_2 + U_2) - U_{2,0}$

$\Delta E_{mec} = \frac{1}{2} m_1 v^2 + \frac{1}{2} m_2 v^2 + m_2 g(-d - y) - m_2 g(-d)$

$\Delta E_{mec} = \frac{1}{2} (m_1 + m_2) v^2 - m_2 g y$

$\Delta E_{mec} = \frac{1}{2} (m_1 + m_2) \cdot 2g \cdot \frac{(m_2 - \mu_k \cdot m_1)}{(m_1 + m_2)} y - m_2 g y$

$\Delta E_{mec} = (m_2 - \mu_k \cdot m_1) g y - m_2 g y$

$\Delta E_{mec} = m_2 g \cdot y - \mu_k \cdot m_1 g \cdot y - m_2 g y$

$\Delta E_{mec} = -\mu_k \cdot m_1 g \cdot y$

Desse modo:

$\Delta E_{térm} = -\Delta E_{mec} = \mu_k \cdot m_1 g \cdot y$

Exemplo 5.12

Uma criança de massa 30 kg desce um escorregador de 4 m de altura e inclinação de 25°. Quando termina a descida, sua velocidade é de 1,5 m/s.

a. Utilizando o teorema *trabalho-energia*, calcule a quantidade de energia mecânica que foi transformada em energia térmica devido ao atrito.

b. Calcule o coeficiente de atrito cinético entre a superfície do escorregador e a criança.

Resolução

a. Supondo que o sistema seja formado pelo escorregador, pela criança e pela Terra, fazemos um diagrama (Figura 5.11) para mapear as forças que atuam sobre a criança.

Figura 5.11
Esquema para evidenciar as forças que atuam sobre a criança

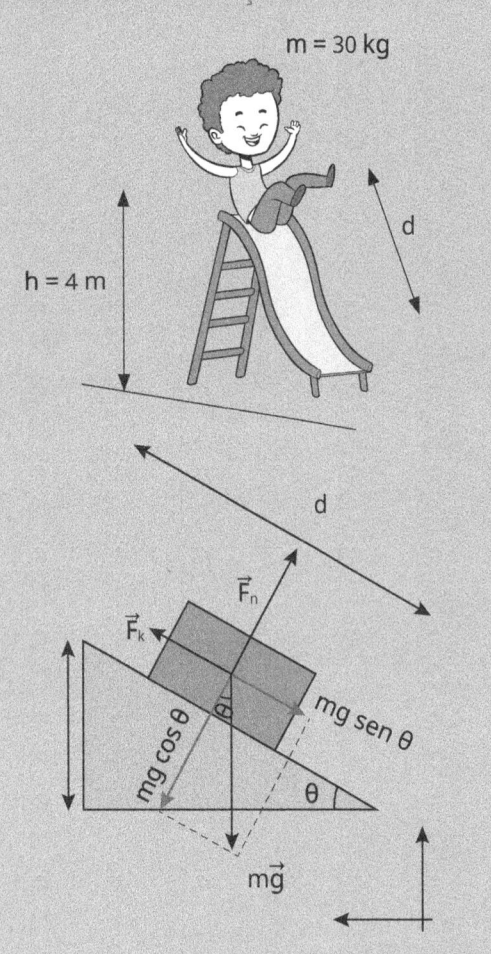

A força gravitacional é interna e conservativa, ou seja, não dissipa energia mecânica. A força de atrito é interna e não conservativa e é responsável por transformar a energia mecânica em térmica. A força normal é interna, mas é perpendicular ao deslocamento e, por isso, não realiza trabalho. Pelo teorema *trabalho-energia*, temos:

Conservação da energia

$W_{ext} = \Delta E_{sist}$

$W_{ext} = 0 = \Delta E_{mec} + \Delta E_{term}$

$\Delta E_{mec} = -\Delta E_{term}$

Estabeleçamos que, no chão, em y = 0, a energia potencial gravitacional é zero.

$\Delta E_{mec} = (K + U) - (K_0 + U_0)$

$\Delta E_{mec} = \frac{1}{2} mv^2 - mgh$

$\Delta E_{mec} = \frac{1}{2} 30 \cdot (1,5)^2 - 30 \cdot 9,81 \cdot 4 = -1\,143,45$ J

O valor negativo do último resultado indica que o sistema perdeu energia mecânica, a qual foi convertida em energia térmica. Portanto:

$\Delta E_{term} = 1\,143,45$ J

b. Sabemos que o acréscimo de energia térmica ao sistema se deve ao trabalho realizado pela força de atrito cinético. Assim:

$F_k d = \Delta E_{term}$

Sabemos que:

$d = \dfrac{h}{\operatorname{sen} \theta}$

$F_k = \mu_k F_n$

$F_n = mg \cos \theta$

Substituindo, temos:

$\mu_k \, mg \cos \theta \, \dfrac{h}{\operatorname{sen} \theta} = \Delta E_{term}$

$\mu_k \dfrac{mgh}{\tan \theta} = \Delta E_{term}$

$\mu_k = \dfrac{\Delta E_{term}}{mgh} \tan \theta$

$\mu_k = \dfrac{1\,143,45}{30 \cdot 9,81 \cdot 4} \tan 25° = 0,45$

Os exemplos anteriores dizem respeito à transformação de energia mecânica em térmica. Vejamos um exemplo que envolve a energia química.

Exemplo 5.13

Estime a quantidade de energia química necessária para que uma pessoa de massa 95 kg suba uma rampa de altura h = 8 m.

Resolução

Suponha que o sistema seja formado pela pessoa, pela Terra e pela rampa. Enquanto a pessoa sobe as escadas, duas forças internas atuam sobre o sistema: a força gravitacional, que é conservativa, e a força normal, que não realiza trabalho. Portanto, não há trabalho devido às forças externas. Assim, podemos escrever:

$W_{ext} = \Delta E_{sis} = \Delta E_{mec} + \Delta E_{térm} + \Delta E_{quím} + \Delta E_{outras}$

$0 = \Delta E_{mec} + \Delta E_{quím}$

$\Delta E_{mec} = -\Delta E_{quím}$

Considerando que a velocidade da pessoa no início da rampa é a mesma que no final, a variação da energia mecânica do sistema é calculada pela variação da energia potencial. O teorema trabalho-energia é escrito da seguinte maneira:

$mgh = -\Delta E_{quím}$

$\Delta E_{quím} = -95 \cdot 9,81 \cdot 8 = -7455$ J

Assim, a energia química estimada para que a pessoa em questão suba a rampa é de -7455 J.

Conservação da energia

Um pouco mais além: cálculo da distância entre o satélite SOHO e a Terra.

O satélite artificial SOHO ocupa o ponto $L1$ de Lagrange (ver texto complementar na página 219). A energia potencial associada ao sistema formado pelo Sol, pela Terra e pelo satélite SOHO é dada por:

$$U(x) = -Gm\left(\frac{M_T}{x} + \frac{M_S}{r-x}\right) \quad (I)$$

A Tabela 5.1 apresenta alguns dados que serão úteis para analisar o movimento do satélite e calcular a distância x a que ele se encontra da Terra.

Tabela 5.1
Dados que serão utilizados para analisar a órbita do satélite SOHO

M_S	É a massa do Sol	$1{,}989 \cdot 10^{30}$ kg
M_T	É a massa da Terra	$5{,}972 \cdot 10^{24}$ kg
r	É a distância entre a Terra e o Sol	$1{,}496 \cdot 10^{11}$ m
T	É o período de revolução da terra em torno do Sol	365 dias + 6h = $3{,}15576 \cdot 10^7$ s
G	É a constante gravitacional	$6{,}674 \cdot 10^{-11}$ m^3 kg^{-1} s^{-2}
x	É a distância entre a terra e o satélite SOHO	?
m	É a massa do satélite SOHO	Não importa

Fonte: Tipler; Mosca, 2009a.

Como conhecemos a energia potencial gravitacional do sistema formado entre a Terra, o Sol e o satélite SOHO, podemos obter a força gravitacional resultante que atua sobre o satélite calculando a derivada da função potencial fornecida no início pela equação (I).

As forças gravitacionais que o Sol e a Terra exercem sobre o satélite SOHO podem ser calculadas, respectivamente, pelas seguintes expressões:

$$F_S = G\frac{mM_S}{(r-x)^2} \text{ (força que o Sol exerce sobre o satélite)}$$

$$F_T = G\frac{mM_T}{x^2} \text{ (força que a Terra exerce sobre o satélite)}$$

O SOHO está girando em torno do Sol, com o mesmo período (T) da Terra. Pela primeira lei de Newton, sabemos que um corpo tende a se mover em linha reta ou permanecer em repouso em relação a um referencial inercial.

Como o SOHO está em órbita (que é aproximadamente circular), necessariamente existe uma força resultante centrípeta apontando para o Sol que o desvia da trajetória retilínea que ele seguiria caso essa força não existisse. Pela segunda lei de Newton, a força resultante pode ser calculada por:

$F_{centrípeta} = ma_c$ (II)

Outra forma de calcular a resultante centrípeta é derivando a expressão (I) do potencial que foi fornecido no início:

$$\frac{dU}{dx} = \frac{d}{dx}\left[-Gm\left(\frac{M_T}{x} + \frac{M_S}{r-x}\right)\right]$$

Calcule essa derivada e mostre que a força resultante que atua sobre o satélite SOHO é dada por:

$$F_{centrípeta} = G\frac{mM_S}{(r-x)^2} - G\frac{mM_T}{x^2} \quad (III)$$

Substituindo a expressão (II) na (III), temos:

$$ma_c = G\frac{mM_S}{(r-x)^2} - G\frac{mM_T}{x^2}$$

A aceleração centrípeta é dada por:

$$a_c = \frac{v^2}{(r-x)}$$

Logo:

$$\frac{mv^2}{(r-x)} = \frac{GmM_S}{(r-x)^2} - \frac{GmM_T}{x^2}$$

Multiplicando todos os termos dessa expressão por $x^2(r-x)^2$, com a finalidade de eliminar os denominadores, obtemos:

$mv^2 x^2 (r-x) = GmM_S x^2 - GmM_T (r-x)^2$

A velocidade tangencial do satélite está relacionada com sua velocidade angular por $v = \omega(r-x)$. Assim:

$m\omega^2 x^2 (r-x)^3 = GmM_S x^2 - GmM_T (r-x)^2$

A velocidade angular do satélite se relaciona com o seu período por $\omega = \frac{2\pi}{T}$. Desse modo:

$m\left(\frac{2\pi}{T}\right)^2 x^2 (r-x)^3 = GmM_S x^2 - GmM_T (r-x)^2$

Conservação da energia

Simplificando m do satélite e abrindo os produtos notáveis $(r - x)^3$ e $(r - x)^2$, obtemos:

$$\left(\frac{2\pi}{T}\right)^2 x^2(r^3 - 3r^2 x + 3rx^2 - x^3) = GM_s x^2 - GM_T (r^2 - 2rx + x^2)$$

Agora, multiplicando os fatores que estão fora dos parênteses, obtemos a seguinte equação de quinto grau:

$$\frac{4\pi^2 r^3}{T^2}x^2 - \frac{12\pi^2 r^2}{T^2}x^3 + \frac{12\pi^2 r}{T^2}x^4 - \frac{4\pi^2}{T^2}x^5 = GM_s x^2 - GM_T r^2 + 2GM_T rx - GM_T x^2$$

Em seguida, destacamos a variável x na última expressão, porque esta é a única incógnita que não conhecemos – as demais foram fornecidas na Tabela 5.1. Organizando os termos no primeiro membro da equação, do maior para o menor grau, temos:

$$-\frac{4\pi^2}{T^2}x^5 + \frac{12\pi^2 r}{T^2}x^4 - \frac{12\pi^2 r^2}{T^2}x^3 + \left(\frac{4\pi^2 r^3}{T^2} - GM_s + GM_T\right)x^2 - 2GM_T rx + GM_T r^2 = 0$$

Substituindo os valores da Tabela 5.1 na equação, chegamos aos seguintes coeficientes na Tabela 5.2:

Tabela 5.2
Coeficientes da equação de quinto grau resultante do desenvolvimento anterior

Coeficiente de x^5	$-3,9652 \cdot 10^{-14}$
Coeficiente de x^4	$1,7796 \cdot 10^{-2}$
Coeficiente de x^3	$-2,6623 \cdot 10^9$
Coeficiente de x^2	$1,20794 \cdot 10^{16}$
Coeficiente de x^1	$-1,1925 \cdot 10^{26}$
Coeficiente de x^0	$8,9201 \cdot 10^{36}$

Para resolvermos essa equação de quinto grau, podemos recorrer ao método numérico de Newton-Raphson, dado pelo seguinte algoritmo:

$$x_{n+1} = x_n - \frac{f(x_n)}{f'(x_n)}$$

Em que:
- n indica a n-ésima interação do algoritmo;
- $f'(x_n)$ é a derivada primeira da função $f(x_n)$ calculada em x_n.

Desafio

Pesquise sobre o método de Newton-Raphson e o utilize para mostrar que a distância entre o satélite SOHO e a Terra é $1{,}49 \cdot 10^9$ m (aproximadamente 1 490 000 km).

Síntese

$K_{sist} = K_1 + K_2 + K_3 + \ldots + K_n = \sum_{i=1}^{n} K_i$	Energia cinética de um sistema de partículas.
$W_{total} = \sum_{i=1}^{n} K_i = \Delta K_{sist}$	Trabalho total de um sistema de partículas.
$E_{mec} = K_{sist} + U_{sist}$	Energia mecânica de um sistema de partículas.
$\Delta K_{sist} + \Delta U_{sist} = W_e + W_{nc}$	Variação da energia mecânica de um sistema de partículas.
$F_x = -\dfrac{dU}{dx}$	Força conservativa.
$\Delta E_{sis} = E_{entra} - E_{sai}$	Variação da energia de um sistema.
$E_{sist} = E_{mec} + E_{térm} + E_{quím} + E_{outras}$	Energia de um sistema.
$W_{ext} = \Delta E_{sis} = \Delta E_{mec} + \Delta E_{térm} + \Delta E_{quím} + \Delta E_{outras}$	Relação entre trabalho e energia de um sistema.

Atividades de autoavaliação

1. Uma criança abandona uma bolinha de gude de massa m = 20 g da janela de um edifício que está a uma altura h = 60 m. Despreze a resistência do ar e calcule a velocidade com a qual a esfera colide com o solo.

2. Um bloco de 4 kg desliza sobre uma superfície horizontal sem atrito com módulo de velocidade constante de 8 m/s. Depois de escorregar 5 m, o bloco sobe por uma rampa sem atrito, inclinada 30° em relação à horizontal. Calcule a distância que o bloco percorre rampa acima antes de ficar momentaneamente em repouso.

3. Determine a força conservativa associada à função energia potencial $U = C(x + 2)^3$, em que C é uma constante. Em seguida, calcule em que ponto(s) a força é nula.

4. A energia potencial de um sistema é dada, em unidades SI, por $U(x) = x^3 - 3x^2$.
   a) Determine a força que atua sobre o corpo.
   b) Para quais valores de x o corpo está em equilíbrio?
   c) Em quais posições o equilíbrio é estável? Em quais é instável?

5. A máquina de Atwood, esquematizada na figura a seguir, está em repouso. Em determinado instante, a corda L é

Conservação da energia

cortada e o sistema entra em movimento. Considerando que a distância inicial entre os dois blocos é de 2 m, a massa do que está mais acima é de 5 kg e a do que está mais abaixo é de 3 kg, calcule a velocidade dos dois blocos no instante em que eles estiverem na mesma altura.

Máquina de Atwood inicialmente em repouso

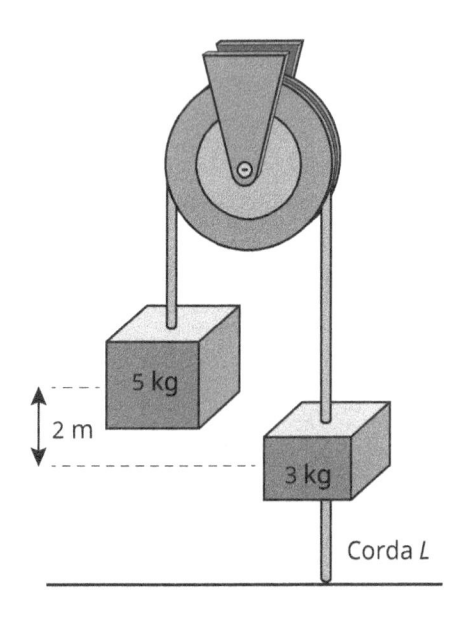

6. Um bloco de 3 kg cai de uma altura de 6,3 m, em relação à superfície, sobre uma mola disposta na vertical, cuja constante elástica é de 4 120 N/m. O comprimento da mola quando está na posição de equilíbrio é de 0,3 m (essa é a altura inicial de uma das extremidades da mola; a outra extremidade está em contato com a superfície). Com a queda do bloco, a mola comprime. Calcule a velocidade do corpo quando a compressão da mola for de 10 cm.

7. Um bloco de massa m = 20 kg está sobre um plano inclinado, conforme o esquema da figura a seguir. O bloco está ligado a uma mola por um fio inextensível que passa por uma roldana. A mola é puxada para baixo com uma força gradualmente crescente. O valor μ_E é conhecido.

Esquema de um bloco sobre um plano inclinado puxado por uma corda que passa por uma roldana

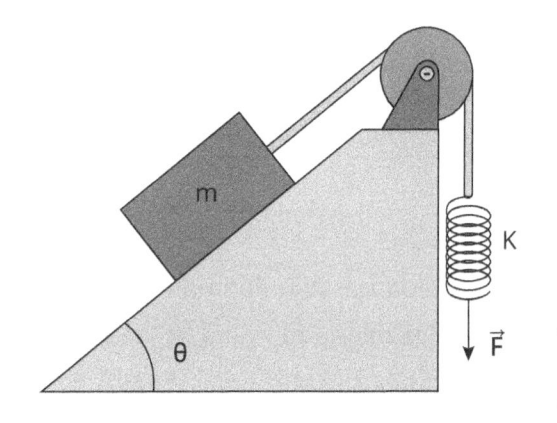

Sabendo que na extremidade da corda está uma mola, sobre a qual atua uma força $\vec{F}$ crescente, determine a energia potencial elástica no instante em que o bloco começa a se mover. Dados: μ_E = 0,2, k = 700 N/m, θ = 40°.

8. Um piloto de carros quer realizar um *looping* sem utilizar a potência do motor do seu carro. Para isso, posiciona-o em uma plataforma de altura h = 50 m, conforme esquema da figura a seguir. O carro tem

massa de 1 000 kg e irá realizar o percurso sem acionar o motor e os freios (considere que o rolamento dos pneus do carro é equivalente ao deslizamento sem atrito). O diâmetro do *looping* é igual a 30 m.

Esquema de um carro realizando um *looping*

h = 50 m   D = 30 m

Dadas as informações, calcule a força normal quando o carro está:

a) no ponto mais baixo do *looping*.
b) no ponto mais alto do *looping*.

9. Um bloco de 3 kg inicia a subida de um plano inclinado com módulo de velocidade de 5 m/s. O ângulo do plano inclinado é 30°. O coeficiente de atrito cinético entre o bloco e o plano é de 0,25. Calcule:

a) a distância que o bloco cobrirá durante a subida do plano inclinado.
b) o módulo da velocidade do bloco ao retornar ao pé do plano inclinado.

10. Um bloco de massa m = 5 kg, animado com módulo de velocidade v = 10 m/s, colide com uma mola que está inicialmente em estado de equilíbrio e que tem constante elástica k = 600 N/m. Ao comprimir a mola, uma força de atrito cinético atua entre a superfície do bloco e do piso. Sabendo que o bloco comprimiu a mola em Δx = 0,5 m, calcule:

a) o coeficiente de atrito estático entre o bloco e a superfície.
b) a velocidade com que o bloco passará novamente pela posição de equilíbrio.

11. Em uma fábrica de eletrodomésticos, as caixas são soltas de uma rampa de altura h = 6 m e inclinação i = 30%. Sabendo que o coeficiente de atrito cinético entre as caixas e a rampa é μ_k = 0,15, calcule:

a) a velocidade com que as caixas chegam até o ponto mais baixo da rampa.
b) a parcela de energia mecânica que é transformada em energia térmica.

12. Uma caixa de massa m = 5 kg desliza em uma pista com extremidades elevadas e parte central plana. A altura da pista é de h = 2 m e da parte plana é x = 4 m, como mostra a Figura 5.15. O atrito entre a caixa e os trechos curvos é desprezível, enquanto, para a parte plana, se deve considerar um coeficiente de atrito cinético de μ_k = 0,25. A caixa é solta do repouso do ponto A. A que distância do ponto B a caixa irá parar? Explique o que aconteceu com a energia mecânica que a caixa tinha quando foi solta do repouso.

Esquema da pista descrita no exercício 12

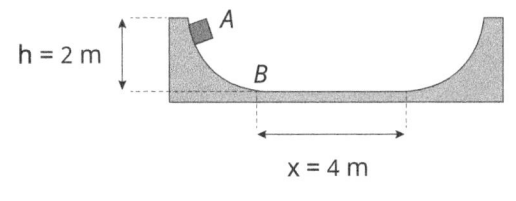

h = 2 m   A   B   x = 4 m

Conservação da energia

13. O cabo de um elevador de 2000 kg se rompe quando ele está em repouso a uma altura d = 3,5 m em relação a uma mola de constante elástica k = 0,2 MN/m, conforme a figura a seguir. Um dispositivo de segurança que prende o elevador aos trilhos é acionado, aplicando-lhe uma força de atrito constante de 5000 N, que se opõe ao movimento.

Esquema do elevador descrito no exercício 13

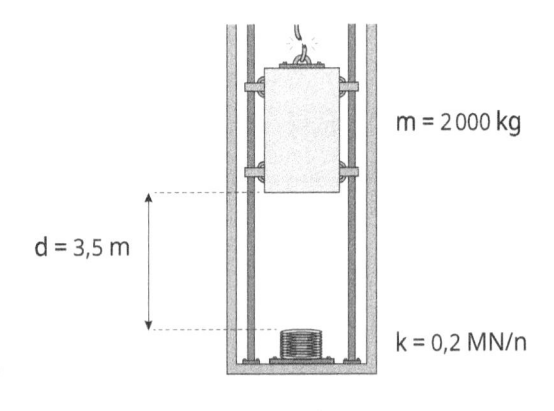

m = 2000 kg
d = 3,5 m
k = 0,2 MN/n

Tiago Möller

14. Sabendo disso, determine:
    a) a velocidade com que o elevador colide com a mola.
    b) a máxima deformação da mola.
    c) a altura que o elevador vai atingir após colidir com a mola.
    d) a distância total que ele vai percorrer até que fique em repouso sobre a mola.

6.
Centro de massa e seu movimento

Centro de massa e seu movimento

O centro de massa de um corpo ou de um sistema de partículas é o lugar geométrico no qual toda sua massa está concentrada. Determiná-lo contribui para a simplificação do estudo do movimento do corpo ou do sistema. É sobre esse assunto que trataremos neste capítulo.

6.1 Determinação do centro de massa

Descrever o movimento do martelo representado na Figura 6.1 é algo bastante complicado. No entanto, descrever o movimento do seu centro de massa é simples, pois o consideramos como o de uma partícula pontual.

Figura 6.1
Movimento do centro de massa do martelo se comportando como se fosse uma partícula

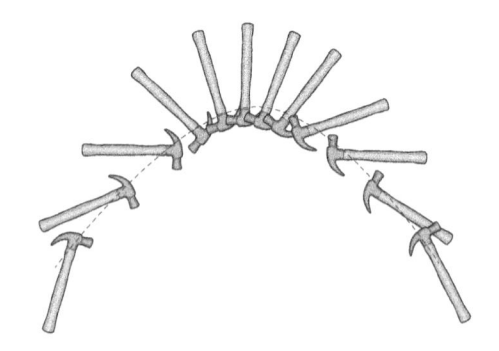

Para corpos simétricos e homogêneos, a determinação do centro de massa é simples, pois coincide com o centro geométrico do corpo – por exemplo, o centro de massa de uma placa retangular homogênea de compensado.

A seguir, veremos que, em alguns casos, o centro de massa estará em um ponto pertencente ao corpo; em outros, poderá estar em um ponto fora do corpo. Na Figura 6.2, temos alguns exemplos da localização do centro de massa de diferentes objetos.

Figura 6.2
Centro de massa de alguns objetos

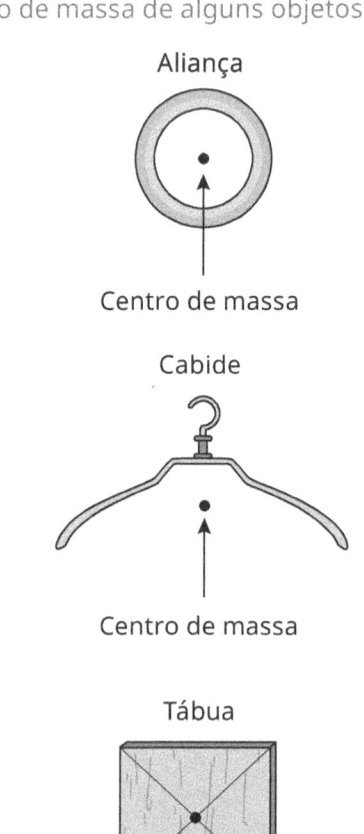

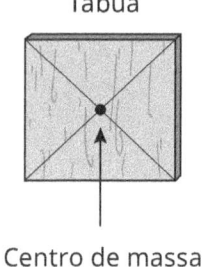

Aliança
Centro de massa

Cabide
Centro de massa

Tábua
Centro de massa

Em resumo, o centro de massa de um corpo ou sistema de partículas é o lugar geométrico (ponto) que se movimenta como se:
- toda a massa do corpo ou sistema estivesse concentrada nesse ponto;
- a resultante das forças externas estivesse sendo aplicada nesse ponto.

Quando se tratar de um sistema formado por duas partículas, o centro de massa estará em algum ponto localizado entre os centros das partículas.

Considere duas partículas dispostas sobre um eixo horizontal x, conforme Figura 6.3.

Figura 6.3
O centro de massa de duas partículas está sobre a linha que as une

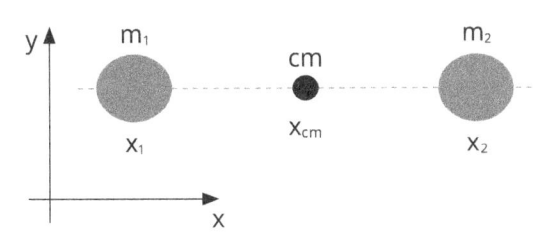

Se as partículas m_1 e m_2 forem iguais, o centro de massa estará exatamente no meio do segmento limitado pelos dois corpos. Caso as massas sejam diferentes, a posição do centro de massa é obtida pelo cálculo de uma média ponderada:

$$Mx_{cm} = m_1 + x_1 + m_2 \cdot x$$

$$x_{cm} = \frac{m_1 \cdot x_1 + m_2 \cdot x_2}{M} \quad \text{(I)}$$

Em que:

$$M = m_1 + m_2$$

No caso de duas partículas de massas diferentes, o centro de massa do sistema estará sempre mais próximo da partícula que tem a maior massa. Na Figura 6.4, considere $m_1 > m_2$.

Figura 6.4
O centro de massa está mais próximo da partícula de maior massa

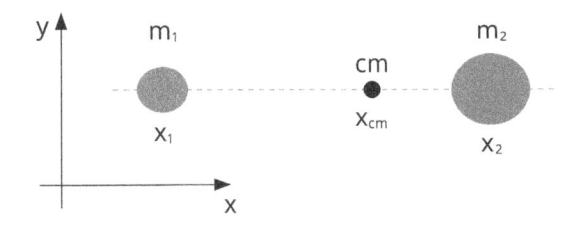

Para sistemas formados por mais de duas partículas, cujos centros de massas são colineares (caso unidimensional), a posição do centro de massa é dada por:

$$Mx_{cm} = m_1 + x_1 + m_2 \cdot x_2 + m_3 \cdot x_3 + \ldots + m_n \cdot x_n$$

Ou, de forma equivalente,

$$M \cdot \vec{x}_{cm} = \sum_{i=1}^{n} m_i \cdot \vec{x}_i$$

Vejamos a seguir alguns exemplos em que temos que calcular a posição do centro de massa.

Centro de massa e seu movimento

Exemplo 6.1

Uma partícula de massa 10 kg está na origem de um eixo coordenado, e outra, de 25 kg, encontra-se na posição x = 2 m, conforme a Figura 6.5. Calcule o centro de massa do sistema.

Figura 6.5
Esquema para localização do centro de massa de duas partículas

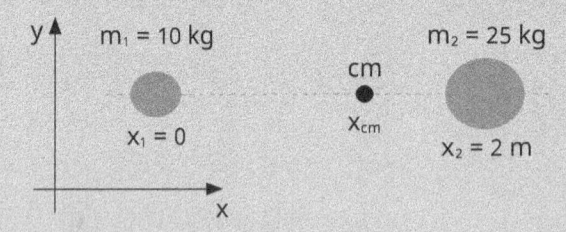

$m_1 = 10$ kg, $x_1 = 0$
$m_2 = 25$ kg, $x_2 = 2$ m

Resolução

Sabemos que:

$$x_{cm} = \frac{m_1 \cdot x_1 + m_2 \cdot x_2}{M}$$

Substituindo os valores numéricos, temos:

$$x_{cm} = \frac{10 \text{ kg} \cdot 0 \text{ m} + 25 \text{ kg} \cdot 2 \text{ m}}{35 \text{ kg}}$$

$$x_{cm} = \frac{50 \text{ m}}{35} = 1{,}43 \text{ m}$$

Como esperado, o centro de massa está sobre o eixo *x* e mais próximo da partícula de maior massa.

Exemplo 6.2

Supondo que as partículas do Exemplo 6.1 tenham suas posições invertidas, calcule a nova posição do centro de massa.

Resolução

$$x_{cm} = \frac{m_1 \cdot x_1 + m_2 \cdot x_2}{M}$$

$$x_{cm} = \frac{25 \text{ kg} \cdot 0 \text{ m} + 10 \text{ kg} \cdot 2 \text{ m}}{35 \text{ kg}}$$

$$x_{cm} = \frac{20 \text{ m}}{35} = 0{,}57 \text{ m}$$

Para um sistema de partículas disposto de forma bi ou tridimensional, a posição do centro de massa é calculada estendendo-se o raciocínio utilizado no caso unidimensional:

$$M \cdot x_{cm} = m_1 \cdot x_1 + m_2 \cdot x_2 + m_3 \cdot x_3 + \ldots + m_n \cdot x_n = \sum_{i=1}^{n} m_i \cdot \vec{x_i}$$

$$M \cdot y_{cm} = m_1 + y_1 + m_2 \cdot y_2 + m_3 \cdot y_3 + \ldots + m_n \cdot y_n = \sum_{i=1}^{n} m_i \cdot \vec{y_i}$$

$$M \cdot z_{cm} = m_1 + z_1 + m_2 \cdot z_2 + m_3 \cdot z_3 + \ldots + m_n \cdot z_n = \sum_{i=1}^{n} m_i \cdot \vec{z_i}$$

Ou, de forma equivalente:

$$M \cdot \vec{r}_{cm} = \sum_{i=1}^{n} m_i \cdot \vec{r_i}$$

Para encontrarmos o centro de massa de um corpo extenso – que é aquele formado por um sistema contínuo de partículas –, substituímos a somatória anterior por uma integral:

$$M \cdot \vec{r}_{cm} = \int \vec{r_i} dm$$

Nesse caso, dm é um elemento de massa localizado na posição $\vec{r}$. Isolando esse valor, temos:

$$\vec{r}_{cm} = \frac{1}{M} \int \vec{r} \, dm$$

Dada a função polinomial $y = ax^n$, sendo a e n constantes, sua integral indefinida é a função:

$$Y = \int ax^n dx$$

$$Y = \frac{ax^{n+1}}{n+1} + C$$

Na última equação, C é uma constante.

Exemplo 6.3

Calcule a posição do centro de massa do sistema formado pelas seguintes partículas e suas respectivas posições:

$m_1 = 4$ kg → $\vec{r_1} = 4\hat{i} + 10\hat{j}$

$m_2 = 2$ kg → $\vec{r_2} = 15\hat{i} + 9\hat{k}$

$m_3 = 1$ kg → $\vec{r_3} = 3\hat{j} + 12\hat{k}$

$m_4 = 3$ kg → $\vec{r_4} = 8\hat{i} + 6\hat{j} + 8\hat{k}$

Centro de massa e seu movimento

Resolução

Primeiramente, para efeito de visualização, localizaremos as partículas em um sistema de coordenadas tridimensional, conforme Figura 6.6.

Figura 6.6
Sistemas de partículas dispostas tridimensionalmente

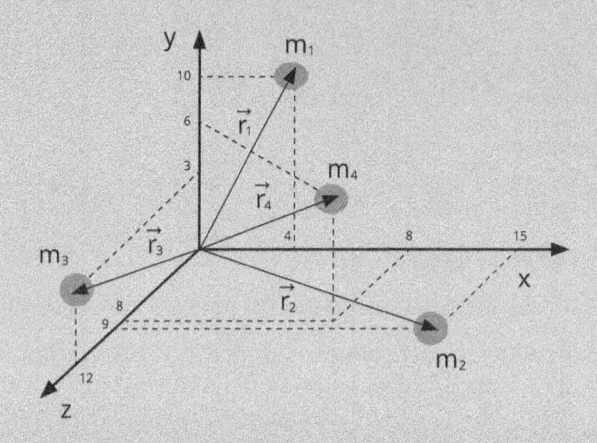

Agora, vamos calcular a localização do centro de massa em cada dimensão:

$$x_{cm} = \frac{m_1 \cdot x_1 + m_2 \cdot x_2 + m_3 \cdot x_3 + m_4 \cdot x_4}{M}$$

$$y_{cm} = \frac{m_1 \cdot y_1 + m_2 \cdot y_2 + m_3 \cdot y_3 + m_4 \cdot y_4}{M}$$

$$z_{cm} = \frac{m_1 \cdot z_1 + m_2 \cdot z_2 + m_3 \cdot z_3 + m_4 \cdot z_4}{M}$$

Substituindo os valores numéricos, obtemos:

$$x_{cm} = \frac{4\,kg \cdot 4\,cm + 2\,kg \cdot 15\,cm + 1\,kg \cdot 0\,cm + 3\,kg \cdot 8\,cm}{10\,kg}$$

$$y_{cm} = \frac{4\,kg \cdot 10\,cm + 2\,kg \cdot 0\,cm + 1\,kg \cdot 3\,cm + 3\,kg \cdot 6\,cm}{10\,kg}$$

$$z_{cm} = \frac{4\,kg \cdot 0\,cm + 2\,kg \cdot 9\,cm + 1\,kg \cdot 12\,cm + 3\,kg \cdot 8\,cm}{10\,kg}$$

$x_{cm} = 7\,cm$

$y_{cm} = 6,1\,cm$

$z_{cm} = 5,4\,cm$

Logo, a posição do centro de massa é dada pelo seguinte vetor:

$\vec{r}_{cm}$ (7 cm)$_i$ + (6,1 cm)$_j$ + (5,4 cm)$_k$

Podemos, ainda, calcular a que distância o centro de massa se encontra da origem. Para isso, calculamos o módulo do vetor $\vec{r}_{cm}$:

$$|\vec{r}_{cm}| = \sqrt{(7\text{ cm})^2 + (6,1\text{ cm})^2 + (5,4\text{ cm})^2} = 10,74\text{ cm}$$

6.2 Sistemas simétricos

Quando um sistema de partículas admite um elemento de simetria – que pode ser um ponto, uma linha (eixo) ou um plano (Figura 6.7) – seu centro de massa estará sobre esse elemento.

Figura 6.7
Alguns sistemas simétricos de distribuição

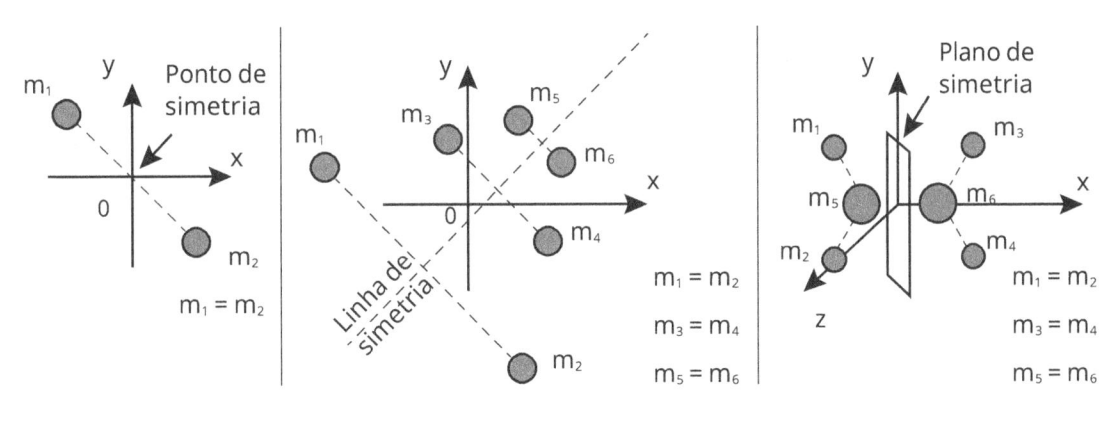

Exemplo 6.4

A peça do Gráfico 6.1 é formada por chapas de densidades diferentes. A massa da chapa 1 vale 8,75 kg, e a da chapa 2 vale 16,25 kg. Calcule o centro de massa do conjunto.

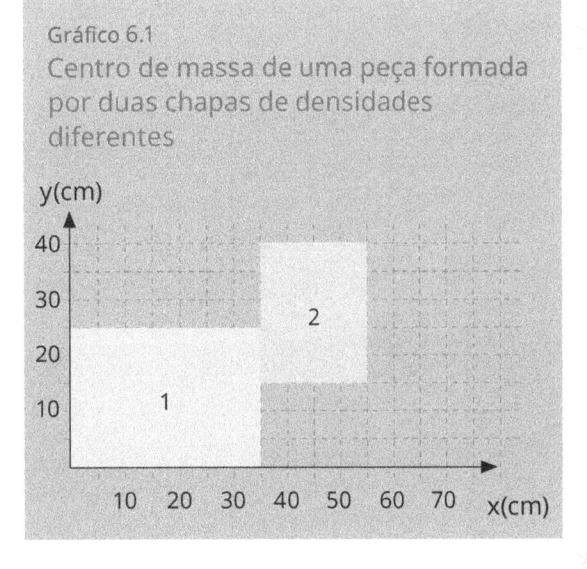

Gráfico 6.1
Centro de massa de uma peça formada por duas chapas de densidades diferentes

Centro de massa e seu movimento

Importante: a densidade de uma substância em relação à da água é obtida pela razão entre a massa e o volume da substância.

Resolução

Primeiramente, calculamos o centro de massa de cada uma das partes. O centro de massa em cada uma delas coincide com o centro geométrico da figura. Assim:

$x_{cm,1} = 17,5$ cm

$y_{cm,1} = 12,5$ cm

$x_{cm,2} = 45$ cm

$y_{cm,2} = 27,5$ cm

Podemos considerar que a massa de cada uma das partes está concentrada em seu respectivo centro de massa, conforme gráfico a seguir. O centro de massa do conjunto estará entre os centros de massa das duas partes.

$$x_{cm} = \frac{m_1 \cdot x_{cm,1} + m_2 \cdot x_{cm,2}}{M}$$

$$x_{cm} = \frac{8,75 \cdot 17,5 + 16,25 \cdot 45}{25}$$

$x_{cm} = 35,375$ cm

$$y_{cm} = \frac{m_1 \cdot y_{cm,1} + m_2 \cdot y_{cm,2}}{M}$$

$$y_{cm} = \frac{8,75 \cdot 12,5 + 16,25 \cdot 27,5}{25}$$

$y_{cm} = 22,5$ cm

No Gráfico 6.2, temos a representação das coordenadas do centro de massa das partes 1 e 2 da peça, bem como da peça inteira.

Gráfico 6.2
O centro de massa da peça está sobre a linha que une os centros de massas das duas chapas

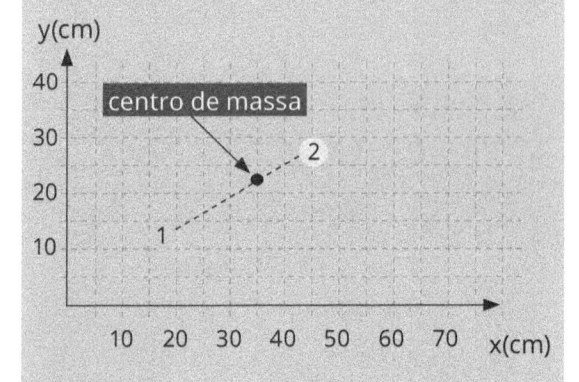

Como era de se esperar, o centro de massa da peça formada pelas duas chapas está mais próximo do centro de massa da chapa de maior massa.

Exemplo 6.5

Utilizando integração numérica, mostre que o centro de massa de uma barra homogênea está exatamente a meia distância do seu comprimento.

Resolução

Estabeleçamos que a barra está disposta na direção x, com uma de suas extremidades na origem de um sistema coordenado, conforme Gráfico 6.3.

Gráfico 6.3
Centro de massa de uma barra homogênea

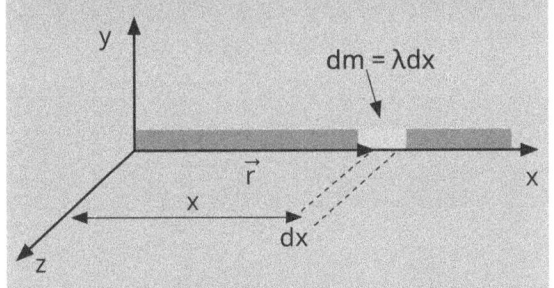

Observe que estamos representando um pequeno elemento de massa dm pertencente à barra, de comprimento dx e que está a uma distância x da origem. Assim:

$$\vec{r}_{cm} = \frac{1}{M} \int \vec{r}\, dm = \frac{1}{M} \int x_i\, dm$$

Como a barra é homogênea, sua densidade linear (λ) é constante:

$$\lambda = \frac{M}{L} = \frac{dm}{dx} \to dm = \lambda\, dx$$

$$\vec{r}_{cm} = \frac{1}{M} \int x_i \lambda\, dx = \frac{\lambda}{M} \hat{i} \int x\, dx$$

A massa da barra está distribuída uniformemente ao longo do eixo x: de $x = 0$ até $x = L$. Esses dois valores são os limites de integração.

$$\vec{r}_{cm} \frac{\lambda}{M} \hat{i} \int_0^L x\, dx$$

$$\vec{r}_{cm} \frac{\lambda}{M} \hat{i} \left(\frac{L^2}{2} - \frac{0^2}{2} \right) = \frac{\lambda}{2M} L^2 \hat{i}$$

Como $\lambda = \frac{M}{L}$, temos:

$$\vec{r}_{cm} = \frac{\frac{M}{L}}{2M} L^2 \hat{i} = \frac{L}{2} \hat{i}$$

Conforme esperávamos, o centro de massa da barra está localizado a meia distância do seu comprimento.

A densidade linear é obtida pela razão entre um elemento de massa dm e um elemento de comprimento dx:

$$\lambda = \frac{dm}{dx}$$

Se o corpo for homogêneo, podemos escrever:

$$\lambda = \frac{M}{L}$$

Nesse caso, M é a massa total do corpo e L o seu comprimento.

6.3 Sistemas de partículas e a segunda lei de Newton

Anteriormente, vimos que a velocidade instantânea de uma partícula é definida como a taxa temporal de variação da sua posição (a derivada da posição em relação ao tempo). De forma semelhante, a aceleração instantânea é definida como a taxa temporal de variação da sua velocidade (derivada da velocidade em relação ao tempo). Apliquemos essa ideia a um sistema de partículas.

Derivando a seguinte expressão:

$$Mx_{cm} = m_1 + x_1 + m_2 \cdot x_2 + m_3 \cdot x_3 + \ldots + m_n \cdot x_n$$

Obtemos a velocidade do centro de massa do sistema em função da velocidade das partículas que o formam. Veja:

$$M\frac{dx_{cm}}{dt} = m_1 \cdot \frac{dx_1}{dt} + m_2 \cdot \frac{dx_2}{dt} + m_3 \cdot \frac{dx_3}{dt} + \ldots + m_n \cdot \frac{dx_n}{dt}$$

A expressão é o mesmo que:

$$Mv_{cm} = m_1 + v_1 + m_2 \cdot v_2 + m_3 \cdot v_3 + \ldots + m_n \cdot v_n$$

Ou, de forma equivalente:

$$M \cdot \vec{v}_{cm} = \sum_{i=1}^{n} m_i \cdot \vec{v}_i$$

(expressão para velocidade do centro de massa)

Derivando mais uma vez a expressão, temos:

$$M\frac{dv_{cm}}{dt} = m_1 \cdot \frac{dv_1}{dt} + m_2 \cdot \frac{dv_2}{dt} + m_3 \cdot \frac{dv_3}{dt} + \ldots + m_n \cdot \frac{dv_n}{dt}$$

Que é o mesmo que:

$$Ma_{cm} = m_1 + a_1 + m_2 \cdot a_2 + m_3 \cdot a_3 + \ldots + m_n \cdot a_n$$

Ou, de forma equivalente:

$$M \cdot \vec{a}_{cm} = \sum_{i=1}^{n} m_i \cdot \vec{a}_i$$

(expressão para aceleração do centro de massa)

Pela segunda lei de Newton, sabemos que F = ma. Logo, o segundo termo da última equação é a somatória das forças que atuam sobre cada partícula. Assim:

$$M\vec{a}_{cm} = \vec{F}_1 + \vec{F}_2 + \vec{F}_3 + ... + \vec{F}_N$$

As forças que atuam sobre cada partícula podem ser internas ou externas. As forças internas devem-se exclusivamente às interações entre as próprias partículas. Sabemos, entretanto, pela terceira lei de Newton, que a força que uma partícula *A* exerce sobre uma partícula *B* é igual, em módulo, à força que *B* exerce sobre *A*, tendo mesma direção, porém sentidos contrários. Logo, as forças internas se cancelam aos pares, restando do lado direito da equação somente a soma vetorial das forças produzidas pelos agentes externos. Essa soma é igual à força resultante que atua sobre o sistema de partículas:

$$M \cdot \vec{a}_{cm} = \sum_{i=1}^{n} \vec{F}_i = \vec{F}_{res}$$

Esse resultado nos fornece uma informação bastante importante:

> O centro de massa de um corpo ou sistema se move orientado pela ação da força externa resultante que atua sobre o corpo ou sistema.

Por esse motivo, a trajetória do centro de massa do martelo esquematizado no início deste capítulo é parabólica, pois o centro de massa se move como se fosse uma partícula – vimos, no Capítulo 2, que a trajetória de uma partícula lançada obliquamente, sob a ação somente da força gravitacional, é uma parábola.

Por outro lado,

> se a resultante das forças externas que atua sobre o corpo ou sistema for nula, o centro de massa não muda seu estado de movimento.

Ou seja, se o corpo ou sistema estiver em repouso em relação a um referencial, permanecerá em repouso. Se estiver se movendo em linha reta com velocidade constante, permanecerá em linha reta com a mesma velocidade.

Vejamos alguns exemplos em que podemos aplicar essa ideia.

Exemplo 6.6

Um físico prepara um experimento que tem por objetivo mostrar que a descrição do movimento do centro de massa de um corpo, ou sistema de partículas, ocorre somente pela ação da força externa resultante que atua sobre ele. Para isso, o físico projeta uma esfera que irá se dividir em dois fragmentos de massas iguais quando estiver no ponto mais alto de uma trajetória parabólica, conforme a Figura 6.8. A força interna fará com que uma das metades da esfera caia verticalmente em linha reta. O pressuposto do físico é que se a única força externa que atua sobre o sistema, do início ao fim, for a gravitacional, então, o centro de massa do sistema formado pelas duas metades da esfera continuará descrevendo uma trajetória parabólica.

Figura 6.8
Movimento do centro de massa de uma esfera que se divide em dois fragmentos de massas iguais

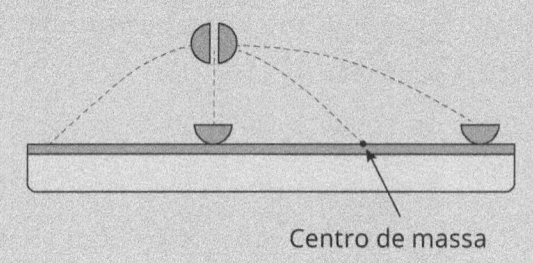

Centro de massa

A esfera foi lançada com velocidade inicial de 20 m/s formando um ângulo de 30° com a horizontal. Se a hipótese do físico estiver certa:

a. qual é o alcance do centro de massa da esfera?
b. qual é o alcance da segunda metade da esfera?

Resolução

a. Como vimos no Capítulo 2, o alcance (A) de uma partícula lançada obliquamente é calculado pela seguinte função:

$A = \dfrac{v_0^2}{g} \text{sen}(2\theta)$

Uma vez que a única força externa que estamos considerando é a gravitacional, essa função serve também para calcular o alcance do centro de massa da esfera (x_{cm}). Assim:

$x_{cm} = \dfrac{v_0^2}{g} \text{sen}(2\theta) = \dfrac{20^2}{9{,}81} \text{sen}(2 \cdot 30°) = 35{,}31 \text{ m}$

b. Podemos utilizar a seguinte equação para calcular a posição da segunda metade da esfera:

$M x_{cm} = m_1 \cdot x_1 + m_2 \cdot x_2$

Em que:

- x_1 é o alcance da primeira metade;
- x_2 é o alcance da segunda metade.

Como a esfera se divide em duas metades de massas iguais, escrevemos:

$$2mx_{cm} = m \cdot x_1 + m \cdot x_2$$

Como m aparece em todos os termos, podemos cancelá-lo:

$$2x_{cm} = x_1 + x_2$$

Isolando x_2, temos:

$$x_2 = 2x_{cm} - x_1$$

$$x_2 = 2A - \frac{A}{2} = 1{,}5\,A$$

$$x_2 = 1{,}5 \cdot \frac{v_0^2}{g} \operatorname{sen}(2\theta)$$

Substituindo os valores fornecidos pelo enunciado, temos:

$$x_2 = 1{,}5 \cdot \frac{(20\text{ m/s})^2}{9{,}81\text{ m/s}^2} \operatorname{sen}(2 \cdot 30°)$$

$$x_2 = 52{,}97\text{ m}$$

É importante destacarmos que a primeira metade atingiu 0,5 do alcance do centro de massa, enquanto a segunda atingiu 1,5. Por terem massas iguais, as metades estão equidistantes do centro de massa

6.4 Trabalho associado ao centro de massa

Os resultados da seção anterior nos levaram à seguinte equação:

$$\vec{F}_{res} = M \cdot \vec{a}_{cm}$$

Manipulamos essa equação para obter um resultado bastante útil que relaciona trabalho associado ao centro de massa com a energia cinética do centro de massa. Primeiramente, multiplicamos

Centro de massa e seu movimento

escalarmente ambos os membros da equação pela velocidade do centro de massa $\vec{v}_{cm}$:

$$\vec{v}_{cm} \circ \vec{F}_{res} = M \cdot \vec{v}_{cm} \circ \vec{a}_{cm}$$

Agora, da mesma forma que procedemos no Capítulo 4, na seção "Potência e energia cinética", mostramos que:

$$\vec{v}_{cm} \circ \vec{a}_{cm} = \frac{1}{2}\frac{d}{dt}v^2_{cm}$$

Já sabemos que:

$$\vec{a}_{cm} = \frac{d\vec{v}_{cm}}{dt}$$

Também temos consciência de que:

$$\frac{d}{dt}v^2_{cm} = \frac{d}{dt}(\vec{v}^2_{cm} \circ \vec{v}_{cm})$$

Aplicando a regra do produto para derivadas, temos:

$$\frac{d}{dt}v^2_{cm} = \vec{v}_{cm} \circ \frac{d\vec{v}_{cm}}{dt} + \frac{d\vec{v}_{cm}}{dt} \circ \vec{v}_{cm}$$

Como o produto interno comuta, temos:

$$\frac{d}{dt}v^2_{cm} = 2\vec{v}_{cm} \circ \frac{d\vec{v}_{cm}}{dt}$$

Logo:

$$\frac{1}{2}\frac{d}{dt}v^2_{cm} = \vec{v}_{cm} \circ \vec{a}_{cm}$$

Voltando à primeira equação, temos:

$$\vec{v}_{cm} \circ \vec{F}_{res} = M \cdot \vec{v}_{cm} \circ \vec{a}_{cm}$$

$$\vec{v}_{cm} \circ \vec{F}_{res} = \frac{1}{2}M \cdot \frac{d}{dt}v^2_{cm}$$

Que é o mesmo que:

$$\vec{F}_{res} \circ \vec{v}_{cm} = \frac{d}{dt}\left(\frac{1}{2}Mv^2_{cm}\right)$$

$$\vec{F}_{res} \circ \vec{v}_{cm} = \frac{dK_{cm}}{dt}$$

Em que K_{cm} é a energia cinética associada ao centro de massa do sistema ou do corpo.

Devemos agora lembrar do que estudamos no Capítulo 4:

$$P = \vec{F} \circ \vec{v} = \frac{dW}{dt} = \frac{dK}{dt}$$

Assim:

$$\frac{dW_{cm}}{dt} = \frac{dK_{cm}}{dt}$$

$$dW_{cm} = dK_{cm}$$

Integrando os membros da equação e chamando a energia cinética do centro de massa de *energia cinética de translação do sistema*, temos:

$$W_{cm} = \int_{r_0}^{r} \vec{F} \circ d\vec{r}_{cm} = \Delta K_{translação}$$

Esse resultado é conhecido como a relação trabalho no centro de massa-energia cinética de translação. Em outras palavras,

> o trabalho que a resultante das forças externas realiza sobre um sistema é igual à variação da energia cinética de translação do sistema.

É importante destacarmos que esse resultado não leva em conta o movimento das partículas em relação ao centro de massa. Ele somente associa o deslocamento do centro de massa à variação do módulo de sua velocidade.

É um resultado bastante importante que nos permite descrever o movimento do sistema como um todo, sem que seja necessário conhecer o comportamento das partículas em relação ao centro de massa.

6.5 Energia cinética de um sistema de partículas

Na seção anterior, vimos que o trabalho das forças externas é igual à variação da energia cinética de translação do sistema. A energia cinética total de um sistema de partículas pode ser descrita como a soma da energia cinética de translação $\left(K_{translação} = \frac{1}{2}Mv^2_{cm}\right)$ com a energia cinética das partículas em relação ao centro de massa $\left(K_{translação} = \sum \frac{1}{2}m_i u_i^2\right)$ – em que u_i é o módulo da velocidade da i-ésima partícula em relação ao centro de massa:

$$K_{sistema} = \frac{1}{2}Mv^2_{cm} + \sum_{i=1}^{n}\frac{1}{2}m_i u_i^2$$

$$K_{sistema} = K_{translação} + K_{relativa}$$

Para demonstrarmos esse resultado, precisamos estudar a conservação do momento linear, o que faremos nas próximas seções.

6.6 Energia potencial gravitacional de um sistema de partículas

A energia potencial gravitacional de um sistema de partículas é igual à somatória das energias potenciais gravitacionais de todas as partículas:

$$U_{g,sistema} = \sum_{i=1}^{n} m_i g h_i = g\sum_{i=1}^{n} m_i h_i$$

No início deste capítulo, vimos que:

$$M \cdot \vec{r}_{cm} = \sum_{i=1}^{n} m_i \cdot \vec{r}_i$$

Logo,

$$M \cdot h_{cm} = \sum_{i=1}^{n} m_i h_i$$

Assim, a energia potencial gravitacional de um sistema de partículas pode ser calculada conhecendo-se a altura do centro de massa do sistema:

$$U_{g,sistema} = M \cdot g \cdot h_{cm}$$

6.7 Momento linear

Momento e energia são duas grandezas físicas fundamentais para a descrição da relação mútua estabelecida entre dois sistemas físicos. Os sistemas físicos trocam energia e momento. Entretanto, essas trocas sempre obedecem a

Centro de massa e seu movimento

leis de conservação da energia e conservação do momento. Por isso, para se entender bem a física, é preciso compreender bem essas duas leis de conservação.

O momento linear $\vec{p}$, também conhecido como *quantidade de movimento linear*, é definido como o produto da massa pela velocidade de um corpo.

$$\vec{p} = m \cdot \vec{v} \quad (I)$$

Por ser a velocidade uma grandeza vetorial e a massa uma grandeza escalar, o momento linear é uma grandeza vetorial. Como você já sabe, grandezas vetoriais precisam de módulo, direção e sentido para serem bem caracterizadas. As grandezas escalares, por sua vez, não precisam de nenhum desses elementos, ou seja, somente o módulo é suficiente. A direção e o sentido do momento linear de um corpo são exatamente os mesmos que a direção e o sentido de sua velocidade.

Fisicamente, você pode imaginar o momento linear como sendo a medida do esforço necessário para mudar o estado de movimento de um corpo durante um intervalo de tempo. Por exemplo: um caminhão com velocidade de 60 km/h tem momento linear (ou quantidade de movimento linear) maior que de um carro popular com a mesma velocidade, pois, para um mesmo intervalo de tempo, é preciso empregar uma força maior para parar o caminhão do que para parar o carro.

A unidade do momento linear no SI é o **kgm/s**.

Exemplo 6.7

Verifique qual dos dois móveis a seguir apresenta maior resistência para ser parado em um mesmo intervalo de tempo.

a. Um carro de massa 900 kg que se move em linha reta com módulo de velocidade igual a 144 km/h.
b. Um ônibus de massa 7500 kg que se move em linha reta com módulo de velocidade igual a 18 km/h.

Resolução

O móvel que tiver maior módulo do momento linear é o que apresentará maior resistência para ser parado em um mesmo intervalo de tempo. Para o carro, temos:

$$\vec{p}_{car} = m_{car} \cdot \vec{v}_{car}$$

Transformamos a unidade de velocidade, deixando-a no SI:

$$\vec{p}_{car} = 900 \text{ kg} \cdot \frac{144 \text{ km}}{\text{h}} \cdot \frac{1000 \text{ m}}{1 \text{ km}} \cdot \frac{1 \text{ h}}{3600 \text{ s}} = 36\,000 \text{ kgm/s}$$

Realizamos o mesmo procedimento para calcular o módulo do momento linear do ônibus:

$$\vec{p}_{ôni} = m_{ôni} \cdot \vec{v}_{ôni}$$

$$\vec{p}_{ôni} = 7500 \text{ kg} \cdot \frac{18 \text{ km}}{\text{h}} \cdot \frac{1000 \text{ m}}{1 \text{ km}} \cdot \frac{1 \text{ h}}{3600 \text{ s}} = 37500 \text{ kgm/s}$$

Portanto, o ônibus apresenta maior dificuldade para ser parado, pois o módulo do seu momento linear é maior do que o do carro.

É comum os estudantes confundirem o momento linear, ou quantidade de movimento, com a grandeza velocidade. Como você pode observar no exemplo anterior, o momento linear depende tanto da velocidade quanto da massa do corpo.

6.7.1 Momento linear de um sistema de partículas

O momento linear de um sistema de partículas é equivalente à soma vetorial dos momentos lineares das partículas que o compõe.

$$\vec{p}_{Sist} = \sum_{i=1}^{n} m_i \cdot \vec{v}_i = \sum_{i=1}^{n} \vec{p}_i$$

Ou, ainda, como

$$\sum_{i=1}^{n} m_i \cdot \vec{v}_i = M \vec{v}_{cm}$$

temos:

$$\vec{p}_{sist} = M \vec{v}_{cm}$$

É importante enfatizarmos que, para obtermos o momento linear resultante de um sistema de partículas, precisamos considerar a natureza vetorial dessa grandeza. Analisemos o Exemplo 6.8.

Centro de massa e seu movimento

Exemplo 6.8

Suponha que as partículas representadas na Figura 6.9 se movem no plano definido pelos eixos x e y. Calcule o módulo do momento linear do sistema e o ângulo que ele forma com o eixo x.

Figura 6.9
Momento linear de um sistema de partículas

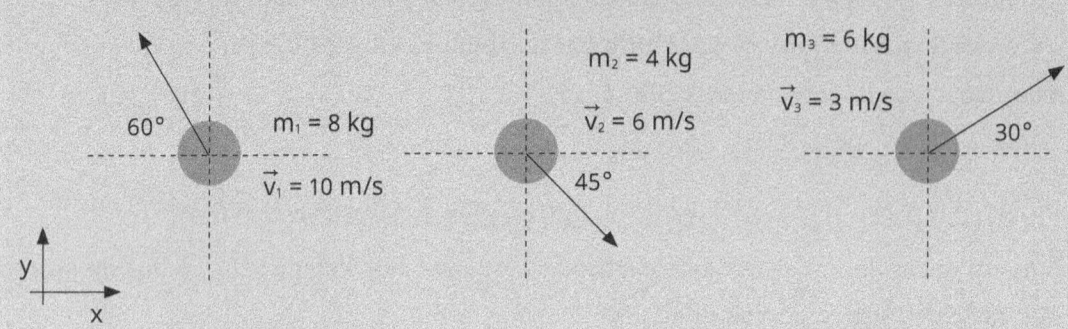

$m_1 = 8$ kg, $\vec{v}_1 = 10$ m/s, 60°

$m_2 = 4$ kg, $\vec{v}_2 = 6$ m/s, 45°

$m_3 = 6$ kg, $\vec{v}_3 = 3$ m/s, 30°

Resolução

Primeiramente, calculamos o módulo do momento linear de cada uma das partículas:

$p_1 = m_1 \cdot v_1 = 8$ kg $\cdot$ 10 m/s $= 80$ kgm/s

$p_2 = m_2 \cdot v_2 = 4$ kg $\cdot$ 6 m/s $= 24$ kgm/s

$p_3 = m_3 \cdot v_3 = 6$ kg $\cdot$ 3 m/s $= 18$ kgm/s

Agora, decompomos cada um dos vetores em suas componentes ortogonais. Para $\vec{p}_1$, temos:

$p_{1,x} = p_1 \cdot \cos 60° = 80 \cdot 0{,}5 = 40$ kgm/s

$p_{1,y} = p_1 \cdot \text{sen } 60° = 80 \cdot 0{,}866 = 69{,}2$ kgm/s

Para $\vec{p}_2$, temos:

$p_{2,x} = p_2 \cdot \cos 45° = 24 \cdot 0{,}707 = 16{,}97$ kgm/s

$p_{2,y} = p_2 \cdot \text{sen } 45° = 24 \cdot 0{,}707 = 16{,}97$ kgm/s

Para $\vec{p}_3$, temos:

$p_{3,x} = p_3 \cdot \cos 30° = 18 \cdot 0{,}866 = 15{,}59$ kgm/s

$p_{3,y} = p_3 \cdot \text{sen } 30° = 18 \cdot 0{,}5 = 9$ kgm/s

Somando as componentes que estão na mesma direção, obtemos:

$p_x = -40$ kgm/s $+ 16{,}97$ kgm/s $+ 15{,}59$ kgm/s $= -7{,}44$ kgm/s

$p_y = 69{,}28$ kgm/s $- 16{,}97$ kgm/s $+ 9$ kgm/s $= 61{,}31$ kgm/s

Basta agora calcularmos o módulo do vetor resultante, representado na Figura 6.10.

$P = \sqrt{(-7{,}44)^2 + 61{,}31^2}$

$P = \sqrt{3814{,}27} = 61{,}76$ kgm/s

Figura 6.10
Vetor momento linear do centro de massa e suas componentes

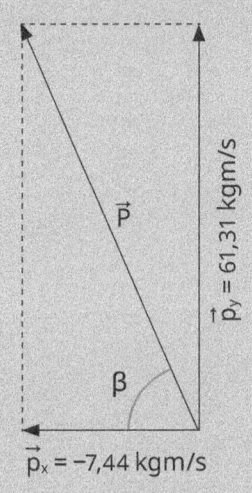

O ângulo β que o vetor resultante forma com a horizontal pode ser obtido com o auxílio da função tangente:

$\tan \beta = \dfrac{61{,}31}{7{,}44} = 8{,}24$

$\beta = \arctan (8{,}24) = 83{,}08°$

Centro de massa e seu movimento

Portanto, o módulo do momento linear do sistema é P = 61,76 kgm/s e o ângulo que o vetor momento linear forma com a horizontal é β = 83,08° (note, na Figura 6.10, que o ângulo está sendo medido em relação ao sentido negativo do eixo x).

Exemplo 6.9

Duas partículas de massas 4 kg e 5 kg possuem velocidades respectivamente iguais a $\vec{v}_1 = (3 \text{ m/s})\hat{i} + (4 \text{ m/s})\hat{j}$ e $\vec{v}_2 = (5 \text{ m/s})\hat{i} - (2 \text{ m/s})\hat{j}$. Calcule:

a. o vetor *momento linear* de cada partícula.
b. o vetor *momento linear* do sistema.
c. o vetor *velocidade* do centro de massa do sistema.
d. o ângulo que o vetor velocidade do centro de massa forma com a direção do vetor unitário $\hat{i}$.

Resolução

a. O vetor *momento linear* de cada partícula é obtido pela simples multiplicação do vetor *velocidade* pela respectiva massa:

$\vec{p}_1 = m_1\vec{v}_1 = (4 \text{ kg} \cdot 3 \text{ m/s})\hat{i} + (4 \text{ kg} \cdot 4 \text{ m/s})\hat{j}$

$\vec{p}_1 = (12 \text{ kgm/s})\hat{i} + (16 \text{ kgm/s})\hat{j}$

$\vec{p}_2 = m_2\vec{v}_2 = (5 \text{ kg} \cdot 5 \text{ m/s})\hat{i} + (5 \text{ kg} \cdot 5 \text{ m/s})\hat{j}$

$\vec{p}_2 = (25 \text{ kgm/s})\hat{i} - (10 \text{ kgm/s})\hat{j}$

b. O vetor *momento linear* do sistema é equivalente à soma vetorial dos momentos lineares das partículas que formam o sistema:

$\vec{P}_{sis} = \sum_{i=1}^{n} \vec{p}_i$

Para o caso específico, temos:

$\vec{P}_{sis} = \vec{p}_1 + \vec{p}_2$

$\vec{p}_{sis} = (12 \text{ kgm/s} + 25 \text{ kgm/s})\hat{i} + (16 \text{ kgm/s} - 10 \text{ kgm/s})\hat{j}$

$\vec{p}_{sis} = (12 \text{ kgm/s} + 25 \text{ kgm/s})\hat{i} + (16 \text{ kgm/s} - 10 \text{ kgm/s})\hat{j}$

c. Sabemos que o momento linear de um sistema de partículas pode ser escrito como:

$\vec{P}_{sis} = M + \vec{v}_{cm}$

Logo,

$\vec{v}_{cm} = \dfrac{\vec{P}_{sis}}{M}$

$\vec{v}_{cm} = \dfrac{(37 \text{ m/s})_i + (6 \text{ m/s})_j}{9}$

$v_{cm} = \dfrac{(37 \text{ m/s})_i}{9} + \dfrac{(2 \text{ m/s})_j}{3}$

$\vec{p}_{sis} = (4{,}11 \text{ m/s})_i + (0{,}67 \text{ m/s})_j$

d. O resultado do item (c) nos fornece a configuração representada na Figura 6.11:

Figura 6.11
Vetor *velocidade* do centro de massa e suas componentes

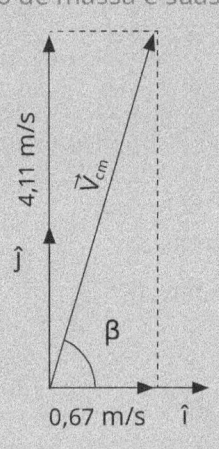

O módulo do vetor *velocidade* do centro de massa é:

$\vec{V}_{cm} = \sqrt{(4{,}11)^2 + (0{,}67)^2}$

$\vec{V}_{cm} = 4{,}16 \text{ m/s}$

O ângulo β que o vetor *velocidade* do centro de massa forma com a direção do vetor unitário é î:

$\tan \beta = \dfrac{4{,}11}{0{,}67} = 6{,}13$

$\beta = \arctan(6{,}13) = 80{,}74°$

6.7.2 Conservação do momento linear

Já temos todos os elementos necessários para enunciar uma das leis mais importantes da física: a **conservação do momento linear**.

Sabemos que:

$$\vec{P}_{sis} = M \cdot \vec{v}_{cm} = \sum_{i=1}^{n} m_i \cdot \vec{v}_i$$

Derivando essa expressão, verificamos que a taxa temporal de variação do momento linear do sistema é igual à somatória das forças externas que atuam sobre ele:

$$\frac{d\vec{P}_{sis}}{dt} = \sum_{i=1}^{n} m_i \cdot \vec{a}_i$$

$$\frac{d\vec{P}_{sis}}{dt} = \vec{F}_{res}$$

Fica claro que, se a força externa resultante for nula, o momento linear do sistema não se altera. Podemos, então, enunciar a seguinte lei de conservação:

> **Lei da conservação do momento linear:** se a somatória das forças externas que atuam sobre as partículas de um sistema for nula, o momento linear do sistema permanece constante.

De acordo com essa lei, para um sistema de partículas, podemos escrever:

$$\sum_{i=1}^{n} p_{i,0} = \sum_{i=1}^{n} p_{i,F}$$

Traduzindo em palavras, a somatória dos momentos das partículas em um instante inicial é igual à somatória dos momentos em um momento posterior (resultado válido para quando a resultante das forças externas que atua sobre o sistema for nula).

A lei da conservação do momento linear tem um alcance maior que a lei da conservação da energia mecânica, pois, como muitas vezes as forças internas de um sistema não são conservativas, sua energia mecânica total pode sofrer variações, enquanto que seu momento total permanece constante.

Vejamos algumas aplicações desse importante enunciado.

> **Exemplo 6.10**
> O centro de massa de um sistema de partículas cuja massa total é 7 kg se movimenta com velocidade constante de 5 m/s no sentido positivo de um eixo de coordenadas cartesianas. Calcule a resultante das forças externas que agem sobre o sistema.
>
> **Resolução**
> Se a velocidade do centro de massa do sistema é constante, o momento também é constante (não varia com o tempo). Assim:
>
> $$\frac{d\vec{P}_{sis}}{dt} = \vec{F}_{res} = 0$$

No Exemplo 6.10, poderíamos ter concluído que a resultante das forças externas é nula sem ter mencionado a grandeza momento linear, pois sabemos que um corpo somente muda seu estado de movimento se houver uma força resultante externa atuando sobre ele. Como o enunciado afirma que a velocidade permanece constante, concluímos que a resultante das forças externas é nula.

Exemplo 6.11

Suponha que o centro de massa do sistema de partículas do exemplo anterior se movimenta com velocidade descrita pela função $\vec{v}_{cm} = 2 + 6t$. Calcule a resultante das forças externas que agem sobre o sistema.

Resolução

Sabemos que

$$\frac{d\vec{P}_{sis}}{dt} = \vec{F}_{res}$$

A massa das partículas que formam o sistema é constante:

$$\vec{F}_{res} = M \cdot \frac{d\vec{v}_{cm}}{dt}$$

A derivada da função *velocidade* do centro de massa é:

$$v_{cm} = 2 + 6t$$

$$\frac{d\vec{v}_{cm}}{dt} = 6 \text{ m/s}^2$$

Assim:

$$\vec{F}_{res} = 7 \text{ kg} \cdot 6 \text{ m/s}^2 = 42 \text{ N}$$

Exemplo 6.12

Um casal de patinadores, inicialmente em repouso, empurram-se mutuamente (Figura 6.12). A mulher apresenta massa de 55 kg, e o homem, de 95 kg. Se a velocidade de recuo do homem é de 1 m/s, calcule a velocidade de recuo da mulher, desprezando as forças de atrito.

Centro de massa e seu movimento

Figura 6.12
Dois patinadores se empurrando mutuamente

Resolução

Consideremos que o sistema é formado pelos dois patinadores. Por meio de um diagrama de corpo livre, é possível vermos que a força gravitacional (peso) e a força normal são as forças externas que atuam sobre cada um deles. Essas forças anulam-se mutuamente. Portanto, a resultante externa é nula. Isso significa que o momento linear inicial do sistema é igual ao seu momento linear final:

$$\sum_{i=1}^{n} p_{i,0} = \sum_{i=1}^{n} p_{i,F}$$

$$m_1 \cdot v_{1,0} + m_2 \cdot v_{2,0} = m_1 \cdot v_{1,F} + m_2 \cdot v_{2,F}$$

Como os patinadores estão inicialmente em repouso, o momento linear inicial é zero:

$$55 \text{ kg} \cdot 0 + 95 \text{ kg} \cdot 0 = 55 \text{ kg} \cdot v_{1,F} + 95 \text{ kg} \cdot 1 \text{ m/s}$$

$$0 = 55 \text{ kg} \cdot v_{1,F} + 95 \text{ kgm/s}$$

Isolando a velocidade da patinadora, temos:

$-95 \text{ kgm/s} = 55 \text{ kg} \cdot v_{1,F}$

$v_{1,F} = \dfrac{-95 \text{ kgm/s}}{55 \text{ kg}}$

$v_{1,F} = \dfrac{-95 \text{ kgm/s}}{55 \text{ kg}} = -1,73 \text{ m/s}$

O sinal negativo indica somente que o sentido da velocidade da patinadora é contrário ao do patinador.

Exemplo 6.13

No exemplo anterior, mostre que, caso a massa da patinadora fosse igual à do patinador, as velocidades dos dois seriam iguais em módulo.

Resolução

O procedimento para resolução é o mesmo que o do Exemplo 6.12:

$m_1 \cdot v_{1,0} + m_2 \cdot v_{2,0} = m_1 \cdot v_{1,F} + m_2 \cdot v_{2,F}$

Sabemos que:

$m_1 = m_2 = m$

Logo:

$m \cdot 0 + m \cdot 0 = m \cdot v_{1,F} + m \cdot v_{2,F}$

$0 = m \cdot v_{1,F} + m \cdot v_{2,F}$

Podemos eliminar a massa *m* da equação:

$m \cdot v_{1,F} = -m \cdot v_{2,F}$

Centro de massa e seu movimento

Exemplo 6.14

Uma garota se encontra em uma canoa inicialmente em repouso e deseja saltar para fora dela. Sua massa é de 27 kg e ela consegue saltar com velocidade horizontal de 3 m/s. Se a massa da canoa é de 50 kg, calcule a velocidade com que a canoa é impulsionada para trás.

Resolução

A somatória das forças externas que atua sobre o sistema formado pela menina e pela canoa é nula. Logo, há conservação do momento linear e podemos escrever:

$$\sum_{i=1}^{n} p_{i,0} = \sum_{i=1}^{n} p_{i,F}$$

$$m_c \cdot v_{c,0} + m_G \cdot v_{G,0} = m_c \cdot v_{c,F} + m_G \cdot v_{G,F}$$

$$50 \text{ kg} \cdot 0 + 27 \text{ kg} \cdot 0 = 50 \text{ kg} \cdot v_{c,F} + 27 \text{ kg} \cdot 3 \text{ m/s}$$

$$0 = 50 \text{ kg} \cdot v_{c,F} + 81 \text{ kgm/s}$$

$$-81 \text{ kgm/s} = 50 \text{ kg} \cdot v_{c,F}$$

$$v_{c,F} = \frac{-81 \text{ kgm/s}}{50 \text{ kg}}$$

$$v_{c,F} = \frac{-81 \text{ kgm/s}}{50 \text{ kg}} = -1{,}62 \text{ m/s}$$

A velocidade de recuo da canoa é de 1,62 m/s.

Exemplo 6.15

Duas massas, de 5 kg e de 10 kg, estão sendo comprimidas contra as extremidades de uma mola helicoidal que inicialmente está em repouso sobre uma mesa horizontal, conforme Figura 6.13. Quando o conjunto é solto e a mola se distende, a massa menor adquire velocidade de 10 m/s para a esquerda. Qual a velocidade da massa maior? Considere que não há atrito entre a mesa e as massas e que a massa da mola é desprezível.

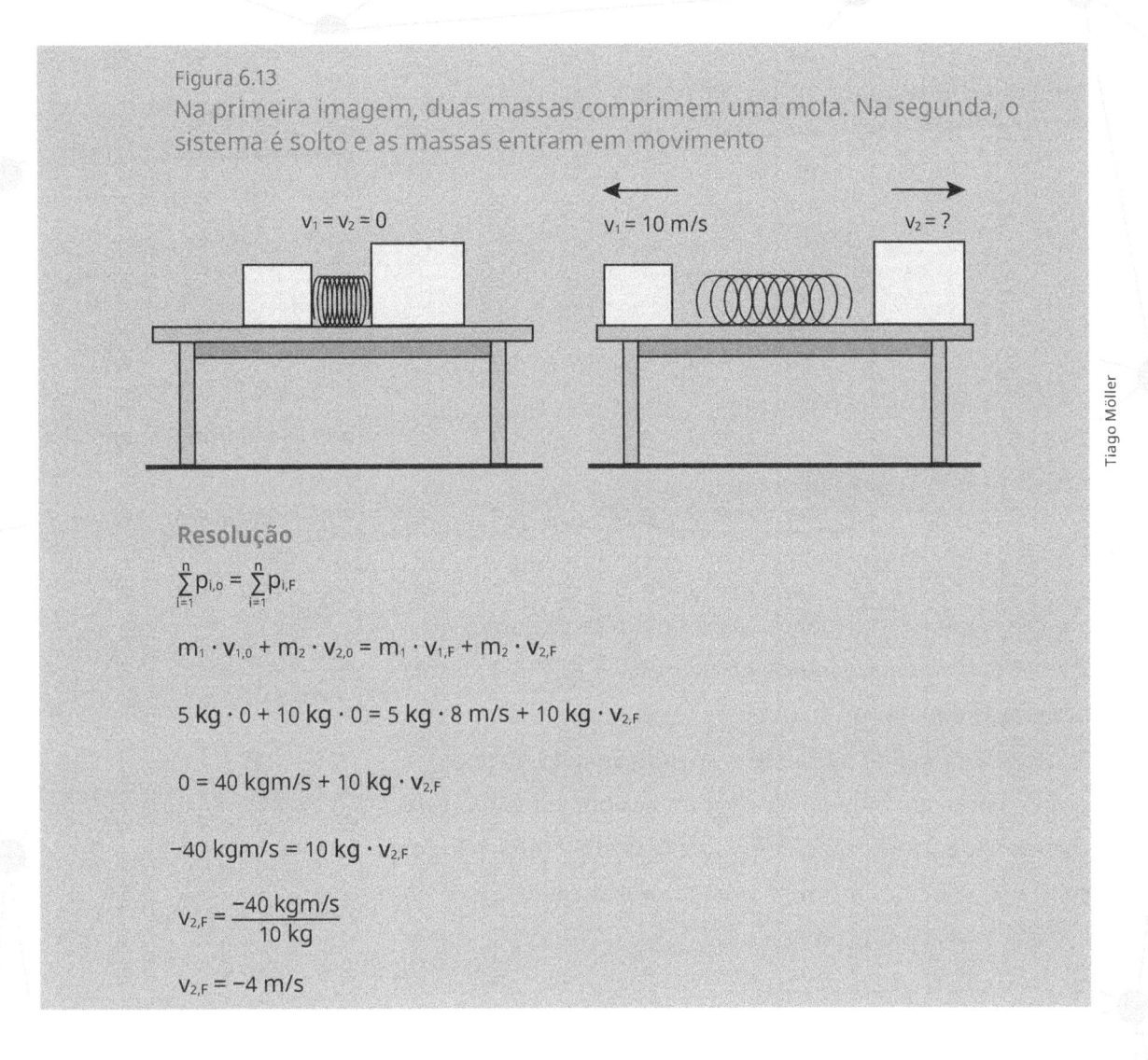

Figura 6.13
Na primeira imagem, duas massas comprimem uma mola. Na segunda, o sistema é solto e as massas entram em movimento

$v_1 = v_2 = 0$
$v_1 = 10 \text{ m/s}$
$v_2 = ?$

Resolução

$$\sum_{i=1}^{n} p_{i,0} = \sum_{i=1}^{n} p_{i,F}$$

$m_1 \cdot v_{1,0} + m_2 \cdot v_{2,0} = m_1 \cdot v_{1,F} + m_2 \cdot v_{2,F}$

$5 \text{ kg} \cdot 0 + 10 \text{ kg} \cdot 0 = 5 \text{ kg} \cdot 8 \text{ m/s} + 10 \text{ kg} \cdot v_{2,F}$

$0 = 40 \text{ kgm/s} + 10 \text{ kg} \cdot v_{2,F}$

$-40 \text{ kgm/s} = 10 \text{ kg} \cdot v_{2,F}$

$v_{2,F} = \dfrac{-40 \text{ kgm/s}}{10 \text{ kg}}$

$v_{2,F} = -4 \text{ m/s}$

6.8 Impulso

É fácil compreender, pela nossa experiência diária, que, para empurrar um corpo por 10 m em uma superfície rugosa, muitas vezes, não basta somente exercer uma força sobre ele durante um pequeno intervalo de tempo. É preciso manter a aplicação da força durante todo o deslocamento. Isso acontece porque existem forças contrárias ao movimento, como o atrito entre as superfícies de contato, o atrito mecânico entre as engrenagens e o atrito com o ar.

Considere um bloco de massa m sendo empurrado sobre uma superfície qualquer por uma força $\vec{F}$ durante um intervalo de tempo Δt_A, tendo se movimentado por uma distância x_A. Suponha que repetimos a experiência, aumentando o intervalo de tempo (Δt_B) em que a força interage com o bloco (Figura 6.14).

Centro de massa e seu movimento

Figura 6.14
Um bloco sujeito à mesma força durante intervalos de tempos diferentes

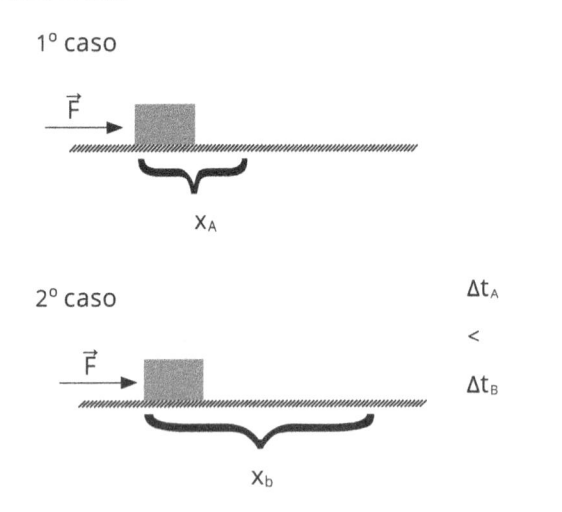

1º caso

2º caso

$\Delta t_A < \Delta t_B$

Obviamente, no segundo caso, o bloco se deslocará mais e atingirá uma velocidade maior, pois estará sujeito à mesma aceleração durante um intervalo de tempo maior.

Podemos definir a grandeza *impulso* de uma força como sendo o produto entre a força que atua sobre um corpo pelo correspondente intervalo de tempo. Quando a força não for constante, devemos utilizar o conceito de *integrais*. Assim:

$$\vec{I} = \int \vec{F} \cdot dt$$

Se a força for constante, podemos retirá-la do operador integral para obter um resultado bastante importante:

$$\vec{I} = \vec{F} \int \cdot dt$$
$$\vec{I} = \vec{F} \cdot \Delta t$$

O impulso é uma grandeza vetorial que tem a mesma direção e sentido da força. Sua unidade de medida no SI é o N · s (newton · segundo).

Vejamos, agora, como a grandeza impulso se relaciona com a grandeza momento linear. Pela segunda lei de Newton, sabemos que:

$$\vec{F} = \frac{d\vec{p}}{dt}$$

Substituindo esse resultado na definição anterior, temos:

$$\vec{I} = \int \frac{d\vec{p}}{dt} dt$$
$$\vec{I} = \int d\vec{p}$$
$$\vec{I} = \Delta \vec{p}$$

Ou seja:

o impulso da força resultante que age sobre uma partícula durante um intervalo de tempo é equivalente à variação do momento linear da partícula nesse mesmo intervalo de tempo.

Essa definição é conhecida como *teorema impulso--momento linear* para uma partícula.

Exemplo 6.16

O carro de Gabriela estragou em uma rua plana da cidade em que mora. Por sorte, seu amigo Joab estava passando pelo local e parou para ajudá-la. Suponha que a massa do carro seja de 900 kg e que Joab tenha aplicado uma força constante durante o intervalo de tempo de 20 s para empurrar o carro. Ao final desse intervalo, o carro atingiu a velocidade de 10 m/s. Calcule a aceleração e o impulso resultante ao final dos 20 s.

Resolução

O impulso fornecido ao carro é igual à variação do momento linear:

$$\vec{I} = \Delta\vec{p} = 900 \text{ kg} \cdot 10 \text{ m/s}$$

$$\vec{I} = \Delta\vec{p} = 9\,000 \text{ kgm/s}$$

Sabemos que:

$$\vec{I} = \vec{F} \cdot \Delta t = m \cdot \vec{a} \cdot \Delta t$$

$$m \cdot \vec{a} \cdot \Delta t = 9\,000 \text{ kgm/s}$$

$$900 \text{ kg} \cdot \vec{a} \cdot 20 \text{ s} = 9\,000 \text{ kgm/s}$$

$$\vec{a} = \frac{9\,000 \text{ kgm/s}}{900 \text{ kg} \cdot 20 \text{ s}} = 0{,}5 \text{ m/s}^2$$

Exemplo 6.17

Mostre que a unidade de medida do impulso (N · s) é equivalente à unidade de medida do momento linear (kg · m/s).

Resolução

Basta substituir a unidade *newton* (N) por kg · m/s²:

$$N \cdot s = \frac{kg \cdot m}{s^2} \cdot s = kg \cdot m/s$$

Exemplo 6.18

Em uma corrida de carros, um piloto de massa 80 kg colide, com velocidade de 18 m/s, frontalmente contra uma parede de concreto. Uma estimativa mostra que o centro de massa se deslocou por 0,9 m durante o intervalo de tempo da colisão. Calcule o módulo da força média que o cinto de segurança transmitiu ao piloto. Suponha que a desaceleração do carro durante a colisão foi constante.

Resolução

Primeiramente, calculamos a desaceleração do carro utilizando a equação de Torricelli:

$$v^2 = v_0^2 + 2a\,\Delta x$$

Centro de massa e seu movimento

A velocidade final é zero e o deslocamento é de 0,9 m. Logo:

$0^2 = 18^2 + 2a \cdot 0,9$

$a = \dfrac{-324}{1,8} = 180 \text{ m/s}^2$

Com esse valor, podemos calcular o intervalo de tempo que durou a colisão.

$v = v_0 + at$

$0 = 18 - 180\,t$

$t = 0,1 \text{ s}$

Agora, calculamos a variação do momento linear do piloto:

$\Delta \vec{p} = m(\vec{v} - \vec{v_0})$

$\Delta p = 80 \cdot (0 - 18)$

$\Delta p = 1\,440 \text{ kgm/s}$

O módulo da força média é calculado pelo teorema *impulso-momento linear*:

$\vec{I} = \vec{F} \cdot \Delta t = \Delta \vec{p}$

$F = \dfrac{\Delta p}{\Delta t} = \dfrac{1\,400}{0,1} = 14\,400 \text{ N}$

Observe que o peso do piloto é de aproximadamente 800 N. A força exercida pelo cinto de segurança é de, aproximadamente, 18 vezes o seu peso.

6.9 Colisões

Colisões podem ser consideradas eventos isolados dos quais participam dois ou mais corpos que exercem forças de grande magnitude em um curto espaço de tempo, havendo troca de momento e de energia.

Em uma colisão, as forças externas são desprezíveis em face das forças internas de interação dos corpos que colidem. Assim, podemos dizer que as forças internas, ou forças de interação, são as mais importantes para o estudo das colisões. Elas dispõem de mesmo módulo, mesma direção, porém sentidos opostos. Vejamos alguns exemplos de colisões observadas no dia a dia:

- colisão entre duas bolas de bilhar;
- colisão entre dois carros;
- colisão entre um projétil que acerta um alvo.

Como durante o intervalo de tempo de uma colisão as forças externas são desprezíveis diante das forças internas, podemos considerar que o **momento linear se conserva**, visto que a variação do momento linear de um sistema ocorre quando há uma força resultante não nula atuando sobre ele. Isso significa que a velocidade do centro de massa permanece constante ($\vec{v}_{cm}$ = constante).

Além da conservação do momento linear, existem colisões, chamadas *elásticas*, em que a energia cinética total das partículas que colidem se conserva, ou seja, é a mesma antes e depois da colisão. Em outros casos, nas colisões denominadas *perfeitamente inelásticas*, somente a energia cinética associada ao centro de massa do sistema é conservada, sendo que a energia cinética das partículas em relação ao centro de massa é transformada em outro tipo de energia (energia térmica, por exemplo).

Em um terceiro caso, a energia cinética associada ao centro de massa é totalmente conservada, mas somente parte da energia cinética das partículas relativas ao centro de massa é transformada em outro tipo de energia – tipo de colisão chamada *inelástica*.

Cada tipo de colisão será estudado individualmente ainda neste capítulo. Por enquanto, demonstraremos matematicamente a relação entre a energia cinética das partículas e o tipo de colisão.

Sabemos que a energia cinética de um sistema é igual à soma das energias cinéticas das partículas que formam o sistema:

$$K_{sist} = K_1 + K_2 + K_3 + \ldots + K_n$$

$$K_{sist} = \frac{1}{2} m_1 v_1^2 + \frac{1}{2} m_2 v_2^2 + \frac{1}{2} m_3 v_3^2 \ldots + \frac{1}{2} m_n v_n^2 = \sum_{i=1}^{n} \frac{1}{2} m_i v_i^2$$

Podemos descrever v_i^2 como um produto escalar:

$$K_{sist} = \sum_{i=1}^{n} \frac{1}{2} m_i (\vec{v}_i \circ \vec{v}_i)$$

Também podemos descrever a velocidade de uma partícula como a soma vetorial da velocidade do centro de massa do sistema com a velocidade da partícula em relação ao centro de massa:

$$\vec{v}_i = \vec{v}_{cm} + \vec{u}_i$$

Substituindo esse resultado na última expressão, temos:

$$K_{sist} = \sum_{i=1}^{n} \frac{1}{2} m_i (\vec{v}_{cm} + \vec{u}_i) \circ (\vec{v}_{cm} + \vec{u}_i)$$

Realizando os produtos escalares entre os elementos que estão entre parênteses, obtemos:

$$K_{sist} = \sum_{i=1}^{n} \frac{1}{2} m_i (v_{cm}^2 + u_i^2 + 2\vec{v}_{cm} \circ \vec{u}_i)$$

$$K_{sist} = \sum_{i=1}^{n} \frac{1}{2} m_i v_{cm}^2 + \sum_{i=1}^{n} \frac{1}{2} m_i u_i^2 + \vec{v}_{cm} \circ \sum_{i=1}^{n} m_i \vec{u}_i$$

$$K_{sist} = \frac{1}{2} M v_{cm}^2 + \sum_{i=1}^{n} \frac{1}{2} m_i u_i^2 + \vec{v}_{cm} \circ \sum_{i=1}^{n} m_i \vec{u}_i$$

Observe que, no terceiro termo do segundo membro, fatoramos $\vec{v}_{cm}$ e o colocamos para fora do somatório, pois a velocidade do centro de massa é constante. Ao analisarmos o sistema do referencial do centro de massa, escrevemos:

$$M\vec{u}_{cm} + \sum_{i=1}^{n} m_i \vec{u}_i$$

Em que $\vec{u}_{cm}$ é zero, pois a velocidade de um referencial em relação a ele mesmo é zero. Assim, o somatório $\sum_{i=1}^{n} m_i \vec{u}_i$

também é nulo e concluímos que a energia cinética do sistema é descrita como a soma de duas parcelas: a energia cinética de translação $\left(K_{translação} = \frac{1}{2} Mv^2_{cm}\right)$ com a energia cinética das partículas em relação ao centro de massa $\left(K_{relativa} = \sum \frac{1}{2} m_i u_i^2\right)$.

$$K_{sist} = \frac{1}{2} Mv^2_{cm} + \sum_{i=1}^{n} \frac{1}{2} m_i u_i^2$$

Ou, simplesmente:

$$K_{sistema} = K_{translação} + K_{relativa}$$

Já sabemos que, para qualquer tipo de colisão, há conservação do momento linear e a velocidade do centro de massa permanece constante. Isso significa que **a energia cinética de translação do sistema não se altera**. Logo, em termos de energia cinética, o que diferencia uma colisão da outra é a forma como varia a energia cinética ($\Delta K_{relativa}$) das partículas em relação ao centro de massa.

Em uma **colisão elástica**, como entre duas bolas de bilhar, observamos, experimentalmente, que a energia cinética das partículas permanece constante. Portanto, a energia cinética das partículas em relação ao centro de massa também permanece constante.

Em uma **colisão perfeitamente inelástica**, observamos que, após a colisão, as partículas formam um só corpo, com velocidade igual à do centro de massa. Nesse caso, toda a energia cinética das partículas em relação ao centro de massa foi dissipada (transformada em energia térmica, energia sonora ou outro tipo de energia).

Em uma **colisão inelástica**, observamos que houve perda de energia cinética, embora os corpos, após a colisão, não estejam unidos. Assim, somente parte da energia cinética das partículas em relação ao centro de massa foi dissipada.

Vejamos a seguir um quadro que sintetiza essas conclusões.

Quadro 6.1
Caracterização das colisões elástica, perfeitamente inelástica e inelástica

	Colisão elástica	Colisão perfeitamente inelástica	Colisão inelástica
Momento linear	É conservado	É conservado	É conservado
Energia cinética associada ao centro de massa	É conservada	É conservada	É conservada
Energia cinética das partículas em relação ao centro de massa	É conservada	Totalmente dissipada	Parcialmente dissipada

Na próxima seção, analisaremos a influência desses resultados nos três tipos de colisões.

6.9.1 Colisões unidimensionais perfeitamente inelásticas

Em uma colisão unidimensional perfeitamente inelástica, os dois corpos passam a formar um só corpo após a colisão e há perda da energia cinética do sistema formado por eles. Após a colisão, os corpos passam a se movimentar com velocidade equivalente à do centro de massa do sistema formado por eles.

Exemplo 6.19

Um caminhão viajando em uma rodovia envolta por uma densa neblina colide repentinamente com um carro que estava se movendo na mesma direção e sentido (Figura 6.15). A massa do caminhão era de 6 200 kg e a sua velocidade era de 20 m/s. A massa do carro era de 800 kg e a sua velocidade era de 10 m/s. Suponha que os dois corpos tenham ficados presos um ao outro no momento da colisão. Então, calcule:

a. a velocidade com que os dois passam a se movimentar no instante seguinte.
b. a energia cinética do sistema antes e depois da colisão.

Figura 6.15
Representação de uma colisão perfeitamente inelástica

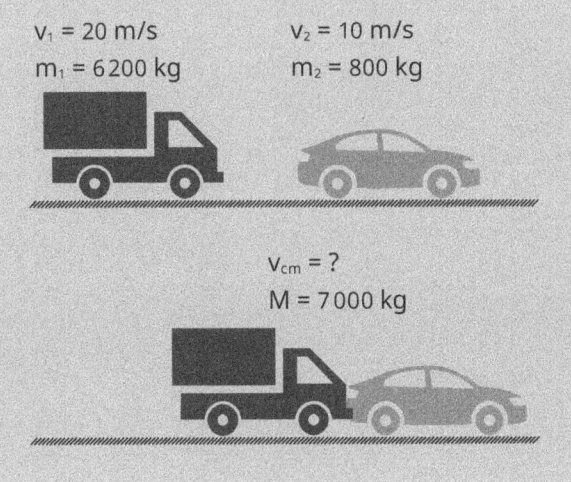

v_1 = 20 m/s v_2 = 10 m/s
m_1 = 6 200 kg m_2 = 800 kg

V_{cm} = ?
M = 7 000 kg

Centro de massa e seu movimento

Resolução

Trata-se de uma colisão perfeitamente inelástica, pois os dois corpos que formam o sistema antes da colisão passam a formar um só corpo após a colisão. Nesse tipo de colisão, a velocidade final dos corpos envolvidos é igual à velocidade do centro de massa.

a. Pela conservação do momento linear, temos:

$$\sum_{i=1}^{n} p_{i,0} = \sum_{i=1}^{n} p_i$$

$$m_1 \cdot v_{1,0} + m_2 \cdot v_{2,0} = m_1 \cdot v_1 + m_2 \cdot v_2$$

$$v_1 = v_2 = v_{cm}$$

Assim:

$$m_1 \cdot v_{1,0} + m_2 \cdot v_{2,0} = m_1 \cdot v_{cm} + m_2 \cdot v_{cm}$$

$$m_1 \cdot v_{1,0} + m_2 \cdot v_{2,0} = (m_1 + m_2) \cdot v_{cm}$$

$$v_{cm} = \frac{m_1 \cdot v_{1,0} + m_2 \cdot v_{2,0}}{(m_1 + m_2)}$$

$$v_{cm} = \frac{6200 \text{ kg} \cdot 20 \text{ m/s} + 800 \text{ kg} \cdot 10 \text{ m/s}}{(7000 \text{ kg})}$$

$$v_{cm} = \frac{132000 \text{ kgm/s}}{(7000 \text{ kg})} = 18,86 \text{ m/s}$$

b. A energia cinética antes da colisão é dada por:

$$K_{sist,0} = \frac{1}{2} m_1 \cdot v^2_{1,0} + \frac{1}{2} m_2 \cdot v^2_{2,0}$$

$$K_{sist,0} = \frac{1}{2} 6200 \cdot 20^2 + \frac{1}{2} 800 \cdot 10^2$$

$$K_{sist,0} = 1280000 \text{ J} = 1,28 \text{ MJ}$$

Após a colisão, a energia cinética do sistema é igual à energia cinética de translação do sistema:

$$K_{sist} = \frac{1}{2} M v^2_{cm}$$

$$K_{sist} = \frac{1}{2} 7000 \cdot 18,86^2$$

$$K_{sist} = 1\,244\,949 \text{ J}$$

Portanto, a variação da energia cinética do sistema foi de aproximadamente $\Delta K = -35\,051$ J.

Como você já sabe, a energia do universo permanece constante, o que indica que parte da energia mecânica do sistema formado pelo caminhão e pelo carro do exemplo anterior se transformou em outras formas de energia, entre elas, certamente, as energias térmica e sonora.

Exemplo 6.20

Resolva o Exemplo 2.19 considerando que o carro e o caminhão estão se movendo em sentidos opostos e que, após a colisão, eles passam a formar um só corpo.

Resolução

A resolução é análoga à do exemplo anterior. Somente temos de tomar o cuidado de considerar, antes da colisão, a velocidade de um dos móveis como negativa.

a.
$$m_1 \cdot v_{1,0} + m_2 \cdot v_{2,0} = (m_1 + m_2) \cdot v_{cm}$$

$$v_{cm} = \frac{m_1 \cdot v_{1,0} + m_2 \cdot v_{2,0}}{(m_1 + m_2)}$$

$$v_{cm} = \frac{6200 \text{ kg} \cdot 20 \text{ m/s} - 800 \text{ kg} \cdot 10 \text{ m/s}}{(7000 \text{ kg})}$$

$$v_{cm} = \frac{116\,000 \text{ kgm/s}}{(7000 \text{ kg})} = 16,57 \text{ m/s}$$

b. A energia cinética antes da colisão é a mesma calculada no exemplo anterior:

$$K_{sist,0} = \frac{1}{2} m_1 \cdot v^2_{1,0} + \frac{1}{2} m_2 v^2_{2,0}$$

$$K_{sist,0} = \frac{1}{2} 6200 \cdot 20^2 + \frac{1}{2} 800 \cdot 10^2$$

$$K_{sist,0} = 1\,280\,000 \text{ J} = 1,28 \text{ MJ}$$

Centro de massa e seu movimento

Após a colisão, a energia cinética do sistema é igual à energia cinética de translação do sistema:

$$K_{sist} = \frac{1}{2} M v^2_{cm}$$

$$K_{sist} = \frac{1}{2} 7000 \cdot 16{,}57^2$$

$$K_{sist} = 960\,977 \text{ J}$$

Portanto, a variação da energia cinética do sistema foi de aproximadamente $\Delta K = -319\,023$ J (mais que nove vezes a variação do exemplo anterior).

Exemplo 6.21

Um astronauta de massa 65 kg, inicialmente em repouso em relação ao referencial da nave, precisa entregar ao seu companheiro (de massa 85 kg) uma ferramenta cuja massa é de 2 kg. O astronauta de massa menor arremessa a ferramenta com velocidade de 4 m/s para o outro astronauta, que também está inicialmente em repouso em relação ao referencial da nave. Calcule:

a. a velocidade de recuo do astronauta de menor massa.
b. a velocidade do astronauta de maior massa ao segurar a ferramenta.
c. o impulso que a ferramenta transmite ao astronauta de massa maior.
d. a energia mecânica do sistema que foi dissipada no momento da colisão da ferramenta com o astronauta de massa maior.

Resolução

A força externa que atua sobre o sistema formado pelos dois astronautas e a nave é a gravitacional, que não interfere no momento linear do sistema. Chamamos a massa do astronauta de menor massa de m_1, a do astronauta de maior massa de m_2 e a da ferramenta de m_3.

a. Aplicando a conservação do momento linear, temos:

$$\sum_{i=1}^{n} p_{i,0} = \sum_{i=1}^{n} p_i$$

$$m_1 \cdot v_{1,0} + m_3 \cdot v_{3,0} = m_1 \cdot v_1 + m_3 \cdot v_3$$

Em relação à nave, as velocidades iniciais do astronauta e da ferramenta são iguais a zero.

$65 \text{ kg} \cdot 0 + 2 \text{ kg} \cdot 0 = 65 \text{ kg} \cdot v_1 + 2 \text{ kg} \cdot 4 \text{ m/s}$

$0 = 65 \text{ kg} \cdot v_1 + 8 \text{ kgm/s}$

$-8 \text{ kgm/s} = 65 \text{ kg} \cdot v_1$

$v_1 = \dfrac{-8 \text{ kgm/s}}{65 \text{ kg}}$

$v_1 = 0{,}123 \text{ m/s}$

A velocidade de recuo do astronauta é de 12,3 cm/s.

b. Para calcularmos a velocidade que o astronauta de maior massa adquire após segurar a ferramenta, aplicamos novamente a conservação do momento, considerando, agora, o caso de uma colisão perfeitamente inelástica.

$(m_2 + m_3) \cdot v_{cm} = m_2 \cdot v_{2,0} + m_3 \cdot v_{3,0}$

$(85 \text{ kg} + 2 \text{ kg}) v_{cm} = 85 \text{ kg} \cdot 0 \text{ m/s} + 2 \text{ kg} \cdot 4 \text{ m/s}$

$v_{cm} = \dfrac{8 \text{ kgm/s}}{(87 \text{ kg})} = 0{,}0920 \text{ m/s}$

A velocidade do astronauta de maior massa, após segurar a ferramenta, é 9,20 cm/s.

c. O impulso transmitido pela ferramenta ao astronauta de maior massa pode ser calculado pelo teorema *impulso-momento linear*:

$\vec{I} = \Delta \vec{p}$

$\vec{I} = m\vec{v}_2 - m\vec{v}_{2,0}$

$\vec{I} = 85 \text{ kg} \cdot 0{,}092 - 85 \text{ kg} \cdot 0$

$\vec{I} = 7{,}82 \text{ Ns}$

d. A energia mecânica dissipada, nesse caso, é igual à variação da energia cinética do sistema durante o evento da colisão entre a ferramenta e o astronauta.

Antes de a ferramenta colidir com o astronauta de maior massa, a energia cinética do sistema era igual à soma das energias cinéticas dos elementos que compõem o sistema.

$$K_0 = \frac{m_1 \cdot (v_{1,0})^2}{2} + \frac{m_2 \cdot (v_{2,0})^2}{2} + \frac{m_3 \cdot (v_{3,0})^2}{2}$$

$$K_0 = \frac{65 \cdot (-0,123)^2}{2} + \frac{2 \cdot (4)^2}{2} + \frac{85 \cdot (0)^2}{2}$$

$K_0 = 16,49$ J

Procedimento análogo realizamos para calcular a energia cinética após o astronauta segurar a ferramenta. Todavia, agora, consideramos a massa da ferramenta e a do astronauta como constituindo um só corpo:

$$K = \frac{m_1 \cdot (v_{1,F})^2}{2} + \frac{(m_2 + m_3) \cdot (v_3)^2}{2}$$

$$K = \frac{65 \cdot (-0,123)^2}{2} + \frac{87 \cdot (0,0920)^2}{2}$$

$K = 0,860$ J

A variação da energia cinética do sistema é, portanto:

$\Delta K = 0,860$ J $- 16,49$ J

$\Delta K = -15,63$ J

Exemplo 6.22

Um homem-bala de massa 60 kg é lançado por um canhão com velocidade de 24 m/s, formando um ângulo de 30° com a horizontal. Sua companheira, de massa 45 kg, está sobre uma plataforma localizada no ponto mais alto da trajetória. Ao alcançar esse ponto, o homem-bala colide com ela, de modo que ambos passam a se mover juntos até caírem sobre uma cama elástica, que se encontra na mesma altura que o canhão, situada à distância horizontal x do ponto de partida. Calcule o valor de x.

Resolução

Como você já sabe, em um movimento parabólico, a componente horizontal da velocidade se mantém constante durante toda a trajetória, enquanto sua componente vertical varia de acordo com a aceleração gravitacional. Essas componentes estão evidenciadas na Figura 6.16.

Figura 6.16
Decomposição do vetor velocidade inicial

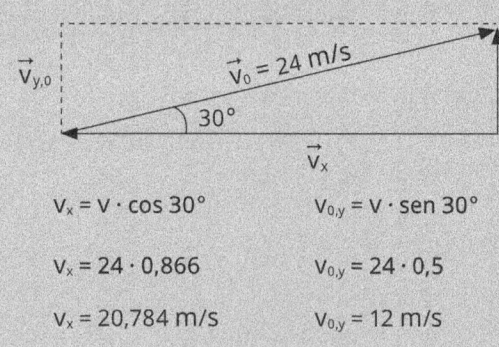

$$v_x = v \cdot \cos 30° \qquad v_{0,y} = v \cdot \text{sen } 30°$$

$$v_x = 24 \cdot 0{,}866 \qquad v_{0,y} = 24 \cdot 0{,}5$$

$$v_x = 20{,}784 \text{ m/s} \qquad v_{0,y} = 12 \text{ m/s}$$

O tempo que o homem-bala leva para alcançar o topo da trajetória e segurar sua companheira é o mesmo que eles levarão para cair até a rede de segurança. Calculemos esse intervalo de tempo:

$$v_y = v_{0,y}$$

$$0 = 12 - 9{,}81\,t$$

$$t = 1{,}22 \text{ s}$$

Podemos, agora, calcular a primeira parte do alcance:

$$x_1 = v_x \cdot t$$

$$x_1 = 20{,}784 \cdot 1{,}22 = 25{,}36 \text{ m}$$

Para calcular a segunda parte do alcance, precisamos saber o valor da velocidade horizontal do conjunto *homem-bala-companheira*. Antes da colisão, a velocidade do homem-bala é a que aparece calculada na figura anterior, ao passo que a de sua companheira é zero. Pela conservação do momento, podemos escrever:

$$(m_1 + m_2) \cdot v_{cm,x} = m_1 \cdot v_{1x,0} + m_1 \cdot v_{2x,0}$$

$$v_{cm} = \frac{60 \text{ kg} \cdot 20{,}784 \text{ m/s} + 45 \text{ kg} \cdot 0 \text{ m/s}}{(105 \text{ kg})}$$

$$v_{cm} = \frac{1454{,}88 \text{ kgm/s}}{(105 \text{ kg})} = 11{,}877 \text{ m/s}$$

Agora, podemos calcular a segunda parte do alcance horizontal:

$x_2 = v_{cm,x} \cdot t = 11,87 \cdot 1,22 = 14,49$ m

O alcance horizontal total é a soma do alcance da parte 1 com o da parte 2.

$x = x_1 + x_2 = 25,36$ m $+ 14,49$ m $= 39,85$ m

Esse é também o alcance do centro de massa do sistema formado pelo casal, cuja trajetória descrita foi a de uma parábola.

Exemplo 6.23

Um pêndulo balístico é constituído por um bloco de massa $M = 10$ kg suspenso por fios inextensíveis e de massas desprezíveis. O pêndulo, ao ser alvejado por um projétil de massa $m = 40$ g e velocidade v atinge a altura $h = 20$ cm, conforme a Figura 6.17.

Figura 6.17
Pêndulo balístico

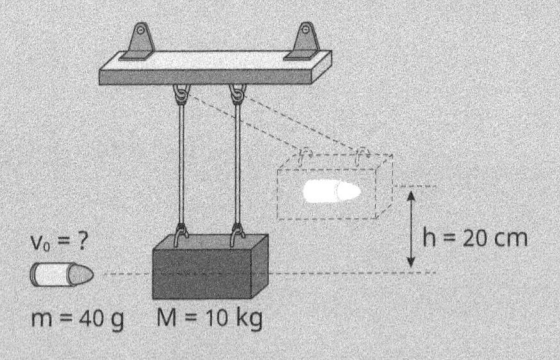

Considerando que a colisão do projétil com o pêndulo foi perfeitamente inelástica, calcule a velocidade v_0 do projétil.:

Resolução

Imediatamente após o pêndulo ser alvejado pelo projétil, o sistema formado pelo pêndulo, projétil e Terra apresenta somente energia cinética. Quando atinge a altura de 20 cm, o sistema apresenta somente energia potencial gravitacional. Utilizando a conservação da energia mecânica, encontramos a velocidade do centro de massa:

6.9.2 Colisões unidimensionais elásticas

Em uma colisão unidimensional elástica, os corpos somente interagem durante a colisão e, depois dela, passam a se movimentar separadamente. Nesse tipo de colisão, não há perda de energia cinética, pois ela é a mesma antes e depois do evento. A rigor, em nível macroscópico, não observamos colisões elásticas. Em nível microscópico, elas são mais frequentes, como é o caso das colisões entre as moléculas e os átomos dos elementos constituintes da nossa atmosfera.

Diferentemente das colisões perfeitamente inelásticas, em uma elástica, os corpos continuam a se mover separadamente e com velocidades diferentes (salvo casos especiais em que o módulo da velocidade é o mesmo). Para determinar a velocidade dos corpos após a colisão, podemos utilizar a equação da conservação do momento linear e a da conservação da energia cinética:

$$\frac{1}{2}(m + M)v^2_{cm} = (m + M)gh$$

$$\frac{1}{2}v^2_{cm} = gh$$

$$v_{cm} = \sqrt{2gh} = \sqrt{2 \cdot 9{,}81 \cdot 0{,}2}$$

$$v_{cm} = 1{,}98 \text{ m/s}$$

Essa é a velocidade inicial do pêndulo imediatamente após o projétil nele ser cravado.

Pela conservação do momento, e considerando que a colisão foi perfeitamente inelástica, conseguimos calcular a velocidade do projétil antes de colidir com o pêndulo

$$mv_0 + MV_0 = (m + M)v_{cm}$$

$$0{,}04\, v_0 + 10 \cdot 0 = (0{,}04 + 10) \cdot 1{,}98$$

$$0{,}04\, v_0 = 19{,}88$$

$$v_0 = \frac{19{,}88}{0{,}04} = 497 \text{ m/s}$$

$$m_1 \cdot v_{1,0} + m_2 \cdot v_{2,0} = m_1 \cdot v_1 + m_2 \cdot v_2 \text{ (conservação do momento linear)}$$

$$\frac{1}{2}m_1 v^2_{1,0} + \frac{1}{2}m_2 v^2_{2,0} = \frac{1}{2}m_1 v^2_1 + \frac{1}{2}m_2 v^2_2 \text{ (conservação da energia cinética)}$$

A manipulação dessas duas equações permite-nos chegar a uma equação que envolve somente a velocidade relativa dos corpos que irão colidir. Começamos pela manipulação da equação da energia cinética:

Centro de massa e seu movimento

$$m_1 v^2_{1,0} + m_2 v^2_{2,0} = m_1 v^2_1 + m_2 v^2_2$$
$$-m_2 v^2_2 + m_2 v^2_{2,0} = m_1 v^2_1 - m_1 v^2_{1,0}$$
$$-m_2 (v^2_2 - v^2_{2,0}) = m_1 (v^2_1 - v^2_{1,0})$$
$$m_2 (v^2_2 - v^2_{2,0}) = -m_1 (v^2_1 - v^2_{1,0})$$
$$m_2 (v^2_2 - v^2_{2,0}) = m_1 (v^2_{1,0} - v^2_1)$$
$$m_2 (v_2 - v_{2,0})(v_2 + v_{2,0}) = m_1 (v_{1,0} - v_1)(v_{1,0} + v_1) \quad (I)$$

Guardaremos esse resultado para utilizá-lo após manipular a equação da conservação do momento linear:

$$m_1 \cdot v_{1,0} + m_2 \cdot v_{2,0} = m_1 \cdot v_1 + m_2 \cdot v_2$$
$$m_2 \cdot v_{2,0} - m_2 \cdot v_2 = m_1 \cdot v_1 - m_1 \cdot v_{1,0}$$
$$-m_2 (v_2 - v_{2,0}) = -m_1 (v_{1,0} - v_1)$$
$$m_2 (v_2 - v_{2,0}) = m_1 (v_{1,0} - v_1) \quad (II)$$

Dividindo a equação (I) pela (II), obtemos:

$$(v_2 + v_{2,0}) = (v_{1,0} + v_1)$$
$$v_2 - v_1 = -(v_{2,0} - v_{1,0})$$

Esse último resultado é conhecido como *equação da velocidade relativa em uma colisão elástica*. Dela podemos concluir que, em uma colisão elástica, a velocidade de aproximação é igual à velocidade de recessão.

A Figura 6.18 traz um exemplo numérico para facilitar essa visualização. Para solucionar a maioria dos problemas que envolvem colisões elásticas, essa equação, utilizada em conjunto com a lei da conservação do momento linear, é suficiente.

Figura 6.18
Velocidade de aproximação e velocidade de afastamento

Velocidade de aproximação

$v_{ap} = -(v_{2,0} - v_{1,0}) = 8$ m/s

$v_{1,0} = 5$ m/s $v_{2,0} = -3$ m/s

Velocidade de afastamento

$v_{af} = v_2 - v_1 = 8$ m/s

$v_1 = -2$ m/s $v_2 = 6$ m/s

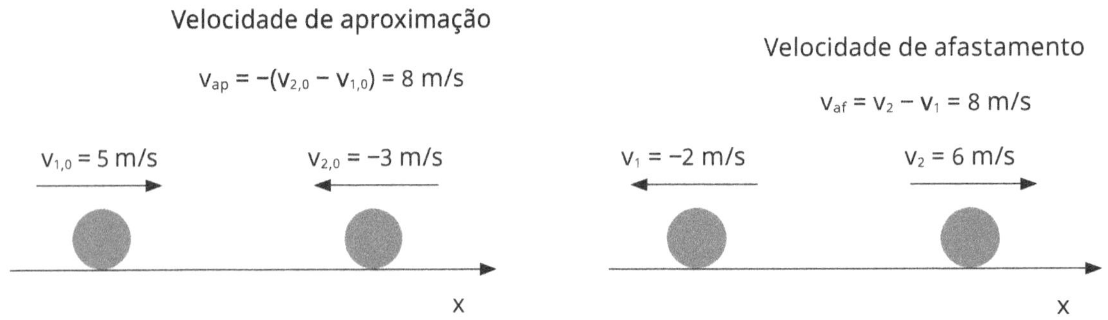

Exemplo 6.24

Um bloco de massa 6 kg, animado de velocidade de 8 m/s, colide elasticamente com outro bloco de 4 kg que se movimenta com velocidade de 5 m/s na mesma direção e sentido. Calcule a velocidade final de cada um dos blocos.

Resolução

Pela conservação do momento linear, podemos escrever:

$$\sum_{i=1}^{n} p_{i,o} = \sum_{i=1}^{n} p_i$$

$m_1 \cdot v_{1,0} + m_2 \cdot v_{2,0} = m_1 \cdot v_1 + m_2 \cdot v_2$

$6 \cdot 8 + 4 \cdot 5 = 6 v_1 + 4 v_2$

$68 = 6 v_1 + 4 v_2$

Simplificando a equação por 2, temos:

$34 = 3 v_1 + 2 v_2$ (I)

Utilizando a equação da velocidade relativa, temos:

$v_2 - v_1 = -(v_{2,0} - v_{1,0})$

$v_2 - v_1 = -(5 - 8)$

$v_2 - v_1 = 3$ (II)

As equações (I) e (II) formam um sistema de equações:

$$\begin{cases} 3v_1 + 2v_2 = 34 \\ v_2 - v_1 = 3 \end{cases}$$

Isolemos v_2 na segunda equação e, em seguida, substituir na primeira:

$v_2 = 3 + v_1$

$3v_1 + 2(3 + v_1) = 34$

$3v_1 + 6 + 2v_1 = 34$

$5v_1 = 28$

$v_1 = 5{,}6$ m/s

Substituiremos esse resultado para calcular v_2:

$v_2 = 3 + 5{,}6$

$v_2 = 8{,}6$ m/s

Assim, após a colisão, a velocidade do bloco de 6 kg será de 5,6 m/s e a do bloco de 4 kg de 8,6 m/s. É importante destacarmos que, pelos sinais das velocidades, os dois blocos continuam se movendo no mesmo sentido que estavam inicialmente.

Centro de massa e seu movimento

Exemplo 6.25

Considere que os blocos do exemplo 6.24 estão se movendo em sentidos contrários e calcule as correspondentes velocidades finais.

Resolução

O que muda em relação à resolução do exemplo anterior é que temos de considerar a velocidade de um dos blocos com o sinal negativo.

$m_1 \cdot v_{1,0} + m_2 \cdot v_{2,0} = m_1 \cdot v_1 + m_2 \cdot v_2$

$6 \cdot 8 + 4 \cdot (-5) = 6v_1 + 4v_2$

$28 = 6v_1 + 4v_2$

$3v_1 + 2v_2 = 14$

Utilizando a equação da velocidade relativa, temos:

$v_2 - v_1 = -(v_{2,0} - v_{1,0})$

$v_2 - v_1 = -(-5 - 8)$

$v_2 - v_1 = 13$

Assim, como no exemplo anterior, temos um sistema de equações:

$\begin{cases} 3v_1 + 2v_2 = 14 \\ v_2 - v_1 = 13 \end{cases}$

Resolvendo o sistema, temos:

$v_2 = 13 + v_1$

$3v_1 + 2(13 + v_1) = 14$

$3v_1 + 26 + 2v_1 = 14$

$5v_1 = -12$

$v_1 = -2,4 \text{ m/s}$

Substituirmos esse resultado para calcular $v_{2,F}$:

$v_2 = 13 - 2,4$

$v_2 = 10,6 \text{ m/s}$

Após a colisão, a velocidade do bloco de 6 kg será de −2,4 m/s e a do bloco de 4 kg será de 10,6 m/s

Exemplo 6.26

Uma massa de 0,3 kg movendo-se para a direita, a 5 m/s, colide com outra massa de 0,3 kg movendo-se no sentido contrário, a 2 m/s. Calcule as velocidades finais considerando que:

a. a colisão é perfeitamente inelástica.
b. a colisão é elástica.

Resolução

a. Em uma colisão perfeitamente inelástica, as duas massas passam a se mover juntas após a colisão e com a velocidade do centro de massa.

$v_1 = v_2 = v_{cm}$

Assim:

$m_1 \cdot v_{1,0} + m_2 \cdot v_{2,0} = m_1 \cdot v_{cm} + m_2 \cdot v_{cm}$

$m_1 \cdot v_{1,0} + m_2 \cdot v_{2,0} = (m_1 + m_2) \cdot v_{cm}$

$v_{cm} = \dfrac{m_1 \cdot v_{1,0} + m_2 \cdot v_{2,0}}{(m_1 + m_2)}$

$v_{cm} = \dfrac{0,3 \text{ kg} \cdot 5 \text{ m/s} + 0,3 \text{ kg} \cdot (-2 \text{ m/s})}{(0,6 \text{ kg})}$

$v_{cm} = \dfrac{0,9 \text{ kg m/s}}{(0,6 \text{ kg})} = 1,5 \text{ m/s}$

Esse último resultado é a velocidade com que as massas passam a se mover, juntas, após a colisão. É importante enfatizarmos que, como as massas são iguais, após a colisão, o sentido da velocidade do conjunto é a mesma da massa que inicialmente tinha maior velocidade.

b. Em uma colisão elástica, há conservação da energia cinética e a velocidade de aproximação é igual à velocidade de recessão. Pela conservação do momento linear, temos:

$m_1 \cdot v_{1,0} + m_2 \cdot v_{2,0} = m_1 \cdot v_1 + m_2 \cdot v_2$

$0,3 \cdot 5 + 0,3 \cdot (-2) = 0,3 v_1 + 0,3 v_2$

$0,9 = 0,3 v_1 + 0,3 v_2$

Utilizando a equação da velocidade relativa, temos:

$v_2 - v_1 = -(v_{2,0} - v_{1,0})$

$v_2 - v_1 = -(-2 - 5)$

$v_2 - v_1 = 7$

Temos duas equações com duas incógnitas, ou seja, temos um sistema de equações:

$\begin{cases} 0,3 v_1 + 0,3 v_2 = 0,9 \\ v_2 - v_1 = 7 \end{cases}$

Isolamos v_2 na segunda equação e, em seguida, substituir na primeira:

$v_2 = 7 + v_1$

$0,3 v_1 + 0,3 (7 + v_1) = 0,9$

$0,3 v_1 + 2,1 + 0,3 v_1 = 0,9$

$0{,}6\,v_1 = -1{,}2$

$v_1 = -2\ \text{m/s}$

Substituirmos esse resultado para calcular v_2:

$v_2 = 7 - 2$

$v_2 = 5\ \text{m/s}$

Observe que, após a colisão elástica, como as massas são iguais, os valores das velocidades são trocados.

6.9.3 Coeficiente de restituição e colisões inelásticas

O coeficiente de restituição mede a elasticidade de uma colisão. Ele é definido como a razão entre o módulo da velocidade de afastamento e o módulo da velocidade de aproximação.

$$e = \frac{V_{\text{afastamento}}}{V_{\text{aproximação}}} = \frac{V_1 - V_2}{V_{2,0} - V_{1,0}}$$

Por essa equação, percebemos que o coeficiente de restituição será sempre um valor entre 0 e 1, pois a velocidade de afastamento nunca será maior que a velocidade de aproximação (no máximo, será igual). Será 1 quando a colisão for elástica e será zero quando a colisão for perfeitamente inelástica. Para qualquer outro valor, a colisão será somente inelástica.

Exemplo 6.27

A Figura 6.19 ilustra um bloco A que, inicialmente em repouso, desliza sem atrito ao longo de uma rampa da altura $h_1 = 15$ m. Ao final da rampa, o bloco colide frontalmente com uma esfera B, de mesma massa, e que está presa ao teto por um fio inextensível. Sabe-se que a colisão é inelástica com coeficiente de restituição $e = 0{,}6$. Desprezando a resistência do ar, determine:

a. a velocidade com que o bloco A colide com a esfera B.
b. as velocidades de A e B logo após a colisão.
c. a altura h_2 que a esfera B atinge.

Figura 6.19
Esquema de uma colisão inelástica

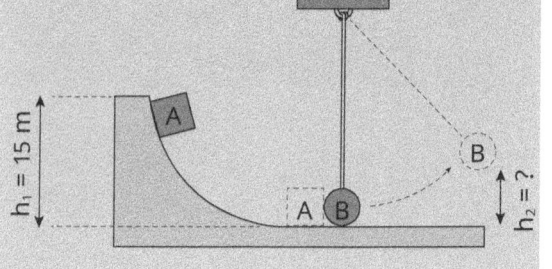

Resolução

a. Pela conservação da energia mecânica, conseguimos determinar a velocidade com que o bloco chega ao final da rampa. Essa é a velocidade com que ele colide com a esfera:

$U_A + K_A = U_{A,0} + K_{A,0}$

$0 + \dfrac{1}{2} m v^2_A = mgh_1 + 0$

$V_A = \sqrt{2gh} = \sqrt{2 \cdot 9{,}81 \cdot 15}$

$V_A = \sqrt{2gh} = 17{,}155 \text{ m/s}$

b. Pela conservação do momento, temos:

$m_A \cdot v_{A,0} + m_B \cdot v_{B,0} = m_A \cdot v_A + m_B \cdot v_B$

As massas dos corpos A e B são iguais e podemos eliminá-las da equação:

$\sqrt{2 \cdot 9{,}81 \cdot 15} = v_A + v_B$

$v_A + v_B = 17{,}155$

Com a equação do coeficiente de restituição, determinamos as velocidades após a colisão:

$e = \dfrac{v_{\text{afastamento}}}{v_{\text{aproximação}}} = \dfrac{v_A - v_B}{v_{B,0} - v_{A,0}}$

$0{,}6 = \dfrac{v_A - v_B}{0 - 17{,}155}$

$v_A - v_B = -10{,}293$

Observe que temos um sistema de equações:

$\begin{cases} v_A + v_B = 17{,}155 \\ v_A - v_B = -10{,}293 \end{cases}$

Somando membro a membro, obtemos:

$2v_A = 6{,}862$

$v_A = \dfrac{6{,}862}{2} = 3{,}431 \text{ m/s}$

Substituindo esse resultado em qualquer uma das equações, encontramos v_B:

$3{,}431 + v_B = 17{,}155$

$v_B = 17{,}155 - 3{,}431 = 13{,}724 \text{ m/s}$

Pela conservação da energia, temos:

$U_B + K_B = U_{B,0} + K_{B,0}$

$mgh_2 + 0 = 0 + \dfrac{1}{2} m v^2_B$

$h_2 = \dfrac{v^2_B}{2g}$

$h_2 = \dfrac{(13{,}724)^2}{2 \cdot 9{,}81} = 9{,}6 \text{ m}$

Centro de massa e seu movimento

Síntese

$M \cdot \vec{x}_{cm} = \sum_{i=1}^{n} m_i \cdot \vec{x}_i$	Posição do centro de massa de um sistema de partículas dispostas de forma unidimensional.
$M \cdot \vec{r}_{cm} = \sum_{i=1}^{n} m_i \cdot \vec{r}_i$	Posição do centro de massa de um sistema de partículas dispostas tridimensionalmente.
$\vec{r}_{cm} = \frac{1}{M} \int \vec{r}\, dm$	Posição do centro de massa de um corpo extenso.
$M \cdot \vec{v}_{cm} = \sum_{i=1}^{n} m_i \cdot \vec{v}_i$	Velocidade do centro de massa de um sistema de partículas.
$M \cdot \vec{a}_{cm} = \sum_{i=1}^{n} m_i \cdot \vec{a}_i$	Aceleração do centro de massa de um sistema de partículas.
$M \cdot \vec{a}_{cm} = \sum_{i=1}^{n} \vec{F}_i = \vec{F}_{res}$	Relação entre a aceleração do centro de massa e a resultante das forças externas.
$W_{cm} = \int_{r_0} \vec{F} \circ d\vec{r}_{cm} = \Delta K_{translação}$	Trabalho associado ao centro de massa.
$K_{sistema} = K_{translação} + K_{relativa}$	Energia cinética de um sistema.
$U_{g,sistema} = M \cdot g \cdot h_{cm}$	Energia potencial gravitacional de um sistema de partículas.
$\vec{p} = m \cdot \vec{v}$	Momento linear de uma partícula.
$\vec{P} = \sum_{i=1}^{n} m_i \cdot \vec{v}_i = \sum_{i=1}^{n} \vec{p}_i$	Momento linear de um sistema de partículas.
$\frac{d\vec{P}_{sis}}{dt} = \vec{F}_{res}$	Relação entre o momento linear de um sistema e a resultante das forças externas.
$\vec{I} = \int \vec{F} \cdot dt = \Delta \vec{p}$	Impulso de uma força (teorema impulso-momento linear).
$e = \frac{V_{afastamento}}{V_{aproximação}} = \frac{V_1 - V_2}{V_{2,0} - V_{1,0}}$	Coeficiente de restituição.

Atividades de autoavaliação

1. Joãozinho, uma criança de 20 kg, está a 15 m de seu pai, cuja massa é de 86 kg. Calcule o centro de massa do sistema formado por Joãozinho e seu pai.

2. Um sistema é formado por três partículas de massas m_1 = 2 kg, m_2 = 3 kg e m_3 = 1 kg. Os vetores a seguir correspondem às respectivas posições das partículas:

    $\vec{r}_1 = (2m)\hat{i} + (-5m)\hat{j} + (4m)\hat{k}$

    $\vec{r}_2 = (-1m)\hat{i} + (3m)\hat{j} + (-5m)\hat{k}$

    $\vec{r}_3 = (5m)\hat{i} + (2m)\hat{j} + (1m)\hat{k}$

Calcule o centro de massa do sistema.

3. Considere as massas de três partículas e suas respectivas posições. Calcule o valor de w de modo que o centro de massa do sistema fique localizado na posição da massa m_2.

   $m_1 = 4$ kg , $x_1 = 3$ cm
   $m_2 = 5$ kg , $x_2 = w$ cm
   $m_3 = 2$ kg , $x_3 = 21$ cm

4. A marreta representada na figura a seguir tem massa total de 3 kg, sendo 200 g correspondente à massa do cabo. O comprimento total da marreta é de 50 cm, sendo que 40 cm correspondente ao comprimento do cabo. A que distância da ponta livre do cabo está o centro de massa da marreta?

Uma marreta

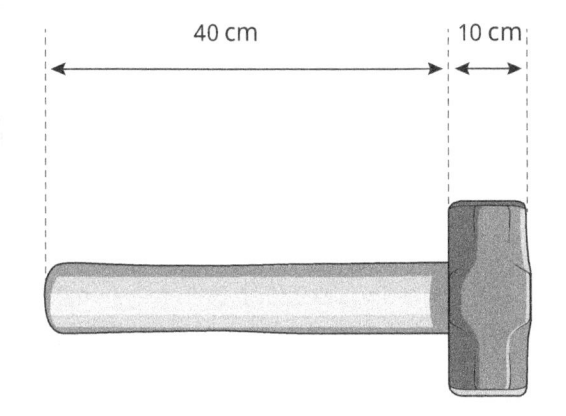

5. A peça representada na figura a seguir é homogênea e possui massa de 500 kg. Estabeleça um sistema de coordenadas e localize seu centro de massa.

Peça homogênea

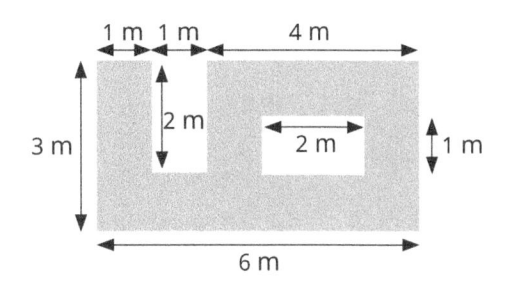

6. Um projétil de massa $m_p = 5$ g atinge e crava em um bloco de massa $m_b = 4$ kg que inicialmente estava em repouso. Calcule a velocidade do centro de massa do sistema antes e depois de o projétil atingir o bloco, considerando que não há atrito entre o bloco e a superfície sobre a qual ele inicialmente repousava e que, antes de atingir o bloco, o projétil se deslocava paralelamente à superfície horizontal com módulo de velocidade $v = 450$ m/s.

7. Um bloco de massa $m_b = 1$ kg parte do repouso e desliza sem atrito pela face inclinada de um prisma triangular de massa $m_p = 3$ kg. Ao deixar o prisma, tanto o bloco quanto o prisma continuam a deslizar sem atrito sobre uma superfície horizontal plana. Inicialmente, o bloco está à altura $h = 0,6$ m em relação à superfície horizontal. Determine a velocidade do bloco quando

Centro de massa e seu movimento

ele perde contato com o prisma, e a do próprio prisma.

8. Um bloco de 5 kg está se movendo para o sentido positivo do eixo x com velocidade de 10 m/s, enquanto outro, de 7 kg, move-se no sentido negativo com velocidade de 6 m/s. Calcule:
   a) a energia cinética do sistema formado pelos dois blocos.
   b) a velocidade do centro de massa do sistema.
   c) a velocidade de cada bloco em relação ao centro de massa.
   d) a energia cinética de cada bloco em relação ao centro de massa.

9. Um jogador chuta uma bola de futebol de massa 0,5 kg e ela atinge uma velocidade de 30 m/s. O tempo de contato estimado entre a chuteira e a bola é de 0,007 s. Calcule:
   a) o impulso transmitido à bola.
   b) a força média que o jogador aplica sobre a bola.

10. Uma telha cai sobre um piso de concreto e se quebra em vários pedaços. Outra telha, fabricada no mesmo lote, cai sobre a terra e não quebra. Explique os possíveis motivos de uma ter quebrado e a outra não.

11. Em uma fábrica de carros, os novos modelos passam por testes de resistência e segurança. Estime a força média que um muro de concreto exerce sobre um carro de 6 m de comprimento e massa 1 500 kg quando ele colide contra o muro, com velocidade de 72 km/h. Suponha que a desaceleração do centro de massa seja constante durante a colisão e que o centro de massa tenha se deslocado 1 m.

12. Um carro de 1 500 kg, viajando com velocidade constante de 90 km/h, colide na traseira de outro carro de 1 200 kg que viajava no mesmo sentido com velocidade de 50 km/h. Os dois carros ficam grudados após a colisão.
    a) Qual é a velocidade dos dois carros no instante subsequente à colisão?
    b) Qual a variação da energia cinética do sistema formado pelos dois carros?

13. Suponha que os carros do exercício anterior estavam viajando em sentidos contrários e responda novamente às questões (a) e (b).

14. Uma bola é solta da altura h = 3 m e, ao colidir com o chão, dissipa 40% de sua energia mecânica. Despreze a resistência do ar e calcule:
    a) o coeficiente de restituição.
    b) a altura máxima que a bola atingirá após colidir com o chão.

15. Um protótipo de vagão de trem de massa m_t = 4 kg está sobre um protótipo de trilho retilíneo. Um projétil de massa m_p = 8 g atinge e crava no vagão, fazendo-o se deslocar por 1 m em 0,5 s, com velocidade que pode ser considerada constante. Calcule:
    a) o módulo da velocidade do projétil antes de atingir o protótipo de vagão.

b) a energia mecânica que foi dissipada na colisão.

16. Suponha que, no exercício anterior, a velocidade inicial do projétil seja 700 m/s e que, após acertar o protótipo de vagão e atravessá-lo, o projétil tenha velocidade final igual a 100 m/s. Nessas circunstâncias, a velocidade final do protótipo de vagão é de 1 m/s. Calcule:

    a) o coeficiente de restituição da colisão.
    b) a energia mecânica que foi dissipada.

17. Duas esferas de massas m_1 = 10 kg e m_2 = 4 kg se deslocam em sentidos contrários sobre a mesma reta. As esferas estão animadas, inicialmente, com módulos de velocidades iguais a $v_{1,0}$ = 5 m/s e $v_{2,0}$ = 9 m/s, até o momento em que colidem inelasticamente. Sabendo que o coeficiente de restituição da colisão é e = 0,5, calcule as velocidades das esferas após a colisão.

7.

Movimento de rotação

Movimento de rotação

Em nosso cotidiano, estamos rodeados por corpos que giram. Nosso planeta, por exemplo, gira em torno do seu próprio eixo, ocasionando a sucessão dos dias e das noites. Ele gira também em torno do Sol, fazendo com que, em razão inclinação do seu eixo, presenciemos o ciclo das estações do ano. Em uma escala atômica, sabemos que as moléculas realizam movimentos de rotação em torno de eixos específicos e que o movimento das partículas que compõem um átomo pode ser explicado por modelos (com suas limitações) que assumem trajetórias rotacionadas. Além disso, entre o micro e o macrocosmos existe uma infinidade de criações humanas que imitam os movimentos de rotação encontrados na natureza: rodas, engrenagens, motores, eixos, hélices, moinhos d'água, usinas eólicas, hidrelétricas etc. Todos esses exemplos nos mobilizam a entender as variáveis presentes nesse tipo de movimento.

Neste capítulo, aprofundaremos o estudo sobre o movimento circular iniciado no Capítulo 2, introduzindo novas grandezas físicas e, sempre que possível, relacionando-as com o movimento linear. Comecemos pela energia associada à rotação dos corpos.

7.1 Energia cinética de rotação e momento de inércia

Demonstramos, no capítulo anterior, que a energia cinética de um sistema de partículas é igual à soma das energias cinéticas das partículas que compõem o sistema.

$$K_{sist} = \sum_{i=1}^{n} \frac{1}{2} m_i v_i^2$$

Para um corpo que gira, sua velocidade tangencial está relacionada com a velocidade angular pela equação $v = \omega r$. Como a velocidade angular é a mesma para um sistema de partículas rígido, temos:

$$K_{sist} = \sum_{i=1}^{n} \frac{1}{2} m_i r_i^2 \omega^2$$

Podemos retirar ω do somatório:

$$K_{sist} = \frac{1}{2} \omega^2 \sum_{i=1}^{n} m_i r_i^2$$

O somatório é definido como o momento de inércia I do sistema em relação ao eixo de rotação:

$$I = \sum_{i=1}^{n} m_i r_i^2 \text{ (momento de inércia para um sistema de partículas)}$$

Então, a energia cinética do sistema é:

$$K_{sist} = \frac{1}{2} I \omega^2$$

O **momento de inércia** é o análogo rotacional da massa no movimento linear. Equivale à dimensão de massa multiplicada por comprimento ao quadrado (ML^2) e sua unidade no SI é o kgm^2. No movimento linear, quanto maior a massa de um corpo, maior tem de ser a força necessária para alterar seu estado de movimento. Veremos que, no movimento rotacionado, quanto maior o momento de inércia, maior é o torque (que estudaremos a seguir) necessário para alterar o estado de movimento de rotação do corpo.

Caso o corpo girante seja contínuo, podemos substituir o somatório $\sum_{i=1}^{n} m_i r_i^2$ pela integral:

$I = \int r^2 dm$ (momento de inércia para um corpo contínuo)

Em que dm é um elemento de massa r e é a distância desse elemento até o eixo de giro.

Exemplo 7.1

Em uma varinha delgada de 1 m de comprimento e de massa desprezível são colocadas cinco esferas de 2 kg cada uma, situadas a 0,0 m, 0,25 m, 0,50 m, 0,75 m e 1,0 m de um dos extremos. Calcule o momento de inércia do sistema relativo a um eixo perpendicular à varinha que passa através:

a. de um dos extremos;
b. da segunda massa;
c. do centro de massa.

Resolução

Para cada caso, fazemos um esboço do sistema e, em seguida, calcular o momento de inércia utilizando a seguinte definição:

$I = \sum_{i=1}^{n} m_i r_i^2$

$I = m_1 \cdot r_1^2 + m_2 \cdot r_2^2 + m_3 \cdot r_3^2 + m_4 \cdot r_4^2 + m_5 \cdot r_5^2$

Como as massas são iguais, podemos colocá-las em evidência:

$I = m \cdot (r_1^2 + r_2^2 + r_3^2 + r_4^2 + r_5^2)$

a. A Figura 7.1 ilustra o sistema formado pelas cinco partículas de 2 kg, sendo que o eixo de rotação passa pela partícula que está em uma das extremidades.

Movimento de rotação

Figura 7.1
Sistema de cinco partículas girando em torno de um eixo que passa pelo centro de uma das partículas da extremidade

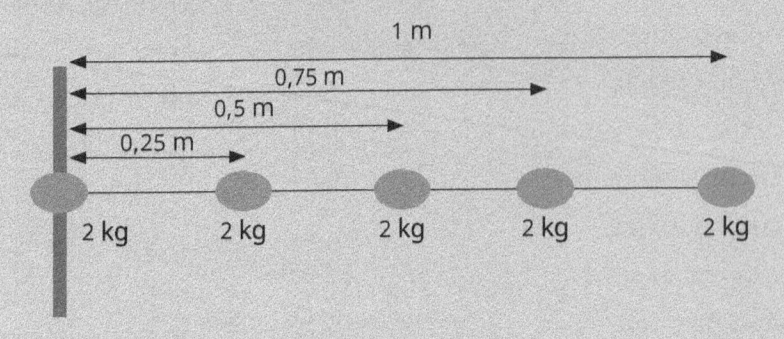

$I = 2 \text{ kg} \cdot [(0 \text{ m})^2 + (0,25 \text{ m})^2 + (0,5 \text{ m})^2 + (0,75 \text{ m})^2 + (1 \text{ m})^2]$

$I = 3,75 \text{ kgm}^2$

b. A Figura 7.2 ilustra o sistema formado pelas cinco partículas de 2 kg, sendo que o eixo de rotação passa pela partícula que está à distância 0,25 m do centro de massa.

Figura 7.2
Sistema de cinco partículas girando em torno de um eixo que passa pelo centro da segunda partícula

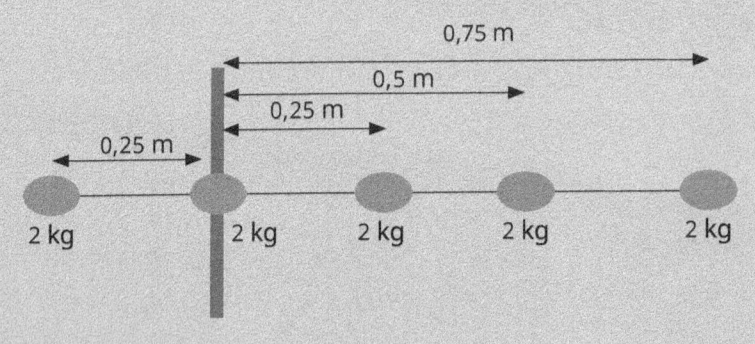

$I = 2 \text{ kg} \cdot [(-0,25 \text{ m})^2 + (0 \text{ m})^2 + (0,25 \text{ m})^2 + (0,5 \text{ m})^2 + (0,75 \text{ m})^2]$

$I = 1,875 \text{ kgm}^2$

c. A Figura 7.3 ilustra o sistema formado pelas cinco partículas de 2 kg, sendo que o eixo de rotação passa pelo centro de massa.

Figura 7.3
Sistema de cinco partículas girando em torno de um eixo que passa pelo centro de massa da partícula que está no centro

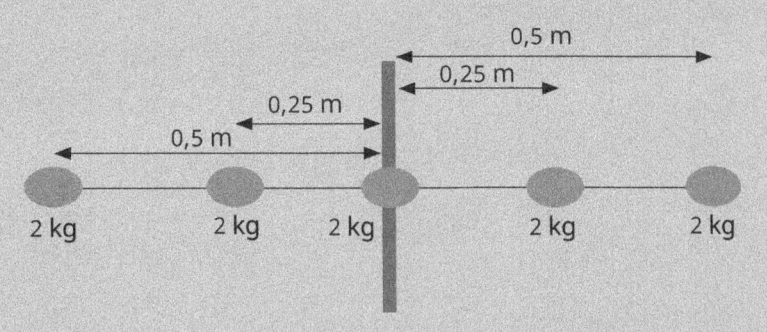

[Figura: cinco partículas de 2 kg alinhadas, com distâncias 0,5 m e 0,25 m de cada lado do eixo central]

$$I = 2\text{ kg} \cdot [(-0,5\text{ m})^2 + (-0,25\text{ m})^2 + (0\text{ m})^2 + (0,25\text{ m})^2 + (0,5\text{ m})^2] = 1,25\text{ kgm}^2$$

Note que quanto mais próximo do centro de massa estiver o eixo de rotação, menor é o momento de inércia do sistema.

Exemplo 7.2

Suponha que, nos casos do exemplo anterior, o sistema foi animado com velocidade angular $\omega = 2\pi$ rad/s. Calcule a energia cinética do sistema para cada distribuição.

Resolução

Para cada caso, devemos aplicar diretamente a equação da energia cinética de rotação $K_{sist} = \frac{1}{2} I \omega^2$:

a. $K_{sist} = \frac{1}{2}(3,75\text{ kgm}^2)(2\pi\text{ rad/s})^2 = 74,02$ J

b. $K_{sist} = \frac{1}{2}(1,875\text{ kgm}^2)(2\pi\text{ rad/s})^2 = 37,01$ J

c. $K_{sist} = \frac{1}{2}(1,25\text{ kgm}^2)(2\pi\text{ rad/s})^2 = 24,67$ J

Como você pode perceber, um sistema simetricamente distribuído precisa de menos energia para girar.

Exemplo 7.3

Utilize o conceito de *integrais* para determinar o momento de inércia de uma barra homogênea de massa M e comprimento L, considerando que o eixo de rotação passa pelo seu centro de massa e é perpendicular a ele.

Movimento de rotação

Resolução

A densidade linear (massa por unidade de comprimento) da barra é $\lambda = \dfrac{M}{L} = \dfrac{dm}{dx}$. Para chegar ao resultado, fazemos um esboço da barra (Figura 7.4) e utilizar a definição de momento de inércia para corpos contínuos:

$$I = \int r^2 dm$$

Figura 7.4
Barra homogênea com eixo de rotação passando pelo seu centro

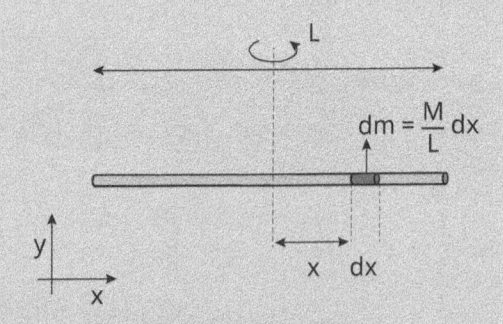

Note que:

$dm = \lambda dx$

Assim:

$I = \int x^2 \lambda dx$

Integramos de $x = 0$ a $x = L$

$$I = \lambda \int_{-\frac{L}{2}}^{\frac{L}{2}} x^2 dx$$

$$I = \lambda \left(\dfrac{L^3}{24} - \dfrac{-L^3}{24} \right) = 2\lambda \dfrac{L^3}{24} = \dfrac{M}{L}\dfrac{L^3}{12} = \dfrac{ML^2}{12}$$

O momento de inércia é $I = \dfrac{1}{12} ML^2$.

Exemplo 7.4

Refaça o Exemplo 7.3, considerando que o eixo de rotação passa por uma das extremidades da barra e é perpendicular a ela.

Resolução

O que muda em relação ao exemplo anterior são os limites de integração, que passam a ser zero e L. A Figura 7.5 é um esboço da barra, tendo o eixo de rotação perpendicular ao seu comprimento e localizado em uma de suas extremidades.

Figura 7.5
Barra homogênea com eixo de rotação passando pela extremidade

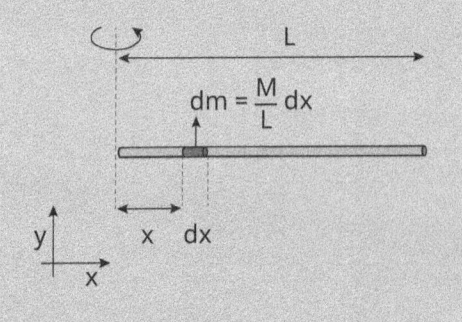

$I = \lambda \int_0^L x^2 dx$

$$I = \lambda \left(\dfrac{L^3}{3} - \dfrac{0^3}{3} \right) = \lambda \dfrac{L^3}{3} = \dfrac{M}{L}\dfrac{L^3}{3} = \dfrac{ML^2}{3}$$

O momento de inércia é $I = \dfrac{1}{3} ML^2$, quatro vezes maior que o valor calculado no exemplo anterior, no qual o eixo de rotação passava pelo centro de massa e era perpendicular ao comprimento da barra.

Exemplo 7.5

Calcule o momento de inércia de um aro homogêneo circular, de massa M e raio R, em relação a um eixo de rotação que passa perpendicularmente ao plano que o contém e que passa pelo seu centro.

Resolução

Como o eixo de rotação passa pelo centro do aro, ele é também o eixo de simetria. A massa do aro está distribuída uniformemente a uma distância, **constante**, equivalente ao raio R do aro. Na Figura 7.6, temos a representação do aro homogêneo, evidenciando que o eixo de rotação passa pelo seu centro e é perpendicular ao plano que contém.

Figura 7.6
Aro circular com eixo de rotação passando pelo seu centro

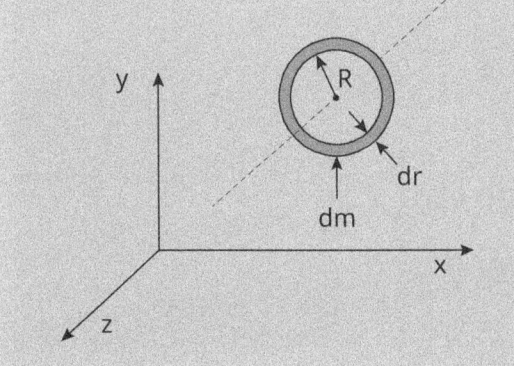

O momento de inércia é:

$$I = \int r^2 dm$$

Como $r = R$ = constante, temos:

$$I = \int R^2 dm = R^2 \int dm = R^2 M$$

Portanto, o momento de inércia do aro é $I = MR^2$.

Exemplo 7.6

Calcule o momento de inércia de um disco homogêneo circular, de massa M e raio R, em relação a um eixo de rotação que passa perpendicularmente ao plano que o contém e que passa pelo seu centro.

Resolução

Certamente, o momento de inércia de um disco que tenha o mesmo raio e a mesma massa de um aro circular é menor. Isso porque a massa do disco está distribuída mais próxima do eixo de rotação do que a do aro. Podemos imaginar que um disco é composto por vários aros de raio r, espessura dr e massa dm, cada qual com momento de inércia $I = r^2 dm$, conforme Figura 7.7.

Movimento de rotação

Figura 7.7
Cálculo do momento de inércia de um disco homogêneo

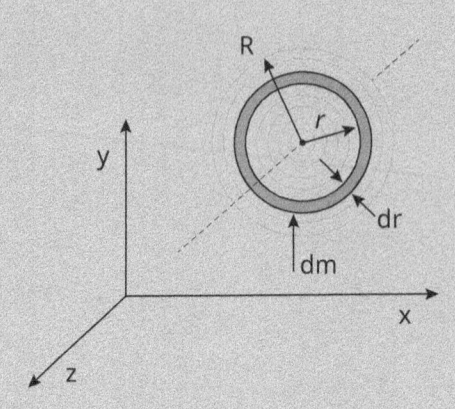

Como a massa do disco é homogênea, a densidade superficial de qualquer elemento do disco é $\sigma = \dfrac{dm}{dA} = \dfrac{M}{A}$. A área de qualquer elemento do disco é a área de um aro $dA = 2\pi dr$. Assim, a massa de cada elemento é:

$$dm = \dfrac{M}{A} 2\pi dr$$

O momento de inércia do disco é:

$$I = \int_0^R r^2 \dfrac{M}{A} 2\pi dr = 2\pi \dfrac{M}{A} \int_0^R r^3 dr$$

$$I = 2\pi \dfrac{M}{A}\left(\dfrac{R^4}{4} - \dfrac{0^4}{4}\right)$$

$$I = 2\pi \dfrac{MR^4}{4\pi R^2} = \dfrac{1}{2} MR^2$$

A seguir, apresentamos diretamente, na Figura 7.8, o resultado do cálculo do momento de inércia de alguns sólidos simétricos e homogêneos, já tabulados pelos estudos existentes na área.

Figura 7.8
Momento de inércia de alguns sólidos simétricos e homogêneos

Barra fina em torno de um eixo central perpendicular à sua maior dimensão.

$I = \frac{1}{12}ML^2$

Barra fina em torno de um eixo que passa pela extremidade e é perpendicular à sua maior dimensão.

$I = \frac{1}{3}ML^2$

Aro em torno de um diâmetro.

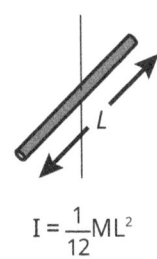

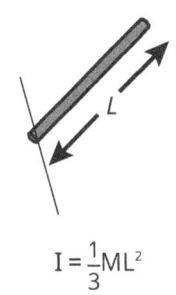

$I = \frac{1}{2}MR^2$

Aro em torno de um eixo central.

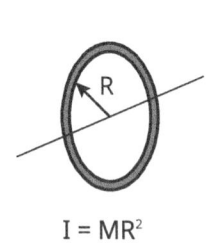

$I = MR^2$

Cilindro maciço ou disco sólido girando em torno do seu eixo.

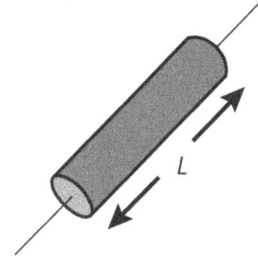

$I = \frac{1}{2}MR^2$

Cilindro ou disco oco girando em torno do seu eixo.

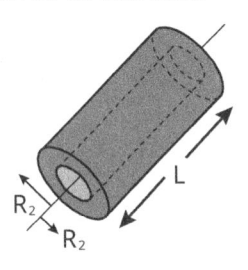

$I = \frac{1}{2}M(R_1^2 + R_2^2)$

Cilindro ou disco sólido girando em torno de um diâmetro que passa pelo centro de massa.

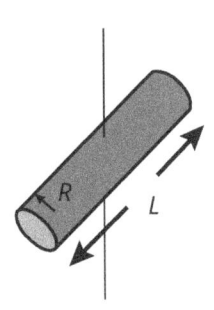

$I = \frac{1}{4}MR^2 + \frac{1}{12}ML^2$

Esfera maciça em torno de um diâmetro.

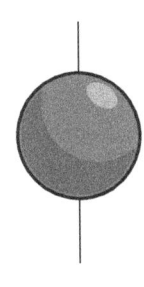

$I = \frac{2}{5}MR^2$

Esfera oca (paredes delgadas) em torno de um diâmetro.

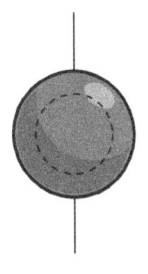

$I = \frac{2}{3}MR^2$

(continua)

Movimento de rotação

(Figura 7.3 - conclusão)

Placa delgada retangular com eixo que passa pelo centro geométrico.

$I = \frac{1}{2}M(a^2 + b^2)$

Placa delgada retangular com eixo que passa por uma das bordas.

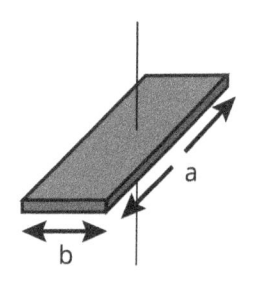

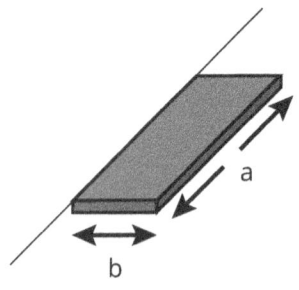

$I = \frac{1}{2}Mb^2$

Vejamos, a seguir, alguns exemplos.

Exemplo 7.7

Considere que a Terra é uma esfera maciça e homogênea de raio r = 6.370 km e massa $M = 5,98 \cdot 10^{24}$ kg e calcule seu momento de inércia.

Resolução

O momento de inércia de uma esfera é:

$I = \frac{2}{5}Mr^2$

Substituindo os valores fornecidos pelo enunciado, temos:

$I = \frac{2}{5} \cdot 5,98 \cdot 10^{24} \cdot (6\,370\,000)^2$

$I = 9,71 \cdot 10^{37}$ kgm²

Sabemos que a Terra não é uma esfera maciça e homogênea. Mas, podemos dizer, com boa aproximação, que o momento de inércia da Terra apresenta a mesma ordem de grandeza do resultado encontrado.

7.2 Teorema Steiner ou teorema dos eixos paralelos

O teorema de Steiner, ou teorema dos eixos paralelos, permite relacionar o momento de inércia de um corpo, cujo eixo de rotação passa pelo seu centro de massa, com o momento de inércia do mesmo corpo, cujo eixo de rotação é paralelo ao eixo do centro de massa. Vejamos a Figura 7.9.

Figura 7.9
Teorema dos eixos paralelos

Eixo paralelo ao eixo que passa pelo centro de massa.

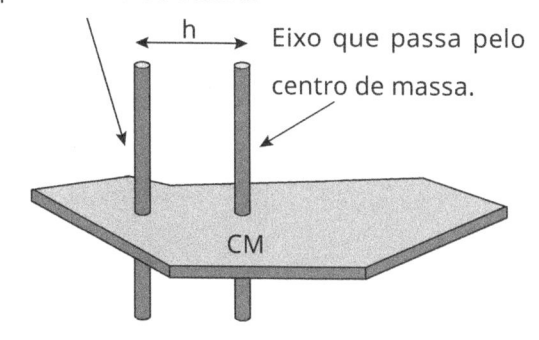

Eixo que passa pelo centro de massa.

O teorema de Steiner afirma que:

$$I = I_{CM} + Mh^2$$

Em que:
- I é o momento de inércia do corpo quando o eixo de giro é paralelo ao eixo que passa pelo seu centro de massa;
- I_{CM} é o momento de inércia do corpo quando o eixo de giro passa pelo seu centro de massa;
- M é massa do corpo ou do sistema;
- h é a distância entre os eixos.

Para provar esse teorema, podemos calcular a energia cinética de um corpo que gira em torno de um eixo paralelo ao centro de massa. Sabemos (do capítulo anterior) que a energia cinética de um corpo ou sistema é a soma da energia cinética associada ao centro de massa com a energia cinética das partículas em relação ao centro de massa:

$$K_{sist} = K_{cm} + K_{rel}$$

Ou:

$$K_{sist} = \frac{1}{2} M v^2_{cm} + K_{rel}$$

Consideremos um corpo rígido que gira com velocidade angular ω em torno de um eixo h que está a uma distância do centro de massa, conforme a Figura 7.10. Quando o corpo gira um ângulo dθ em relação ao eixo de rotação, gira também dθ em relação a qualquer outro eixo paralelo ao de rotação, inclusive em torno do eixo que passa pelo centro de massa. Isso significa que qualquer elemento de massa dm constituinte do corpo gira em torno de um eixo que passa pelo centro de massa com a mesma velocidade angular com que o centro de massa gira em torno do eixo de rotação.

Figura 7.10
Esquema para demonstrar o teorema dos eixos paralelos

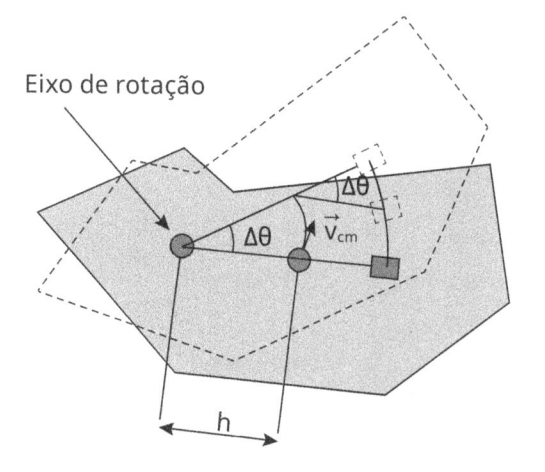

O centro de massa gira um ângulo Δθ em relação ao eixo de rotação.
Em relação ao centro de massa, o elemento de massa dm também gira Δθ.

Movimento de rotação

O movimento de todo o corpo em relação ao centro de massa se dá com velocidade angular ω e a energia cinética do corpo em relação ao centro de massa pode ser escrita como:

$$K_{rel} = \frac{1}{2} I_{cm} \omega^2$$

Já a energia cinética associada ao centro de massa é dada por:

$$K_{rel} = \frac{1}{2} M v_{cm}^2$$

Podemos utilizar a relação entre a velocidade tangencial e a velocidade angular ($v = \omega r$) para obter uma expressão que só depende de ω. Assim, $v_{cm} = \omega h$ e a energia cinética associada ao centro de massa fica:

$$K_{cm} = \frac{1}{2} M (h\omega)^2 = \frac{1}{2} M \omega^2 h^2$$

Voltando na expressão da energia cinética do sistema, temos:

$$K_{sis} = \frac{1}{2} M \omega^2 h^2 + \frac{1}{2} I_{cm} \omega^2$$

$$K_{sis} = \frac{1}{2} (Mh^2 + I_{cm}) \omega^2$$

Como $K_{sis} = \frac{1}{2} I \omega^2$, necessariamente $I = Mh^2 + I_{cm}$. Essa é a demonstração do teorema de Steiner ou teorema dos eixos paralelos.

Exemplo 7.8

Um corpo de massa 5 kg está na origem de um eixo coordenado e outro de 18 kg está na posição 1,5 m.

a. Calcule o momento de inércia do sistema, considerando que o eixo de giro passa pelo seu centro de massa.

b. Utilize o teorema de Steiner para calcular o momento de inércia do sistema em relação a um eixo paralelo ao eixo que passa pelo centro de massa e que está a uma distância de 0,5 m dele.

Resolução

a. Calculamos o centro de massa do sistema:

$$x_{cm} = \frac{m_1 \cdot x_1 + m_2 \cdot x_2}{M}$$

$$x_{cm} = \frac{5 \text{ kg} \cdot 0 \text{ m} + 18 \text{ kg} \cdot 1,5 \text{ m}}{23 \text{ kg}}$$

$$x_{cm} = \frac{27 \text{ m}}{23} = 1,174 \text{ m}$$

A Figura 7.11 ilustra a situação.

Figura 7.11
Esquema para calcular o momento de inércia de um sistema cujo eixo de rotação passa pelo centro de massa

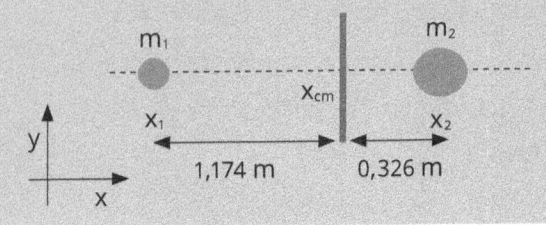

Agora, só precisamos calcular o momento de inércia em relação ao eixo de giro que passa pelo centro de massa:

$$I = \sum_{i=1}^{n} m_i r_i^2$$

$$I = m_1 \cdot r_1^2 + m_2 \cdot r_2^2$$

$$I = 5 \text{ kg} \cdot (1,174 \text{ m})^2 + 18 \text{ kg} \cdot (0,326 \text{ m})^2$$

$$I = 8,804 \text{ kgm}^2$$

b. Utilizando o teorema de Steiner e considerando h = 0,5 m, temos:
$$I = I_{cm} + Mh^2$$

$$I = 8,804 + 23 \cdot 0,5^2$$

$$I = 14,554 \text{ kgm}^2$$

Como já era esperado, o momento de inércia em relação a um eixo paralelo ao eixo que passa pelo centro de massa é maior.

Exemplo 7.9

Com o teorema de Steiner, determine o momento de inércia de uma esfera maciça, de massa 30 kg e raio 10 cm, em relação a um eixo que tangencia a sua superfície (Figura 7.12).

Figura 7.12
Esfera com eixo de rotação tangenciando a sua superfície

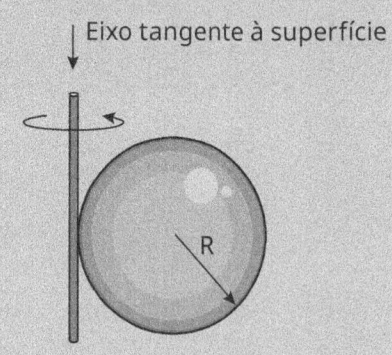

Resolução

O momento de inércia em relação a um eixo que passa pelo centro de uma esfera maciça é:

$$I = \frac{2}{5} MR^2$$

Para calcularmos o momento de inércia em relação a um eixo que tangencia a superfície da esfera, utilizamos o teorema de Steiner:

Movimento de rotação

$$I = I_{cm} + Mh^2$$

Em que h = R

Assim:

$$I = \frac{2}{5}MR^2 + MR^2$$

$$I = \frac{7}{5}MR^2$$

Substituindo os valores numéricos, obtemos:

$$I = \frac{7}{5} \cdot 30 \text{ kg} \cdot (0,1\text{m})^2$$

$$I = 0,42 \text{ kgm}^2$$

Portanto, o momento de inércia de uma esfera maciça em relação a um eixo que a tangencia é $I = 0,42 \text{ kgm}^2$.

7.3 Torque

Torque é uma grandeza física que se relaciona ao estudo de corpos ou sistemas que giram em torno de um eixo. Assim como a força tende a alterar o estado de movimento linear dos corpos, o torque tende a mudar seu estado de rotação. É o análogo rotacional da força. Intuitivamente, da mesma forma que a força pode ser imaginada como um empurrão ou um puxão, você pode imaginar o torque como uma torção.

Para que uma força provoque um movimento de rotação, ela precisa ser aplicada em um ponto do corpo que não coincida com o seu eixo de rotação e que não tenha a mesma direção do raio de giro. Suponha que queiramos fechar uma porta (ver Figura 7.13).

Figura 7.13
Forças sendo aplicadas sobre uma porta

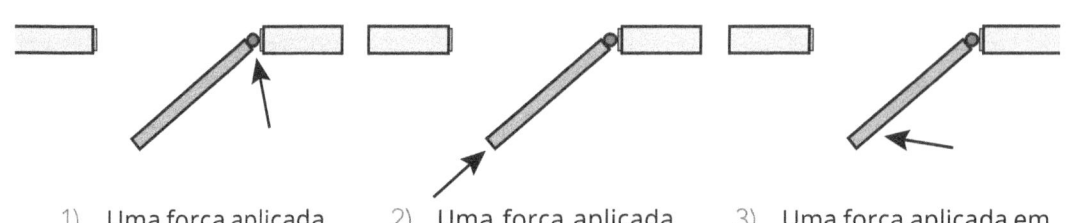

1) Uma força aplicada sobre o eixo não produz torque.

2) Uma força aplicada na mesma direção do raio de giro não produz torque.

3) Uma força aplicada em qualquer outra direção produzirá torque.

Analisando a imagem, percebemos que: em (1), se aplicarmos a força diretamente sobre o eixo de rotação, ela não movimentará a porta; em (2), da mesma forma, se aplicarmos a força na mesma direção do raio de giro da porta, ela não produzirá qualquer efeito no sentido de movimentar a porta; (3) mostra que em qualquer outra direção que aplicarmos a força, ela produzirá um torque e fará com que a porta se movimente (desde que o torque seja suficiente para vencer o atrito do eixo).

Torque (τ) é uma grandeza física vetorial definida como o produto externo (ou produto vetorial) entre o raio de giro (distância entre o ponto de aplicação da força e o eixo de rotação) e a força:

$$\vec{\tau} = \vec{r} \times \vec{F}$$

Pela definição de produto vetorial, o módulo do torque pode ser calculado por:

$$\tau = F \cdot r \cdot \text{sen}\, \emptyset$$

Em que:

- $\emptyset$ é o menor ângulo entre a linha de ação da força e o raio de giro;
- $r \cdot \text{sen}\, \emptyset$ é chamado *braço de alavanca* (l).

A unidade de torque no SI é newton multiplicado por metro (Nm).

O braço de alavanca, conforme pode ser notado na Figura 7.14, é a menor distância entre o eixo de rotação e a linha de ação da força. Ele sempre formará 90° com a linha de ação da força.

Figura 7.14
Esquema para demonstrar alguns elementos envolvidos na geração de um torque

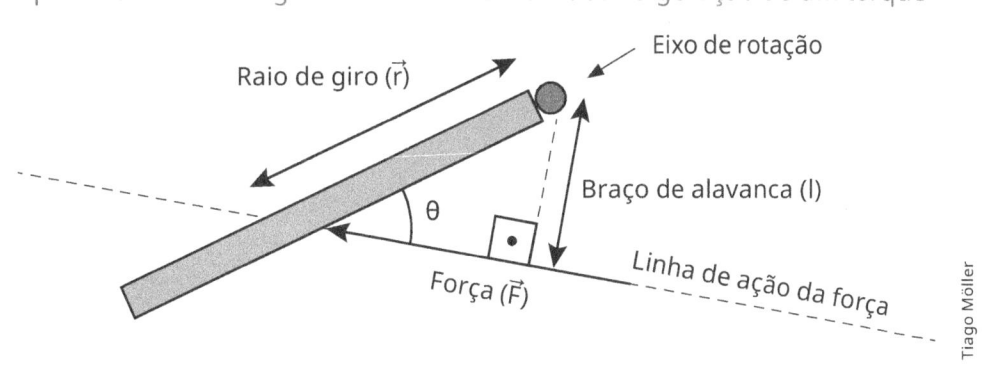

Podemos escrever o torque em termos do braço de alavanca:

$$\tau = F \cdot r \cdot \text{sen}\, \emptyset = F \cdot l$$

Para fins didáticos, e enquanto o eixo de rotação não se movimenta no espaço, convencionaremos que o torque será positivo se tender a girar o corpo no sentido anti-horário e negativo se tender a girar o corpo no sentido horário. É importante perceber que a componente da força que faz o corpo girar é sempre perpendicular ao plano definido pelo raio de giro e pelo eixo de rotação.

Figura 7.15
A componente tangencial da força é a responsável pelo torque

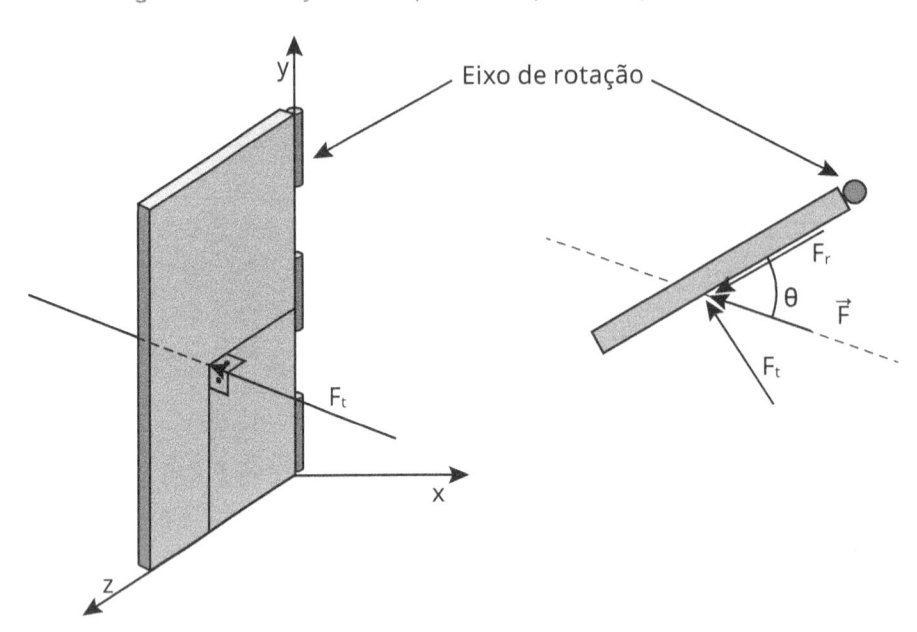

Na Figura 7.15, a força $\vec{F}$ está decomposta em suas componentes tangencial (F_t) e radial (F_r). A componente tangencial tende a fazer o corpo girar, enquanto o torque, devido à componente radial, é nulo. Em caso de conveniência, podemos calcular o módulo do torque pelo produto da componente tangencial da força pelo comprimento do raio de giro.

$$\tau = F_t \cdot r$$

7.3.1 Torque e momento de inércia

Suponha que $\vec{F}_i$ seja a resultante das forças que atuam sobre a i-ésima partícula que compõe um corpo rígido. Sabemos, pela segunda lei de Newton, que a aceleração dessa partícula é dada por:

$$F_{i,t} = m_i a_{i,t} = m_i r_i \alpha$$

Multiplicando todos os membros dessa equação por r_i, obtemos:

$$F_{i,t} \cdot r_i = m_i r_i^2 \alpha$$

No primeiro membro, temos a expressão do torque que atua sobre a i-ésima partícula. No segundo, temos o momento de inércia da i-ésima partícula multiplicando a aceleração angular (que é a mesma para todas as partículas do corpo rígido). Assim, podemos escrever para todas as partículas:

$$\sum_{i=1}^{n} \tau_i = I\alpha$$

A somatória do primeiro membro é a resultante dos torques externos que atuam sobre o corpo rígido e a última equação pode ser escrita como:

$$\tau_{res,ext} = I\alpha$$

Ou seja:

o somatório dos torques externos que agem sobre um sistema é equivalente ao produto do momento de inércia do sistema pela sua aceleração angular.

Esse resultado é conhecido como a *segunda lei de Newton para a rotação*. Veja o quadro comparativo a seguir:

Quadro 7.1
Comparação entre grandezas do movimento linear e do movimento rotacionado.

Movimento linear	Movimento rotacionado
$F_{res} = m \cdot a$	$\tau_{res} = I \cdot \alpha$
F é a força resultante	τ é o torque resultante
m é a massa	I é o momento de inércia
a é a aceleração	α é a aceleração angular

Pelos resultados apresentados até o momento, percebemos que quanto maior a distância de um corpo em relação ao eixo de rotação, maior é o seu momento de inércia. Maior também será o torque necessário para fazer com que ele altere o seu estado de movimento de rotação. Vejamos alguns exemplos em que observamos a aplicação desses resultados.

> **Exemplo 7.10**
>
> A Figura 7.16 ilustra uma caixa de massa 100 kg pendurada por uma corda que está enrolada em uma polia de massa 15 kg e raio 15 cm, cujo momento de inércia é calculado por $I = \frac{1}{2}MR^2$. Considerando que a polia roda sem atrito e que a corda é inextensível e não escorrega, calcule a tensão na corda e a aceleração da caixa.

Movimento de rotação

Figura 7.16
Uma caixa presa a uma corda que está enrolada em uma polia

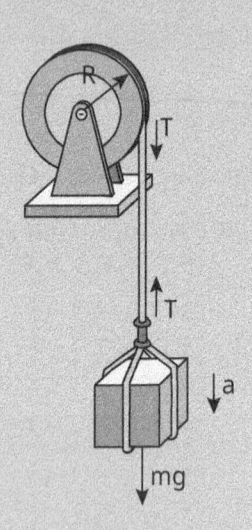

Resolução

A única força que age sobre a polia e produz torque resultante é a tensão exercida pela corda. O torque pode ser calculado por:

$$\tau = I \cdot \alpha$$

O braço de alavanca é igual ao raio da polia. Assim:

$$\tau \cdot R = I \cdot \alpha \quad (I)$$

A segunda lei de Newton permite relacionar a tensão com a aceleração do corpo.

$$m \cdot g - T = m \cdot a$$

Rearranjando, temos:

$$m \cdot g - m \cdot a = T \quad (II)$$

Substituindo esse resultado na equação (I), temos:

$$(m \cdot g - m \cdot a) \cdot R = I \cdot \alpha$$

A aceleração angular está relacionada à aceleração tangencial por:

$$\alpha = \frac{a}{R}$$

Assim:

$$(m \cdot g - m \cdot a) \cdot R = I \cdot \frac{a}{R}$$

$$m \cdot g \cdot R^2 - m \cdot a \cdot R^2 = I \cdot a$$

$$m \cdot g \cdot R^2 = I \cdot a + m + a \cdot R^2$$

$$m \cdot g \cdot R^2 = (I + m \cdot R^2) \cdot a$$

$$a = \frac{m \cdot g \cdot R^2}{(I + m \cdot R^2)}$$

$$a = \frac{m \cdot g \cdot R^2}{\left(\frac{1}{2}MR2 + m \cdot R^2\right)}$$

$$a = \frac{m \cdot g}{\left(\frac{1}{2}M + m\right)}$$

Substituindo os valores numéricos, temos:

$$a = \frac{100 \text{ kg} \cdot 9{,}81 \text{ m/s}^2}{\left(\frac{1}{2} 15 \text{ kg} + 100 \text{ kg}\right)} = 9{,}13 \text{ m/s}^2$$

Voltamos na equação (II) e calculamos a tração:

$$m \cdot g - m \cdot a = T$$

$$m \cdot (g - a) = T$$

$$100 \cdot (9{,}81 - 9{,}13) = T$$

$$T = 68 \text{ N}$$

A tensão na corda é, portanto, de 68 N. Caso tivéssemos desprezado o momento de inércia da polia, a tensão na corda seria zero e a caixa cairia em queda livre.

Exemplo 7.11

Na Figura 7.17, está ilustrada uma roda, de raio 40 cm e massa 2 kg, na iminência de subir um degrau de altura $h = \dfrac{R}{2}$. Calcule o módulo da força $\vec{F}$ que deve ser aplicada no eixo da roda, na direção x, para que ela consiga subir o degrau.

Figura 7.17
Roda prestes a subir um degrau

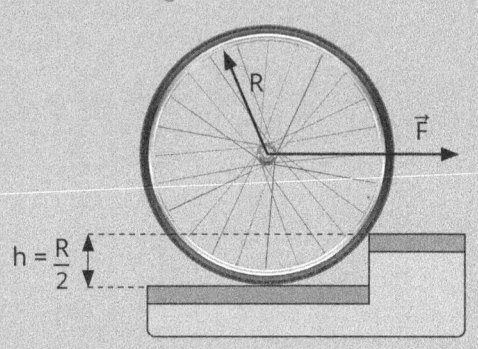

Resolução

O eixo de rotação está localizado no ponto de contato entre a roda e o degrau (não confundir com o eixo da roda). Duas forças geram torques no eixo de rotação: a gravitacional e a força F. A força normal está sendo aplicada diretamente no eixo de rotação, por isso, não gera torque. Para que a roda suba o degrau, o torque produzido pela força F tem que ser maior do que o torque produzido pela força gravitacional. Na Figura 7.18, encontra-se um esquema das forças que agem sobre a roda.

Movimento de rotação

Figura 7.18
Esquema para analisar os pontos de atuação das forças envolvidas no movimento da roda

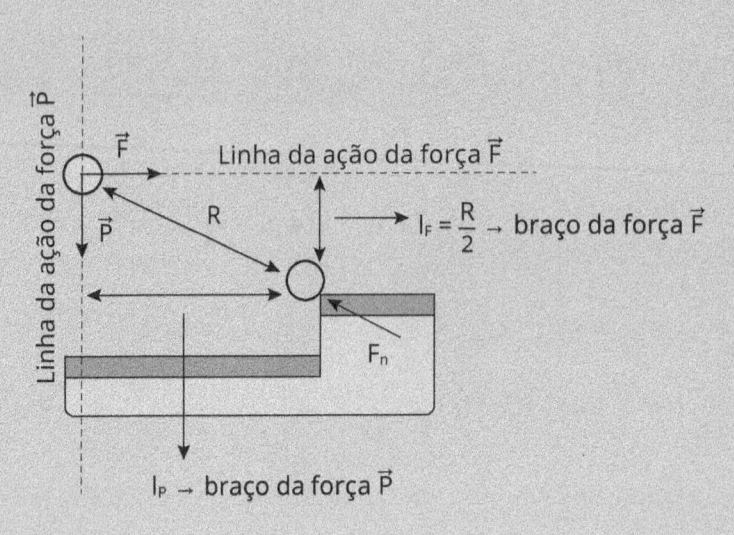

Se considerarmos o torque da força F igual ao torque produzido pela força P, encontraremos o valor de F para o qual qualquer outro valor maior que esse fará a roda subir o degrau.

$\tau_F = \tau_P$

$F \cdot l_F = P \cdot l_P$

Temos que calcular o braço l_P da força P:

$R^2 = \left(\dfrac{R}{2}\right)^2 + l_P^2$

$l_P^2 = R^2 - \dfrac{R^2}{4}$

$l_P^2 = \dfrac{3R^2}{4}$

$l_P = \sqrt{\dfrac{3R^2}{4}}$

$l_P = \dfrac{R}{2}\sqrt{3}$

> Substituindo o resultado na expressão do torque, temos:
>
> $$F \cdot \frac{R}{2} = mg \cdot \frac{R}{2}\sqrt{3}$$
>
> $$F = mg\sqrt{3} = 2 \text{ kg} \cdot 9{,}81 \text{ m/s}^2 \cdot \sqrt{3} = 33{,}98 \text{ N}$$
>
> A força necessária para que os torques se anulem é 33,98 N. Qualquer força maior que essa fará a roda subir o degrau.

7.3.2 Torque devido à gravidade

Considere uma barra extensa e homogênea com um pivô em uma das extremidades, conforme a Figura 7.19. A barra é composta por um conjunto de partículas microscópicas, cada qual com massa m_i. Suponha que o pivô esteja na origem de um sistema de coordenadas cartesianas e o comprimento da barra na direção x.

Figura 7.19
Barra homogênea com pivô na extremidade

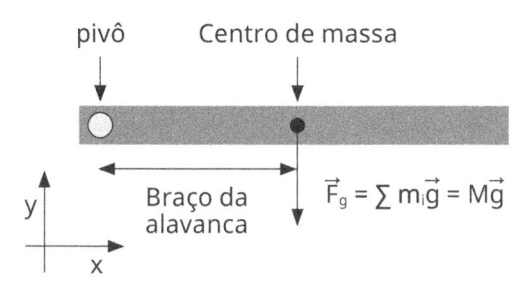

Considerando que a aceleração gravitacional seja constante, o torque sobre uma partícula específica dessa barra, em razão da gravidade, é $m_i g x_i$, em que x_i é o braço de alavanca. O torque resultante sobre a barra é a soma dos torques que a força gravitacional exerce sobre cada partícula.

$$\tau_{res} = \sum_{i=1}^{n} m_i g x_i$$

Como estamos supondo um campo gravitacional uniforme, g pode ser retirado do somatório.

$$\tau_{res} = g \sum_{i=1}^{n} m_i x_i$$

De acordo com o que estudamos no capítulo anterior, sabemos que o somatório do segundo membro é igual à massa total da barra multiplicada pela posição do centro de massa, ou seja:

$$\sum_{i=1}^{n} m_i x_i = M x_{cm}$$

Assim, o torque resultante sobre a barra, em virtude da gravidade, pode ser calculado por:

> $\tau_{res} = M g x_{cm}$
> Em que:
> - Mg é força gravitacional;
> - x_{cm} é a posição do centro de massa e também o braço de alavanca.

Exemplo 7.12

Uma barra de comprimento L = 1 m e massa M = 4 kg é solta do repouso de uma posição horizontal em relação à Terra, paralela ao eixo x e perpendicular ao eixo y de um sistema de coordenadas cartesianas, conforme a Figura 7.20.

Figura 7.20
Movimento de uma barra homogênea com pivô na extremidade

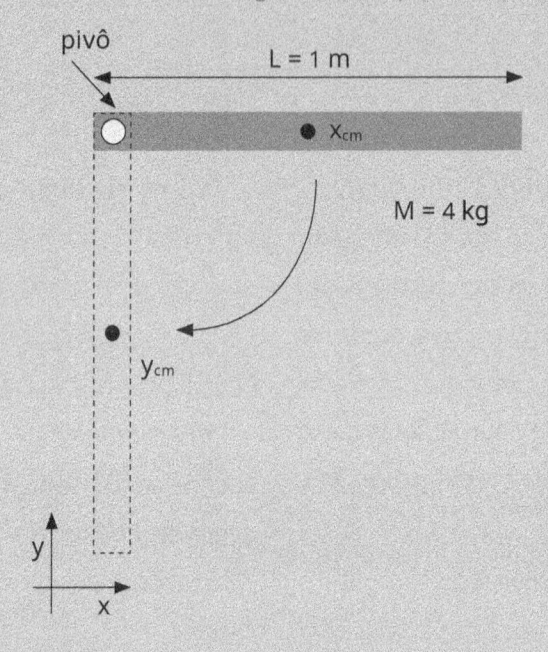

A barra tem um pivô em uma das extremidades, é homogênea e suas dimensões de altura e largura podem ser desprezadas em virtude de seu comprimento. Desprezando o atrito e a resistência do ar, determine:

a. a velocidade angular ω no instante em que a barra está alinhada com o eixo y.
b. a força que o pivô exerce sobre a barra nesse instante.
c. a aceleração angular da barra no instante em que ela é solta.
d. o módulo da força que o pivô exerce nesse instante.
e. a energia cinética inicial necessária para que a barra atinja o ponto mais alto da trajetória circular.
f. a velocidade angular inicial necessária para que a barra atinja o ponto mais alto da trajetória.

Resolução

a. Estabeleçamos que o sistema seja formado pela barra pivotada e a Terra. Como não há atrito, a energia mecânica do sistema é conservada. Sabemos que a energia potencial gravitacional de um corpo rígido é calculada pela altura do centro de massa. Quando o corpo é rígido, a energia cinética das partículas em relação ao centro de massa é zero. Portanto, a energia cinética é igual à parcela de energia associada ao centro de massa.

$K + U = K_0 + U_0$

$\frac{1}{2} I\omega^2 + Mg\, y_{cm} = 0 + Mg\, y_{cm,0}$

Consideremos que, quando a barra está na horizontal, a altura do centro de massa é L. Logo, quando ela está na vertical, a altura do centro de massa é $\frac{L}{2}$:

$\frac{1}{2} I\omega^2 + Mg\, \frac{1}{2} = MgL$

$\frac{1}{2} I\omega 2 = Mg\, \frac{L}{2}$

$\omega = \sqrt{\frac{MgL}{I}}$

No início do capítulo, vimos que o momento de inércia de uma barra, cujo eixo de rotação passa por uma das extremidades, é $I = \frac{1}{3} ML^2$. Substituindo o resultado na última expressão, temos:

$\omega = \sqrt{\frac{MgL}{\frac{1}{3}ML^2}} = \sqrt{\frac{3g}{L}}$

$\omega = \sqrt{\frac{3 \cdot 9,81}{1}} = 5,42$ rad/s

b. Quando a barra está na vertical, duas forças atuam sobre ela: a força exercida pelo pivô $\vec{F}_P$ e a força gravitacional $\vec{P}$. Obviamente que há uma resultante centrípeta, pois a barra realiza um movimento circular:

$F_P - P = Ma_c$

$$F_P = M\frac{v^2}{r} + Mg$$

$$F_P = M \cdot \omega^2 r + Mg = M\left(\omega^2 \frac{L}{2} + g\right)$$

No item (a), vimos que $\omega = \sqrt{\frac{3g}{L}}$. Logo,

$$F_P = M\left(\frac{3g}{L} \cdot \frac{L}{2} + g\right) = \frac{5}{2}Mg$$

$$F_P = \frac{5}{2} \cdot 4 \cdot 9{,}81 = 98{,}1 \text{ N}$$

c. Pela segunda lei de Newton para a rotação, sabemos que o torque resultante é igual ao momento de inércia da barra multiplicado pela aceleração angular:

$$\tau_{res} = I\alpha$$

A única força que produz torque é a gravitacional. O braço de alavanca é a distância entre o eixo de rotação (pivô) e o centro de massa:

$$Mg\frac{L}{2} = \frac{1}{3}ML^2 \cdot \alpha$$

$$\alpha = \frac{3g}{2L} = \frac{3 \cdot 9{,}81}{2 \cdot 1} = 14{,}7 \text{ rad/s}^2$$

d. No instante em que a barra é solta, a aceleração centrípeta é nula. No entanto, o centro de massa está submetido a uma aceleração tangencial a_{cm} relacionada à aceleração angular por:

$$a_{cm} = \alpha \cdot r$$

Em que:

$$r = \frac{L}{2}$$

No item (c) vimos que:

$$\alpha = \frac{3g}{2L}$$

e. Como no item (a), utilizamos a conservação da energia mecânica, impondo que a altura no ponto mais alto da trajetória vale $y_{cm} = \frac{3}{2}L$:

$$K + U = K_0 + U_0$$

$$\frac{1}{2}I\omega^2 + Mg\, y_{cm} = K_0 + Mg\, y_{cm,0}$$

$$0 + Mg\frac{3}{2}L = K_0 + MgL$$

$$K_0 = Mg\frac{3}{2}L - MgL = \frac{1}{2}MgL$$

$$K_0 = 4 \cdot 9{,}81 \cdot 1 = 39{,}24 \text{ J}$$

f. A velocidade angular inicial para que a barra atinja o ponto mais alto pode ser calculada com o uso da equação da energia cinética inicial:

$$K_0 = \frac{1}{2}I\omega_0^2$$

$$\omega_0 = \sqrt{\frac{2K_0}{I}} = \sqrt{\frac{2\frac{1}{2}MgL}{\frac{1}{3}ML^2}}$$

$$\omega_0 = \sqrt{\frac{3g}{L}} = 5{,}42 \text{ rad/s}$$

7.4 Rolamento sem escorregamento

O movimento de um corpo que rola sem escorregar sobre uma superfície pode ser pensado como a composição do movimento de rotação em torno do centro de massa e o de translação do centro de massa sobre a superfície.

Analisemos o movimento de um cilindro que rola sem deslizar sobre uma superfície plana, conforme Figura 7.21.

Figura 7.21
Cilindro rolando sem deslizar

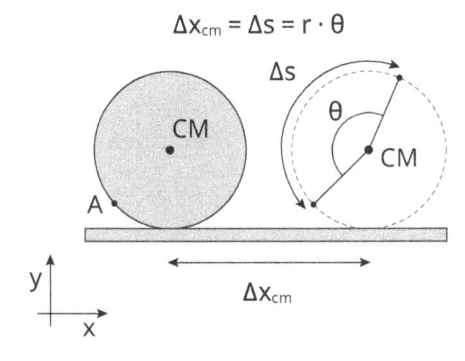

Se admitirmos que o cilindro rola sem deslizar, o módulo do deslocamento do centro de massa é obtido pela equação:

$$\Delta x_{cm} = \Delta s = r \cdot \theta$$

Ou

$$\Delta x_{cm} = \theta \cdot r \text{ (condição de não escorregamento para o deslocamento do centro de massa)}$$

Derivando essa expressão, obtemos a velocidade do centro de massa:

$$\frac{dx_{cm}}{dt} = \frac{d\theta}{dt} \cdot r$$

Ou:

$$v_{cm} = \omega \cdot r \text{ (condição de não escorregamento para a velocidade do centro de massa)}$$

Derivando mais uma vez, obtemos a aceleração do centro de massa:

$$\frac{dv_{cm}}{dt} = \frac{d\omega}{dt} \cdot r$$

Ou:

$$a_{cm} = \alpha \cdot r \text{ (condição de não escorregamento para a aceleração do centro de massa)}$$

Movimento de rotação

Figura 7.22
Análise das velocidades no movimento de rolamento

Velocidades no movimento de rolamento

(a) Somente rotação + (b) Somente translação = (c) Rolamento

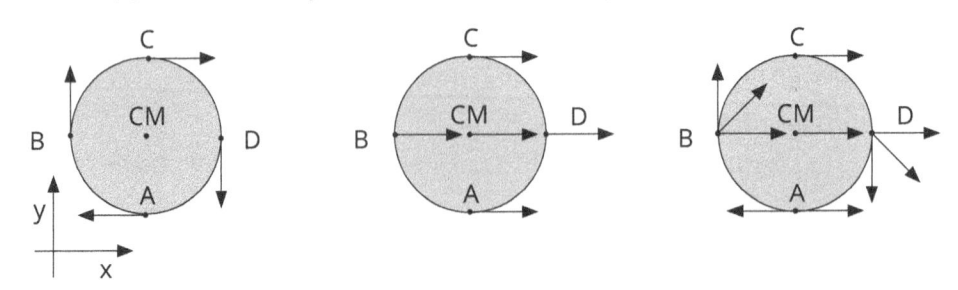

Na Figura 7.22, em todos os pontos estão representados os vetores *velocidades*. Temos, assim:

a. **Rotação pura**: no referencial do centro de massa, percebemos que o módulo da velocidade de qualquer ponto localizado na superfície do cilindro é igual a $v = \omega \cdot r$, enquanto a velocidade do próprio centro de massa é zero.

b. **Translação pura**: em relação a um referencial localizado na superfície, o módulo da velocidade do centro de massa e dos pontos *A, B, C* e *D* é:

$$v_{cm} = \omega \cdot r$$

O centro de massa sempre se moverá com essa velocidade desde que não haja escorregamento.

c. **Rolamento sem escorregamento**: a composição do movimento de rotação com o de translação resulta no movimento real do cilindro. Note que o módulo da velocidade do ponto *A* é zero ($v_A = 0$), ao passo que, no ponto *C*, é o dobro do módulo da velocidade do centro de massa ($v_c = 2v_{cm}$).

Exemplo 7.13

O esquema da Figura 7.23 ilustra uma esfera maciça, homogênea, de massa $m = 20$ kg e raio $r = 15$ cm, que desce uma rampa de inclinação $\theta = 30°$ e altura $h = 3$ m, sem escorregar. Determine:

a. o coeficiente de atrito estático μ_s entre o plano inclinado e a esfera.
b. a velocidade do centro de massa da esfera quando ela chega ao final da rampa.

Figura 7.23
Uma esfera descendo por uma rampa sem escorregar

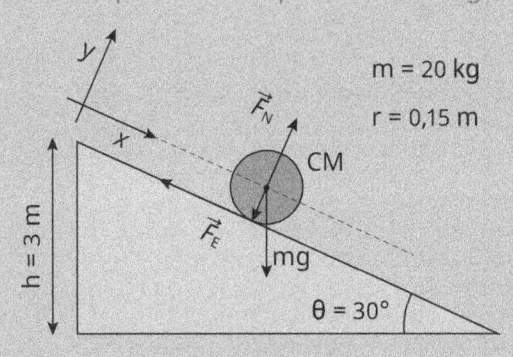

m = 20 kg
r = 0,15 m
h = 3 m
θ = 30°

Resolução

a. Sabemos que:

$\sum \vec{F}_x = m\vec{a}_{cm,x}$

$mg \operatorname{sen} \theta - F_E = ma_{cm}$

$mg \operatorname{sen} \theta - \mu_E \cdot F_N = ma_{cm}$

$\sum \vec{F}_y = m\vec{a}_{cm,y} = 0$

$mg \cos \theta - F_N = 0$

$F_N = mg \cos \theta$

$mg \operatorname{sen} \theta - \mu_E \cdot mg \cos \theta = ma_{cm}$

$a_{cm} = g \operatorname{sen} \theta - \mu_E \cdot g \cos \theta$ (I)

Como estamos supondo que a aceleração gravitacional e a força de atrito estático são constantes, a aceleração do centro de massa também será constante. Assim, a velocidade do centro de massa pode ser determinada pela equação de Torricelli:

$v^2_{cm} = v_{0,cm} + 2a_{cm} \Delta x$

Em que $v_{0,cm} = 0$

$\Delta x = \dfrac{h}{\operatorname{sen} 30°}$

Substituindo essas expressões na equação de Torricelli, e isolando a velocidade do centro de massa, obtemos:

$$v_{cm} = \sqrt{2a_{cm} \cdot \frac{h}{\text{sen } 30}} \quad (II)$$

Para descobrir o valor da aceleração do centro de massa, aplicamos a segunda lei de Newton:

$$\sum \vec{\tau}_x = I\vec{\alpha}$$

A única força que produz torque em relação ao sistema de coordenadas adotado é a força de atrito, pois a linha de ação da força gravitacional e da força normal passam pelo eixo de rotação. É importante destacarmos que o braço de alavanca do torque produzido pela força de atrito é igual ao raio da esfera. Assim:

$$F_E \cdot r = I_{cm}\, \alpha$$

Como estamos admitindo que a esfera não escorrega (caso o atrito fosse zero, a esfera escorregaria e não teríamos torque), a aceleração angular é igual à razão da aceleração tangencial pelo raio:

$$\alpha = \frac{a_{cm}}{r}$$

Substituindo no resultado anterior, temos:

$$\mu_E \cdot F_N \cdot r = I_{cm} \cdot \frac{a_{cm}}{r}$$

$$\mu_E \cdot mg \cdot \cos\theta \cdot r = I_{cm} \cdot \frac{a_{cm}}{r}$$

$$a_{cm} = \frac{\mu_E \cdot mg \cdot \cos\theta \cdot r^2}{I_{cm}} \quad (III)$$

Comparando o segundo membro da equação (I) com o da (III), temos:

$$g\,\text{sen}\,\theta - \mu_E \cdot g \cdot \cos\theta = \frac{\mu_E \cdot mg \cdot \cos\theta \cdot r^2}{I_{cm}}$$

$$g\,\text{sen}\,\theta - \mu_E \cdot g = \left(\frac{m \cdot \cos\theta \cdot r^2}{\frac{2}{5}mr^2} + \cos\theta \right)$$

$$\text{sen } \theta = \mu_E \left(\frac{\cos \theta}{\frac{2}{5}} + \cos \theta \right)$$

$$\text{sen } \theta = \mu_E \left(\frac{7}{2} \cos \theta \right)$$

$$\mu_E = \frac{2}{7} \cdot \frac{\text{sen } \theta}{\cos \theta} = \frac{2}{7} \tan \theta$$

O enunciado nos dá o ângulo $\theta = 30°$:

$$\mu_E = \frac{2}{7} \tan 30° = 0{,}165$$

Note que o coeficiente de atrito não depende da massa e do raio da esfera, mas simplesmente do ângulo de inclinação da rampa.

b. Substituindo a equação (III) na (II), obtemos a velocidade do centro de massa no final da rampa:

$$v_{cm} = \sqrt{2 \frac{\mu_E \cdot mg \cdot \cos \theta \cdot r^2}{\frac{2}{5} mr^2} \cdot \frac{h}{\text{sen } \theta}}$$

$$v_{cm} = \sqrt{5 \mu_E \cdot g \cdot \cos \theta \cdot \frac{h}{\text{sen } \theta}}$$

$$v_{cm} = \sqrt{5 \mu_E \cdot g \cdot h \cdot \cotan \theta}$$

$$v_{cm} = \sqrt{5 \cdot 0{,}165 \cdot 9{,}81 \cdot 3 \cdot \cotan 30°} = 6{,}48 \text{ m/s}$$

Mais uma vez, a velocidade do centro de massa, ao chegar ao final da rampa, não depende somente da massa e nem somente do raio da esfera. Depende de como a massa está distribuída em torno do eixo de rotação (do momento de inércia). Se estivéssemos falando de uma esfera oca com mesma massa e raio que a da esfera maciça mencionada no enunciado, o momento de inércia que teríamos que considerar seria:

Movimento de rotação

$$I = \frac{2}{3}mr^2$$

A expressão ficaria:

$$v_{cm} = \sqrt{2\,\frac{\mu_E \cdot mg \cdot \cos\theta \cdot r^2}{\frac{2}{3}mr^2} \cdot \frac{h}{\sen\theta}}$$

$$v_{cm} = \sqrt{3\,\mu_E \cdot g \cdot h \cdot \cotan\theta}$$

$$v_{cm} = \sqrt{3 \cdot 0{,}165 \cdot 9{,}81 \cdot 3 \cdot \cotan 30°}$$

$$v_{cm} = 5{,}02 \text{ m/s}$$

Observe que o que mudou de uma expressão para outra foi o fator numérico do momento de inércia: em vez de $\frac{2}{5}$ (da esfera maciça), consideramos $\frac{2}{3}$ (da esfera oca).

7.5 Potência e rotação

Já demonstramos, no movimento linear, que o trabalho que uma força realiza sobre um corpo é igual à variação de sua energia cinética (teorema *trabalho-energia cinética*). No movimento de rotação não é diferente. Suponha uma força $\vec{F}$ sendo aplicada a uma distância $\vec{r}$ do eixo de rotação de um corpo girante. Se o corpo girar um ângulo $d\theta$, o ponto de aplicação da força girará $ds = rd\theta$ e ela produzirá um trabalho:

$$dW = F_t \cdot rd\theta$$

Nesse trabalho, F_t é a componente tangencial da força e r é o braço de alavanca. Logo, o produto entre F_t e r é igual ao torque produzido pela força $\vec{F}$:

$$dW = \tau d\theta$$

Definimos *potência*, no Capítulo 4, como a taxa temporal de realização do trabalho:

$$P = \frac{dW}{dt} = \frac{\tau d\theta}{dt}$$

Supondo que o módulo da força aplicada e a distância do eixo de rotação sejam constantes, o torque também permanece constante. Assim, a potência desenvolvida pela força (logo, pelo torque) é:

$$P = \tau\omega$$

Lembre-se que, no movimento linear, tínhamos $P = Fv$. O análogo rotacional dessa equação é o resultado que encontramos anteriormente: $P = \tau\omega$.

Exemplo 7.14

Um disco homogêneo de massa $m = 100$ kg e raio $r = 0,5$ m está inicialmente girando com módulo de velocidade angular constante. Uma força constante $\omega = 2\pi$ rad/s atua sobre o disco a uma distância de 0,3 m do eixo de rotação.

a. Determine o trabalho realizado pela força para levar o disco ao repouso.
b. Supondo que o disco é levado ao repouso em 10 s, determine o módulo do torque produzido pela força e o módulo da própria força.
c. Quantas voltas o disco realiza do momento em que a força passa a atuar até o momento em que é levado ao repouso?

Resolução

a. O trabalho que a força deverá realizar para levar o disco ao repouso deve ser igual ao negativo da energia cinética inicial do disco (a força deve retirar energia do disco).

A energia cinética inicial de rotação do disco é:

$$K_0 = \frac{1}{2} I\omega^2$$

$$W = \Delta K = -K_0$$

$$K_0 = \frac{1}{2}\left(\frac{1}{2}mr^2\right)\omega^2 = -\frac{1}{4}mr^2\omega^2$$

$$W = -\frac{1}{4} \cdot 100 \cdot 0,5^2 \cdot (2\pi)^2 = -246,75 \text{ J}$$

b. A potência média desenvolvida pela força é calculada pela razão entre o trabalho e o intervalo de tempo para levar o disco ao repouso. Como a força é constante, e o ponto de aplicação da força é sempre o mesmo, o torque produzido e a desaceleração angular também são constantes. Logo, a velocidade angular média pode ser calculada pela média aritmética entre as velocidades angulares inicial e final.

$$P_m = \tau \omega_m$$

$$-\frac{1}{\Delta t} = \tau \cdot \frac{\omega_0 + \omega}{2}$$

$$-\frac{246,75}{10} = \tau \cdot \frac{2\pi + 0}{2}$$

$$\tau = 7,85 \text{ Nm}$$

Movimento de rotação

O módulo da força é obtido por:

$\tau = F \cdot l$

Em que l = 0,3 m é o braço de alavanca.

$F = \dfrac{\tau}{l} = \dfrac{7,85 \text{ Nm}}{0,3 \text{ m}} = 26,17 \text{ N}$

c. Como a desaceleração é constante, temos:

$\Delta\theta = \omega_m \cdot \Delta t$

$\Delta\theta = \dfrac{\omega_0 + \omega}{2} \cdot \Delta t = \dfrac{2\pi + 0}{2} \cdot$

$\Delta\theta = 10 = 10 \, \pi\text{rad}$

Como uma volta é equivalente a 2πrad, até ser levado ao repouso, o disco executa cinco voltas.

7.5.1 A rotação sob o ponto de vista vetorial

Até o momento, estávamos utilizando os sinais positivo e negativo para dizer se o giro de um corpo se dava no sentido anti-horário ou horário, respectivamente. Essa convenção se torna pouco útil quando o eixo de rotação de um corpo varia no espaço. Nesse caso, a natureza vetorial da rotação torna-se uma característica relevante para entendermos a evolução do movimento do corpo.

A partir de agora, passaremos a tratar a velocidade angular como uma grandeza física vetorial, cuja orientação e cujo sentido podem ser determinados a partir da regra da mão direita, conforme Figura 7.24.

Figura 7.24
Sentido do vetor velocidade angular

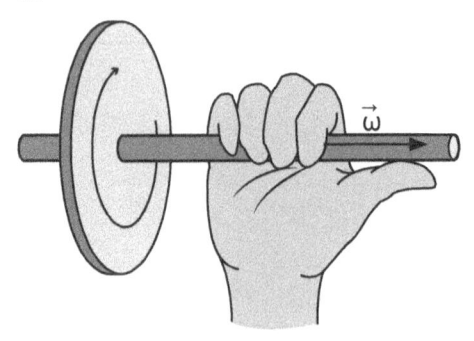

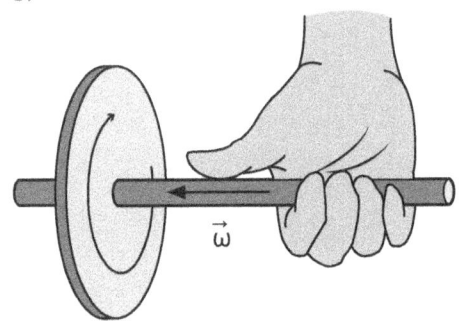

d.

e.

Nas duas partes da Figura 7.24, as pontas de quatro dos cinco dedos da mão direita estão no mesmo sentido de giro do disco. O polegar está paralelo ao eixo de rotação e indicando o sentido do vetor velocidade angular $\vec{\omega}$.

7.6 O vetor torque

Assim como com a velocidade angular, em relação ao torque – que é uma grandeza física vetorial –, enquanto o eixo de rotação se mantinha constante, estávamos atribuindo os sinais positivo e negativo. Uma definição mais geral de torque deve levar em conta a direção, o sentido e a magnitude dessa grandeza. Para isso, definimos torque como o produto vetorial[i] (ou produto externo) entre a posição da partícula ($\vec{r}$) e a força ($\vec{F}$) que atua sobre ela:

$$\vec{\tau} = \vec{r} \times \vec{F}$$

O resultado do produto vetorial entre dois vetores quaisquer é um terceiro vetor perpendicular a ambos. Logo, o vetor torque é perpendicular ao vetor posição em relação ao eixo de rotação e perpendicular ao vetor *força*.

Figura 7.25
Os vetores $\vec{r}$ e $\vec{F}$, que estão no plano *xz*, produzem um torque na direção do eixo *y*

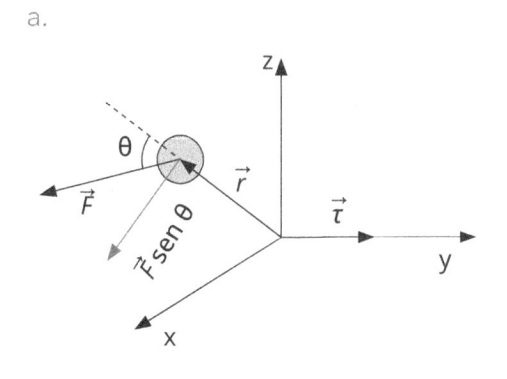

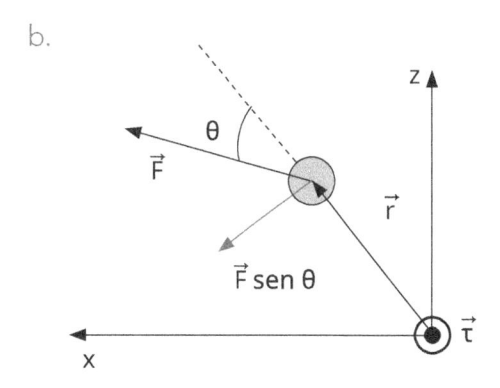

a.

b.

A Figura 7.25 mostra, em (a), o sistema de coordenadas representado tridimensionalmente. Os vetores $\vec{r}$ e $\vec{F}$ estão no plano xz e são ambos perpendiculares ao eixo y. O vetor torque é perpendicular a esses dois vetores e está no sentido positivo do eixo y.

Já na parte (b) da Figura 7.25, giramos o sistema de coordenadas de modo que o plano xz fique paralelo à página do livro, enquanto o sentido positivo do eixo y se encontre perpendicular à página. O símbolo ⊙ que está na origem do sistema de coordenadas indica que o vetor *torque* também está no sentido perpendicular à página, como se a "furasse" do verso para frente. Caso o vetor torque estivesse entrando perpendicularmente na página, como se a furasse da frente para o verso, usaríamos o símbolo ⊗.

A direção e o sentido do vetor *torque* podem ser determinados pela segunda regra da mão direita (veja a figura a seguir).

---

[i] Você pode encontrar mais informações sobre o cálculo do produto vetorial (ou produto externo) no livro "Introdução à física: aspectos históricos, unidades de medidas e vetores", deste mesmo autor e editora.

Movimento de rotação

Regra da mão direita

Figura 7.26
Regra da mão direita para determinar a direção do vetor resultante de um produto vetorial

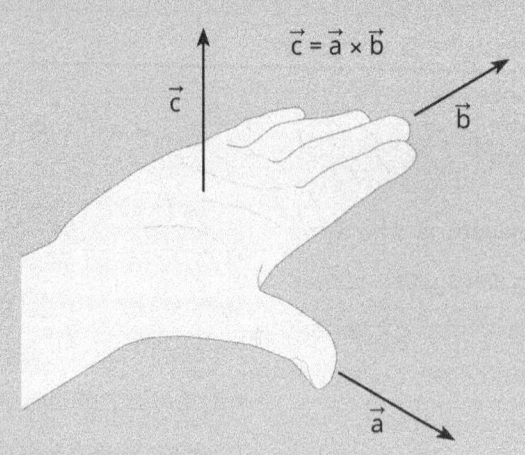

Como demonstrado na Figura 7.26, para determinar a direção do vetor resultante de um produto vetorial, você poder abrir a sua mão de forma que o polegar aponte na direção e sentido do primeiro vetor (nesse caso, do vetor $\vec{a}$) e os demais dedos na direção e sentido do segundo vetor (vetor $\vec{b}$). O sentido do vetor $\vec{c}$ é definido pela palma da sua mão.

Fonte: Leite, 2014, p. 150.

Analisaremos, agora, a Figura 7.27.

Figura 7.27
Exemplos do vetor torque saindo perpendicularmente da página e com sentido invertido

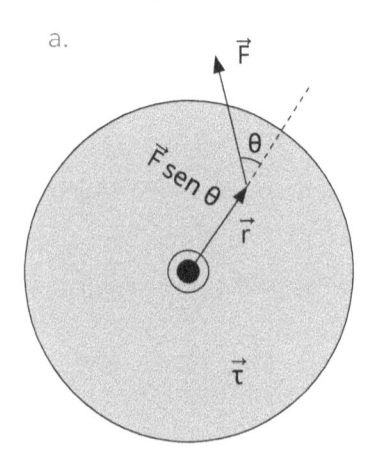

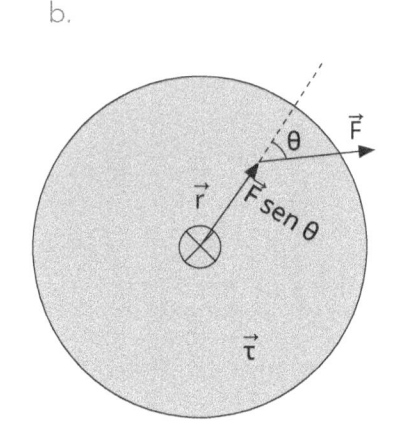

a.

b.

Em (a), o vetor *torque* está saindo perpendicularmente da página. Assim, a força $\vec{F}$ está atuando a uma distância $\vec{r}$ do eixo de rotação, que está localizado no centro geométrico do disco. O torque produzido pela força está orientado paralelamente ao eixo de rotação, no sentido do verso para a frente da página. Já em (b), a força está atuando de modo invertido, alterando o sentido do torque da frente para o verso da página.

Exemplo 7.15

O Gráfico 7.1 mostra uma força $\vec{F} = 10$ N sendo aplicada no sentido positivo do eixo y, na borda de um disco homogêneo de massa M = 2 kg e raio r = 0,4 m. Calcule a magnitude, a direção e o sentido do vetor torque produzido por essa força.

Gráfico 7.1
Uma força sendo aplicada tangencialmente em um ponto localizado na extremidade de um disco homogêneo

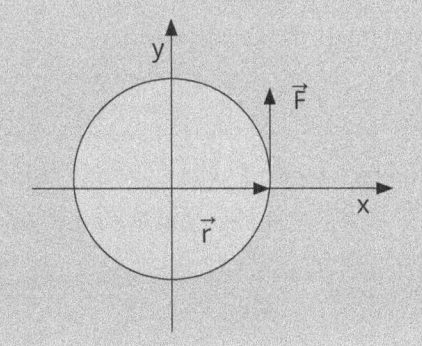

Resolução

Primeiramente, vamos admitir que o eixo z está perpendicular à página e o sentido positivo está apontado do verso para frente da página.

Expressamos a força e a posição do ponto de aplicação em termos de vetores unitários:

$\vec{F} = (10\ N)\hat{j}$

$\vec{r} = (0,4\ m)\hat{i}$

O torque é igual ao produto vetorial da posição pela força:

$\vec{\tau} = \vec{r} \times \vec{F}$

$\vec{\tau} = (0,4\ m)\hat{i} \times (10\ N)\hat{j}$

Pela regra da mão direita, temos:

$\hat{i} \times \hat{j} = \hat{k}$

Logo:

$\vec{\tau} = (0,4\ Nm)\hat{k}$

O torque produzido pela força $\vec{F}$ está na direção do eixo z, no sentido positivo.

7.7 Momento angular

Já estudamos a conservação da energia e a conservação do momento linear, duas leis fundamentais da natureza. Agora, estudaremos a conservação do momento angular, outra lei fundamental, tão importante quanto as duas primeiras.

Entendemos o momento angular como a grandeza física que é o equivalente rotacional da grandeza momento linear. Da mesma forma que o momento linear de um sistema permanece constante quando a somatória das forças externas que atuam sobre ele é nula, o momento angular também permanece constante quando a somatória dos torques externos que atuam sobre o sistema é nulo.

O momento angular ($\vec{L}$) de uma partícula em relação à origem (O) de um sistema de coordenadas é definido como o produto vetorial entre a sua posição ($\vec{r}$) e o seu momento linear ($\vec{p}$):

$$\vec{L} = \vec{r} \times \vec{p}$$

Para o caso em que $\vec{r}$ e $\vec{p}$ são mutuamente perpendiculares ao eixo z, o vetor momento angular estará na direção do eixo z.

Suponha uma partícula de massa m que descreve uma trajetória circular de raio $\vec{r}$, com velocidade tangencial $\vec{v}$, no plano xy em torno do eixo z, conforme Gráfico 7.2. Os vetores velocidade angular $\vec{\omega}$ e momento angular $\vec{L}$ da partícula em relação ao eixo de rotação estão na direção do eixo z.

Gráfico 7.2
Uma partícula descrevendo um movimento circular

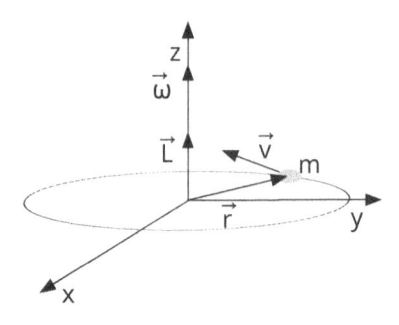

Expressando $\vec{r}$ e $\vec{v}$ em termos de vetores unitários, temos:

$$\vec{r} = x_{\hat{i}} + y_{\hat{j}}$$
$$\vec{v} = v_{x,\hat{i}} + y_{v,\hat{j}}$$

O momento angular é igual ao produto vetorial entre esses dois vetores:

$$\vec{L} = (x_{\hat{i}} + y_{\hat{j}}) \times m(v_{x,\hat{i}} + y_{v,\hat{j}})$$

Aplicando a propriedade distributiva, temos:

$$\vec{L} = (x_{\hat{i}} \times mv_{x,\hat{i}}) + (x_{\hat{i}} \times mv_{y,\hat{j}}) + (y_{\hat{j}} \times mv_{x,\hat{i}}) + (y_{\hat{j}} \times mv_{y,\hat{j}})$$

O primeiro e o último termo dessa expressão são nulos, pois o produto vetorial entre dois vetores paralelos é nulo. Assim:

$$\vec{L} = mxv_{y,\hat{k}} - myv_{x,\hat{k}} = m(xv_y - yv_x)_{\hat{k}}$$

Logo, se o movimento circular da partícula ocorre no plano xy, seu momento angular em relação ao eixo de rotação está na direção z.

Exemplo 7.16

Determine o momento angular em relação à origem de um sistema tridimensional de uma partícula de massa m = 4 kg que se move no plano xy com velocidade constante $\vec{v}$ = (3 m/s)$_{\hat{i}}$ ao longo de uma reta que corta o eixo y em y = 6 m e é paralela ao eixo x.

Resolução

Na direção x, a partícula muda sua posição de acordo com a equação:

$x = v_x t$

Na direção y, a posição da partícula é sempre a mesma:

y = (6 m)$_{\hat{j}}$

Expressamos a posição da partícula em termos dos vetores unitários:

$\vec{r}$ = (3 m/s)$_{\hat{i}}$ · t + (6 m)$_{\hat{j}}$

O momento angular da partícula em relação à origem é:

$\vec{L} = \vec{r} \times m\vec{v}$

$\vec{L}$ = [(3 m/s)$_{\hat{i}}$ · t + (6 m)$_{\hat{j}}$] × [4 kg · (3 m/s)$_{\hat{i}}$]

Aplicando a propriedade distributiva do produto vetorial, temos:

$\vec{L}$ = [(3 m/s)$_{\hat{i}}$ · t] × [4 kg · (3 m/s)$_{\hat{i}}$] + [(6 m)$_{\hat{j}}$] × [4 kg · (3 m/s)$_{\hat{i}}$]

O primeiro termo é o produto vetorial entre dois vetores que estão na direção $\hat{i}$. Portanto, o resultado é nulo. No segundo termo, temos: $\hat{j} \times \hat{i} = \hat{k}$.

Assim:

$\vec{L}$ = (−72 kg · m²/s)$_{\hat{k}}$

7.7.1 Momento angular orbital e momento angular de *spin*

Para um planeta que gira em torno do Sol (translação) e em torno do seu próprio eixo (rotação), muitas vezes é conveniente separar o momento angular em duas partes:

1. **Momento angular orbital**: devido à rotação do planeta em torno do Sol. É o momento angular que um corpo pontual de massa M apresenta em relação a um eixo de rotação.
2. **Momento angular de *spin***: em virtude da rotação do planeta em torno do seu próprio eixo. É o momento angular do sistema ou corpo em relação ao seu centro de massa.

O momento angular total do sistema é a soma vetorial do momento angular orbital e do momento angular de *spin*.

$$\vec{L}_{sis} = \vec{L}_{orb} + \vec{L}_{spin}$$

7.7.2 Variação temporal do momento angular

Quando desejamos saber a taxa instantânea de variação de uma grandeza x em relação a uma grandeza y, derivamos x em relação a y. Então, para sabermos como o momento angular de uma partícula ou sistema varia em relação ao tempo, basta aplicarmos o operador derivada:

$$\frac{d\vec{L}_{sis}}{dt} = \frac{d}{dt}(\vec{r} \times \vec{p})$$

Temos, no segundo membro, a derivada de um produto vetorial:

$$\frac{d\vec{L}_{sis}}{dt} = \vec{r} \times \frac{d\vec{p}}{dt} + \frac{d\vec{r}}{dt} \times \vec{p}$$

Sabemos que:

$$\frac{d\vec{p}}{dt} = \vec{F}$$

e

$$\frac{d\vec{r}}{dt} = \vec{v}$$

Assim:

$$\frac{d\vec{L}_{sis}}{dt} = \vec{r} \times \vec{F} + \vec{v} \times m\vec{v}$$

Identificamos o primeiro termo do segundo membro como o vetor torque externo resultante:

$$\vec{\tau}_{ext,res} = \vec{r} \times \vec{F}$$

Já o segundo termo do segundo membro é nulo, pois temos o produto vetorial de dois vetores paralelos ($\vec{v}$ é paralelo a $m\vec{v}$). Portanto, concluímos que, para que haja variação temporal do momento angular de uma partícula ou sistema, é necessária a aplicação de um torque externo:

$$\frac{d\vec{L}_{sis}}{dt} = \vec{\tau}_{ext,res}$$

Estamos falando somente em *torques externos* porque os internos se cancelam aos pares. Suponha duas partículas, 1 e 2, pertencentes a um mesmo sistema. Pela terceira lei de Newton, sabemos que a força que a partícula 1 exerce sobre a partícula 2 é igual, em módulo, à força que a partícula 2 exerce sobre a partícula 1. Além disso, essas forças estão na direção da reta que une as duas partículas e estão em sentidos contrários. Somemos o torque produzido por essas duas forças:

$$\vec{\tau}_1 + \vec{\tau}_2 = \vec{r}_1 \times \vec{F}_{2,1} + \vec{r}_2 \times \vec{F}_{1,2}$$

Como:

$$\vec{F}_{1,2} = -\vec{F}_{2,1}$$

Temos:

$$\vec{\tau}_1 + \vec{\tau}_2 = \vec{r}_1 \times (-\vec{F}_{2,1}) + \vec{r}_2 \times (-\vec{F}_{2,1}) = \vec{r}_1 \times \vec{F}_{2,1} - \vec{r}_2 \times \vec{F}_{2,1}$$

Que é o mesmo que:

$$\vec{\tau}_1 + \vec{\tau}_2 = (\vec{r}_1 - \vec{r}_2) \times \vec{F}_{2,1}$$

O vetor $\vec{r}_1 - \vec{r}_2$ está na mesma direção (é paralelo) do vetor $\vec{F}_{2,1}$ e, portanto, o produto vetorial indicado é zero. Como podemos repetir o mesmo procedimento para qualquer par de partículas pertencentes ao sistema, concluímos que a somatória dos torques internos é nula.

O desenvolvimento que fizemos até agora é uma forma mais sofisticada de chegar à segunda lei de Newton para o movimento de rotação. Ela permite enunciar uma importante lei de conservação:

> **Conservação do momento angular:** se a somatória dos torques externos que atuam sobre um sistema, em relação a um ponto, for nulo, o momento angular do sistema em relação a esse mesmo ponto se mantém constante.

Essa lei é a equivalente rotacional da lei da conservação do momento linear, em que tínhamos $\frac{d\vec{p}_{sis}}{dt} = \vec{F}_{ext}$.

Quando há conservação do momento angular, podemos escrever que o momento angular inicial do sistema é igual ao momento angular final:

$$\vec{L}_0 = \vec{L}$$

Podemos generalizar ainda mais as três leis de conservação que estudamos até o momento da seguinte maneira:

> Se um sistema está isolado, de modo que não há forças externas e torques externos atuando sobre ele, três grandezas físicas são conservadas: a energia, o momento linear e o momento angular.

7.7.3 Momento angular de um corpo rígido que gira em torno de um eixo fixo

Suponha um elemento de massa m de um corpo rígido que gira em torno do eixo z de um sistema de coordenadas ortogonais, conforme o Gráfico 7.3.

Gráfico 7.3
Esquema para determinar o momento angular de um corpo rígido

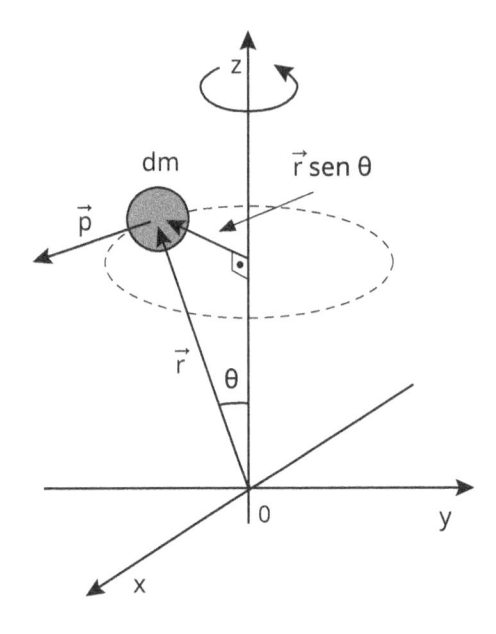

O momento linear desse elemento de massa forma 90° com o vetor $\vec{r}$. O módulo do momento angular em relação ao ponto O é:

$L_i = r_i \cdot \Delta m_i \cdot v_i \cdot \text{sen } 90°$

$L_i = r_i \cdot \Delta m_i \cdot v_i$

$v_i = \omega \cdot r_i$

$L_i = \omega \cdot \Delta m_i \cdot r_i^2$

O momento angular do corpo em relação ao eixo z é definido como:

$L = \sum L_i = \omega \cdot \sum \Delta m_i \cdot r_i^2$

O somatório do lado direito é igual ao momento de inércia I do corpo em relação ao eixo z. Assim:

$$L = I \cdot \omega$$

Exemplo 7.17

Um rato está no centro de um disco rígido, homogêneo, de massa M = 1 kg e raio R = 0,5 m, que gira sem atrito com velocidade angular $\omega = \pi$ rad/s. Considerando que a massa do rato é m = 0,5 kg, e que ele pode ser tratado como uma partícula, calcule a nova velocidade angular do disco se ele resolver se deslocar até à sua borda.

Resolução

Como não há torques externos atuando sobre o sistema, o momento angular é conservado e podemos escrever:

$$\vec{L}_0 = \vec{L}$$

$$I_{disco,0} \cdot \omega_0 + I_{rato,0} \cdot \omega_0 = I_{disco} \cdot \omega + I_{rato} \cdot \omega$$

O momento de inércia do disco é o mesmo durante toda a observação. Já o do rato é zero no início e mR^2 no fim.

$$\left(\frac{1}{2}MR^2 + 0\right) \cdot \omega_0 = \left(\frac{1}{2}MR^2 + mr^2\right) \cdot \omega$$

Substituindo os dados fornecidos pelo enunciado, temos:

$$\left(\frac{1}{2} \cdot 1 \cdot 0,5^2\right) \cdot \pi = \left(\frac{1}{2} \cdot 1 \cdot 0,5^2 + 0,5 \cdot 0,5^2\right) \cdot \omega$$

$$\frac{0,125\,\pi}{0,25} = \omega$$

$$\omega = 0,5\,\pi \text{ rad/s}$$

No início, quando o rato estava no centro do disco, este realizava uma revolução a cada dois segundos. Após o rato se deslocar para sua borda, o disco passa a realizar uma volta a cada 4 segundos.

Exemplo 7.18

Considerando que no periélio a distância entre a Terra e o Sol é $r_p = 147{,}1$ km e no afélio é de $r_a = 152{,}1$ km:

a. mostre que no movimento que a Terra realiza em torno do Sol há conservação do momento angular.
b. calcule a razão entre os módulos das velocidades $\frac{v_p}{v_a}$ de translação da Terra nesses dois pontos.

Resolução

a. O torque produzido pela força gravitacional $\vec{F}_g$ que o Sol exerce sobre a Terra é nula porque ela está na mesma direção do raio $\vec{r}$ que une os dois corpos celestes. Assim:

$$\vec{\tau} = \vec{r} \times \vec{F} = 0$$

Como o torque é nulo, o momento angular do sistema não varia:

$$\frac{d\vec{L}_{sist}}{dt} = 0 \rightarrow \vec{r} \times m\vec{v} = \text{constante}$$

Ou seja, há conservação do momento angular.

b. A velocidade tangencial $\vec{v}$ da Terra forma um ângulo de 90° com o raio $\vec{r}$, assim:

$$L = r \cdot m \cdot v \cdot \text{sen } \theta$$

$$L = r \cdot m \cdot v \cdot \text{sen } 90° = r \cdot m \cdot v$$

Como há conservação do momento angular, temos:

$$r_p \cdot m \cdot v_p = r_a \cdot m \cdot v_a$$

Eliminando m da equação e manipulando as outras variáveis, temos:

$$\frac{v_p}{v_a} = \frac{r_a}{r_p}$$

Basta agora substituirmos os dados fornecidos pelo enunciado:

$$\frac{v_p}{v_a} = \frac{152{,}1 \text{ km}}{147{,}1 \text{ km}} = 1{,}034$$

O resultado mostra que a velocidade da Terra no periélio é cerca de 3,4% maior que a velocidade no afélio.

Exemplo 7.19

Dois discos de massas $m_1 = 2$ kg e $m_2 = 4$ kg e raios iguais a $r_1 = 0,3$ m e $r_2 = 0,1$ m giram em sentidos contrários com módulo da velocidade angular $\omega_0 = 10\pi$ rad/s em torno de um mesmo eixo que não oferece atrito, conforme a Figura 7.28.

Figura 7.28
Dois discos girando em sentidos contrários em torno de um mesmo eixo

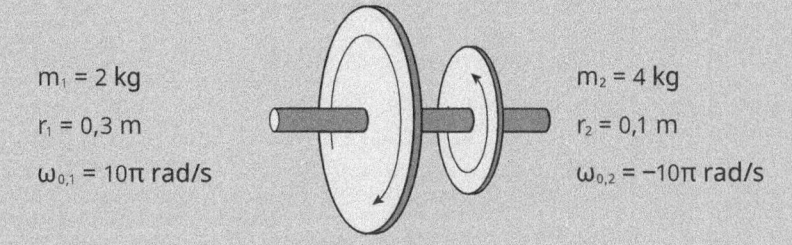

$m_1 = 2$ kg
$r_1 = 0,3$ m
$\omega_{0,1} = 10\pi$ rad/s

$m_2 = 4$ kg
$r_2 = 0,1$ m
$\omega_{0,2} = -10\pi$ rad/s

Os discos são lentamente aproximados e, devido à força de atrito entre eles, passam a girar com a mesma velocidade angular. Calcule:

a. o módulo dessa velocidade angular.
b. a variação da energia cinética do sistema.

Resolução

A somatória dos torques externos agindo sobre o sistema é nula. Portanto, há conservação do momento angular. Estabelecemos que a velocidade angular do disco 1 é positiva e a do disco 2 é negativa.

$L = L_0$

$I_1 \cdot \omega + I_2 \cdot \omega = I_{1,0} \cdot \omega_0 - I_2 \cdot \omega_0$

$\omega = \dfrac{(I_1 - I_2) \cdot \omega_0}{(I_1 + I_2)}$

$\omega_0 = \dfrac{\left(\dfrac{1}{2} m_1 r_1^2 - \dfrac{1}{2} m_2 r_2^2\right)}{\left(\dfrac{1}{2} m_1 r_1^2 + \dfrac{1}{2} m_2 r_2^2\right)} \omega_0$

$\omega = \dfrac{(2 \cdot 0,3^2 - 4 \cdot 0,1^2)}{(2 \cdot 0,3^2 + 4 \cdot 0,1^2)} \cdot 10\pi$

$\omega = 6,36\pi$ rad/s

A velocidade angular final é positiva, pois o momento de inércia inicial do disco 1 é maior.

Movimento de rotação

Síntese

$\theta = \dfrac{\Delta S}{R}$	Definição de ângulo em radianos.
$\omega_m = \dfrac{\Delta \theta}{\Delta t}$	Velocidade angular média.
$\theta = \theta_0 + \omega_m t$	Posição angular.
$\omega_m = \dfrac{d\theta}{dt}$	Velocidade angular instantânea.
$v_t = \omega R$	Relação entre velocidade tangencial e velocidade angular.
$\alpha = \dfrac{d\omega}{dt} = \dfrac{d^2\theta}{dt^2}$	Aceleração angular.
$\omega = \omega_0 + \alpha t$	Velocidade angular para aceleração angular constante.
$\theta = \theta_0 + \omega_0 t + \alpha \dfrac{t^2}{2}$	Posição angular para aceleração angular constante.
$a_t = \alpha R$	Aceleração tangencial.
$K_{sist} = \dfrac{1}{2}\omega^2 \sum_{i=1}^{n} m_i r_i^2 = \dfrac{1}{2} I \omega^2$	Energia cinética de rotação.
$I = \sum_{i=1}^{n} m_i r_i^2$	Momento de inércia para um sistema de partículas.
$I = \int r^2 dm$	Momento de inércia para um corpo contínuo.
$I = I_{cm} + Mh^2$	Teorema de Steiner ou teorema dos eixos paralelos.
$K_{sis} = \dfrac{1}{2}(Mh^2 + I_{cm})\omega^2$	Energia cinética do sistema para um eixo paralelo ao que passa pelo centro de massa.
$\vec{\tau} = \vec{r} \times \vec{F}$	Torque em termos vetoriais.
$\tau = F \cdot r \cdot \sen \phi$	Módulo do torque.
$\tau_{res,ext} = I\alpha$	Torque em termos do momento de inércia.
$P = \tau \omega$	Potência em termos do torque e da velocidade angular.
$\vec{L} = \vec{r} \times \vec{p}$	Momento angular de uma partícula em relação à origem de um sistema de coordenadas.
$\vec{L}_{sist} = \vec{L}_{orb} + \vec{L}_{spin}$	Momento angular de um sistema.
$\dfrac{d\vec{L}_{sis}}{dt} = \vec{\tau}_{res,ext}$	Variação temporal do momento angular.
$L = I \cdot \omega$	Momento angular em termos do momento de inércia e da velocidade angular.

Atividades de autoavaliação

1. Um disco homogêneo parte do repouso com aceleração angular α = 0,4 rad/s². Em que instante de tempo o disco completa 10 revoluções?

2. Um disco está girando inicialmente a 2000 revoluções por minuto quando começa a desacelerar à taxa constante de 2 rad/s². Determine:
   a) quanto tempo levará para o disco chegar a 1000 revoluções por minuto.
   b) quanto tempo levará para o disco atingir o repouso.

3. Um avião descreve uma curva de raio r = 1 km voando com módulo de velocidade constante v = 720 km/h. Calcule:
   a) a velocidade angular do avião.
   b) a aceleração centrípeta do avião.

4. Duas partículas, cada uma com massa m = 0,2 kg, estão ligadas por uma haste de comprimento L = 1 m, cuja massa é desprezível. Calcule o momento de inércia em relação a um eixo que passa pelo centro de massa do sistema e é perpendicular à haste.

5. Calcule o momento de inércia do sistema descrito no exercício anterior, quando o eixo de rotação é deslocado, paralelamente, até a extremidade da haste.

6. Uma barra homogênea tem massa m = 3 kg e comprimento L = 2 m. Calcule o momento de inércia da barra em relação a um eixo que passa a 0,25 m da sua extremidade e é perpendicular ao seu comprimento.

7. Qual o momento de inércia de uma roda que apresenta uma energia cinética de 30000 J quando está girando a 800 revoluções por minuto?

8. O centro de massa de um objeto que tem massa M = 5 kg, raio r = 0,2 m e que rola sobre uma superfície plana sem deslizar, translada com velocidade v = 3 m/s. Calcule as energias cinéticas de rotação e translação se o objeto for:
   a) uma esfera maciça homogênea.
   b) um aro homogêneo.
   c) um disco homogêneo.
   d) um cilindro maciço homogêneo.

9. O sistema esquematizado na figura a seguir mostra um bloco de massa 8 kg sobre uma plataforma horizontal lisa (não há atrito).

Dois blocos em movimento ligados por uma corda

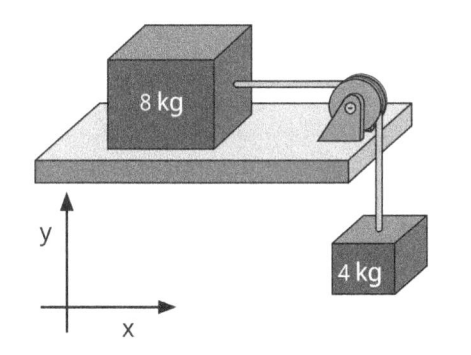

Esse bloco está ligado a uma corda que passa por uma roldana e tem a sua outra extremidade presa a uma massa de 4 kg que está pendente. A massa da polia é de 1 kg e seu raio é de 10 cm (para efeito de cálculos, considere a roldana como um disco homogêneo). Calcule a aceleração dos blocos e as tensões nas cordas.

10. Um cilindro maciço homogêneo e uma esfera maciça homogênea rolam sem deslizar por um plano horizontal. O módulo da velocidade do centro de massa do cilindro é $v_{0,c}$ = 10 m/s. Em seguida, o cilindro e a esfera sobem uma rampa sem deslizar. Calcule a velocidade inicial da esfera $v_{0,e}$, sabendo que ambos atingem a mesma altura no plano horizontal (o momento de inércia de um cilindro maciço em relação a um eixo que passa pelo seu centro de massa e é perpendicular à sua base circular é $I_c = \frac{1}{2}MR^2$; o momento de inércia de uma esfera maciça em relação a um eixo que passa pelo seu centro de massa é $I_e = \frac{2}{5}MR^2$).

11. Um disco, inicialmente em repouso, é submetido a um torque externo de 100 Nm durante 10 s, fazendo-o atingir a velocidade angular de 400 rotações por minuto. Nesse instante, o torque é retirado e o disco retorna ao repouso em 100 s. Calcule:
    a) a massa do disco, supondo que seu raio é de 80 cm.
    b) o torque de atrito, supostamente constante.

12. Uma partícula descreve um movimento circular. Em relação ao centro do círculo:
    a) O que acontece com o momento angular se o momento linear da partícula for duplicado sem que o raio seja alterado?
    b) O que acontece com o momento angular se o raio for duplicado sem que o momento linear seja alterado?

13. Calcule o momento angular em relação a um ponto fixo qualquer de uma partícula que se move em linha reta com velocidade constante.

14. Uma pessoa está sentada em uma plataforma que gira praticamente sem atrito em torno de um eixo central.
    a) O momento de inércia do sistema varia?
    b) O momento angular do sistema varia?
    c) O que acontece com a energia cinética do sistema quando a pessoa abre os braços?

15. A força gravitacional nas imediações da superfície da Terra é calculada por $\vec{F}g = mg_{\hat{j}}$. Suponha uma partícula localizada em $\vec{r}$ = (10 m)$\hat{i}$ + (40 m)$\hat{j}$ + (15 m)$\hat{k}$ e explique por que o torque em relação à origem do sistema de coordenadas, devido à força gravitacional, independe da coordenada da posição que está na direção do vetor unitário $\hat{j}$.

16. Em um ferro-velho, um carro batido de 1 300 kg está sendo levantado por um guindaste, conforme a figura a seguir.

Um guindaste levantando um carro batido

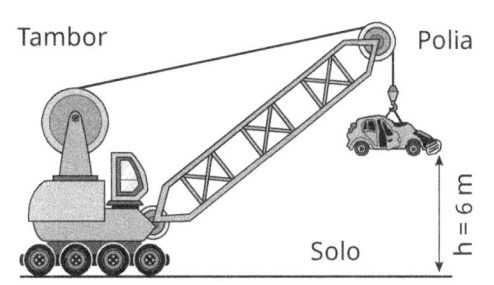

Tambor   Polia

Solo $h = 6$ m

Quando o carro está a 6 m do solo, parado momentaneamente, o guindaste quebra e o tambor do guincho gira livremente enquanto o carro cai. Não há escorregamento entre o cabo, o tambor e a polia. O momento de inércia do tambor é de 350 kgm² e o seu raio 0,7 m. O momento de inércia da polia é 5 kgm² e o seu raio é 0,3 m. A massa do cabo que segura o carro pode ser considerada desprezível frente à massa do carro. Determine o módulo da velocidade com que o carro atinge o solo.

17. Um cilindro homogêneo de massa $m = 30$ kg e raio $r = 0,5$ m rola, sem deslizar, por um plano inclinado de ângulo $\theta = 20°$. O coeficiente de atrito estático máximo é $\mu_E = 0,35$. Calcule:

    a) a aceleração do centro de massa do cilindro.

    b) a força de atrito que atua sobre o cilindro.

    c) a inclinação máxima de um plano para o qual o cilindro rola sem deslizar.

18. Uma partícula de massa $m = 3$ kg descreve uma circunferência com módulo de velocidade constante $v = 5$ m/s no sentido horário de um círculo de raio $r = 5$ m. Calcule:

    a) o momento de inércia da partícula em relação a um eixo que passa pelo centro da circunferência e é perpendicular ao plano do movimento;

    b) o momento angular da partícula e sua orientação;

    c) a velocidade angular da partícula.

19. Um disco homogêneo de raio $r_1 = 0,3$ m e massa $m_1 = 2$ kg gira com velocidade angular $\omega_1 = 5\pi$ rad/s no sentido horário, livre de atrito, em torno de um eixo vertical que passa pelo seu centro de simetria e é perpendicular ao plano do disco. Esse disco cai sobre outro disco de raio $r_2 = 0,4$ m e massa $m_1 = 1,5$ kg, que gira em torno do mesmo eixo de simetria com velocidade angular $\omega_1 = 5\pi$ rad/s no sentido anti-horário. O atrito cinético faz com que os discos passem a girar com a mesma velocidade angular. Calcule-a.

20. Um aluno de um curso de engenharia está em pé sobre uma plataforma que gira sem atrito em torno de um eixo perpendicular ao seu plano com velocidade angular $\omega = 2\pi$ rad/s. Os braços do aluno estão esticados, formando um ângulo de 90° com o eixo de giro e, em cada mão,

ele está segurando um haltere de massa m. O momento de inércia da plataforma com o aluno de braços esticados segurando as massas é de 5 kgm². Quando ele puxa os halteres para junto do seu tronco, o momento de inércia diminui para 1,5 kgm².

a) Calcule o módulo da velocidade angular final da plataforma.
b) Calcule a variação da energia cinética do sistema.
c) Explique a origem do aumento da energia cinética do sistema.

21. Uma partícula de massa m = 1,5 kg descreve uma circunferência de raio r = 1 m, no sentido horário, sobre uma mesa horizontal. Supondo que o sentido horário seja positivo e que o momento angular da partícula varia com o tempo, de acordo com a função L(t) = 1 − 0,2 t (em unidades SI), calcule:

a) o módulo do torque que age sobre a partícula.
b) o módulo da aceleração angular da partícula.

22. Uma barra de massa M = 3 kg e comprimento L = 2 m com um pivô em uma de suas extremidades, está disposta verticalmente, conforme a figura a seguir.

Uma barra pivotada sendo atingida por uma massa de modelar

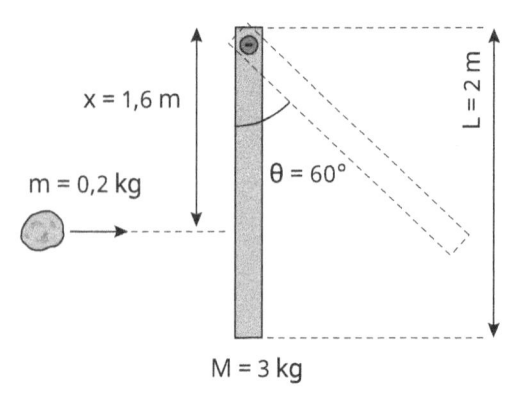

x = 1,6 m
m = 0,2 kg
θ = 60°
L = 2 m
M = 3 kg

Uma massa de modelar m = 0,2 kg atinge a barra a uma distância x = 1,6 m do pivô. A massa de modelar gruda na barra. Calcule o módulo da velocidade v da massa de modelar para que a barra pivotada forme um ângulo θ = 60° com a vertical.

Considerações finais

Nesta obra realizamos o estudo de um dos ramos da física mais antigos e importantes: a mecânica. Todo o conteúdo necessário para o desenvolvimento do assunto foi apresentado em linguagem dialógica. Ademais, vários exemplos foram resolvidos para que você pudesse enxergar as aplicações dos conceitos físicos abordados.

Ao final de cada capítulo, disponibilizamos uma lista de exercícios com a intenção de proporcionar momentos de reflexão sobre os fenômenos físicos apresentados. Se você os encarou como desafios a serem vencidos, certamente conseguiu ampliar seu repertório de recursos a serem mobilizados para solucionar problemas e enfrentar situações inéditas.

Referências

BEM-DOV, Y. **Convite à física**. Rio de Janeiro: J. Zahar, 1995.

CHOPPIN, A. História dos livros e das edições didáticas: sobre o estado da arte. **Revista Educação e Pesquisa**, São Paulo, v. 30, n. 3, p. 549-566, set./dez. 2004. Disponível em: <http://www.scielo.br/pdf/ep/v30n3/a12v30n3.pdf>. Acesso em: 4 ago. 2015.

GALILEI, G. **Diálogo sobre os dois máximos sistemas do mundo ptolomaico e copernicano**. 3. ed. São Paulo: Scientiae Studia 34, 2011.

HALLIDAY, D.; RESNICK, R.; WALKER, J. **Fundamentos de física**: mecânica. 8. ed. Rio de Janeiro: LTC, 2009a. v. 1.

____. **Fundamentos de física**: gravitação, ondas e termodinâmica. 8. ed. Rio de Janeiro: LTC, 2009b. v. 2.

____. **Fundamentos de física**: eletromagnetismo. 8. ed. Rio de Janeiro: LTC, 2009c. v. 3.

____. **Fundamentos de física**: óptica e física moderna. 8. ed. Rio de Janeiro: LTC, 2009d. v. 4.

LEITE, Á. E. **Introdução à física**: aspectos históricos, unidades de medidas e vetores. Curitiba: InterSaberes, 2014.

LEITHOLD, L. **Cálculo com geometria analítica**. Tradução de Cyro de Carvalho Patarra. São Paulo: Harbra, 1994.

NUSSENZVEIG, H. MOYSES. **Curso de física básica 1**: Mecânica. 4 ed. São Paulo: E. Blucher, 2002.

ROCHA, J. F. et al. **Origens e evolução das ideias da física**. Salvador: Edufba, 2002.

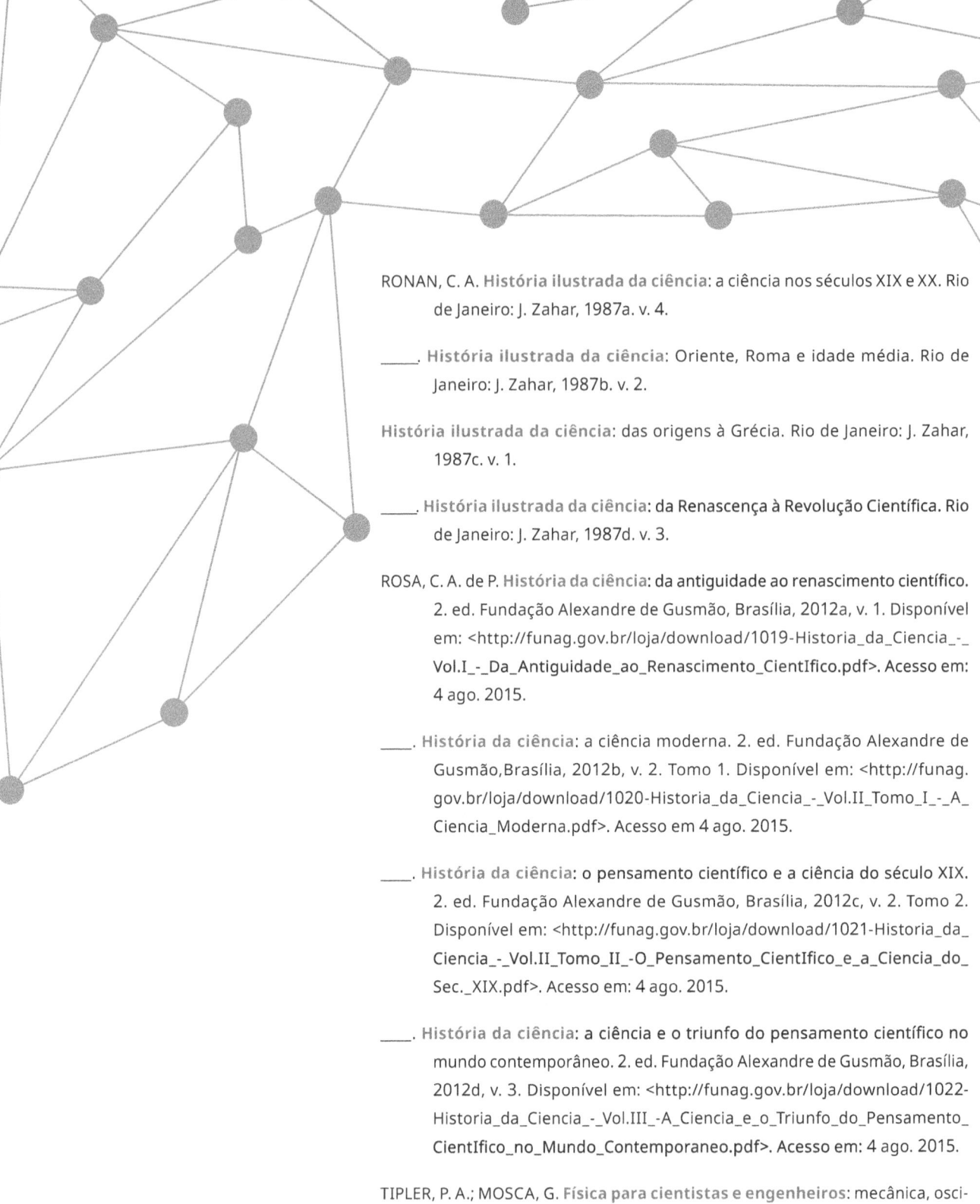

RONAN, C. A. **História ilustrada da ciência**: a ciência nos séculos XIX e XX. Rio de Janeiro: J. Zahar, 1987a. v. 4.

____. **História ilustrada da ciência**: Oriente, Roma e idade média. Rio de Janeiro: J. Zahar, 1987b. v. 2.

História ilustrada da ciência: das origens à Grécia. Rio de Janeiro: J. Zahar, 1987c. v. 1.

____. **História ilustrada da ciência**: da Renascença à Revolução Científica. Rio de Janeiro: J. Zahar, 1987d. v. 3.

ROSA, C. A. de P. **História da ciência**: da antiguidade ao renascimento científico. 2. ed. Fundação Alexandre de Gusmão, Brasília, 2012a, v. 1. Disponível em: <http://funag.gov.br/loja/download/1019-Historia_da_Ciencia_-_Vol.I_-_Da_Antiguidade_ao_Renascimento_CientIfico.pdf>. Acesso em: 4 ago. 2015.

____. **História da ciência**: a ciência moderna. 2. ed. Fundação Alexandre de Gusmão,Brasília, 2012b, v. 2. Tomo 1. Disponível em: <http://funag.gov.br/loja/download/1020-Historia_da_Ciencia_-_Vol.II_Tomo_I_-_A_Ciencia_Moderna.pdf>. Acesso em 4 ago. 2015.

____. **História da ciência**: o pensamento científico e a ciência do século XIX. 2. ed. Fundação Alexandre de Gusmão, Brasília, 2012c, v. 2. Tomo 2. Disponível em: <http://funag.gov.br/loja/download/1021-Historia_da_Ciencia_-_Vol.II_Tomo_II_-O_Pensamento_CientIfico_e_a_Ciencia_do_Sec._XIX.pdf>. Acesso em: 4 ago. 2015.

____. **História da ciência**: a ciência e o triunfo do pensamento científico no mundo contemporâneo. 2. ed. Fundação Alexandre de Gusmão, Brasília, 2012d, v. 3. Disponível em: <http://funag.gov.br/loja/download/1022-Historia_da_Ciencia_-_Vol.III_-A_Ciencia_e_o_Triunfo_do_Pensamento_CientIfico_no_Mundo_Contemporaneo.pdf>. Acesso em: 4 ago. 2015.

TIPLER, P. A.; MOSCA, G. **Física para cientistas e engenheiros**: mecânica, oscilações e ondas, termodinâmica. 6. ed. Rio de Janeiro: LTC, 2009a. v. 1.

TIPLER, P. A.; MOSCA, G.. **Física para cientistas e engenheiros**: eletricidade e magnetismo, ótica. 6. ed. Rio de Janeiro: LTC, 2009b. v. 2.

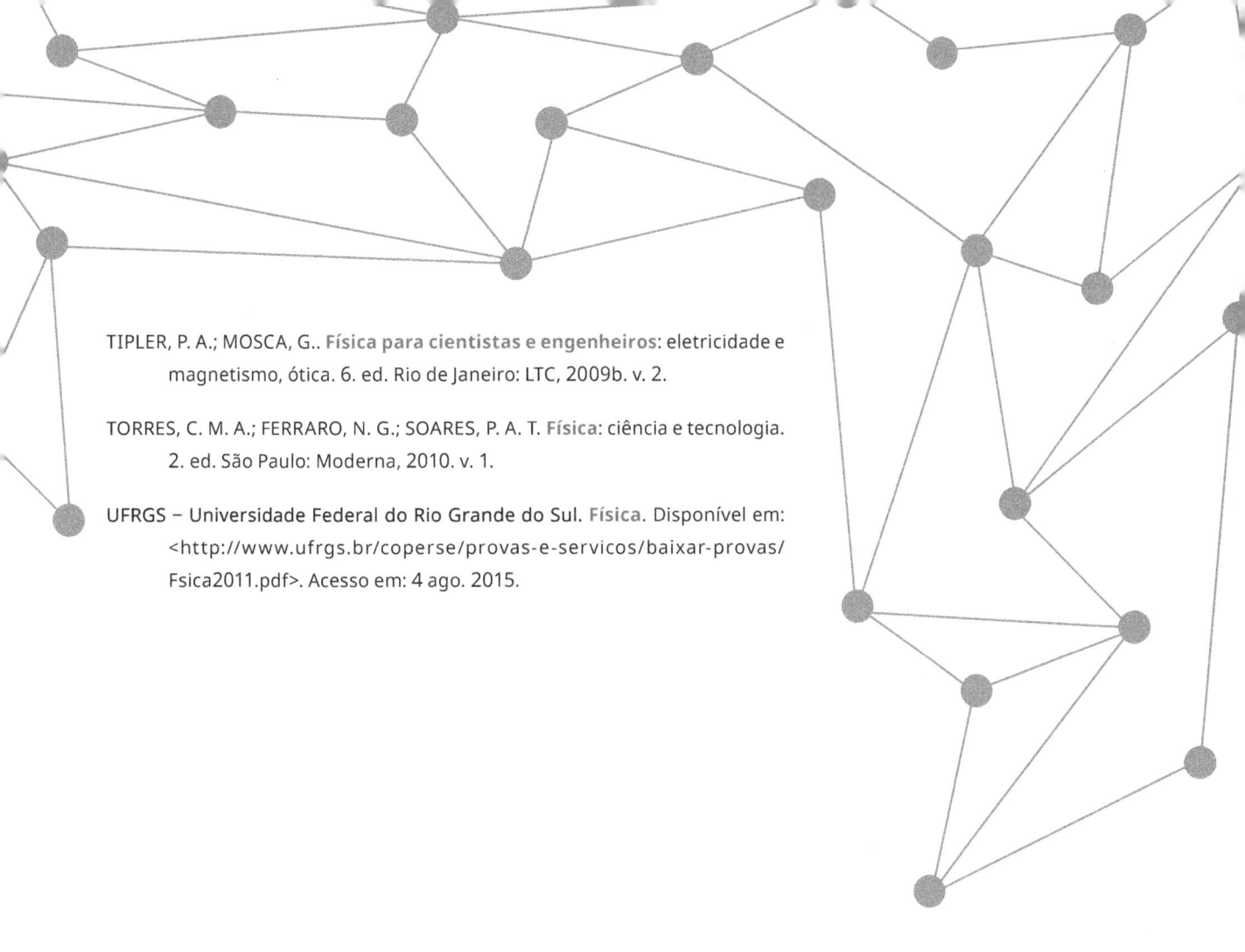

TORRES, C. M. A.; FERRARO, N. G.; SOARES, P. A. T. **Física**: ciência e tecnologia. 2. ed. São Paulo: Moderna, 2010. v. 1.

UFRGS – Universidade Federal do Rio Grande do Sul. **Física**. Disponível em: <http://www.ufrgs.br/coperse/provas-e-servicos/baixar-provas/Fsica2011.pdf>. Acesso em: 4 ago. 2015.

Bibliografia comentada

BEM-DOV, Y. **Convite à ísica**. Rio de Janeiro: J. Zahar, 1995.

Trata-se de uma obra de introdução à física, que tem por objetivo mostrar aos leitores que é possível entender os conceitos básicos da disciplina sem o uso excessivo do formalismo matemático. A estratégia utilizada pelo autor é de apresentar os fundamentos da física sob a perspectiva histórica, oferecendo uma visão geral dos fenômenos, desde a Antiguidade até os tempos atuais.

HALLIDAY, D.; RESNICK, R.; WALKER, J. **Fundamentos de física**: eletromagnetismo. 8. ed. Rio de Janeiro: LTC, 2009. v. 3.

____. **Fundamentos de física**: gravitação, ondas e termodinâmica. 8. ed. Rio de Janeiro: LTC, 2009. v. 2.

____. **Fundamentos de física**: mecânica. 8. ed. Rio de Janeiro: LTC, 2009. v. 1.

____. **Fundamentos de física**: óptica e física moderna. 8. ed. Rio de Janeiro: LTC, 2009. v. 4.

A coleção *Fundamentos de física*, dos autores David Halliday e Robert Resnick, é uma das referências mais utilizadas nos cursos de engenharia do Brasil. Trata-se de uma introdução que faz um estudo abrangente e completo dos fenômenos físicos.

LEITE, Á. E. **Introdução à física**: aspectos históricos, unidades de medidas e vetores. Curitiba: InterSaberes, 2014.

Obra que apresenta ao leitor aspectos da história da física e de alguns cientistas que contribuíram significativamente para o desenvolvimento da ciência de um modo geral. O autor traz a evolução das unidades de medida até culminar na criação do Sistema Internacional de Unidades. Por fim, trabalha a matemática relacionada à soma, à subtração de vetores e aos produtos interno e externo.

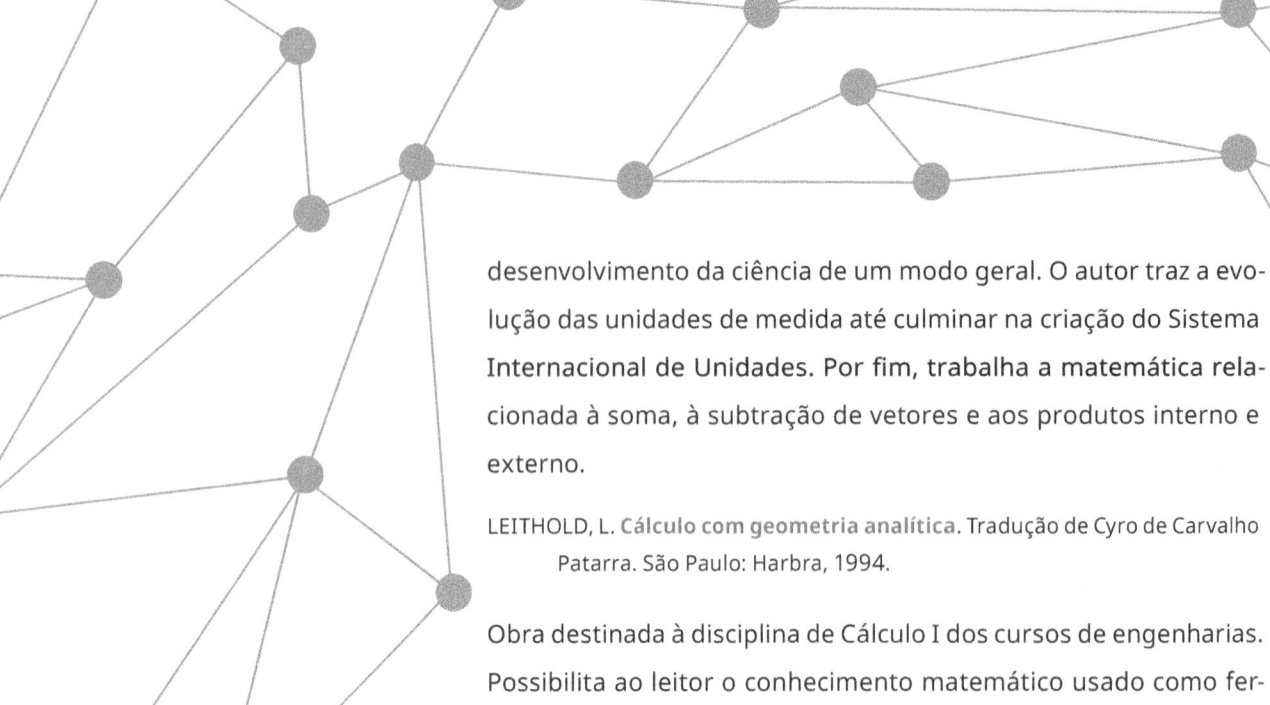

LEITHOLD, L. **Cálculo com geometria analítica**. Tradução de Cyro de Carvalho Patarra. São Paulo: Harbra, 1994.

Obra destinada à disciplina de Cálculo I dos cursos de engenharias. Possibilita ao leitor o conhecimento matemático usado como ferramenta para descrever a física tratada em nível universitário. Faz uma revisão de funções para, em seguida, apresentar, de forma pormenorizada, discussões sobre limites, derivadas e integrais.

NUSSENZVEIG, H. MOYSES. **Curso de física básica 1**: Mecânica. 4. ed. São Paulo: E. Blucher, 2002.

Esse curso universitário de física básica destina-se aos estudantes de engenharia, física, matemática, química e áreas correlatas. Seu objetivo é apresentar uma discussão detalhada e cuidadosa sobre os conceitos e princípios básicos da física, com ênfase na compreensão das ideias fundamentais. O volume 1, "Mecânica", corresponde ao 1º semestre do curso. Os tópicos discutidos compreendem cinemática, dinâmica, leis de conservação, gravitação, mecânica dos corpos rígidos e forças de inércia. Há 240 problemas propostos, todos com respostas, elaborados com o objetivo de ilustrar os principais conceitos e resultados, contribuindo para uma melhor compreensão dos conteúdos, além de indicar aplicações a uma variedade de situações concretas.

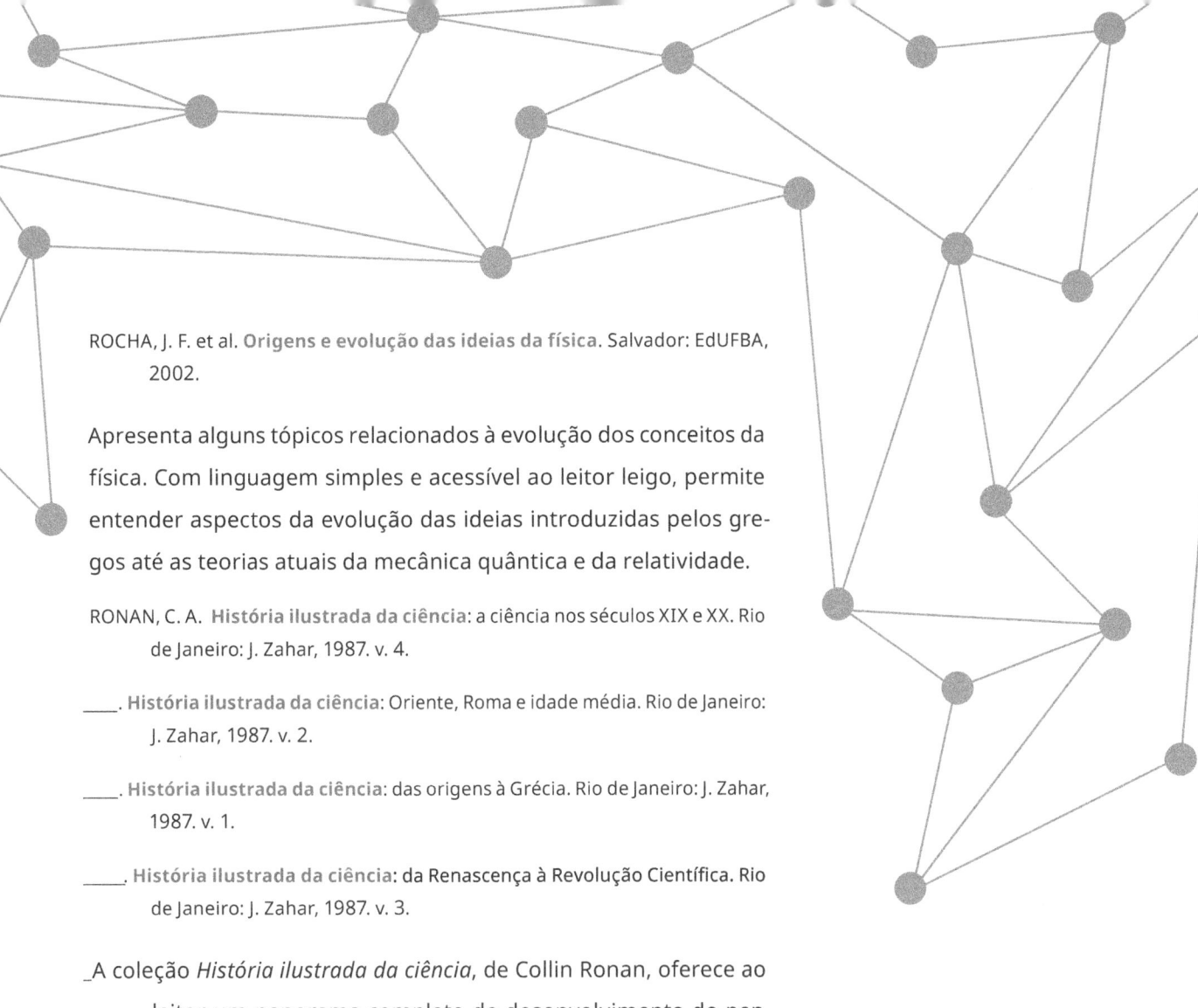

ROCHA, J. F. et al. **Origens e evolução das ideias da física**. Salvador: EdUFBA, 2002.

Apresenta alguns tópicos relacionados à evolução dos conceitos da física. Com linguagem simples e acessível ao leitor leigo, permite entender aspectos da evolução das ideias introduzidas pelos gregos até as teorias atuais da mecânica quântica e da relatividade.

RONAN, C. A. **História ilustrada da ciência**: a ciência nos séculos XIX e XX. Rio de Janeiro: J. Zahar, 1987. v. 4.

____. **História ilustrada da ciência**: Oriente, Roma e idade média. Rio de Janeiro: J. Zahar, 1987. v. 2.

____. **História ilustrada da ciência**: das origens à Grécia. Rio de Janeiro: J. Zahar, 1987. v. 1.

____. **História ilustrada da ciência**: da Renascença à Revolução Científica. Rio de Janeiro: J. Zahar, 1987. v. 3.

A coleção *História ilustrada da ciência*, de Collin Ronan, oferece ao leitor um panorama completo do desenvolvimento do pensamento científico de todo o mundo. Em todos os volumes da obra, o autor preocupa-se com a contextualização das descobertas científicas, mostrando que elas estão fortemente relacionadas com problemas da sociedade de cada época.

ROSA, C. A. de P. **História da ciência**: da Antiguidade ao Renascimento científico. 2. ed. Fundação Alexandre de Gusmão, Brasília, 2012, v. 1. Disponível em: <http://funag.gov.br/loja/download/1019-Historia_da_Ciencia_-_Vol.I_-_Da_Antiguidade_ao_Renascimento_CientIfico.pdf>. Acesso em: 4 ago. 2015.

____. **História da ciência**: a ciência moderna. 2. ed. Fundação Alexandre de Gusmão, Brasília, 2012, v. 2. Tomo 1. Disponível em: <http://funag.gov.br/

loja/download/1020-Historia_da_Ciencia_-_Vol.II_Tomo_I_-_A_Ciencia_Moderna.pdf>. Acesso em: 4 ago. 2015.

____. **História da ciência**: o pensamento científico e a ciência do século XIX. 2. ed. Fundação Alexandre de Gusmão, Brasília, 2012, v. 2. Tomo 2. Disponível em: <http://funag.gov.br/loja/download/1021-Historia_da_Ciencia_-_Vol.II_Tomo_II_-O_Pensamento_CientIfico_e_a_Ciencia_do_Sec._XIX.pdf>. Acesso em: 4 ago. 2015.

____. **História da ciência**: a ciência e o triunfo do pensamento científico no mundo contemporâneo. 2. ed. Fundação Alexandre de Gusmão, Brasília, 2012, v. 3. Disponível em: <http://funag.gov.br/loja/download/1022-Historia_da_Ciencia_-_Vol.III_-A_Ciencia_e_o_Triunfo_do_Pensamento_CientIfico_no_Mundo_Contemporaneo.pdf>. Acesso em: 4 ago. 2015.

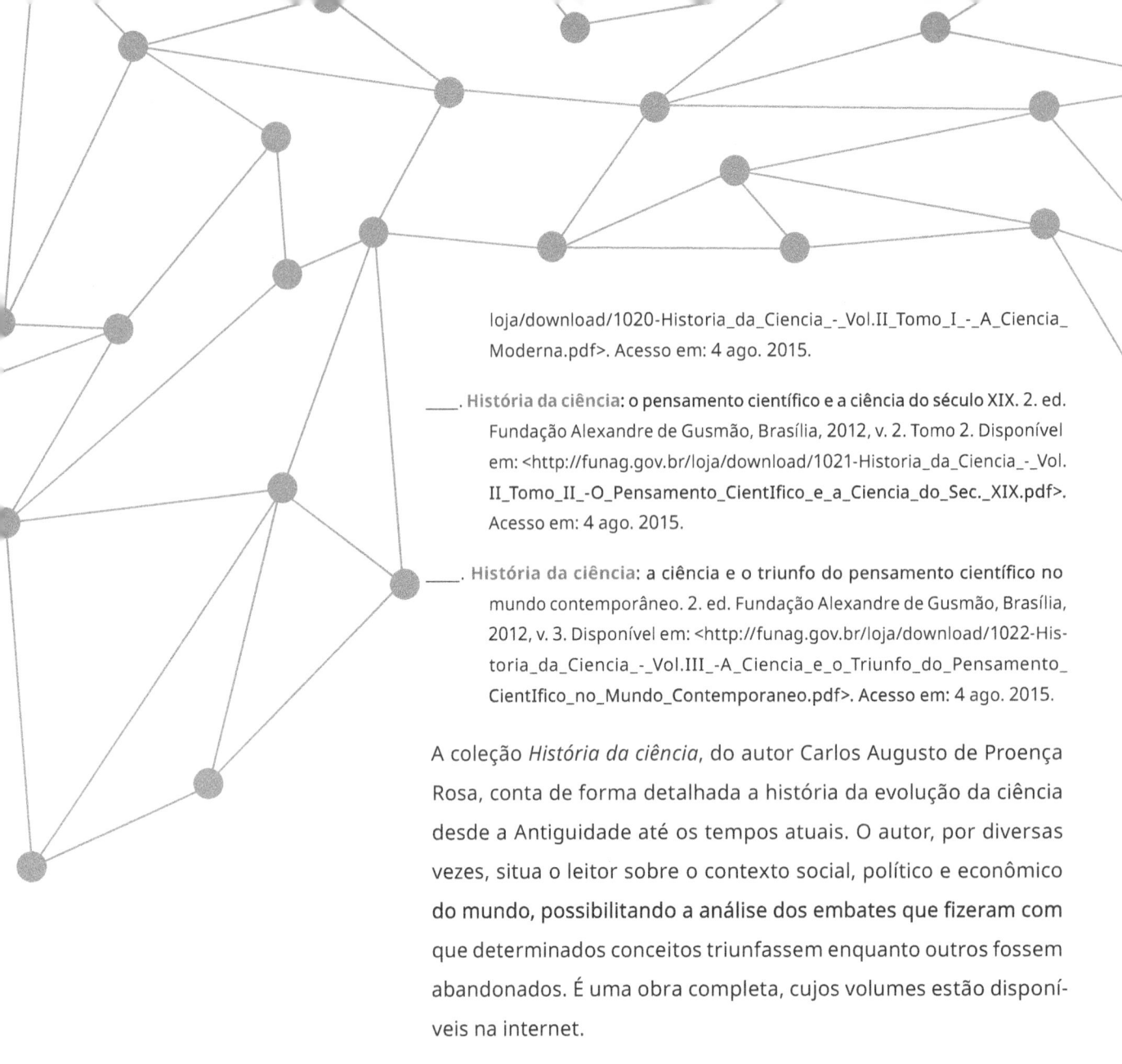

A coleção *História da ciência*, do autor Carlos Augusto de Proença Rosa, conta de forma detalhada a história da evolução da ciência desde a Antiguidade até os tempos atuais. O autor, por diversas vezes, situa o leitor sobre o contexto social, político e econômico do mundo, possibilitando a análise dos embates que fizeram com que determinados conceitos triunfassem enquanto outros fossem abandonados. É uma obra completa, cujos volumes estão disponíveis na internet.

SWOKOWSKI, E. W. **Cálculo com geometria analítica**. Tradução de Alfredo Alves de Faria. São Paulo: Makron Books, 1994.

Obra de cálculo semelhante à referência citada anteriormente do autor Leithold. Diferencia-se daquela por apresentar os conceitos de *funções*, *limites*, *derivadas* e *integrais* com bastantes exemplos voltados para a física.

TIPLER, P. A. MOSCA, G. **Física para cientistas e engenheiros**: eletricidade e magnetismo, ótica. 6. ed. Rio de Janeiro: LTC, 2009. v. 2.

___. **Física para cientistas e engenheiros**: mecânica, oscilações e ondas, termodinâmica. 6. ed. Rio de Janeiro: LTC, 2009. v. 1.

A coleção *Física para cientistas e engenheiros*, dos autores Paul Tipler e Gene Mosca, bastante utilizada nos cursos de física e engenharia das universidades brasileiras, é uma obra que discute de forma introdutória os fenômenos físicos, passando pela mecânica, termodinâmica, ótica, ondulatória, eletromagnetismo e física moderna.

TORRES, C. M. A.; FERRARO, N. G.; SOARES, P. A. T. **Física**: ciência e tecnologia. 2. ed. São Paulo: Moderna, 2010.

Coleção destinada ao ensino médio, que permite ao leitor estabelecer conexões entre a física e o universo que o cerca. A metodologia utilizada pelo autor possibilita a apresentação dos conceitos tendo em vista a solução de problemas. É uma boa referência para o leitor que deseja recapitular tópicos estudados em outros níveis de ensino.

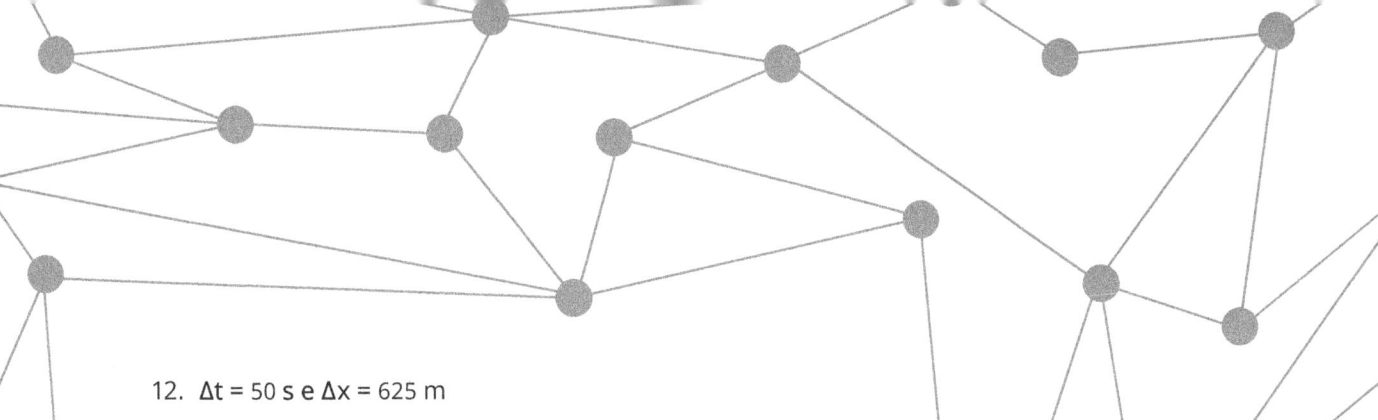

12. Δt = 50 s e Δx = 625 m
13. Sim, ele conseguirá parar o carro.
14.
    a) $x_{0,A}$ = 0 m e $x_{0,B}$ = −100 m
    b) $|\vec{v}_{m,A}| > |\vec{v}_{m,B}|$
    c) t = 70 s e x = 400 m
    d) $\Delta x_A \approx$ 450 m e $\Delta x_B \approx$ 650 m
    e) Aproximadamente 100 m.
15.
    a) v_m = 27 m/s
    b) v = 4t − 3
16.
    a) Δt = 2 s
    b) h_{max} = 5 m
    c) t_1 = 0,23 s e t_2 = 1,77 s
17.
    a)

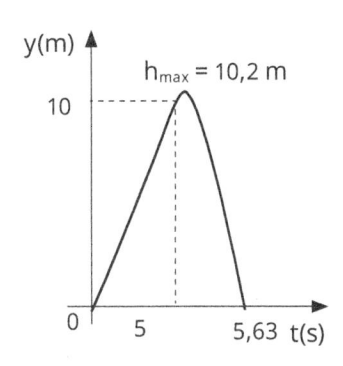

    b) h_{max} = 10,2 m
    c) Δt = 1,63 s
    d) v = 14,3 m/s

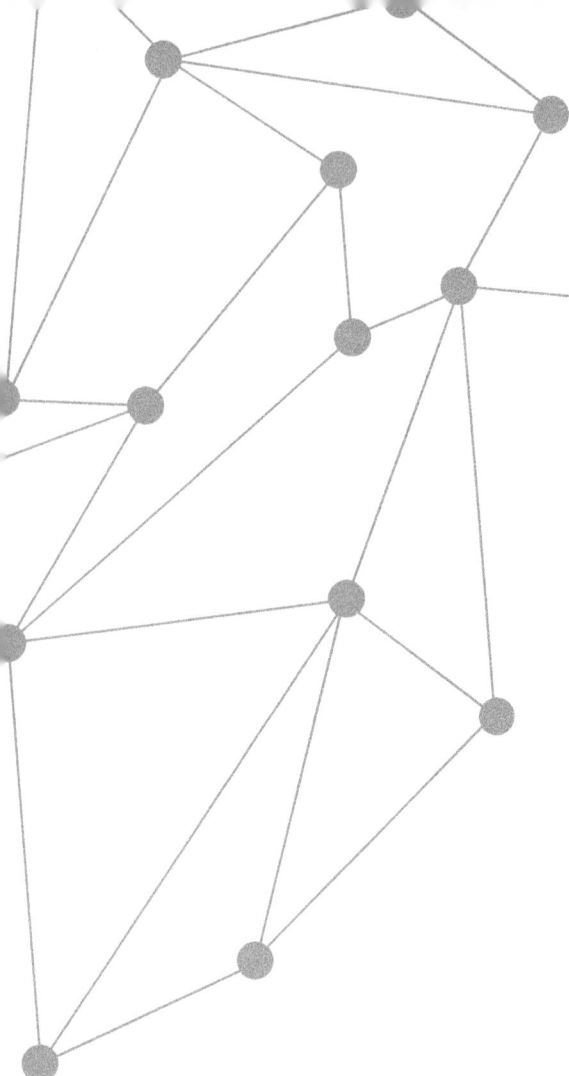

18. $v_0 = 68$ m/s
19. $h_c = \dfrac{2h}{3}$
20.
    a) $v = 6t^2 - 4$
    b) $a = 12\,t$

Capítulo 2

1. c
2.

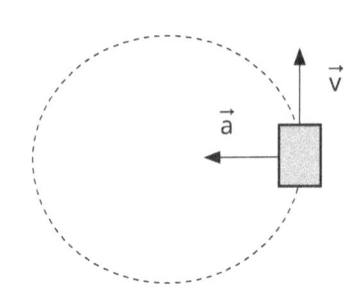

3.
   a) $\vec{\Delta r} = (6\text{ m})_{\hat{i}} + (-8\text{ m})_{\hat{j}} + (-10\text{ m})_{\hat{k}}$
   b) $\vec{v}_m = (\dfrac{1}{5}\text{ m/s})_{\hat{i}} + (-\dfrac{4}{15}\text{ m/s})_{\hat{j}} + (-\dfrac{1}{3}\text{ m/s})_{\hat{k}}$

4.
   a) $\vec{r} = (47{,}2\text{ m})_{\hat{i}} + (-55{,}8\text{ m})_{\hat{j}}$
   b) $|\vec{\Delta r}| = 73{,}08$ m
   c) $\vec{v}_m = (5{,}975\text{ m/s})_{\hat{i}} + (-6{,}975\text{ m/s})_{\hat{j}}$
   d) $|\vec{v}_m| = 9{,}14$ m/s
   e) $\vec{v}_m = (1{,}8\text{ m/s})_{\hat{i}} + (-5{,}2\text{ m/s})_{\hat{j}}$
   f) $\vec{a} = (-0{,}4\text{ m/s}^2)_{\hat{i}} + (0{,}6\text{ m/s}^2)_{\hat{j}}$

5.
   a) $\theta = 48{,}59°$
   b) $\Delta t = 22$ minutos e 41 segundos

6. $v_x = 15{,}67$ m/s
7. $v_{BA} = 6{,}35$ km/h

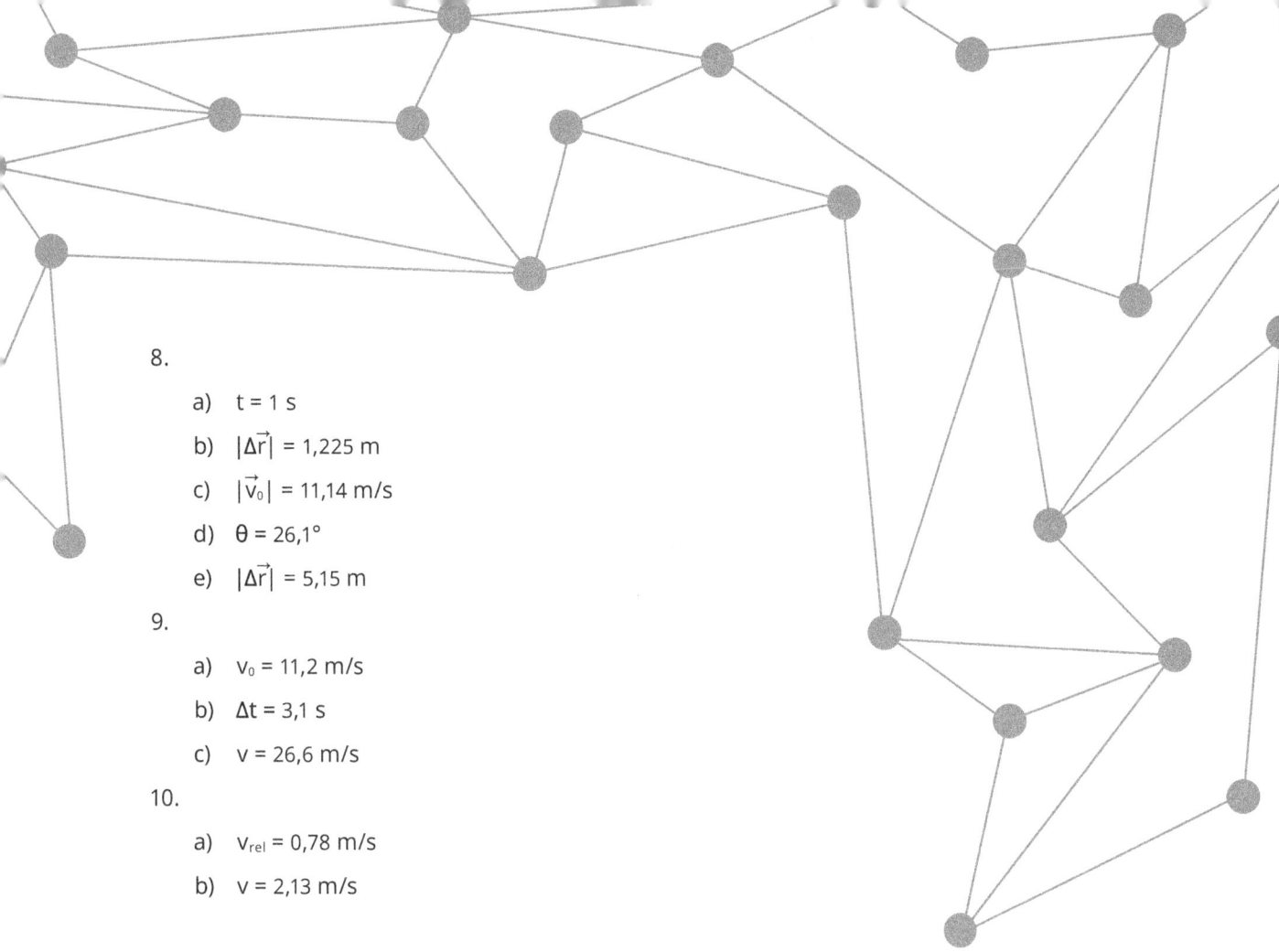

8.
- a) $t = 1$ s
- b) $|\vec{\Delta r}| = 1{,}225$ m
- c) $|\vec{v_0}| = 11{,}14$ m/s
- d) $\theta = 26{,}1°$
- e) $|\vec{\Delta r}| = 5{,}15$ m

9.
- a) $v_0 = 11{,}2$ m/s
- b) $\Delta t = 3{,}1$ s
- c) $v = 26{,}6$ m/s

10.
- a) $v_{rel} = 0{,}78$ m/s
- b) $v = 2{,}13$ m/s

Capítulo 3

1. Não é possível. Para prever qual a direção do movimento subsequente da partícula, seria necessário conhecer a sua velocidade inicial.

2. $F_2 = 4F_1$

3.
- a) $F_E = -96$ N
- b) $F_N = 51{,}15$ N

4.
- a) $T = \dfrac{P}{2 \operatorname{sen} \theta}$
- b) A tensão será mínima quando $\theta \to 90°$ e máxima quando $\theta \to 0°$.
- c) $T = 10{,}4$ N

5. $T = 4589{,}5$ N

6. $F = 102{,}2$ N

7. $m = 64{,}87$ g

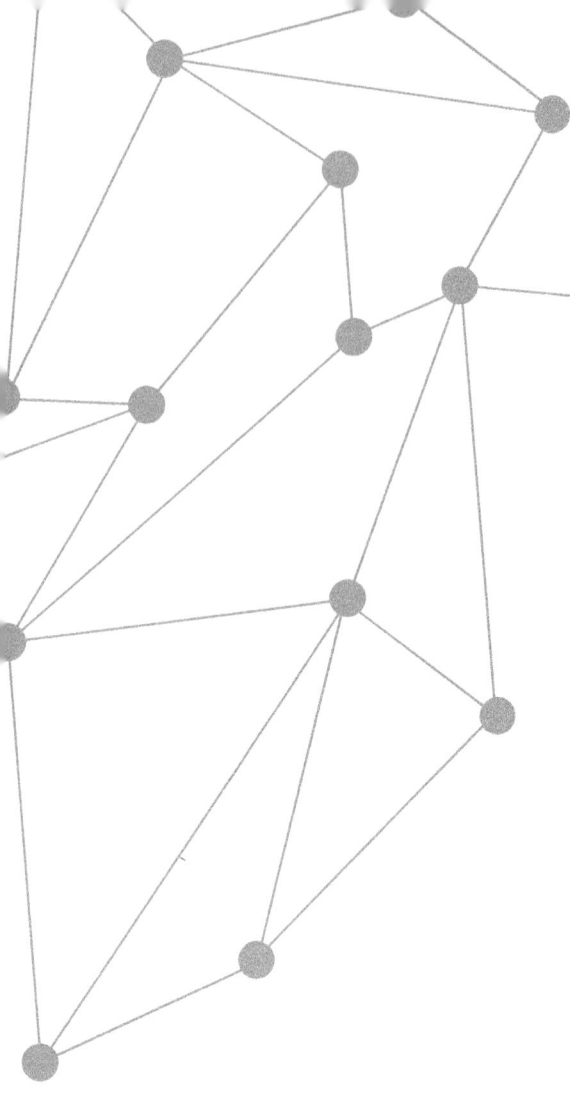

8. $a = 2{,}45 \text{ m/s}^2$ e $T = 29{,}43 \text{ N}$
9. $\mu_E = 0{,}577$
10. $\mu_k = 0{,}577$
11. A velocidade é constante, portanto, a força resultante na direção do movimento é igual a zero. Logo, a força de atrito é de 30 N.
12. $F_k = 37{,}59 \text{ N}$
13. $\mu_k = 0{,}319$
14. $d = 81{,}55 \text{ m}$
15. $a_{min} = 4{,}23 \text{ m/s}_2$ e $a_{max} = 14{,}93 \text{ m/s}^2$
16. $\Delta t = 1{,}87 \text{ s}$ e $F_T = 5{,}66 \text{ N}$
17. $\theta = 27{,}67°$
18.
    a) $F_n = 8\,874{,}68 \text{ N}$
    b) $F_e = 2\,795{,}52 \text{ N}$
    c) $\mu_E = 0{,}315$
19.
    a) $\theta = 5{,}14°$
    b) $R = 212{,}4 \text{ m}$

Capítulo 4

1. $K = 4K_0$
2. $W = 64 \text{ J}$
3.
    a) $W_g = 104{,}05 \text{ J}$; $W_{FN} = 0$
    b) $W_T = W_g = 104{,}05 \text{ J}$
    c) $v = 3{,}72 \text{ m/s}$
    d) $v = 4{,}78 \text{ m/s}$

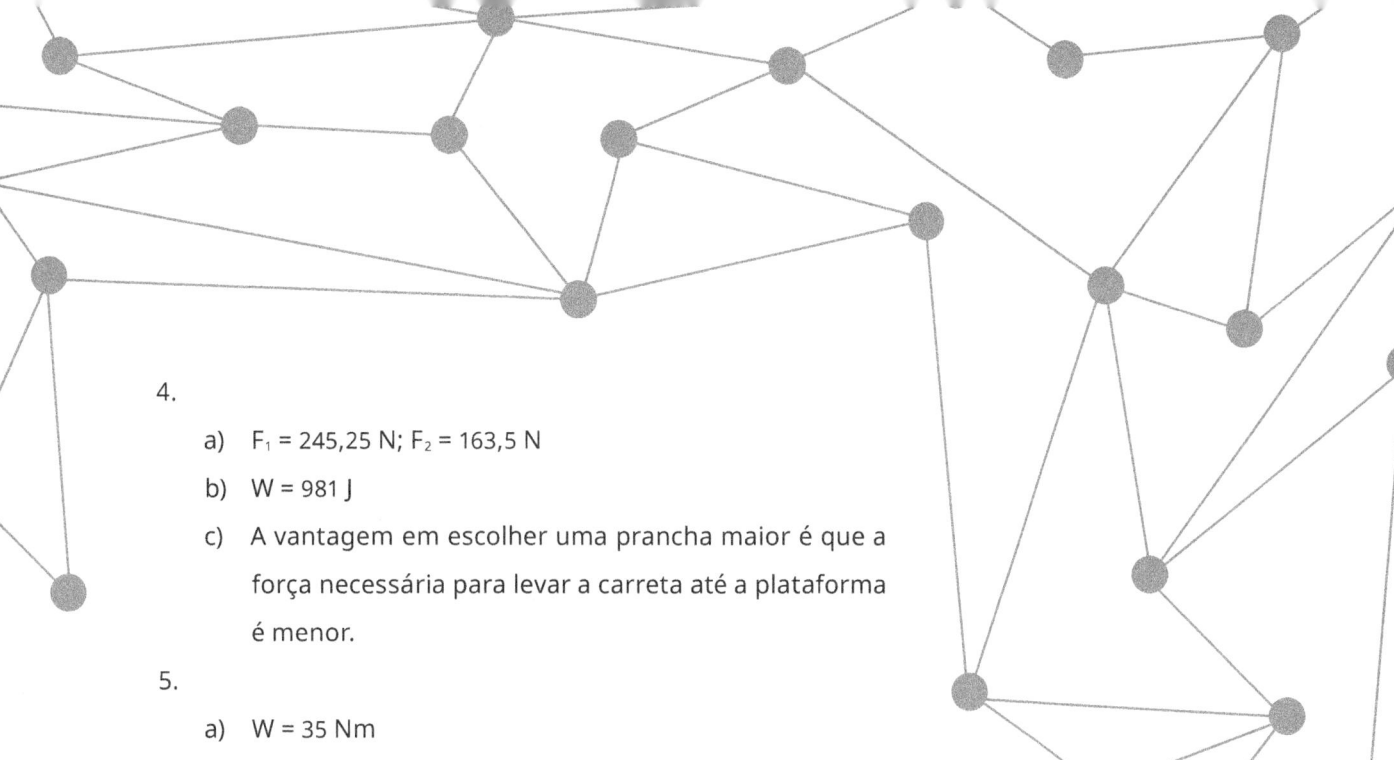

4.
- a) $F_1 = 245{,}25$ N; $F_2 = 163{,}5$ N
- b) $W = 981$ J
- c) A vantagem em escolher uma prancha maior é que a força necessária para levar a carreta até a plataforma é menor.

5.
- a) $W = 35$ Nm
- b) $F\cos\theta = 5{,}22$ N

6. $a_2 = 2a_1$

7.
- a) $P = 0$
- b) $P = -14$ J/s
- c) $P = 2$ J/s

8.
- a) $v = 122{,}47$ km/h
- b) $\Delta x = 340{,}2$ m

9.
- a) $U = 441{,}45$ J
- b) $\Delta x = 3{,}15$ m; $v = 6{,}31$ m/s
- c) $K = 59{,}72$ J; $U = 381{,}73$ J
- d) $K = 441{,}45$ J; $v = 17{,}16$ m/s

10. $m_1 = 19{,}2$ kg; $m_2 = 14{,}1$ kg

Capítulo 5

1. $v = 34{,}31$ m/s
2. $L = 6{,}52$ m
3. $F = -3C(x+2)^2$; $x = -2$

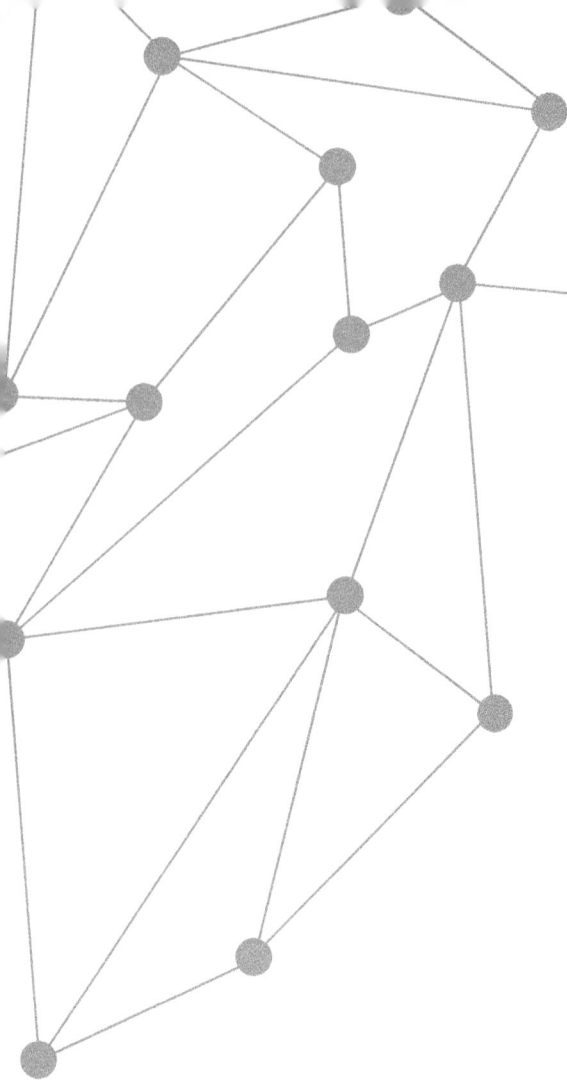

4.
   a) $F = -3x^2 + 6x$
   b) $x = 0$ e $x = 2$
   c) Em $x = 0$, o ponto é de equilíbrio instável; em $x = 2$, o ponto é de equilíbrio estável.
5. $v = 2,2$ m/s
6. $v = 10,29$ m/s
7. $U = 17$ J
8.
   a) No ponto mais baixo, a força normal é igual ao peso.
   b) $F_n = 16,35$ kN
9.
   a) $d = 1,78$ m
   b) $v = 3,14$ m/s

Capítulo 6

1. $x_{cm} = 12,2$ m
2. $\vec{r}_{cm} = (1 \text{ m})\hat{i} + (0,17 \text{ m})\hat{j} + (-1 \text{ m})\hat{k}$
3. $w = 3$ cm
4. $x_{cm} = 43,3$ m
5. $\vec{r}_{cm} = (3,124 \text{ m})\hat{i} + (1,428 \text{ m})\hat{j}$
6. $v_p = v_{cm} = 0,499$ m/s
7. $v_b = 2,943$ m/s; $v_p = 0,981$ m/s
8.
   a) $K = 376$ J
   b) $v_{cm} = 0,67$ m/s
   c) $u_1 = 9,33$ m/s; $u_2 = -6,67$ m/s
   d) $K_{1,rel} = 217,6$ J; $K_{2,rel} = 155,7$ J

9.
- a) $I = 15$ kgm/s
- b) $F_{med} = 2142,9$ N

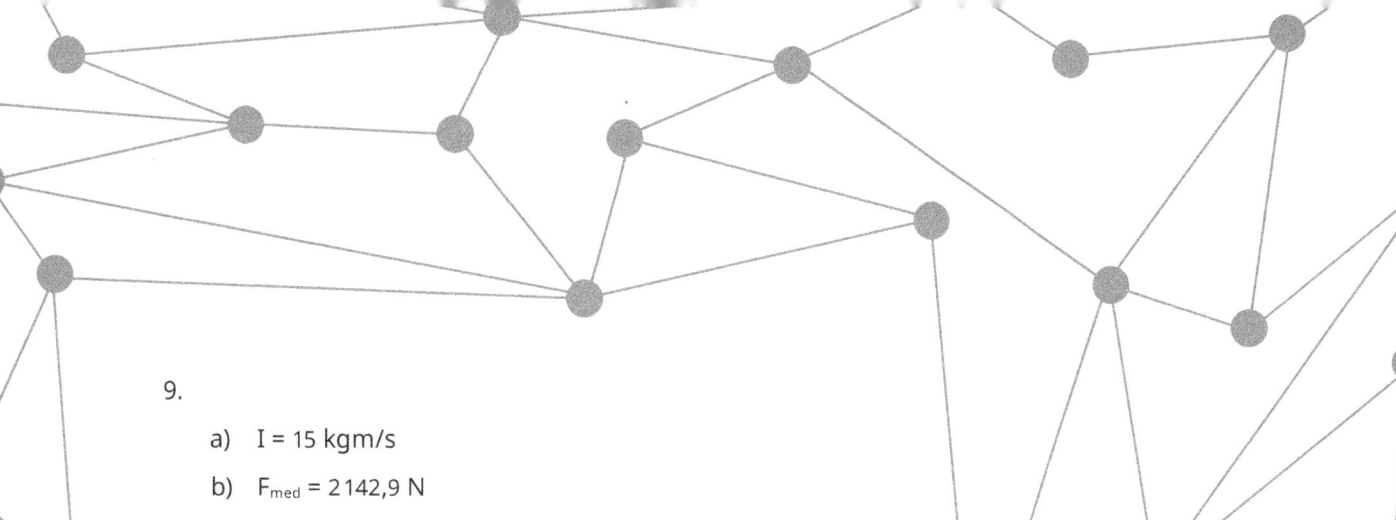

10. O intervalo de interação entre a telha e a terra é maior do que entre a telha e o concreto. Como a variação do momento linear é o mesmo para os dois casos, a força média que o piso de concreto exerce sobre a telha é maior ($F = \frac{\Delta p}{\Delta t}$).

11. $F = 300\,000$ N

12.
- a) $v_{cm} = 72,22$ km/h
- b) $\Delta K = -41\,245,84$ J

13.
- a) $v_{cm} = 27,8$ km/h
- b) $\Delta K = -504\,241,2$ J

14.
- a) $e = 0,77$
- b) $h = 1,8$ m

15.
- a) $v_{p,0} = 1\,002$ m/s
- b) $\Delta E_{mec} = -4\,008$ J

16.
- a) $e = 0,14$
- b) $\Delta E_{mec} = -1\,918$ J

17. $v_1 = -1$ m/s; $v_2 = 6$ m/s

Capítulo 7

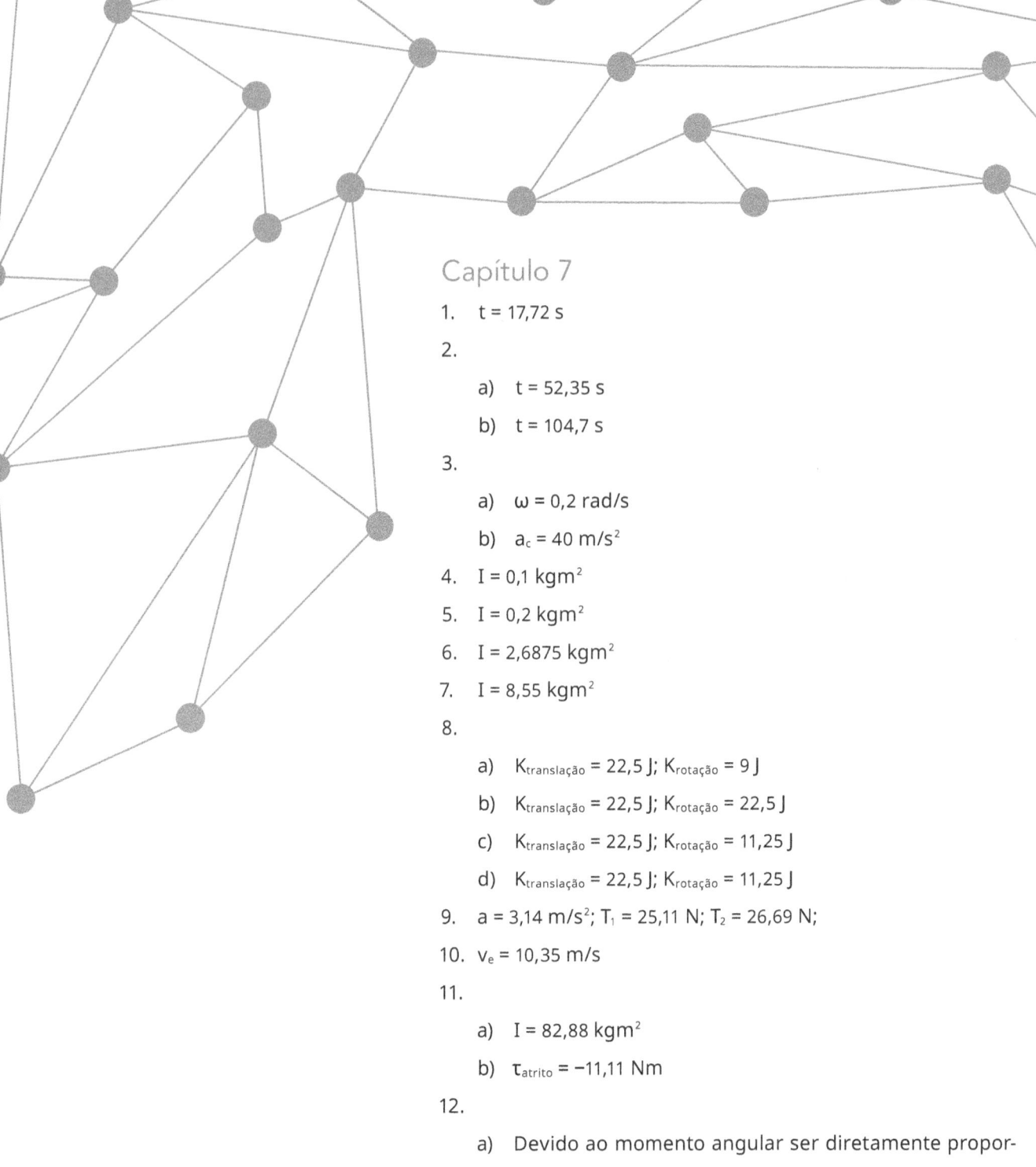

1. $t = 17{,}72$ s
2.
    a) $t = 52{,}35$ s
    b) $t = 104{,}7$ s
3.
    a) $\omega = 0{,}2$ rad/s
    b) $a_c = 40$ m/s^2
4. $I = 0{,}1$ kgm^2
5. $I = 0{,}2$ kgm^2
6. $I = 2{,}6875$ kgm^2
7. $I = 8{,}55$ kgm^2
8.
    a) $K_{translação} = 22{,}5$ J; $K_{rotação} = 9$ J
    b) $K_{translação} = 22{,}5$ J; $K_{rotação} = 22{,}5$ J
    c) $K_{translação} = 22{,}5$ J; $K_{rotação} = 11{,}25$ J
    d) $K_{translação} = 22{,}5$ J; $K_{rotação} = 11{,}25$ J
9. $a = 3{,}14$ m/s^2; $T_1 = 25{,}11$ N; $T_2 = 26{,}69$ N;
10. $v_e = 10{,}35$ m/s
11.
    a) $I = 82{,}88$ kgm^2
    b) $\tau_{atrito} = -11{,}11$ Nm
12.
    a) Devido ao momento angular ser diretamente proporcional ao momento linear, ao dobrar o segundo, também dobra o primeiro.
    b) Devido ao momento angular ser diretamente proporcional ao raio, ao dobrar o segundo, também dobra o primeiro.
13. $\vec{L}$ = constante

14.
   a) Se a distribuição de massa permanecer constante, o momento de inércia também permanece constante.
   b) Como não há atrito, a velocidade angular não varia. Logo, L = Iω = constante.
   c) $K = \frac{1}{2}\frac{L^2}{I}$. Quando o aluno abre os braços, o momento angular do sistema permanece constante e o momento de inércia aumenta. Logo, a energia cinética do sistema diminui.

15. $\vec{\tau} = \vec{r} \cdot \vec{F}$. Como $\hat{j} \cdot \hat{j} = 0$, a componente da posição da partícula que está na mesma direção da força gravitacional não altera o cálculo do torque.

16. v = 8,5 m/s

17.
   a) a = 2,24 m/s²
   b) F_E = 33,56 N
   c) θ = 46,4°

18.
   a) I = 75 kgm²
   b) L = 75 kgm²/s
   c) ω = 1 rad/s

19. ω = 0,428 πrad/s

20.
   a) ω = 6,67 πrad/s
   b) ΔK = 230,3 J
   c) Como não há agentes externos realizando trabalho sobre o sistema, o acréscimo de energia cinética é obtido pela transformação da energia interna do próprio sistema.

21. α = 0,133 rad/s²

22. v_0 = 4,41 m/s

Sobre o autor

Álvaro Emílio Leite é graduado em Física pela Universidade Federal do Paraná (UFPR), especialista em Ensino a Distância pela Faculdade Internacional de Curitiba (Facinter) e mestre e doutor em Educação pela UFPR. Ministra aulas de Física e Matemática desde 2003, tendo atuado como professor nos ensinos fundamental, médio e superior, incluindo cursos de pós-graduação. Em sua trajetória acadêmica, já participou de programas de iniciação científica e projetos de extensão universitária. Foi tutor de acadêmicos de Física nas escolas públicas em que atuou, além de já ter participado de vários simpósios e congressos nacionais e internacionais sobre ensino e educação. Atualmente, é professor do Departamento de Física da Universidade Tecnológica Federal do Paraná (UTFPR), onde ministra aulas para os cursos de Física e de Engenharias e para o curso de Mestrado em Ensino de Ciências.

Os papéis utilizados neste livro, certificados por instituições ambientais competentes, são recicláveis, provenientes de fontes renováveis e, portanto, um meio **respons**ável e natural de informação e conhecimento.

Impressão: Reproset